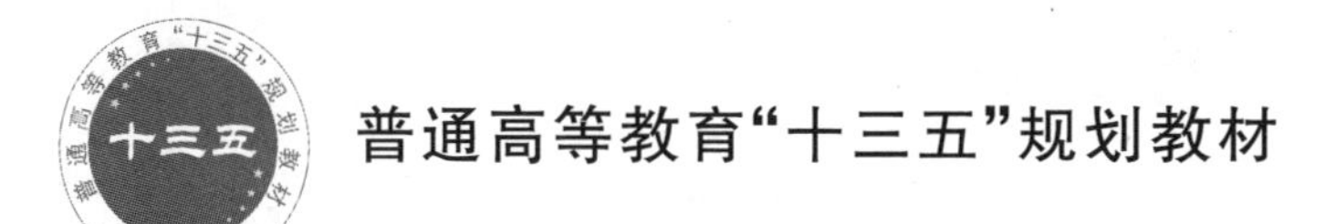

大学计算机

——计算思维及项目化应用教程

主　编　岐艳芳
副主编　徐　瑾　王军弟　魏　莹

北京邮电大学出版社
· 北京 ·

内 容 简 介

本书以训练计算思维为核心，以培养学生的计算机应用能力及信息素养为目标。全书采用"项目任务驱动、案例情境教学"的编写方式，将计算思维、计算系统及计算机基础知识点，结合实际应用总结提炼成多个具体项目，每一个项目又分别从项目导入、项目分析、项目展示、能力要求、项目实施、知识链接、归纳总结几个方面来组织内容，全面介绍了大学计算机的相关知识。

全书共7章，从基础理论、实践应用两个方面展开内容。主要内容包括：计算思维与计算系统、Windows 7操作系统、办公自动化处理软件Office 2010(文档处理、电子表格、演示文稿制作)、计算机网络、算法——程序设计的灵魂。本书具有知识系统、内容翔实、案例丰富、选案经典、突出实用性等特点。

本书可作为普通应用型本科、专科院校非计算机专业学生第一本计算机公共课程的教材，也可作为学习计算机知识的参考书；又适用于广大企事业单位从业人员的职业教育和在职培训，对于社会自学者也是一本有益的读物。

图书在版编目(CIP)数据

大学计算机：计算思维及项目化应用教程 / 岐艳芳主编．-- 北京：北京邮电大学出版社，2016.8
ISBN 978-7-5635-4922-1

Ⅰ.①大… Ⅱ.①岐… Ⅲ.①电子计算机—高等学校—教材 Ⅳ.①TP3

中国版本图书馆CIP数据核字(2016)第203356号

书　　名	大学计算机——计算思维及项目化应用教程
主　　编	岐艳芳
责任编辑	张保林
出版发行	北京邮电大学出版社
社　　址	北京市海淀区西土城路10号(100876)
电话传真	010-82333010　62282185(发行部)　010-82333009　62283578(传真)
网　　址	www.buptpress3.com
电子信箱	ctrd@buptpress.com
经　　销	各地新华书店
印　　刷	北京泽宇印刷有限公司
开　　本	787 mm×1 092 mm　1/16
印　　张	19.5
字　　数	486千字
版　　次	2016年8月第1版　2016年8月第1次印刷

ISBN 978-7-5635-4922-1　　定价：39.00元

前　言

本书是针对普通应用型本科院校计算机公共基础课的改革目标而编写的。全书采用“项目任务驱动、案例情境教学”的编写方式，将计算思维、计算系统、计算机基础知识及基本操作等内容结合实际应用，总结提炼成多个具体项目，每一个项目又分别从项目导入、项目分析、项目展示、能力要求、项目实施、知识链接、归纳总结几个方面来组织编写，全书以训练计算思维为核心，以全面培养学生的计算机应用能力及信息素养为目标。

全书共7章，主要内容包括：第1章，计算思维与计算系统；第2章，Windows 7操作系统；第3章，文档处理；第4章，电子表格；第5章，演示文稿制作；第6章，计算机网络；第7章，算法——程序设计的灵魂。

本书具有知识系统、内容翔实、项目丰富、选案经典、突出实用性，以及便于学习、掌握，设计的版面风格新颖、活泼、统一的特点。

本书的特色如下。

1. 注重计算思维能力的培养

理论思维、实验思维和计算思维是人类认识世界和改造世界的三大思维。计算思维是运用计算机科学的基础概念进行问题求解、系统设计以及人类行为理解等涵盖计算机科学之广度的一系列思维活动。本书从培养计算思维能力入手来组织教材。教材采用“理论＋提升＋项目实践”的模式，以理解计算机理论为基础，以知识扩展为提升，以微机常用软件为项目实践，做到既促进计算思维能力的培养，又避免流于形式；既适应总体知识需求，又满足个体深层需求。

2. 以“项目任务驱动、案例情境教学”为主线，注重应用能力培养

本书以“项目任务驱动、案例情境教学”为主线，构建完整的教学设计布局，让学生每完成一个项目案例的学习，就可以立即应用到实际中，并具备触类旁通地解决学习、工作中遇到的问题的能力。

3. 项目案例精选，实用性强

本书根据实际需求精选项目案例，由浅入深，循序渐进，所有项目案例的选取基本上都是针对在校期间和以后工作时具有典型代表性的实际需求，能够激发读者的学习兴趣。

本教材由岐艳芳担任主编，徐瑾、王军弟、魏莹担任副主编。参加本教材编写的作者为多年从事计算机教学工作的资深教师，具有丰富的教学工作经验。第1章、第4章由岐艳芳负责编写，第3章由徐瑾负责编写，第2章、第6章由王军弟负责编写，第5章、

第 7 章由魏莹负责编写。

本书可作为普通应用型本科、专科院校非计算机专业学生第一本计算机公共课程的教材,也可作为学习计算机知识的参考书;还适用于广大企事业单位从业人员的职业教育和在职培训,对于社会自学者也是一本有益的读物。本书提供配套电子教案及素材,有需要的读者请与作者联系,联系邮箱:qiyf139@sina.com。

本书在编写过程中参阅了国内优秀的计算思维及计算机导论相关教材,详情参见参考文献,在此表示感谢。由于本教材涉及的知识面较广,不足之处在所难免,恳请专家和读者提出宝贵意见。

编　者

2016 年 5 月

目　　录

1 计算思维与计算系统

1.1 项目1——计算机的诞生与发展

◆ 项目导入

小王考入大学后，家人为其购买了一台平板电脑，小王在使用过程中，为其智能化的应用所折服。同时，也更加想了解计算机的产生与发展，计算机的分类与应用，为其更好地使用计算机打下基础。

◆ 项目分析

世界上第一台计算机ENIAC(Electronic Numerical Integrator and Calculator，电子数值积分计算机)于1946年诞生至今，已有70年的历史。计算机及其应用已渗透到人类社会生活的各个领域，推动了社会的发展与进步。可以说，当今世界是一个丰富多彩的计算机世界，计算机知识已融入到人类文化之中，成为人类文化不可缺少的一部分。在进入信息时代的今天，学习计算机知识，掌握、使用计算机已成为每一个人的迫切需求。

项目实施1　了解计算机的产生与发展

计算技术发展的历史是人类文明史的一个缩影。从古至今，由简单的石块、贝壳计数，到唐代的算盘，到欧洲的手摇计算器，到计算尺、袖珍计算器，直到今天的电子计算机，都记录了人类计算工具的发展史。

1. 计算机的产生

计算机的产生源自于人们想发明一种能进行科学计算的机器的想法。自从人类文明形成，人类就不断地追求先进的计算工具。它的产生大致划分为3个时代：算盘时代、机械时代和机电时代。

(1) 算盘时代。这是计算机发展史上最长的阶段，其最主要的计算工具是算盘。其特点是：通过手动完成从低位到高位的数字传送。

(2) 机械时代。随着齿轮传动技术的发展，计算机器进入了机械时代。这一时期计算装置的特点是：借助于各种机械装置自动传送十进制，而机械装置的动力则来自计算人员的手。

(3) 机电时代。电动机械时代的特点是：使用电力做动力，但计算机器本身还是机械式的。

从20世纪30年代起，科学家认识到电动机械部件可以由简单的真空管来代替。在这种思想的指导下，1941年，德国人朱斯(Konrad Zuse)制造了第一台使用二进制数的全自动可编程计算机。1946年世界上第一台计算机研制成功，从此，电子计算机进入了一个快速发展的新阶段。

2. 计算机的发展

世界上第一台计算机ENIAC诞生于1946年2月，如图1-1所示，是在美国陆军部的赞助下，由美国国防部和美国宾夕法尼亚大学共同研制成功的。ENIAC 占地面积为 170 平方米，重达 30 多吨，耗电量为每小时 160 千瓦，使用了 18 800 多个电子管和 70 000 多个电阻器，有 5 000 000个焊接点，采用线路连接的方法编排程序，如图 1-2 所示，内存容量为 16 千字节，字长为 12 位，运行速度仅有每秒 5 000 次，且可靠性差。但 ENIAC 是计算机发展史上的里程碑，它的诞生揭开了人类科技的新纪元，也是人们所称的第四次科技革命（信息革命）的开端。

从第一台电子计算机诞生到现在短短的 70 年中，计算机技术以前所未有的速度迅猛发展。计算机发展的分代史，通常以计算机所采用的逻辑元件作为划分标准。迄今为止计算机的发展已经历四代，如表 1.1 所示，正在向新一代计算机过渡。

图 1-1　ENIAC

图 1-2　ENIAC 采用线路连接的方法编排程序

表 1.1　计算机发展的 4 个时代

起止年代	主要电子元器件	主要元器件图例	速度/(次/s)	特点与应用领域
第一代 1946—1957 年	电子管		1 千～1 万次	计算机发展的初级阶段，体积巨大，运算速度较低，耗电量大，存储容量小，主要进行科学计算
第二代 1958—1964 年	晶体管		几万～几十万次	体积减小，耗电较少，运算速度较高，价格下降，不仅用于科学计算，还用于数据处理和事务管理，并逐渐用于工业控制
第三代 1965—1970 年	中、小规模集成电路		几十万～几百万次	体积、功耗进一步减小，可靠性及速度进一步提高，应用领域进一步拓展到文字处理、企业管理、自动控制、城市交通管理等方面
第四代 1971 年至今	大规模和超大规模集成电路		几千万～千万亿次	性能大幅度提高，价格大幅度下降，广泛应用于社会生活的各个领域，进入办公室和家庭，在办公自动化、电子编辑排版、数据库管理、图像识别、语音识别、专家系统等领域中大显身手

第五代智能计算机

1988 年，第五代计算机国际会议在日本召开，提出了智能电子计算机的概念，并指出智能化是以后计算机发展的方向。智能电子计算机是一种有知识、会学习、能推理的计算机，具有能理解自然语言、声音、文字和图像的能力，并具有说话的能力，使人机能够用自然语言直接对话。它突破了传统的冯·诺依曼式机器的概念，把多处理器并联起来，并行处理信息，速度大大提高。通过智能化人机接口，人们不必编写程序，只需要发出命令或提出要求，计算机就会完成推理和判断。

特点：模拟人类视神经控制系统。

基本技术：结构与功能和现有计算机概念完全不同，具有模拟-数字混合的机能，本身具有学习机理，能模仿人的视神经电路网工作。

从目前的研究情况看，未来新型计算机可能在光子计算机、生物计算机、量子计算机等方面取得革命性的突破。

3. 我国研制计算机的情况

我国计算机事业始于 1953 年，经过几十年的发展，取得了令人瞩目的成就。

(1) 1958 年，第一台计算机研制成功。

(2) 1964 年，研制出晶体管计算机。

(3) 1970 年，研制出集成电路计算机。

(4) 1983 年，研制出“银河-I 号”巨型计算机(每秒钟 1 亿次)。

(5) 1992 年，“银河-II”巨型计算机研制成功(每秒 10 亿次)。

(6) 1997 年，“银河-III 号”百亿次巨型计算机研制成功(每秒百亿次)。

(7) 1999 年，我国研制成功“神威 I”(每秒 3 840 亿次)，其主要技术指标和性能达到国际先进水平，我国成为继美国、日本之后，世界上第三个具备研制高性能计算机能力的国家。

(8) 2003 年，具有百万亿次数据处理能力的超级服务器，曙光 4 000 L 通过国家验收，再一次刷新国产超级服务器的历史纪录，使得国产高性能产业再上新台阶。

(9) 2008 年 8 月，曙光 5 000 A 研制成功，以峰值速度 230 万亿次、Linpack 值 180 万亿次的成绩跻身世界超级计算机前十，标志着中国成为世界上继美国后第二个成功研制浮点速度在百万亿次的超级计算机的国家。这一系列辉煌成就标志着我国综合国力的增强，标志着我国巨型机的研制已经达到国际先进水平。

2015 年 11 月，在国际超级计算机 TOP 500 组织正式发布第 46 届世界超级计算机 500 强排名中，“天河二号”排名第一(如图 1-3 所示)。这是天河二号自 2013 年 6 月问世以来，连续 6 次位居世界超算 500 强榜首，获得“六连冠”殊荣。这也是世界超算史上第一台实现六连冠的超级计算机，创造了世界超算史上连续第一的新纪录。排名第二到第五名的依次是美国的“泰坦”(17.59PFlops)、美国的“红杉”、日本的“京”以及美国的“米拉”。

图 1-3　“天河二号”

项目实施 2　计算机的特点

计算机主要具备以下几个方面的特点。

1. 快速的运算能力

现在高性能计算机每秒能进行几百亿次以上的加法运算。如果一个人在一秒钟内能做一次运算,那么一般的电子计算机一小时的工作量,一个人得做 100 多年。在很多场合下,运算速度起着决定作用。例如,气象预报要分析大量资料,如用手工计算需要十天半月,失去了预报的意义,而用计算机,几分钟就能算出一个地区内数天的气象预报。

2. 足够高的计算精度

计算机的计算精度主要取决于计算机的字长,字长越长,运算精度越高,计算机的数值计算越精确。如计算圆周率 π,计算机在很短时间内就能精确计算到 200 万位以上。

3. 超强的“记忆”能力

计算机的存储器类似于人的大脑,可以“记忆”(存储)大量的数据和计算机程序而不丢失,在计算的同时,还可把中间结果存储起来。

4. 复杂的逻辑判断能力

计算机在程序的执行过程中,会根据上一步的执行结果,运用逻辑判断方法自动确定下一步的执行命令。正是因为计算机具有这种逻辑判断能力,使得计算机不仅能解决数值计算问题,而且能解决非数值计算问题,比如信息检索、图像识别等。

5. 按程序自动工作的能力

计算机可以按照预先编制的程序自动执行而不需要人工干预。

项目实施 3　计算机的分类

计算机按不同的标准可以有不同的分类方法。按功能分类:分为专用机与通用机。专用计算机功能单一,可靠性高,结构简单,适应性差,但在特定用途下最有效、最经济、最快速的特点是其他计算机无法替代的。我们在导弹和火箭上使用的计算机很大部分就是专用计算机。通用计算机功能齐全,适应性强,目前人们所使用的大都是通用计算机。从计算机的运算速度和性能等指标来看,分为超级计算机、网络计算机、工业控制计算机、微型计算机、嵌入式计算机等。这类分类标准不是固定不变的，只能针对某一个时期。

1. 超级计算机

超级计算机(Supercomputers)是计算机中功能最强、运算速度最快、存储容量最大的一类计算机，超级计算机较多采用集群系统，是国家科技发展水平和综合国力的重要标志。超级计算机拥有超强的并行计算能力，主要用于科学计算。在气象、军事、能源、航天、探矿等领域承担大规模、高速度的计算任务。

2. 网络计算机

网络计算机包括服务器、工作站、集线器、交换机等。服务器是一种可供网络用户共享的、高性能的计算机。服务器一般具有大容量的存储设备和丰富的外部设备，其上运行网络操作系统，要求具有较高的运行速度，因此，很多服务器都配置了双 CPU。服务器上的资源可供网络用户共享。服务器主要有网络服务器(DNS、DHCP)、打印服务器、终端服务器、磁盘服务器、邮件服务器、文件服务器等。

工作站是高档微型机，是一种以个人计算机和分布式网络计算为基础，主要面向专业应用领域，具备强大的数据运算与图形、图像处理能力，为满足工程设计、动画制作、科学研究、软件开发、金融管理、信息服务、模拟仿真等专业领域而设计开发的高性能计算机。它的独到之处就是易于联网，配有大容量主存和大屏幕显示器，特别适合于 CAD/CAM 和办公自动化。

3. 工业控制计算机

工业控制计算机是一种采用总线结构，对生产过程及其机电设备、工艺装备进行检测与控制的计算机系统总称，简称工控机。它由计算机和过程输入输出(I/O)通道两大部分组成。工控机的主要类别有：IPC(PC 总线工业电脑)、PLC(可编程控制系统)、DCS(分散型控制系统)、FCS(现场总线系统)及 CNC(数控系统)五种。

4. 微型计算机(个人计算机)

微型计算机又称个人计算机(Personal Computer，PC)，是使用微处理器作为 CPU 的计算机。

微型计算机是由大规模集成电路组成的、体积较小的电子计算机。它是以微处理器为基础，配以内存储器及输入输出(I/O)接口电路和相应的辅助电路而构成的裸机。自 1981 年美国 IBM 公司推出第一代微型计算机 IBM-PC 以来，微型机以其执行结果精确、处理速度快捷、性价比高、轻便小巧等特点迅速进入社会各个领域，且技术不断更新、产品快速换代，从单纯的计算工具发展成为能够处理数字、符号、文字、语言、图形、图像、音频、视频等多种信息的强大多媒体工具。

微型计算机的种类很多，主要分成四类：桌面型计算机、笔记本计算机、平板计算机和种类众多的移动设备。

5. 嵌入式计算机

嵌入式系统(Embedded Systems) 是一种以应用为中心，以微处理器为基础，软硬件可裁剪的，适应应用系统对功能、可靠性、成本、体积、功耗等综合性严格要求的专用计算机系统。它一般由嵌入式微处理器、外围硬件设备、嵌入式操作系统以及用户的应用程序等四个部分组成。它是计算机市场中增长最快的领域，也是种类繁多、形态多种多样的计算机系统。嵌入式系统几乎包括了生活中的所有电器设备，如掌上 pad、计算器、电视机顶盒、手机、数字电视、多媒体播放器、汽车、微波炉、数字相机、家庭自动化系统、电梯、空调、安全系统、自动售货机、蜂窝式电话、消费电子设备、工业自动化仪表与医疗仪器等。

项目实施4　计算机的应用

计算机的高速发展，促进了计算机的全面应用，已遍及经济、政治、军事及社会生活的各个领域。计算机的早期应用和现代应用可归纳为以下几个方面。

1. 科学计算

科学计算又称为数值计算，是计算机的传统应用领域。在科学研究和工程技术中，有大量的复杂计算问题，利用计算机高速运算和大容量存储的能力，可进行浩繁复杂、人工难以完成或根本无法完成的各种数值计算。例如，包含数百个变元的高阶线性方程组的求解，气象预报中卫星云图资料的分析计算等。

2. 数据处理

数据处理又称为信息处理，是目前计算机应用最广泛的领域之一。所谓数据处理是指用计算机对各种形式表示的信息资源（如数值、文字、声音、图像等）进行收集、存储、分类、加工、输出等处理过程。数据处理是现代管理的基础，广泛地用于情报检索、统计、事务管理、生产管理自动化、决策系统、办公自动化等方面。数据处理的应用已全面深入到当今社会生产和生活的各个领域。

3. 过程控制

过程控制也称为实时控制，是指用计算机作为控制部件对单台设备或整个生产过程进行控制。其基本原理为：将实时采集的数据送入计算机内与控制模型进行比较，然后再由计算机反馈信息去调节及控制整个生产过程，使之按最优化方案进行。用计算机进行控制，可以大大提高自动化水平，减轻劳动强度，增强控制的准确性，提高劳动生产率。因此，在工业生产的各个行业及现代化战争的武器系统中都得到广泛应用。

4. 计算机辅助系统

计算机辅助系统是指能够部分或全部代替人完成各项工作（如设计、制造及教学等）的计算机应用系统，目前主要包括计算机辅助设计（Computer Aided Design，CAD）、计算机辅助制造（Computer Aided Manufacturing，CAM）、计算机辅助工程（Computer Aided Engineering，CAE）、计算机集成制造系统（Computer Integrated Manufacture System，CIMS）和计算机辅助教学（Computer Aided Instruction，CAI）。

CAD可以帮助设计人员进行工程或产品的设计工作，采用CAD能够提高设计工作的自动化程度，缩短设计周期，并达到最佳的设计效果。目前，CAD已广泛地应用于机械、电子、建筑、航空、服装、化工等行业，成为计算机应用最活跃的领域之一。

CAM是指用计算机来管理、计划和控制加工设备的操作（如用数控机床代替工人加工各种形状复杂的工件等）。采用CAM技术可以提高产品质量，缩短生产周期，提高生产率，降低劳动强度并改善生产人员的工作条件。CAD与CAM的结合产生了CAD/CAM一体化生产系统，再进一步发展，则形成计算机集成制造系统CIMS。

CAI是指利用计算机来辅助教学工作。CAI改变了传统的教学模式，更新了旧的教学方法。多媒体课件的使用，为学生创造了一个生动、形象、高效的全新的学习环境，显著提高了学习效果。学生还可通过人-机对话方式把计算机作为自学和自我测试的工具。CAI同时也改善了教师的工作条件，提高了教学效率。

5. 人工智能

人工智能是用计算机来模拟人的智能,从而代替人的部分脑力劳动。人工智能既是计算机当前的重要应用领域,也是以后计算机发展的主要方向。人工智能应用中所要研究和解决的问题均是需要进行判断及推理的智能性问题,难度很大,因此,人工智能是计算机在更高层次上的应用。尽管在这个领域中技术上的困难很多(如知识的表示、知识的处理等),但是,目前仍取得了一些重要成果。例如,阿尔法围棋(AlphaGo)是一款围棋人工智能程序,由位于英国伦敦的谷歌(Google)旗下的 DeepMind 公司团队成员开发,这个程序利用"价值网络"去计算局面,用"策略网络"去选择下子。2016 年 3 月阿尔法围棋对战世界围棋冠军、职业九段选手李世石,并以 4∶1 的总比分获胜。

人工智能有多方面的应用,主要有以下几个方面。

(1) 机器人。

机器人可分为两类,一类称为"工业机器人",只能完成规定的重复动作,通常用于车间的生产流水线上,完成装配、焊接、喷漆等工作;另一类称为"智能机器人",具有一定的感知和识别能力,能说一些简单话语,这类机器人可以从事更复杂的工作,如展览会迎宾、月球探测等。目前,世界上研制及使用机器人最多的国家是日本。

(2) 定理证明。

借助计算机来证明数学猜想或定理,这是一项难度极大的人工智能应用,例如四色猜想的证明。四色猜想是图论中的一个世界级的难题,它的内容是:任意一张地图只需用四种颜色来着色,就可以使地图上的相邻区域具有不同的颜色。1976 年,美国数学家哈根和阿贝尔用计算机成功地证明了四色猜想。这个猜想的证明需要进行一百亿次(10^{10}次)逻辑判断,这个天文数字的工作量如果用人工来完成,则需两万年时间,这就是计算机问世以前,任何人都无法证明或推翻这个猜想的原因。从此,"四色猜想"正式更名为"四色定理"。

(3) 模式识别。

模式识别是通过抽取被识别对象的特征与存放在计算机内的已知对象的特征进行比较及判别,从而进行类别判断的一种人工智能技术。其重点是图形识别及语言识别。如刑侦学中的指纹辨别、手写汉字的识别都是模式识别的应用实例。

(4) 专家系统。

专家系统是一种能够模仿专家的知识、经验、思想,代替专家进行推理和判断,并做出决策处理的人工智能软件。现在已有医疗专家系统等多种实用专家系统投入使用。

人工智能除了上述的一些应用外,还包括自然语言处理、机器翻译、智能检索等方面的应用。

6. 家庭生活

1) 娱乐方面

随着多媒体技术的发展,计算机在娱乐方面的应用很多,如:在计算机上看电影、聆听 CD 音乐、玩电脑游戏,利用虚拟实境技术将现实或虚构的环境构建在计算机系统中,用户可以亲临实境般地在虚拟的环境中游走。

2) 消费方面

(1) 电子银行。

自动提款机(Automated Teller Machine,ATM)提供了 24 小时提款服务、自动转账等功能，银行操作计算机及网络可实现跨行提款。

（2）电子商务。

电子商务（Electronic Commerce，EC），是指利用计算机和网络进行的新型商务活动。通常是指在全球各地广泛的商业贸易活动中，在因特网开放的网络环境下，基于浏览器/服务器应用方式，买卖双方不谋面地进行各种商贸活动，实现消费者的网上购物、商户之间的网上交易和在线电子支付以及各种商务活动、交易活动、金融活动和相关的综合服务活动的一种新型的商业运营模式。例如，通过 Internet 传递并处理订单，从事网上销售、银行转账及提供客户服务等工作。

3）日常生活方面

个人计算机的普及使人们的日常生活发生了变化，例如：股票交易，查询火车、飞机的班次，旅游报价及购买车票等都可以通过网络在家中完成。

未来计算机发展方向

未来计算机性能将向着巨型化、微型化、网络化、智能化和多媒体化的方向发展。

1）巨型化

巨型化是指为了适应尖端科学技术的需要，发展高速度、大存储容量和功能强大的超级计算机。随着人们对计算机的依赖性越来越强，特别是在军事和科研教育方面对计算机的存储空间和运行速度等要求会越来越高。此外，计算机的功能更加多元化。

2）微型化

随着微型处理器（CPU）的使用，计算机体积缩小了，成本降低了。计算机理论和技术上的不断完善促使微型计算机很快渗透到全社会的各个行业和部门中，并成为人们生活和学习的必需品。台式电脑、笔记本电脑、掌上电脑、平板电脑为人们提供便捷的服务。因此，未来计算机仍会不断趋于微型化，体积将越来越小。

3）网络化

计算机网络化彻底改变了人类世界，人们通过互联网进行沟通、交流（QQ、微博等）、教育资源共享（文献查阅、远程教育等）、信息查阅共享（百度、谷歌）等，特别是无线网络的出现，极大地提高了人们使用网络的便捷性，未来计算机将会进一步向网络化方面发展。

4）人工智能化

计算机人工智能化是未来发展的必然趋势。现代计算机具有强大的功能和运行速度，但与人脑相比，其智能化和逻辑能力仍有待提高。人类在不断地探索如何让计算机能够更好地反映人类思维，使计算机能够具有人类的逻辑思维判断能力，通过思考与人类沟通交流，抛弃以往通过编码程序来运行计算机的方法，直接对计算机发出指令。

5）多媒体化

传统的计算机处理的信息主要是字符和数字。事实上，人们更习惯的是图片、文字、声音、图像等多种形式的多媒体信息。多媒体技术可以集图形、图像、音频、视频、文字为一体，使信息处理的对象和内容更加接近真实世界。

◆ 归纳总结

计算机是一种处理信息的电子工具，它能自动、高速、精确地对信息进行存储、传送与加工处理。计算机的广泛应用，推动了社会的发展与进步，对人类社会生产、生活的各个领域产生了极其深刻的影响。可以说，当今世界是一个丰富多彩的计算机世界，计算机知识已融入到人类文化之中，成为人类文化不可缺少的一部分。在进入信息时代的今天，学习计算机知识，掌握、使用计算机已成为每一个人的迫切需求。

1.2 项目2——计算思维概述

◆ 项目导入

小王最近在学习计算机软硬件知识的时候，看到这样一段话："计算思维是每个人的基本技能，不仅仅属于计算机科学家。我们应当使每个孩子在培养解析能力时不仅掌握阅读、写作和算术(Reading, writing and arithmetic——3R)，还要学会计算思维。正如印刷出版促进了3R的普及，计算和计算机也以类似的正反馈促进了计算思维的传播。"那么什么是计算思维？为什么要学习计算思维？大学生又应该掌握哪些方面的计算思维？带着这样的疑问，请开始本项目的学习吧。

◆ 项目分析

计算思维反映了计算机学科最本质的特征和最核心的解决问题方法。计算思维旨在提高大学生的信息素养，培养学生发明和创新的能力以及处理计算机问题时应有的思维方法、表达形式和行为习惯。信息素养要求大学生能够对获取的各种信息通过自己的思维进行深层次的加工和处理，从而产生新信息。计算思维在一定程度上像是教学生"怎么像计算机科学家一样思维"。

项目实施1 理解计算思维

1. 了解人类认识改造世界的基本思维

认识世界和改造世界是人类创造历史的两种基本活动，认识世界是为了改造世界，要有效地改造世界，就必须正确地认识世界。而在认识世界和改造世界过程中，思维和思维过程占有重要位置。

思维是人类所具有的高级认识活动，是对新输入信息与脑内储存知识经验进行一系列复杂的心智操作过程，包括分析、综合、比较、抽象、概括判断和推理等思维过程。

1) 分析与综合

分析与综合是最基本的思维活动。分析是指在头脑中把事物的整体分解为各个组成部分的过程，或者把整体中的个别特性、个别方面分解出来的过程；综合是指在头脑中把对象的各个组成部分联系起来，或把事物的个别特性、个别方面结合成整体的过程。分析和综合是相反而又紧密联系的同一思维过程中不可分割的两个方面。没有分析，人们不能清楚地认识客观事物，各种对象就会变得笼统模糊；离开综合，人们对客观事物的各个部分、个别特征等有机成分产生片面认识，无法从对象的有机组成因素中完整地认识事物。

2）比较与分类

比较是在头脑中确定对象之间差异点和共同点的思维过程。分类是根据对象的共同点和差异点，把它们区分为不同类别的思维方式。比较是分类的基础。比较在认识客观事物中具有重要的意义。只有通过比较才能确认事物的主要和次要特征、共同点和不同点，进而把事物分门别类，揭示出事物之间的从属关系使知识系统化。

比较是在分析和综合的基础上进行的。为了比较某些事物，首先就要对这些事物进行分析，分解出它们的各个部分、个别属性和各个方面。其次，再把它们相应的部分、相应的属性和相应的方面联系起来加以对比，这其实就是综合。最后，找出确定事物的共同点和差异点。所以，比较离不开分析综合，分析综合又是比较的组成部分。

3）抽象和概括

抽象是在分析、综合、比较的基础上，抽取同类事物共同的、本质的特征而舍弃非本质特征的思维过程。概括是把事物的共同点、本质特征综合起来的思维过程。

分析、比较是抽象的基础，抽象又是概括的基础。没有分析和比较就不能抽象，没有抽象就不能概括。抽象、概括使我们的认识从感性认识上升到理性认识，从特殊上升到一般，把我们的思想引向深化，使我们更正确、更全面、更本质地认识事物。

2. 三大科学思维

科学思维不仅是一切科学研究和技术发展的起点，而且始终贯穿于科学研究和技术发展的全过程，是创新的灵魂。科学方法分为理论、实验和计算三大类。与三大科学方法相对的是三大科学思维：理论思维、实验思维和计算思维。

（1）理论思维。又称推理思维，以理论和演绎为特征。理论思维支撑着所有的学科领域。理论思维以数学学科为代表。

（2）实验思维。又称实证思维，以观察和总结自然规律为特征。实验思维的先驱应当首推意大利著名的物理学家、天文学家和数学家伽利略，他开创了以实验为基础具有严密逻辑理论体系的近代科学，被人们誉为“近代科学之父”。与理论思维不同，实验思维往往需要借助于某些特定的设备（科学工具），并用它们来获取数据以供以后的分析。实验思维以物理学科为代表，包括物理、化学、天文学、生物学、医学、农业科学、冶金、机械，以及由此派生的众多学科。

（3）计算思维。又称构造思维，以设计和构造为特征。计算思维以计算机学科为代表。2006年3月，计算思维的倡导者之一，美国亚裔女科学家周以真（Jeannette M. Wing）教授给出了计算思维（Computational Thinking）的定义，计算思维是运用计算机科学的基础概念进行问题求解、系统设计以及人类行为理解等涵盖计算机科学之广度的一系列思维活动。

三大思维都是人类科学思维方式中固有的部分。其中，理论思维强调推理，实验思维强调归纳，而计算思维希望能自动求解。它们以不同的方式推动着科学的发展和人类文明的进步。

3. 计算思维

计算思维与通常的"读、写、算"一样，应是21世纪每一个人都必须具备的常识。计算思维的详细描述如下。

(1) 计算思维是通过约简、嵌入、转化和仿真等方法，把一个看起来困难的问题重新阐释成一个我们知道问题怎样解决的思维方法。

(2) 计算思维是一种递归思维，是一种并行处理，是一种把代码译成数据又能把数据译成代码，是一种多维分析推广的类型检查方法。

(3) 计算思维是一种采用抽象和分解来控制庞杂的任务或进行巨大复杂系统设计的方法，是基于关注点分离的方法(SOC方法)。

(4) 计算思维是一种选择合适的方式去陈述一个问题，或对一个问题的相关方面建模使其易于处理的思维方法。

(5) 计算思维是按照预防、保护及通过冗余、容错、纠错的方式，并从最坏情况进行系统恢复的一种思维方法。

(6) 计算思维是利用启发式推理寻求解答，即在不确定的情况下规划、学习和调度的思维方法。

(7) 计算思维是利用海量数据来加快计算，在时间和空间之间，在处理能力和存储容量之间进行折中的思维方法。

计算思维吸取了解决问题所采用的一般数学思维方法，现实世界中巨大复杂系统的设计与评估的一般工程思维方法，以及复杂性、智能、心理、人类行为理解的一般科学思维方法。

4. 计算思维的本质

计算思维最根本的内容是抽象(Abstraction)与自动化(Automation)。计算思维中的抽象完全超越物理的时空观，并完全用符号来表示，其中，数字抽象只是其中的一类特例。

与数学和物理科学相比，计算思维中的抽象显得更为丰富，也更为复杂。数学抽象的重大特点是抛开现实事物的物理、化学和生物学等特性，而仅保留其量的关系和空间的形式，而计算思维中的抽象却不仅仅如此。

堆栈(Stack)是计算学科(Computing Discipline，计算机科学、计算机工程、软件工程、信息系统等相关学科的总称)中常见的一种抽象数据类型，这种数据类型就不可能像数学中的整数那样进行简单的相"加"。再比如，算法也是一种抽象，我们也不能将两个算法放在一起来实现一个并行算法。同样，程序也是一种抽象，这种抽象也不能随意"组合"。不仅如此，计算思维中的抽象还与其在现实世界中的最终实施有关。因此，就不得不考虑问题处理的边界，以及可能产生的错误。在程序的运行中，如果磁盘满、服务没有响应、类型检验错误，甚至出现危及人的生命时，还要知道如何进行处理。

抽象层次是计算思维中的一个重要概念，它使我们可以根据不同的抽象层次，进而有选择地忽视某些细节，最终控制系统的复杂性；在分析问题时，计算思维要求我们将注意力集中在感兴趣的抽象层次，或其上下层；我们还应当了解各抽象层次之间的关系。

计算思维中的抽象最终是要能够机械地一步一步自动执行。为了确保机械的自动化，就需要在抽象的过程中进行精确和严格的符号标记和建模，同时也要求计算机系统或软件系统生产厂家能够向公众提供各种不同抽象层次之间的翻译工具。

5. 计算思维的特征

如表1.2所示,以计算思维是什么,不是什么的形式对计算思维的特征进行了总结。

表1.2　计算思维的特征

计算思维是什么	计算思维不是什么
概念化	程序化
根本的	刻板的技能
人的思维	计算机的思维
思想	人造物
数学与工程思维的互补与融合	空穴来风
面向所有的人,所有的地方	局限于计算学科

1) 概念化,不是程序化

计算机科学不是计算机编程。像计算机科学家那样去思维意味着远远不只能为计算机编程,还要求能够在抽象的多个层次上思维。为便于理解,可以更进一步地说,计算机科学不只是关于计算机,就像音乐产业不只是关于麦克风一样。

2) 根本的,不是刻板的技能

根本技能是指每一个人为了在现代社会中发挥职能所必须掌握的。刻板的技能意味着机械地重复。就时间而言,所有已发生的智力,其过程都是确定的,因此,智力无非也是一种计算,由于智力也是一种计算,那么我们只要将精力集中在"好的"计算上,即采用计算思维,就能够更好地造福人类。

3) 是人的,不是计算机的思维

计算思维是人类求解问题的一条途径,但决非要使人类像计算机那样思考。计算机枯燥且沉闷,人类聪颖且富有想象力,是人类赋予计算机激情,配置了计算设备,我们才能用自己的智慧去解决那些计算时代之前不敢尝试的问题,实现"只有想不到,没有做不到"的境界。计算机赋予人类强大的计算能力,人类应该好好地利用这种力量去解决各种需要大量计算的问题。

4) 是思想,不是人造品

我们生产的软硬件等人造物不只是将以物理形式到处呈现,它还时时刻刻触及我们的生活,更重要的是计算的概念,这种概念被人们用于问题的求解,日常生活的管理,以及与他人进行交流和互动。

这种计算思维使我们重新审视我们的学科,也使我们更加重视学科所蕴含的思想与方法。这种重视,会促成整个计算机科学教育的重生。

5) 数学和工程思维的互补与融合

计算机科学在本质上源自数学思维,因为像所有的科学一样,它的形式化基础建筑于数学之上。计算机科学又从本质上源自工程思维,因为我们建造的是能够与实际世界互动的系统,基本计算设备的限制迫使计算机科学家必须计算性地思考,而不能只是数学性地思考。构建虚拟世界的自由使我们能够超越物理世界的各种系统。数学和工程思维的互补与融合很好地体现在抽象、理论和设计3个学科形态(或过程)上。

6）面向所有的人，所有地方

当计算思维真正融入人类活动的整体，以致不再表现为一种显世之哲学的时候，它就将成为现实。就教学而言，计算思维作为一个解决问题的有效工具，应当在所有地方，所有学校的课堂教学中都得到应用。

计算思维不是今天才有的，它早就存在于中国的古代数学之中，只不过以上分析使之清晰化和系统化了。

项目实施2　计算思维的计算机实现

计算思维是可实现的，计算机的引入使得计算思维的深度和广度均发生重大变化，不但极大地提高了计算思维实现的效率，而且将计算机思维扩展到前所未有的领域。也就是说，计算思维的对象已不再仅仅局限于现存的客观事物，可以是人们想象或者臆造的任何对象，虚拟现实就是其中的一种典型的形式。下面介绍常见问题的计算思维计算机实现。

1. 简单数据和问题的处理

简单数据和问题与人们的日常工作、生活息息相关。在计算机没有产生之前，人们一直寻求好的解决方法，但未曾有质的变化。计算机的产生给人们解决问题提供了一种新型手段，人们发现，从计算思维角度通过计算机解决问题变得简单而高效。图1-4描述了简单数据和问题的计算机处理过程。

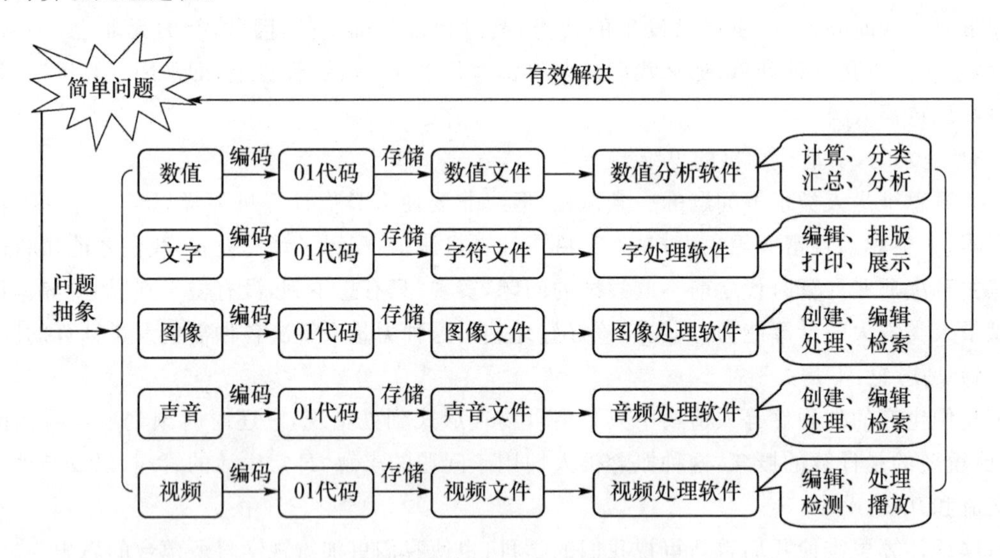

图1-4　简单数据和问题的处理

2. 复杂问题的处理

对于复杂问题而言，问题的规模和复杂程度明显增加。这时，不仅要考虑问题的解决，而且必须是在当前计算机软件、硬件技术限制下能够高效解决。这就需要使用更复杂的数据结构、算法以及先进的程序设计思想来实现，图1-5描述了复杂问题的计算机处理过程。

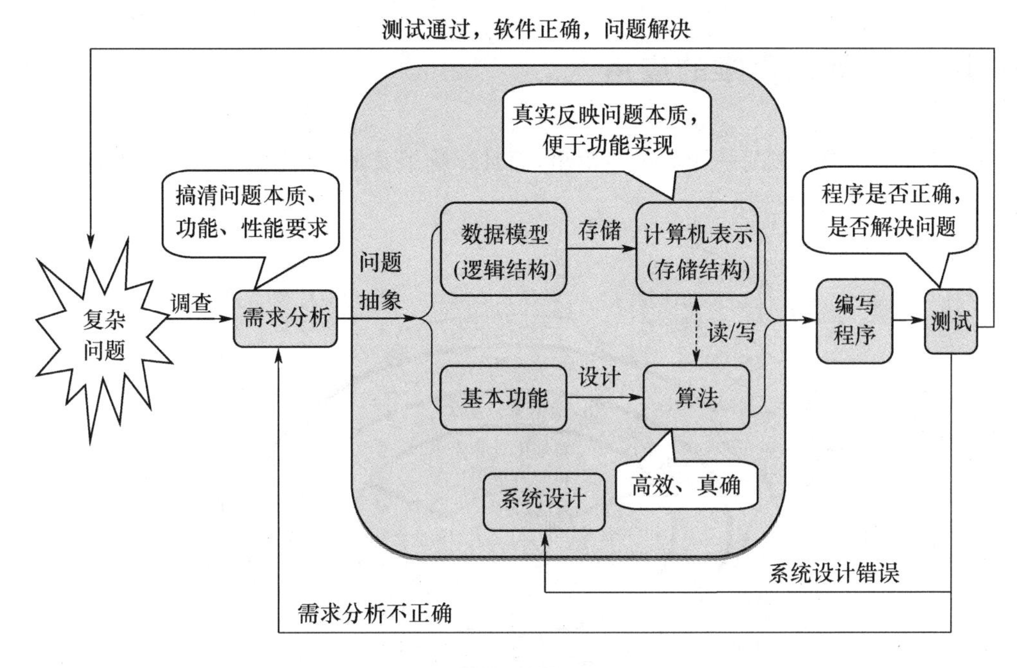

图 1-5　复杂问题的处理

3. 规模数据的高效管理

除了复杂问题之外，在实际中还有一类和日常工作、生活密切相关的问题，那就是大量数据的管理与利用，数据唯有被利用才会产生价值。而以传统的复杂问题处理方式无法满足规模数据的高效管理，对于规模数据管理需要新的技术予以解决，图 1-6 描述了规模问题的计算机处理过程。

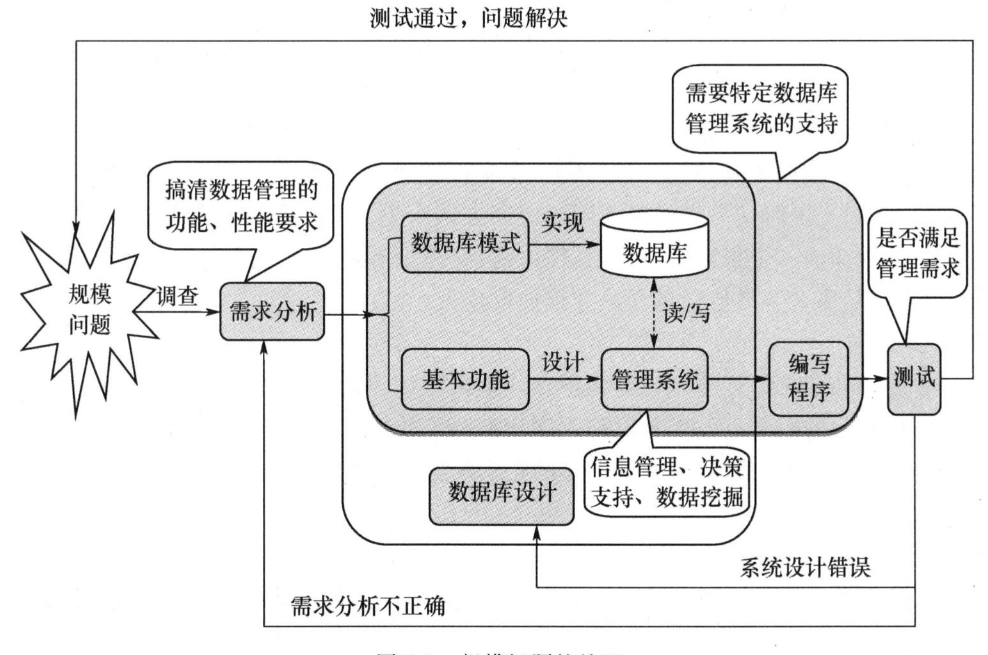

图 1-6　规模问题的处理

项目实施3　计算思维的应用

计算思维不仅渗透到每一个人的生活里，而且影响了其他学科的发展，创造和形成了一系列新的学科分支，如图1-7所示。

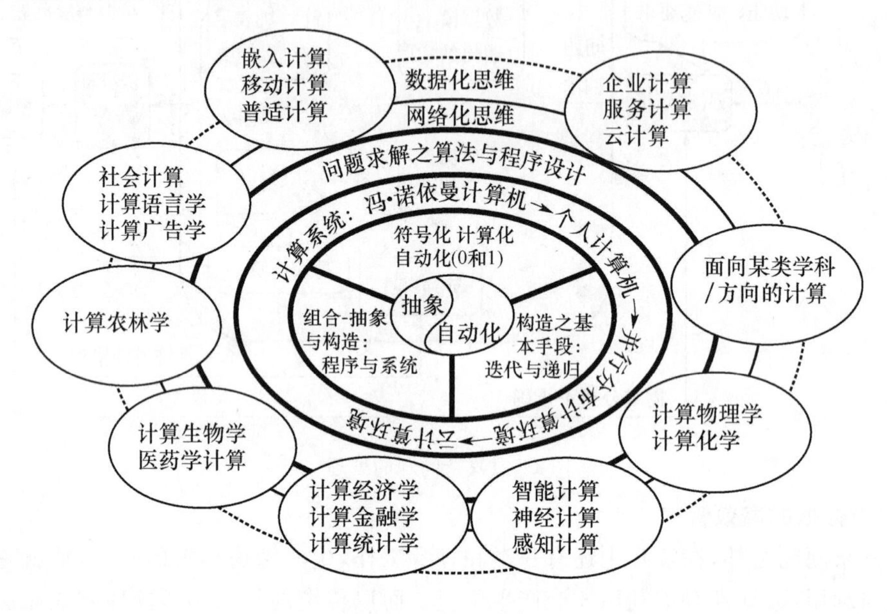

图1-7　计算思维的应用

1. 计算物理

计算思维渗透到物理学产生了计算物理学。计算物理学是随着计算机技术的飞跃进步而不断发展的一门学科，在借助各种数值计算方法的基础上，结合了实验物理和理论物理学的成果，开拓了人类认识自然界的新方法。

当今，计算物理学在自然科学研究中巨大威力的发挥使得人们不再单纯地认为它仅是理论物理学家的一个辅助工具，更广泛意义上，实验物理学、理论物理学和计算物理学已经步入一个三强鼎立的“三国时代”，它们以不同的研究方式来逼近自然规律。计算机数值模拟可以作为探索自然规律的一个很好的工具，其理由是：纯理论不能完全描述自然可能产生的复杂现象，很多现象不是那么容易地通过理论方程加以预见。

2. 计算化学

计算思维渗透到化学产生了计算化学。计算化学是理论化学的一个分支。计算化学的主要目标是利用有效的数学近似以及电脑程序计算分子的性质（例如总能量、偶极矩、四极矩、振动频率、反应活性等）并用以解释一些具体的化学问题。计算化学这个名词有时也用来表示计算机科学与化学的交叉学科。

计算化学的研究领域主要有4个方面。

(1) 数值计算。数值计算即利用计算数学方法，对化学各专业的数学模型进行数值计算或方程求解。

(2) 化学模拟。化学模拟包括：数值模拟，如用曲线拟合法模拟实测工作曲线；过程模拟，是根据某一复杂过程的测试数据，建立数学模型，预测反应效果；实验模拟，是通过数学模型研究各种参数（如反应物浓度、温度、压力）对产量的影响，在屏幕上显示反应设备和反应现象的实体图形，或反应条件与反应结果的坐标图形。

（3）模式识别。最常用的方法是统计模式识别法，例如，根据二元化合物的键参数对化合物进行分类，预报化合物的性质。

（4）化学专家系统。化学专家系统是数据库与人工智能结合的产物，它把知识规则作为程序，让机器模拟专家的分析、推理过程，达到用机器代替专家的效果。

3. 计算生物学

计算生物学是指开发和应用数据分析及理论的方法、数学建模、计算机仿真技术等。当前，生物学数据量和复杂性不断增长，每 14 个月基因研究产生的数据就会翻一番，单单依靠观察和实验已难以应付。因此，必须依靠大规模计算模拟技术，从海量信息中提取最有用的数据。

随着科学技术的发展，计算生物学的应用也越来越广泛，如对生物等效性的研究，皮肤的电阻，骨关节炎的治疗，哺乳动物的睡眠，等等。

4. 计算经济学

计算思维渗透到经济学产生了计算经济学。可以说，一切与经济研究有关的计算都属于计算经济学。

20 世纪 90 年代以来，计算经济学最大地影响了经济学研究工具和方法的演进。例如，近期很多经济模型被定为动态规划问题，因为这种方法能达到不确定环境中的最优化；在经济分析中，经济优化问题由于被设想的过分复杂细致，成为了一个具有与汉诺塔一样计算复杂度的问题，因而使用人工智能的方法解决；经济增长模型的数理性研究被计算性的替代；在金融市场研究中的例子更是举不胜举。

总之，计算思维正在对社会经济结构产生巨大冲击，因而将不可避免地改变经济学理论和方法。

项目实施 4　计算之树——大学计算思维教育空间

计算（机）学科存在着哪些“核心的”计算思维，哪些计算思维对非计算机专业学生可能会产生影响和借鉴呢？哈尔滨工业大学以战德臣教授为首的教学团队，将计算技术与计算系统的发展绘制成一棵树，如图 1-8 所示，并将其称为“计算之树”，为学习者指明未来的学习方向。

1. 计算之树的树根——计算技术与计算系统的奠基性思维

计算之树的树根体现的是计算技术与计算系统的最基础、最核心的或者说奠基性的技术或思想，这些思想对于今天乃至未来研究各种计算手段仍有着重要的影响。

（1）“0 和 1”的思维。计算机本质上是以 0 和 1 为基础来实现的，现实世界的各种信息（数值性和非数值性）都可被转换成 0 和 1，进行各种处理和变换，然后再将 0 和 1 转换成满足人们视、听、触等各种感觉的信息。0 和 1 可将各种运算转换成逻辑运算来实现，逻辑运算又可由晶体管等元器件实现，进而组成逻辑门电路再构造复杂的电路，由硬件实现计算机的复杂功能，这种由软件到硬件的纽带是 0 和 1。“0 和 1”的思维体现了语义符号化、符号 0（和）1 化、0（和）1 计算化、计算自动化、分层构造化、构造集成化的思维，是最重要的一种计算思维。

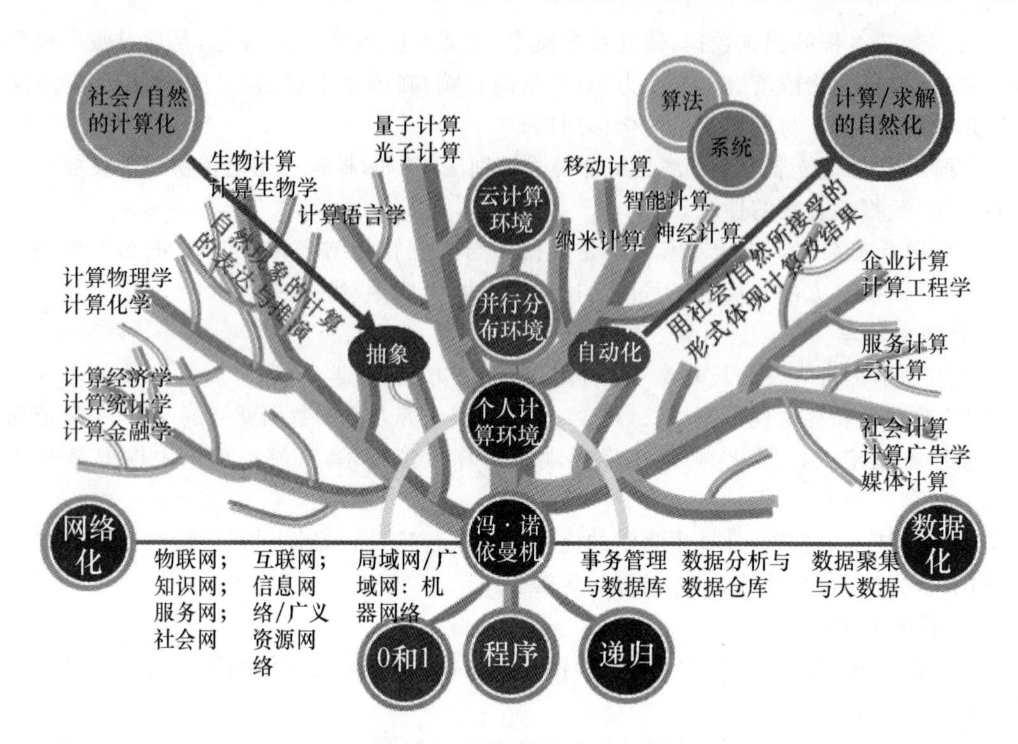

图 1-8　计算之树——大学计算思维教育空间

(2)“程序”的思维。一个复杂系统是怎样实现的？系统可被认为是由基本动作(基本动作是容易实现的)以及基本动作的各种组合所构成(多变的、复杂的动作可由基本动作的各种组合来实现)。因此实现一个系统仅需实现这些基本动作以及实现一个控制基本动作组合与执行次序的机构。对基本动作的控制就是指令，而指令的各种组合及其次序就是程序。系统可以按照“程序”控制“基本动作”的执行以实现复杂的功能。计算机或者计算系统就是能够执行各种程序的机器或系统。指令与程序的思维也是最重要的一种计算思维。

(3)“递归”的思维。递归是计算技术的典型特征，递归是可以用有限的步骤描述实现近于无限功能的方法，有递归过程、递归算法、递归程序。递归过程指的是能调用自身过程的过程，递归算法指的是包含递归过程的算法，递归程序指的是直接或间接调用自身程序的程序。它是可以以自身调用自身、高阶调用低阶来实现问题求解的一种思维。它借鉴的是数学上的递推法，在有限步骤内，根据特定法则或公式，对一个或多个前面的元素进行运算得到后续元素，以此确定一系列元素的方法。递归思维也是最重要的一种计算思维。

2. 计算之树的树干——通用计算环境的进化思维

计算之树的树干体现的是通用计算环境暨计算系统的发展与进化。深入理解通用计算系统所体现出的计算思维对于理解和应用计算手段进行各学科对象的研究，尤其是应用专业化计算手段的研究有着重要的意义。这种发展，可从四个方面来看。

(1) 冯·诺依曼机。冯·诺依曼计算机体现了存储程序与程序自动执行的基本思想。程序和数据事先存储于存储器中，由控制器从存储器中一条接一条地读取指令、分析指令并依据指令按时钟节拍产生各种电信号予以执行。它体现的是程序如何被存储、如何被 CPU(控制器和运算器)执行的基本思维。理解冯·诺依曼计算机如何执行程序对于利用算法和程序手段解决社会/自然问题有重要的意义。

（2）个人计算环境。个人计算环境本质上仍旧是冯·诺依曼计算机，但其扩展了存储资源，由内存（RAM/ROM）、外存（硬盘/光盘/软盘）等构成了存储体系，随着存储体系的建立，程序被存储在永久存储器（外存）中，运行时被装入内存再被 CPU 执行。它引入了操作系统以管理计算资源，它体现的是在存储体系环境下程序如何在操作系统协助下被硬件执行的基本思维。

（3）并行与分布计算环境。并行与分布计算环境通常是由多 CPU（多核处理器）、多磁盘阵列等构成的具有较强并行处理能力的复杂的服务器环境，这种环境通常应用于局域网络/广域网络的计算系统的构建，体现了在复杂环境下（多核、多存储器）程序如何在操作系统协助下被硬件并行、分布执行的基本思维。

（4）云计算环境。云计算环境通常由高性能计算结点（多计算机系统、多核微处理器）和大容量磁盘存储结点所构成，为充分利用计算结点和存储结点，能够按照使用者需求动态配置形成所谓的“虚拟机”和“虚拟磁盘”，而每一个虚拟机、每一个虚拟磁盘则像一台计算机、一个磁盘一样来执行程序或存储数据。一个计算/存储结点可按照使用者需求动态地配置形成多个虚拟机/虚拟磁盘等。它体现的是按需索取、按需提供、按需使用的一种计算资源虚拟化、服务化的基本思维。

图灵奖获得者 Edsger Dijkstra 说过：“我们所使用的工具对我们的思维习惯会产生重要影响，进而它将影响我们的思维能力。”

这从一个方面说明，通用计算环境的进化思维是很重要的计算思维，理解了计算环境，不仅对新计算环境的创新有重要影响，而且对基于先进计算环境的跨学科创新也会产生重要的影响。

3. 计算之树的双色树干——交替促进与共同进化的问题求解思维

利用计算手段进行面向社会/自然的问题求解思维，主要包含交替促进与共同进化的两个方面：算法和系统。

（1）算法。算法被誉为计算系统之灵魂，算法是一个有穷规则之集合，它用规则规定了解决某一特定类型问题的运算序列，或者规定了任务执行或问题求解的一系列步骤。问题求解的关键是设计算法，设计可实现的算法，设计可在有限时间与空间内执行的算法，设计尽可能快速的算法。算法具有输入/输出（I/O 值），具有终止性、确定性、平台独立性等特性。构造和设计算法是问题求解的关键，通常强调数学建模，并考虑可计算性与计算复杂性，算法研究通常被认为是计算学科的理论研究。

（2）系统。尽管系统的灵魂是算法，但仅有算法是不够的，系统是由相互联系、相互作用的若干元素构成，且具有特定结构和功能/性能的计算与社会/自然环境融合的统一体，它对社会/自然问题提供了普适的、透明的、优化的综合解决方案。系统具有理论上可无限多次的输入/输出，具有非终止性、非确定性、非平台独立性等特性，设计和开发计算系统（如硬件系统、软件系统、网络系统、信息系统、应用系统等）是一项综合的、复杂的工作。如何对系统的复杂性进行控制，化复杂为简单？如何使系统相关人员理解一致，采用各种模型（更多的是非数学模型，用数学化的思维建立起来的非数学的模型）来刻画和理解一个系统？如何优化系统的结构（尤其是整体优化和动态优化），保证可靠性、安全性、实时性等各种特性？这些都需要“系统”或系统科学思维。

算法和系统就好比是：系统是“龙”，而算法是“睛”，既要画龙，又要点睛。

4. 计算之树的树枝——计算与社会/自然环境的融合思维

计算之树的树枝体现的是计算学科的各个分支研究方向，如智能计算、普适计算、个人计算、社会计算、企业计算、服务计算等；也体现了计算学科与其他学科相互融合产生的新的研究方向，如计算物理学、计算化学、计算语言学、计算经济学等。

(1) 社会/自然的计算化。由树枝到树干，体现了社会/自然的计算化，即社会/自然现象的计算的表达与推演，着重强调利用计算手段来推演/发现社会/自然规律。换句话说，将社会/自然现象进行抽象，表达成可以计算的对象，构造对这种对象进行计算的算法和系统，来实现社会/自然的计算，进而通过这种计算发现社会/自然的演化规律。

(2) 计算/求解的自然化。由树干到树枝，体现了计算/求解的自然化，着重强调用社会/自然所接受的形式或者说与社会/自然相一致的形式来展现计算及求解的过程与结果。例如，将求解的结果以视听视觉化的形式展现(多媒体)，将求解的结果以触觉的形式展现(虚拟现实)，将求解的结果以现实世界可感知的形式展现(自动控制)等。

社会/自然的计算化和计算/求解的自然化，本质上体现了不同抽象层面的计算系统的基本思维，其核心还是“抽象”与“自动化”特征，这种抽象与自动化可在多个层面予以体现，简单而言，可划分为三个层面。

① 机器层面——协议(抽象)与编码器/解码器等(自动化)，解决机器与机器之间的交互问题，“协议”是机器之间交互约定的语言，而编码器/解码器等则是这种表达即协议的自动实现、自动执行。

② 人机层面——语言(抽象)与编译器/执行器(自动化)，解决人与机器之间的交互问题，“语言”是人与机器之间交互约定的表达，而编译器/执行器则是这种语言的自动解释和自动执行。

③ 业务层面——模型(抽象)与执行引擎/执行系统(自动化)，解决业务系统与计算系统之间的交互问题。

5. 计算之树的另外两个维度——网络化思维和数据化思维

由树干到树枝绘制三个同心半圆可将计算之树划分为三个层次来表征计算之树的另外两个维度：网络化思维维度和数据化思维维度。

(1) 网络化思维维度。计算与社会/自然环境的融合促进了网络化社会的形成，由计算机构成的机器网络(局域网/广域网)到由网页/文档构成的信息网络，再到物联网、知识与数据网、服务网、社会网等，促进了物物互联、物人互联、人人互联为特征的网络化环境与网络化社会，极大地改变了人们的思维，不断地改变着人们的生活与工作习惯。

(2) 数据化思维维度。计算能力的提高促进了人们对数据的重视，用数据说话、用数据决策、用数据创新已形成社会的一种常态和共识。数据被视为知识的来源，被认为是一种财富。计算系统由早期关注数据的处理，发展为面向事务数据的管理(数据库)，面向分析的数据仓库与数据挖掘，再到当前的“大数据”，极大地改变了人们对数据的认识，一些看起来不可能实现的事情，在“大数据”环境下成为可能。

◆ 归纳总结

计算思维是运用计算机科学的基础概念进行问题求解、系统设计以及人类行为理解等涵盖计算机科学之广度的一系列思维活动，其本质是抽象与自动化。

大学计算思维的教育空间可表示为计算之树。

计算之树的维度：奠基性思维（0 和 1、程序和递归）、通用计算环境的演化（冯・诺依曼计算机、个人计算环境、并行与分布计算环境和云计算环境）、问题求解（算法和系统）、计算与社会/自然环境的融合思维（三个方面的抽象和自动化：语言-编译器、协议-编解码器、模型-系统）、数据化思维（数据聚集、数据挖掘、数据运用）、网络化思维（机器网络、信息网络和网络化社会）。

1.3　项目 3——配置一台微机

◆ 项目导入

小王喜欢玩电脑游戏，并且还可以称得上是一个游戏高手。这天她的一个朋友要她到科技市场帮忙组装一台电脑，她以为自己能够办好这件事，但到科技市场后，才发觉自己在电脑上专用术语非常缺乏，由于长时间沉溺于电脑游戏，对当前电脑硬件的发展也不是很了解。她只好支支吾吾，对朋友说，她回去了解一下行情，隔天再为朋友组装电脑。

为了帮助朋友组装一台物美价廉适合朋友使用的电脑，挽回上次科技市场的尴尬之旅，小王翻书查资料，上网站了解硬件行情，功夫不负有心人，从微机的性能指标到每一个配件的价格，她都了如指掌，终于为她的朋友组装了一台性能良好、价格适中的电脑。下面她就把自己了解到的计算机基础知识分解成多个知识点，分享给大家。

◆ 项目分析

计算机是一个复杂的系统，现代计算机由硬件、软件、数据和网络组成。要想顺利完成本项目，必须了解计算机系统的组成及其工作原理，微机系统的软硬件结构，微型计算机的主要性能指标，如何配置微机系统，计算机中各部件如何连接。下面将从冯・诺依曼计算机体系结构学起，逐步了解计算机系统的组成及微机系统的组成结构。

项目实施 1　冯・诺依曼计算机体系结构

20 世纪 30 年代中期，匈牙利科学家冯・诺依曼提出，采用二进制作为数字计算机的数制基础。同时，他提出应预先编制计算程序，然后由计算机按照程序进行数值计算。1945 年，他又提出在数字计算机的存储器中存放程序的概念，这些所有现代电子计算机共同遵守的基本规则，被称为"冯・诺依曼体系结构"，按照这一规则建造的计算机就是存储程序计算机，又称为通用计算机。

1. 程序与指令

1）程序

计算机的产生为人们解决复杂问题提供了可能，但从本质上讲，不管计算机功能多强大，构成多复杂，它只是一台机器而已。它的整个执行过程必须被严格和精确地控制，完成该功能的便是程序。

简单地讲,程序是为实现特定目标或解决特定问题而用计算机语言编写的命令序列的集合。为实现预期目的而进行操作的一系列语句和指令。

2) 指令

程序由指令组成,指令能被计算机硬件理解并执行。一条指令就是程序设计的最小语言单位。一条计算机指令用一串二进制代码表示,由操作码和操作数两个字段组成。操作码指明该指令要完成的操作的类型或性质,如取数、做加法或输出数据等。操作数部分经常以地址码的形式出现,指明操作对象的内容或所在的存储单元地址。

一台计算机能执行的全部指令的集合,称为这台计算机的指令系统。指令系统根据计算机使用要求设计,准确地定义了计算机对数据进行处理的能力。不同种类的计算机,其指令系统的指令数目与格式也不同。指令系统越丰富完善,编制程序就越方便灵活。

2. 基本原理

冯·诺依曼提出的计算机的基本原理如下。

(1) 五大功能部件:计算机由控制器、运算器、存储器、输入设备和输出设备5大基本部件组成。

(2) 采用二进制:计算机内部采用二进制来表示指令和数据。

(3) 存储程序原理:将编制好的程序送入存储器中,然后启动计算机工作,计算机无需操作人员干预,能自动逐条取出指令和执行指令。

从以上三条可以看出,冯·诺依曼设计思想最重要之处在于明确地提出了"程序存储"的概念,他的全部设计思想实际上是对"程序存储"概念的具体化。

3. 计算机的工作过程

根据冯·诺依曼的设计,计算机应能自动执行程序,而执行程序又归结为逐条执行指令。

① 取出指令:从存储器某个地址中取出要执行的指令送到CPU内部的指令寄存器暂存。

② 分析指令:把保存在指令寄存器中的指令送到指令译码器,译出该指令对应的微操作。

③ 执行指令:根据指令译码器向各个部件发出相应控制信号,完成指令规定的操作;为执行下一条指令做好准备,即形成下一条指令地址。

计算机的工作原理可以概括为"存储程序"和"程序控制",就是通常所说的"顺序存储程序"概念。我们把按照这一原理设计的计算机称为"冯·诺依曼型计算机",其早期基本结构如图1-9所示,这种结构以运算器为中心,输入/输出数据或程序要通过运算器,进行运算也要通过运算器,从而争夺运算器资源。而目前的计算机,基本都采用了图1-10所示结构,以存储器为中心的结构。从计算机的第一代至第四代,一直没有突破冯·诺依曼的基本体系结构,目前绝大多数计算机都是基于冯·诺依曼计算机模型而开发的。

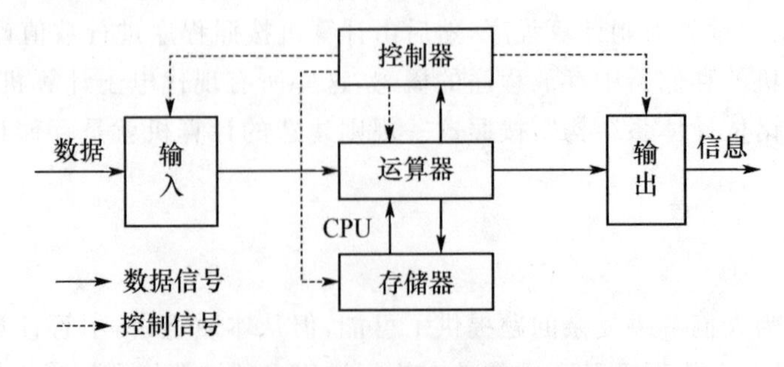

图1-9 典型的冯·诺依曼计算机结构框图

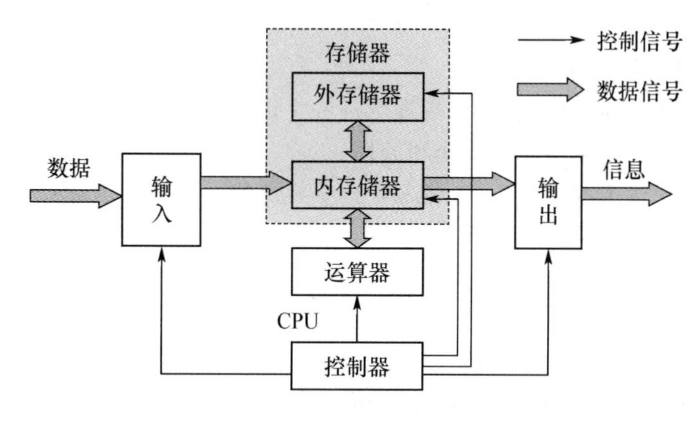

图 1-10　现代计算机结构框图

项目实施 2　计算机系统组成

一个完整的计算机系统由硬件系统和软件系统两部分组成，如图 1-11 所示。硬件系统是构成计算机系统的各种物理设备的总称，它包括主机和外部设备两部分。

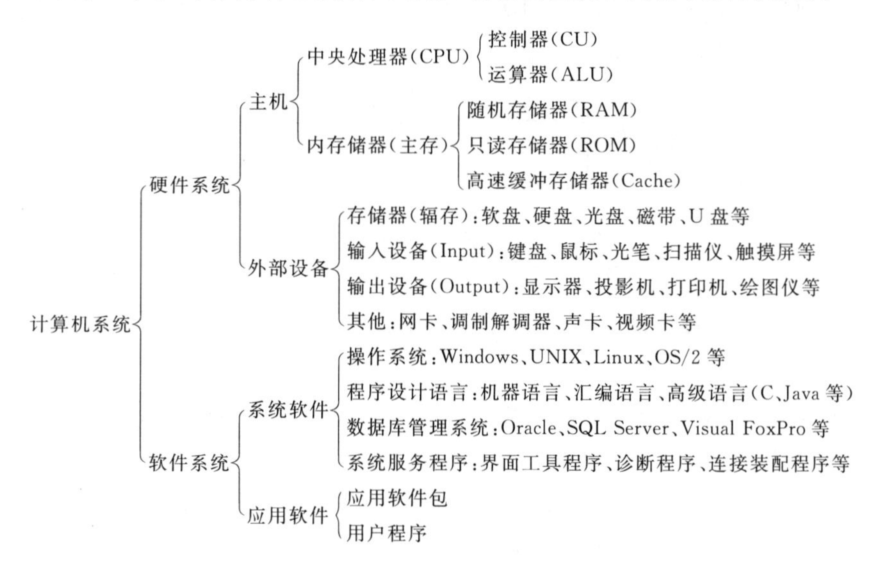

图 1-11　计算机系统的组成

1. 主机

1) 中央处理器 CPU(Central Processing Unit)

CPU 是计算机硬件系统的核心，主要包括运算器(ALU)和控制器(CU)两大部件。它是负责运算和控制的中心，计算机的所有操作都受 CPU 控制，所以它的品质直接影响着整个计算机系统的性能。CPU 可以直接访问内存储器，它和内存储器构成了计算机的主机，是计算机的主体。

(1) 运算器 ALU(Arithmetic and Logical Unit)。

运算器主要功能是对二进制数码进行算术或逻辑运算，它的速度几乎决定了计算机的计算速度。

(2) 控制器CU(Control Unit)。

控制器是计算机的神经中枢，由它指挥全机各个部件自动、协调地工作，保证计算机按照预先规定的目标和步骤有条不紊地操作和处理。

控制器从内存中逐条取出指令，分析每条指令规定的是什么操作(操作码)，以及进行该操作的数据在存储器中的位置(地址码)。然后，根据分析结果，向计算机其他部分发出控制信号。

2) 内存储器(主存储器、Main Memory)

存储器是计算机的记忆装置，负责存储程序和数据。存数是指往存储器里"写入"数据；取数是指从存储器里"读取"数据。读写操作统称对存储器的访问。存储器分为内存储器(简称内存)和外存储器(简称外存)两类。

内存储器分为随机存储器(RAM)、只读存储器(ROM)和高速缓冲存储器。

2. 外部设备

1) 外存储器(辅助存储器、Memory)

外存储器(简称外存)，是存放程序和数据的"仓库"，可以长时间保存大量信息。外存与内存相比容量要大得多。但外存的访问速度远比内存要慢，中央处理器(CPU)只能直接访问存储在内存中的数据。外存中的数据只有先调入内存后，才能被中央处理器访问和处理。CPU、内存、外存间的关系如图1-12所示。

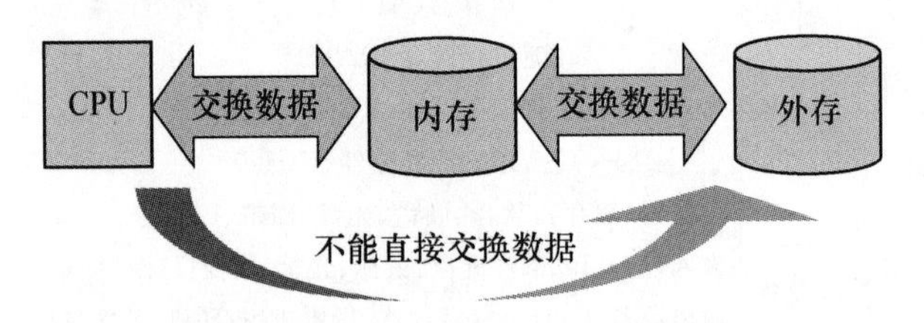

图1-12 CPU、内存、外存间的关系

2) 输入设备(Input Devices)

输入设备是用来向计算机输入命令、程序、数据、文本、图像、音频和视频等信息的。其主要作用是把人们可读的信息转换为计算机能识别的二进制代码输入计算机，供计算机处理。例如，用键盘输入信息时，敲击它的每个键位都能产生相应的电信号，再由电路板转换成相应的二进制代码送入计算机。目前常用的输入设备是键盘、鼠标器、光笔、扫描仪、麦克风等。

3) 输出设备(Output Devices)

输出设备的主要功能是将计算机处理后的各种内部格式的信息转换为人们能识别的形式(如文字、图形、图像和声音等)表达出来。例如，在纸上打印出印刷符号或在屏幕上显示字符、图形等。常见的输出设备有显示器、打印机、绘图仪和音箱，它们分别能把信息直观地显示在屏幕上或打印出来。

4) 接口设备

接口设备主要是指网络设备、声卡、显卡等。

项目实施 3　微型计算机硬件系统

微型计算机的特点是利用大规模集成电路和超大规模集成电路技术，将运算器和控制器做在一个集成电路芯片上(微处理器)。因此，微型计算机简称为微机。微机具有体积小、重量轻、可靠性高、价格低廉等优势，通常所说的 PC 机都属于微型计算机。台式微机硬件系统组成如图 1-13 所示。

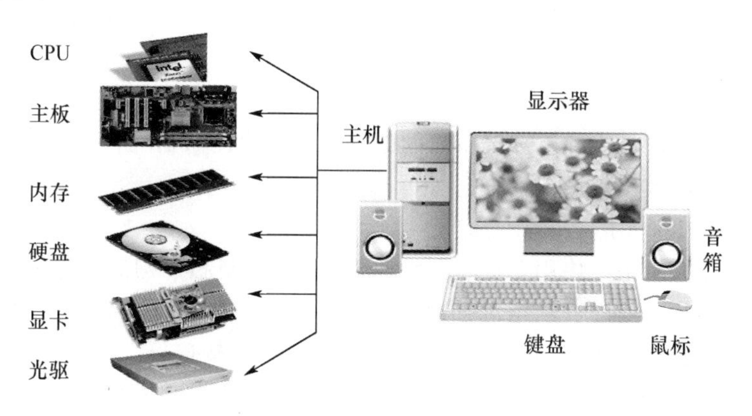

图 1-13　微型计算机硬件系统组成

1. 总线

总线(Bus)是微型计算机中用于连接 CPU、存储器、输入/输出接口等部件的一组信号线和控制电路，是系统内各种部件之间共享的一组公共数据传输线路。总线由多条信号线路组成，每条信号线路可以传输二进制的 0 或 1 信号。微型计算机中的总线一般分为内部总线、系统总线和外部总线。

1) 内部总线

内部总线位于微处理器 CPU 的内部，也称芯片内部总线，用于运算器(ALU)、控制器和各种寄存器之间的相互连接及信息传送。由于受芯片面积及对外引脚数的限制，片内总线大多采用单总线结构。

2) 系统总线

系统总线是指主板上连接微型计算机中各功能部件之间的总线，是微机系统中最重要的总线，通常采用三总线结构。从功能上分为地址总线、数据总线和控制总线，如图 1-14 所示。

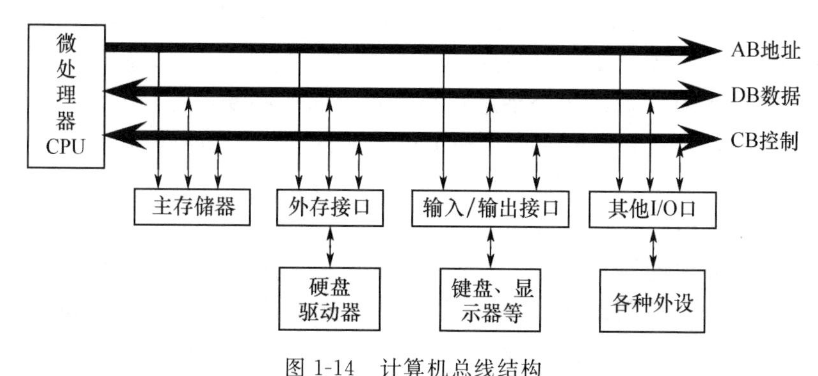

图 1-14　计算机总线结构

(1) 地址总线 AB(Address Bus):用于传送由 CPU 发出的地址信息,该地址信息或为 CPU 要访问的内存单元地址,或为 CPU 要访问的输入/输出接口的地址信息。地址总线是单向总线,其位数决定了 CPU 可直接寻址的内存空间大小。

(2) 数据总线 DB(Data Bus):用于传送数据信息,是 CPU 与内存、CPU 与输入/输出接口之间传输数据的通道,是双向总线。

(3) 控制总线 CB(Control Bus):用于传送控制信息和时序信息。控制信息中,有的是 CPU 向内存或 CPU 向 I/O 接口电路发出的信号,如读/写信息、片选信号、中断响应信号等。控制总线上的信息传送方向由具体控制信号而定,一般是双向的,控制总线的位数要根据系统的实际需要确定。

3) 外部总线

外部总线是微型计算机和外部设备之间的总线,微型计算机作为一种设备,通过该总线和其他设备进行信息与数据交换。

2. 主板(Main Board)

主板是微型计算机中一块用于安装各种插件,并由控制芯片构成的电路板。主板上不仅有芯片组、BIOS 芯片、各种跳线、电源插座,还提供以下插槽:CPU 插槽、内存插槽、总线扩展槽、IDE 接口、软盘驱动器接口,以及串行口、并行口、PS/2 接口、USB 接口、CPU 风扇电源接口、各类外设接口等,如图 1-15 所示。在微型计算机中,所有其他部件和各种外部设备通过主板有机的连接起来,构成完整的系统。

图 1-15　微机系统主板

主板有 XT 主板、AT 主板、ATX 主板、BTX 主板等类型,目前的市场主流为 ATX 主板。不同类型的 CPU 往往需要不同类型的主板与之匹配。主板性能的高低主要由北桥芯片决定。主板功能的多少,往往取决于南桥芯片与主板上的一些专用芯片。主板 BIOS 芯片将决定主板兼容性的好坏。芯片组决定后,主板上电子元件的选择和主板生产工艺将决定主板的稳定性。

3. 中央处理器 CPU

CPU 是微型计算机的核心芯片。它是一个体积不大而元件集成度高、功能强的芯片,主要包括运算器(ALU)和控制器(CU)两大部件。CPU 又称微处理器 MPU(Micro-Processor Unit)。CPU 是整个计算机系统的控制中心,它严格按照规定的脉冲频率工作,一般来说,工作频率越高，CPU 工作速度越快，能够处理的数据量也就越大，功能也就越强。

在 CPU 技术和市场上，Intel 公司一直占据着主导地位，目前的主要产品是酷睿(Core)系列，主要用于台式微机和笔记本微机；至强(Xeon)系列，主要面向 PC 服务器；凌动(Atom)系列，主要用于平板微机。AMD(超微)公司的 CPU 产品主要是 Athlon 系列，IBM(国际商业机器)公司，ARM(安媒)公司等。CPU 组成如图 1-16 所示。

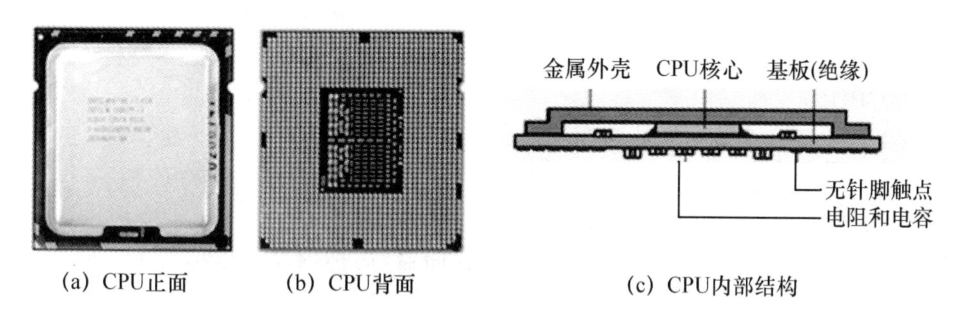

(a) CPU正面　(b) CPU背面　(c) CPU内部结构

图 1-16　CPU 组成

CPU 技术性能包括：系统结构、指令系统、处理字长、工作频率、高速缓存容量、加工线路宽度、工作电压等。

(1) 处理字长：CPU 内部运算单元一次处理二进制数据的位数。目前微机 CPU 绝大部分为 64 位产品。

(2) 工作频率：CPU 每一秒钟工作的周期数，单位 Hz(赫兹)，例如，1 GHz＝10 亿个计算周期。

CPU 技术的新发展

近年来，CPU 技术发展的重点转向了多核 CPU、64 位 CPU、嵌入式 CPU 等。

1) 多核 CPU 技术

与传统的单核 CPU 相比，多核 CPU 带来了更强的并行处理能力，并大大减少了 CPU 的发热和功耗。在大多 CPU 厂商的产品中，4 核、8 核甚至 12 核 CPU 已经占据了主要地位。

多核 CPU 的内核拥有独立的 L1 缓存，共享 L2 缓存、内存子系统、中断子系统和外设，因此，系统设计师需要让每个内核独立访问某种资源，并确保资源不会被其他内核上的应用程序争抢。

多核的出现让微机系统的设计变得更加复杂。多核 CPU 与单核 CPU 很大的不同就是它需要软件的支持，只有在基于线程化的软件上应用多核 CPU，才能发挥出应有的效能。

2) 64 位 CPU

64 位 CPU 技术是指通用寄存器的数据宽度为 64 位，也就是说处理器一次可以处理 64 位二进制数据。

64 位计算主要有两大优点：可以进行更大范围的整数运算和可以支持更大的内存。不能简单地认为 64 位 CPU 的性能是 32 位 CPU 性能的 2 倍，实际上在 32 位操作系统和 32 位应用软件下，32 位 CPU 的性能甚至会比 64 位 CPU 强。要实现真正意义上的 64 位计算，光有 64 位 CPU 是不够的，还必须有 64 位操作系统及 64 位应用软件的支持才行，三者缺一不可，缺少其中任何一种要素都无法实现64位计算。

在64位CPU方面，Intel和AMD两大厂商都发布了多个系列、多种规格的64位CPU，而在操作系统和应用软件方面，目前的情况不容乐观，操作系统最好的选择是Windows 7或者Windows 8、Windows 10。应用软件也正在进一步开发中。

3）嵌入式CPU

嵌入式处理器是嵌入式系统的核心，是控制、辅助系统运行的硬件单元。范围极其广阔，从最初的4位处理器，到目前仍在大规模应用的8位单片机，到最新的受到广泛青睐的32位、64位嵌入式CPU。

嵌入式微处理器与普通台式计算机的微处理器设计在基本原理上是相似的，但是工作稳定性更高，功耗较小，对环境的适应能力强，体积更小，且集成的功能较多。

4. 内存储器(主存储器、Main Memory)

存储器分为两大类：一类是设在主机的内部存储器（简称内存），也称为主存储器；另一类是属于计算机外部设备的存储器（简称外存），也称为辅助存储器（简称辅存），存储器分类如图1-17所示。微机中的内存条如图1-18所示。

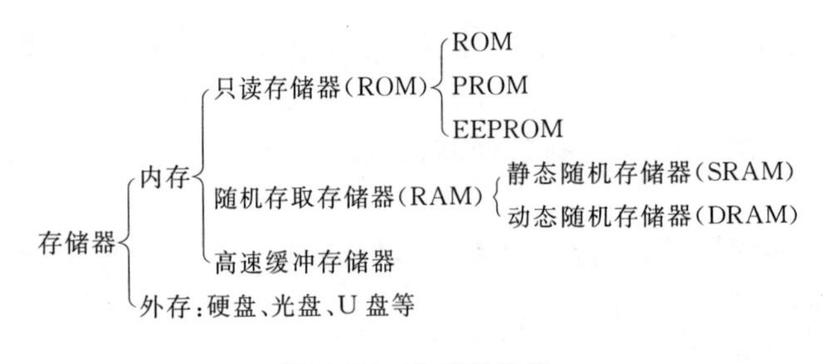

图1-17　存储器分类

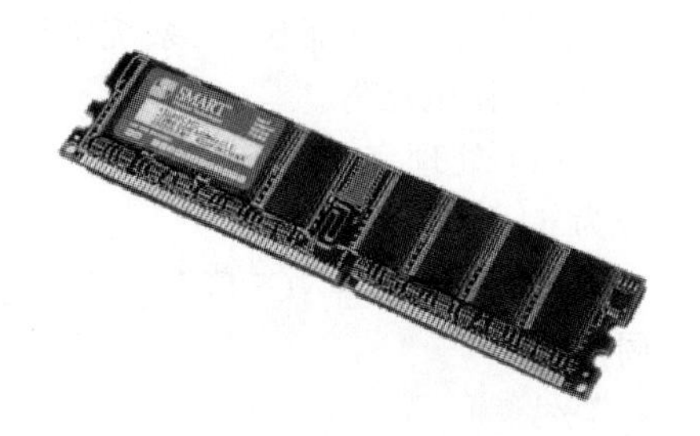

图1-18　内存储器

内存是微机的主要技术指标之一，其大小容量和性能直接影响系统运行情况。内存的主要技术指标如下。

1）内存的计量单位

内存有大量的半导体存储单元组成，每个存储单元可存放1位(bit)二进制数据，8个存储单元称为一个字节(Byte，B)。内存单元是指存储单元中的字节数，通常以KB、MB、GB、TB作为单位。其中：

$$1\ \text{B} = 8\ \text{bit}$$
$$1\ \text{KB} = 2^{10}\ \text{B} = 1\,024\ \text{B}$$
$$1\ \text{MB} = 2^{10}\ \text{KB} = 1\,024\ \text{KB} = 2^{20}\ \text{B}$$
$$1\ \text{GB} = 2^{10}\ \text{MB} = 2^{20}\ \text{KB} = 2^{30}\ \text{B}$$
$$1\ \text{TB} = 2^{10}\ \text{GB} = 2^{20}\ \text{MB} = 2^{30}\ \text{KB} = 2^{40}\ \text{B}$$

目前微机内存容量主流配置为8 GB、16 GB。

2）内存的类型

现在微机内存均采用CMOS工艺制作而成的半导体存储芯片。内存可分为随机存取存储器(RAM)和只读存储器(ROM)，RAM又分为动态随机访问存储器(DRAM)和静态随机访问存储器(SRAM)。

随机存储器RAM有两个重要的特点：一是其中的信息随时可以读出或写入，当写入时，原来存储的数据将被冲掉；二是加电使用时其中的信息会完好无缺，但是一旦断电（关机或意外掉电），RAM中存储的数据就会消失，而且无法恢复。内存容量实质上指RAM的容量（因为ROM可存储容量为0）。

只读存储器ROM(Read Only Memory)主要用来存放固定不变的控制计算机的系统程序和数据。ROM中的信息是在制造时用专门设备一次写入的，存储的内容是永久性的，即使关机或掉电也不会丢失。

由于CPU速度的不断提高，而主存由于容量大、寻址系统繁多、读写电路复杂等原因，造成了主存的工作速度大大低于CPU的工作速度，直接影响了计算机的性能。为了解决主存与CPU工作速度上的矛盾，设计者们在CPU和主存之间增设一种容量不大、但速度很高的高速缓冲存储器（Cache），通常有一级（L1 Cache）、二级（L2 Cache）、三级（L3 Cache）高速缓存。Cache大大缓解了高速CPU与低速内存的速度匹配问题。目前CPU内部的Cache容量一般为1～10 MB，甚至更高。

5. 外部存储器(辅助存储器)

与内存相比，外部存储器的特点是存储量大、价格较低，而且在断电的情况下也可以长期保存信息，所以又称为永久性存储器。目前最常用的有硬盘、光盘和U盘存储器等，如图1-19所示。

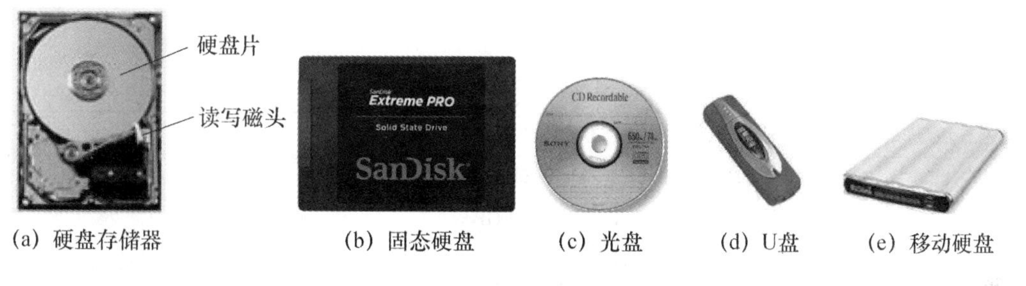

(a) 硬盘存储器 (b) 固态硬盘 (c) 光盘 (d) U盘 (e) 移动硬盘

图1-19 外存储器

1) 硬盘存储器

硬盘是由若干片硬盘片组成的盘片组，一般被固定在计算机机箱内。硬盘的容量大，存取速度快。目前生产的硬盘容量一般为250 GB ～2 TB。在计算机系统中，硬盘驱动器的符号用一个英文字母表示，也称为盘符，如果只有一个硬盘，一般称为C盘，如果有两个硬盘，称为C盘和D盘，或者将一个硬盘分成两个区，也称为C盘和D盘。

为了能在盘面的指定区域上读写数据，必须将每个磁盘面划分为数目相等的同心圆，称之为磁道，每个磁道又等分为若干个弧段，称为扇区（Sector）。磁道按径向从外向内，依次从0开始编号，盘片组中相同编号的磁道形成了一个假想的圆柱，成为磁盘的柱面（Cylinder）。显然，柱面数等于盘面上的磁道数。每个盘面有一个径向可移动的读写磁头（Head），自然，磁头数就是构成柱面的盘面数。通常，一个扇区的容量为512字节。与主机交换信息是以扇区为单位进行的。所以磁盘的容量计算公式是：

磁盘的容量＝柱面数(C)×磁头数(H)×扇区数(S)×512 B

2) 固态硬盘

固态硬盘（Solid State Drives），简称固盘（SSD），具有以下特点。

(1) 读写速度快。采用闪存作为存储介质，读取速度相对机械硬盘更快。固态硬盘不用磁头，寻道时间几乎为0，持续写入的速度和随机读写速度快，存取时间极低。

(2) 物理特性,低功耗、无噪音、抗震动、低热量、体积小、工作温度范围大。固态硬盘没有机械马达和风扇,工作时噪音值为 0 分贝。

(3) 固态硬盘比机械硬盘更耐用、更低温、更抗震、更便携。它的外观可以被制作成多种模样,例如:笔记本硬盘、微硬盘、存储卡、U 盘等样式。广泛应用于军事、车载、工业、医疗、航空等领域。容量通常为:120 GB、240 GB、480 GB、512 GB、1 TB 等。

3) 光盘存储器

原理:运用光盘盘面的凸凹不平,表示“0”和“1”的信息,光驱利用激光头产生激光扫描光盘盘面,读取“0”和“1”的信息。

特点:存储量很大且盘片易于更换,但存储速度比硬盘低一个数量级。

类型:只读型光盘(CD-ROM),只能读取信息,不能写入,一片 5 英寸光盘可以存储 650 MB的信息。一次写入型光盘(CD-R),只能写一次,写后不能修改。可擦型光盘(CD-RW),可以重复读写,但需要光盘刻录机操作。DVD 盘片的容量为 4.7 GB,相当于 CD-ROM 光盘的 7 倍。

4) 辅助存储器

现在移动存储技术发展迅速,辅助存储器包括闪盘(U 盘)、存储卡、移动硬盘等。辅助存储器的容量一般都比较大,大多采用 USB 接口,便于不同计算机之间进行信息交流。各种存储技术的参数比较,如表 1.3 所示。

表 1.3 各种存储技术的参数

各种存储器	体积	容量	特点
闪盘(U 盘)	多样化、最小化	8 GB/32 GB/64 GB/512 GB 等	携带方便、抗震
存储卡	体积最小化	8 GB/16 GB/32 GB/64 GB 等	便于携带,超大空间,防震,多功能
移动硬盘	体积相对偏大	320 GB/500 GB/1 TB/2 TB 等	抗电磁、抗潮,多功能,速度更快、携带轻便

6. 输入设备

输入设备是指能向计算机系统输入信息的设备,如键盘、鼠标、扫描仪、光笔等,如图 1-20 所示。

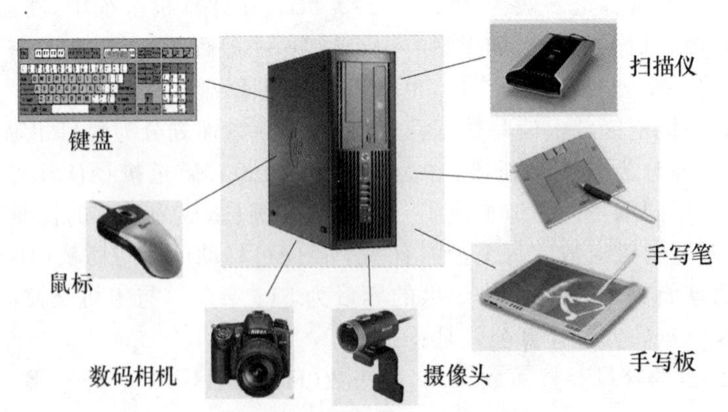

图 1-20 微机常见输入设备

1) 键盘(Keyboard)

键盘是最常用也是最主要的输入设备,通过键盘,可以将英文字母、数字、标点符号等输入到计算机中，从而向计算机发出命令、输入数据等。键盘由一组按阵列方式装配在一起的按键开关组成，每按下一个键就相当于接通了相应的开关电路，把该键的代码通过接口电路送入计算机。键盘的总体分类按照应用可以分为台式机键盘、笔记本电脑键盘、工控机键盘，双控键盘、超薄键盘五大类。

2）鼠标(Mouse)

鼠标是计算机的一种输入设备，分为有线和无线两种，也是计算机显示系统纵横坐标定位的指示器。鼠标按其工作原理的不同可以分为机械鼠标和光电鼠标。

3）其他输入设备

键盘和鼠标是微机中最常用的输入设备，此外还有摄像头、扫描仪、光笔、手写输入板、游戏杆、触摸屏、语音输入装置、条形码阅读器等都属于输入设备。

7. 输出设备

输出设备是指能从计算机系统中输送出信息的设备。如显示器、打印机、投影仪等，如图1-21所示。

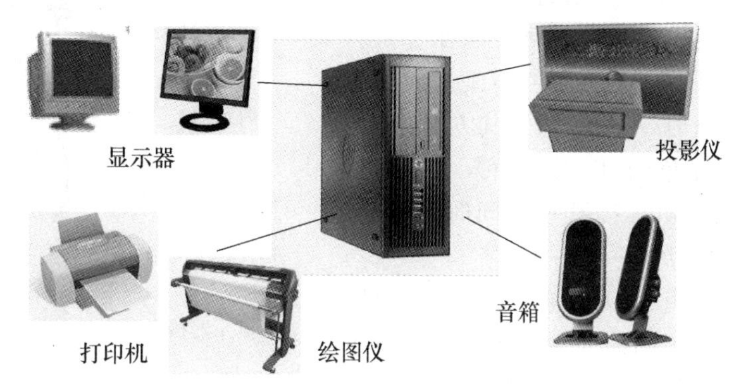

图1-21 微机常见输出设备

1）显示器(Monitor)

显示器也称为监视器，是微机中最重要的输出设备之一，也是人机交互必不可少的设备。显示器用于微机或终端，可显示多种不同的信息。

常用的显示器有阴极射线管显示器(简称CRT)和液晶显示器(简称LCD)。

在选择和使用显示器时，应该了解显示器的主要特性：像素与点距、分辨率、显示器的尺寸等。同时，在购买显示器时，显示器支持的颜色多少、显示器一秒钟更新几次画面的次数，都是考虑的因素。

2）音箱或耳机

见过有的人一边在计算机前操作，一边听着美妙的音乐吗？那就是音箱的杰作。现在，有声有画的多媒体计算机家族越来越壮大，为我们的工作和生活增添了很多的色彩，同时也吸引了很多计算机爱好者，主机的声音通过声卡传递给音箱，再由音箱表达出来，真正把多媒体的效果体现出来。

3）打印机(Printer)

按打印机打印原理可分为击打式打印机和非击打式打印机两大类。击打式打印机中有字符式打印机和针式打印机(又称点阵打印机)。非击打式打印机种类繁多，有静电打印机、热敏式打印机、喷墨式打印机和激光打印机等。激光打印机性能最好，其次喷墨打印机，针式打印机性能较差。

4) 其他输出设备

在微型机上使用的其他输出设备有绘图仪、视频投影仪等。

8. 微机各部位的连接

微机各部件的连接如图 1-22 所示，各部件连接时遵循以下原则。

1) 对号入座原则

对号入座原则，就是根据要连接到主机的部件和设备的连接插头、插座的形状，在主机上找到对应的相同的形状，在连接键盘和鼠标时，一定要注意其方向性，即插头上的小舌头一定要对准插孔中的方形孔。

2) 颜色识别原则

颜色识别原则，就是根据要连接到主机的部件和设备的连接插头、插座的颜色，在主机上找到对应的颜色后，再插入即可完成连接。如：键盘的插头是蓝色的，那么只要将这一插头插在主机背面板上蓝色插座中即可，这个蓝色插座就叫做键盘插座。在连接键盘时，一定要注意其方向性。

鼠标的插头是绿色的，应将其插入主机背面板上对应颜色的插座鼠标插孔中。同时，连接鼠标时也应注意其方向性。

音响的插头是红色的，耳机的插头是黄色的，那么就将它们的插头分别插入主机箱后背的红色和黄色插座中即可，这些插座分别叫做音频输出口和麦克风插孔。

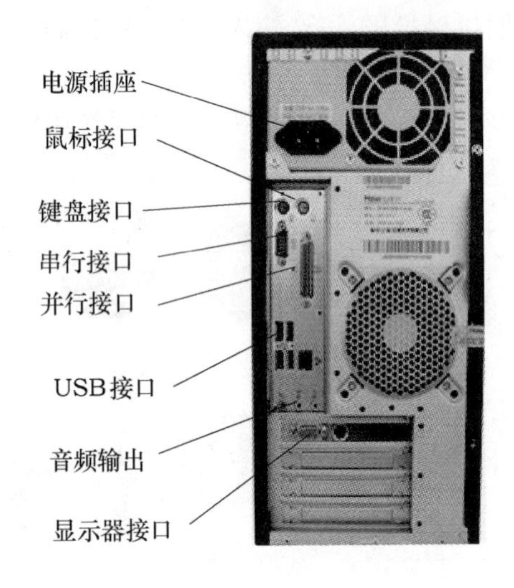

图 1-22 微机各部件的连接

3) 显示器的插头

显示器的插头是一个梯形形状的插头，也是唯一未遵从双色原则的设备，但它的连接依然很方便，因为，显示器的插头是 15 针的插头，只要将其对准主机箱背面板上相同大小的 15 眼的梯形插座，并均匀地稍加用力就可顺利插好。

4) 其他设备

其他设备与主机的连接只要注意颜色配对和方向即可。电源的连接是所有连接操作中的最后一项工作，即在其他设备都连接完成并检查无误后，才可进行电源的连接。

9. 微型计算机的主要性能指标

计算机的性能涉及体系结构、软硬件配置、指令系统等多种因素，一般来说主要有下列技术指标。

1) 字长

字长是指计算机运算部件一次能同时处理的二进制数据的位数，是由 CPU 内部的寄存器、加法器和数据总线的位数决定的。字长标志着计算机处理信息的精度。字长越长，计算机的运算精度就越高，处理能力就越强。当前大多数微机字长是 64 位。

2) 时钟主频

时钟主频是指 CPU 在单位时间(秒)内发出的脉冲数。它的高低很大程度上决定了计算机速度的高低。一般来说,主频越高,速度越快。由于微处理器发展迅速,微机的主频也在不断地提高。目前 CPU 主频约 3.0 GHz 以上。

3) 运算速度

计算机的运算速度通常是指每秒钟执行的加法指令数目,常用每秒百万次 MIPS(Million Instructions Per Second)来表示。这个指标更能直观地反映机器的速度。

4) 存储容量

存储容量分内存容量和外存容量。这里主要是指内存储器的容量。因为所有的程序必须先调入内存才能够运行,所以内存容量越大,机器所能运行的程序就越大,处理能力就越强。目前微机内存的容量一般为 8 G,甚至更多。

5) 存取周期

内存的速度一般用存取时间衡量,即每次与 CPU 间数据处理耗费的时间,以纳秒(ns)为单位。目前大多数 SDRAM 内存芯片的存取时间为 5、6、7、8 或 10 ns。

此外,还有计算机的可靠性、可维护性、外设扩展能力、平均无故障时间和性能价格比也都是计算机的技术指标。

项目实施 4　微型计算机软件系统

软件是计算机运行不可缺少的部分。现代计算机进行的各种事务处理都是通过软件来实现的,用户也是通过软件与计算机进行交互的。

1. 基本人机交互方式

人机交互主要研究系统与用户之间的交互关系。系统可以是各种各样的机器,也可以是计算机化的系统和软件。

人机交互部分的主要作用是控制相关设备的运行和理解,执行通过人机交互传来的各种命令和要求。常见的人机交互方式有三种:命令式、菜单式和图形界面。

2. 计算机软件概述

软件是计算机系统的重要组成部分,随着计算机应用的不断发展,计算机软件也形成了一个庞大的体系,在这个体系中存在着不同类型的软件,它们在计算机系统的运行过程中起着越来越强大的作用。

1) 软件的概念

软件是计算机的灵魂,是计算机应用的关键。如果没有适应不同需要的计算机软件,人们就不可能将计算机广泛地应用于人类社会的生产、生活、科研、教育等几乎所有领域。目前,计算机软件尚无一个统一的定义。但就其组成来说,主要是由程序和相关文档两个部分组成的。程序是计算任务的处理对象和处理规则的描述;文档是为了便于了解程序所需的阐明性资料。程序必须装入机器内部才能工作,文档一般是给用户看的,不一定装入机器。

2) 软件和硬件的关系

现代计算机系统是由硬件系统和软件系统两部分组成的,硬件系统是软件运行的平台,且通过软件系统得以充分发挥和被管理。计算机工作时,硬件系统和软件系统协同工作,通过执行程序而运行,两者缺一不可。软件和硬件之间的关系主要反映在以下三个方面。

(1) 相互依赖协同工作。

计算机硬件建立了计算机应用的物质基础，而软件则提供了发挥硬件功能的方法和手段，扩大了其应用范围，并提供友好的人机界面，以方便用户使用计算机。

(2) 无严格的界限。

随着计算机技术的发展，计算机系统的某些功能即可用硬件实现，又可以用软件实现。采用硬件实现可以提高运算速度，但灵活性不高，当需要升级时，只能更新硬件。而用软件实现则只需升级软件即可，设备不用更换。因此，硬件与软件在一定意义上说没有绝对严格的分界线。

(3) 相互促进协同发展。

硬件性能的提高，可以为软件创造出更好的运行环境，在此基础上可以开发出功能更强的软件。反之，软件的发展也对硬件提出了更高的要求，促使硬件性能的提高，甚至产生新的硬件。

3) 计算机软件的分类

没装任何软件的计算机称为裸机。软件系统由系统软件和应用软件组成。系统软件是计算机系统的必备软件，它是管理、监控和维护计算机资源(包括软件和硬件)的软件，它支持应用软件的运行。系统软件包括操作系统、语言处理程序、语言程序、服务程序、数据库管理系统。应用软件是指计算机用户利用计算机的软、硬件资源为某一专门应用目的而开发的软件。例如:科学计算、工程设计、数据处理、事务管理等方面的程序。计算机软件系统如图 1-23 所示。

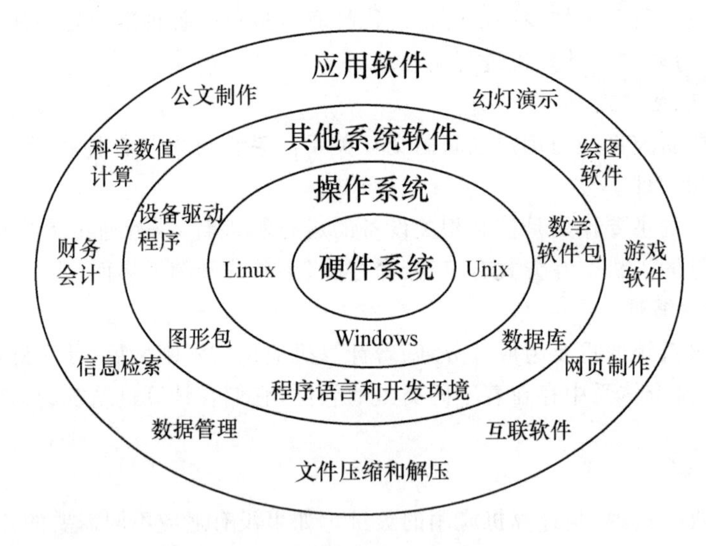

图 1-23　计算机软件系统

3. 系统软件简介

系统软件是计算机系统的一部分，它是支持应用软件的运行的。系统软件为用户开发应用系统提供了一个平台，用户可以使用它，一般不随意修改它。一般常用的系统软件如下。

1) 操作系统 OS(Operating System)

为了使计算机系统的所有资源(包括中央处理器、存储器、各种外部设备及各种软件)协调一致，有条不紊地工作，就必须有一个软件来进行统一管理和统一调度，这种软件称为操作系统。它的功能就是管理计算机系统的全部硬件资源、软件资源及数据资源，使计算机系统所有资源最大限度地发挥作用，为用户提供方便的、有效的、友善的服务界面。

操作系统是一个庞大的管理控制程序，它大致包括如下管理功能：进程与处理机调度、作业管理、存储管理、设备管理、文件管理。实际的操作系统是多种多样的，根据侧重面不同和设计思想不同，操作系统的结构和内容存在很大差别。对于功能比较完善的操作系统，应具备上述 5 个部分。

2）语言处理程序

编写计算机程序所用的语言是人与计算机之间交流的工具，按语言对机器的依赖程度分为机器语言、汇编语言和高级语言。

（1）机器语言（Machine Language）。机器语言是面向机器的语言，每一个由机器语言所编写的程序只适用于某种特定类型的计算机，即指令代码通常随 CPU 型号的不同而不同。它可以被计算机硬件直接识别，不需要翻译。一句机器语言实际上就是一条机器指令，它由操作码和地址码组成。机器指令的形式是用 0、1 组成的二进制代码串。

（2）汇编语言（Assemble Language）。汇编语言是一种面向机器的程序设计语言，它是为特定的计算机或计算机系列设计的。汇编语言采用一定的助记符号表示机器语言中指令和数据，即用助记符号代替了二进制形式的机器指令。这种替代使得机器语言“符号化”，所以汇编语言也是符号语言。每条汇编语言的指令就对应了一条机器语言的代码，不同型号的计算机系统一般有不同的汇编语言。

计算机硬件只能识别机器指令，执行机器指令，对于用助记符表示的汇编指令是不能执行的。汇编语言编写的程序要执行的话，必须用一个程序将汇编语言翻译成机器语言程序，用于翻译的程序称为汇编程序（汇编系统）。

汇编程序是将用符号表示的汇编指令码翻译成为与之对应的机器语言指令码。用汇编语言编写的程序称为源程序，变换后得到的机器语言程序称为目标程序。

（3）高级语言（High-level Programming Language）。机器语言与汇编语言受机器限制费工费时，并且缺乏通用性，为解决此问题，人们努力创造一种独立于计算机的语言。从 20 世纪 50 年代中期开始到 20 世纪 70 年代陆续产生了许多高级算法语言。这些算法语言中的数据用十进制来表示，语句用较为接近自然语言的英文字符来表示。它们比较接近于人们习惯用的自然语言和数学表达式，因此称为高级语言。高级语言具有较大的通用性，尤其是有些标准版本的高级算法语言，在国际上都是通用的。用高级语言编写的程序能使用在不同的计算机系统上。

但是，对于高级语言编写的程序，计算机是不能识别和执行的。要执行高级语言编写的程序，首先要将高级语言编写的程序翻译成计算机能识别和执行的二进制机器指令，然后供计算机执行。

一般将用高级语言编写的程序称为“源程序”，而把由源程序翻译成的机器语言程序或汇编语言程序称为“目标程序”。把用来编写源程序的高级语言或汇编语言称为源语言，而把和目标程序相对应的语言（汇编语言或机器语言）称为目标语言。

计算机将源程序翻译成机器指令时，通常分两种翻译方式：一种为“编译”方式，另一种为“解释”方式。所谓编译方式是把源程序翻译成等价的目标程序，然后再执行此目标程序。而解释方式是把源程序逐句翻译，翻译一句执行一句，边翻译边执行。解释程序不产生将被执行的目标程序，而是借助于解释程序直接执行源程序本身。一般将高级语言程序翻译成汇编语言或机器语言的程序称为编译程序。

3）连接程序

连接程序以把目标程序变为可执行的程序。几个被编译的目标程序，通过连接程序可以组成一个可执行的程序。将源程序转换成可执行的目标程序，一般分为两个阶段。

(1) 翻译阶段。提供汇编程序或编译程序，将源程序转换成目标程序。这一阶段的目标模块由于没有分配存储器的绝对地址，仍然是不能执行的。

(2) 连接阶段。这一阶段是用连接编译程序把目标程序以及所需的功能库等转换成一可执行的装入程序。这个装入程序分配地址，是一可执行程序。

4) 诊断程序

诊断程序主要用于对计算机系统硬件的检测，并能进行故障定位，大大方便了对计算机的维护。它能对CPU、内存、软硬驱动器、显示器、键盘及I/O接口的性能和故障进行检测。对于微机目前常用的诊断程序有QAPLUS、PCBENCH、WINTEST、CHECKITPRO等。

5) 数据库系统

数据库系统是20世纪60年代后期才产生并发展起来的，它是计算机科学中发展最快的领域之一。主要是面向解决数据的非数值计算问题，目前主要用于档案管理、财务管理、图书资料管理及仓库管理等的数据处理。此类数据的特点是数据量比较大，数据处理的主要内容为数据的存储、查询、修改、排序、分类等。数据库技术是针对这类数据的处理而产生发展起来的，至今仍在不断发展、完善。

4. 应用软件简介

应用软件是指计算机用户利用计算机的软、硬件资源为某一专门应用目的而开发的软件。例如：科学计算、工程设计、数据处理、事务管理等方面的程序。常见的应用软件有以下几类。

1) 办公自动化软件

办公自动化软件主要用于将文字、图表输入到计算机，进行处理，之后存储在外存中，如用户能对输入的文字进行修改、编辑，并能将输入的文字以多种字体、多种字型及各种格式打印出来。目前常用的办公处理软件有WPS、Microsoft Office等。

2) 辅助设计软件

辅助设计软件能高效率地绘制、修改、输出工程图纸。设计中的常规计算帮助设计人员寻找较好的方案。设计周期大幅度缩短，而设计质量却大为提高。应用该技术使设计人员从繁重的绘图设计中解脱出来，使设计工作计算机化。目前常用的软件有AutoCAD、印刷电路板设计系统等。

3) 媒体处理软件

媒体处理软件主要用于媒体信息的处理，包括声音处理软件(如Media Player、Cool Edit Pro)、图形图像软件(如Photoshop、COREDRAW、Adobe Illustrator、3dsmax)、视频媒体工具软件(如Adobe Premiere Pro、Video Editor)等。

4) 网络工具软件

网络工具软件主要提供网络环境下的应用，包括网页浏览器、下载工具、电子邮件工具、网页设计制作工具等。通过这类软件，用户可以编辑、制作网络中使用的文档。

5) 事务处理软件

事务处理软件，如民航和铁路的订票系统等。

软件一般是用某种程序设计语言来实现的。通常采用软件开发工具可以进行开发。软件开发是根据用户要求建造出软件系统或者系统中的软件部分的过程。软件开发是一项包括需求捕捉、需求分析、设计、实现和测试的系统工程。不同的软件一般都有对应的软件许可，软件的使用者必须在同意所使用软件的许可证的情况下才能够合法地使用软件。从另一方面来讲，某种特定软件的许可条款也不能够与法律相抵触。

◆ 归纳总结

本项目从应用的角度，以台式微机为例，讲解了计算机系统的软硬件组成。硬件系统由运算器、控制器、存储器、输入设备和输出设备组成，主机是由 CPU 和内存组成的；软件系统由系统软件和应用软件组成。

最后简要介绍了微型计算机的主要性能指标，如何去合理地配置一台微型计算机，计算机中各部件如何连接，掌握这些实用知识有利于理解计算机的工作原理、内部结构和市场情况，也为学习后续内容打下了坚实的基础。

1.4　项目 4——数制和信息编码

◆ 项目导入

计算机最基本的功能是对数据进行存储、处理和输出。这些数据包括数值、字符、图形、图像、音频、视频、动画等。那么，如何将各种类型的信息数据在计算机中进行存储和处理呢？

◆ 项目分析

信息是丰富多彩的，表现形式有数值、文字、声音、图形、图像、音频、视频、动画等。在计算机系统中，数据都要转换成“0”或“1”的二进制形式进行存储和处理，因此，必须将各种信息转换成计算机能够接收和处理的二进制数据。

物理世界/语义信息可以通过抽象化、符号化，再通过进位制和编码转换成 0 和 1 表示，此时，便可采用基于二进制的算术运算和逻辑运算进行数字计算，便可以用硬件与软件实现。

项目实施 1　信息、数据与编码

1. 信息和数据

信息是现实世界在人们头脑中的反映。它以文字、数据、符号、声音、图像等形式记录下来，进行传递和处理，为人们的生产、建设、管理等提供依据。如股市信息，对于不会炒股的人来说，毫无用处，而股民们会根据它进行股票购进或抛出，以达到股票增值的目的。

数据是反映客观事物存在方式和运行状态的记录，是信息的载体。它是输入到计算机并能被计算机进行处理的数字、文字、符号、声音、图像等符号。数据是对客观现象的表示，数据本身并没有意义。

数据是信息的表达和载体，信息是数据的内涵，二者是形与质的关系。只有数据对实体行为产生影响才称为信息，数据只有经过解释才有意义，成为信息。

例如：独立的 1 和 0 均无意义，当它表示某实体在某个地域内存在与否，它就提供了“有”、

"无"信息，当用它来标识某种实体的类别时，它就提供了特征码信息。

在计算机中经常将信息和数据这两个词不加以严格区分，互换使用。

2. 编码

编码就是以若干位数码或符号的不同组合来表示非数值性信息的方法，它是人为地将若干位数码或符号的每一种组合指定一种唯一的意义。例如：0＝男，1＝女。在数字化社会，编码与人们密切相关，身份证号、电话号码、条形码、学号等都是编码。

例如，以兰州工业学院的学号编码为例"201603093101"，由12位数字构成，第1～4位表示入学年份，第5、6位表示二级学院，第7、8位表示专业；第9、10位表示班级；第11、12位表示序号。按照这个规则，可以给每个新入学的学生一个编码，即学号；知道这个规则，可以从学号中了解学生的相关信息。

在计算机中要将数值数据和非数值数据进行二进制编码才能存放到计算机中进行处理，编码的合理性影响到占用的存储空间和使用效率。

小提示

计算机为什么使用二进制编码？

计算机中存放的任何形式的数据都以"0"和"1"的二进制编码表示和存储。采用二进制编码有如下好处。

(1) 物理上容易实现，可靠性强。能表示两种状态的元器件容易找到，比如继电器开关、灯泡、二极管和三极管等。电子元器件大多有两种稳定的状态：电压的高和低，晶体管的导通和截止，电容的充电和放电等。这两种状态正好可以用二进制的两个数码"0"和"1"来表示。

(2) 二进制算术运算规则简单。

(3) 二进制算术运算可以与逻辑运算实现统一。计算机中二进制数的"0"、"1"数码与逻辑量的"假"和"真"相吻合，这样便于表示和进行逻辑运算。

二进制形式适用于各种类型数据的编码。因此，进入计算机中的各种数据都要进行二进制"编码"的转换；同样，为从计算机输出数据而进行逆向的转换称为"解码"。各类数据在计算机中的转换过程如图1-24所示。

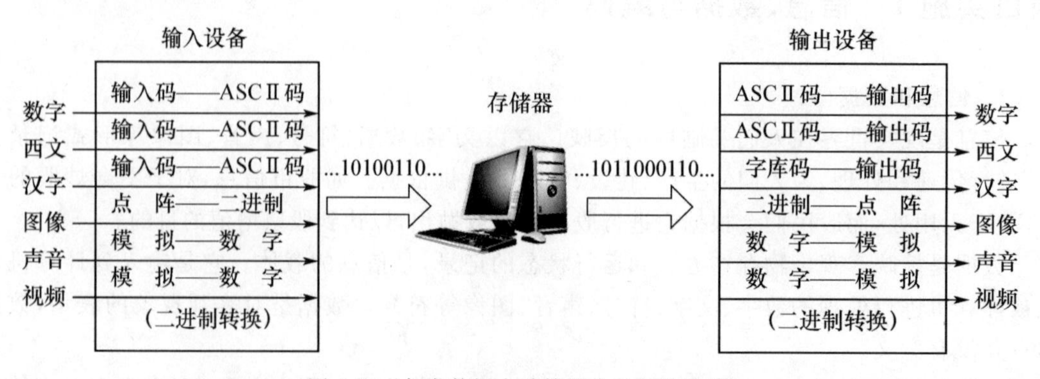

图1-24 各类数据在计算机中的转换过程

项目实施 2　数制与转换

人们在日常生活中，主要使用十进制，计算机硬件存储和处理的是二进制数，为了书写和表示方便，还引入了八进制数和十六进制数。下面介绍它们之间是如何表示和转换的。

1. 进位计数制

把一组数码从低位到高位排列起来，按照进位的原则进行计数，称为进位计数制，简称进制。例如：十进制数 125，逢 10 进 1，为十进制；1 小时等于 60 分，逢 60 进 1，为六十进制。

在采用进位计数制的数字系统中，如果只用 r 个基本符号(例如 0,1,2,…,$r-1$)表示数值，则称为 r 进制数，r 称为该数制的“基数”；数制中每一个固定位置对应的单位值称为“权”，即 r 进制数位的权值为 r 的幂次方。常用的几种进位计数制见表 1.4。

表 1.4　常用的进位计数制

进位制	规则	基数	基本符号	权	角标表示
二进制	逢二进一，借一当二	$r=2$	0,1	2^r	B(Binary)
八进制	逢八进一，借一当八	$r=8$	0,1,2,3,4,5,6,7	8^r	O(Octal)
十进制	逢十进一，借一当十	$r=10$	0,1,2,3,4,5,6,7,8,9	10^r	D(Decimal)
十六进制	逢十六当一，借一当十六	$r=16$	0,1,2,3,4,5,6,7,8,9, A,B,C,D,E,F	16^r	H(Hexadecimal)

对任何一种进位计数制表示的数都可以写出按其权值展开的多项式之和，即任意一个 r 进制数 N 可表示为：

$$
\begin{aligned}
(N)_r &= a_{n-1}a_{n-2}\cdots a_1a_0a_{-1}\cdots a_{-m} \\
&= a_{n-1}\times r^{n-1}+a_{n-2}\times r^{n-2}+\cdots+a_1\times r^1+a_0\times r^0+a_{-1}\times r^{-1}+\cdots+a_{-m}\times r^{-m} \\
&= \sum_{i=-m}^{n-1} a^i \times r^i \qquad (1\text{-}1)
\end{aligned}
$$

其中$(N)_r$ 代表任意 r 进制数 N，a_i 是数码，r 是奇数，r^i 是权。不同的基数，表示不同的进制数。

2. 不同进位计数制之间的转换

1) r 进制数转换成十进制数

方法：按权展开，然后相加。把任意 r 进制数按照公式(1-1)写成按权展开式后，各位数码乘以各自的权值累加，就可得到该 r 进制数对应的十进制数。

【例 1】 分别将二、八、十六进制数利用公式(1-1)转换为十进制数。

$$
\begin{aligned}
(101101.01)_2 &= (101101.01)_B = 101101.01B \\
&= 1\times2^5+1\times2^3+1\times2^2+1\times2^0+1\times2^{-2}=(45.25)_D=45.25
\end{aligned}
$$

$$
\begin{aligned}
(123.4)_8 &= (123.4)_O = 123.4O \\
&= 1\times8^2+2\times8^1+3\times8^0+4\times8^{-1}=(83.5)_D=83.5
\end{aligned}
$$

$$(A12)_{16}=(A12)_H=A12H=10\times16^2+1\times16^1+2\times16^0=(2578)_D=2578$$

2) 十进制数转换成 r 进制数

方法：整数与小数两部分分别转换，然后再拼接起来。

(1) 整数部分：除 r 求余，直到商为零，先余为低位，后余为高位。

(2) 小数部分:乘 r 取整,直到小数位为零或达到所求的精度为止(小数部分有可能永远不会得到 0),先整为高位,后整为低位。

【例 2】 将 37.345 转换为二进制数。转换过程见图 1-25 所示。

转换结果:$(37.345)_D = (100101.01011)_B$

(1) 整数部分 (2) 小数部分

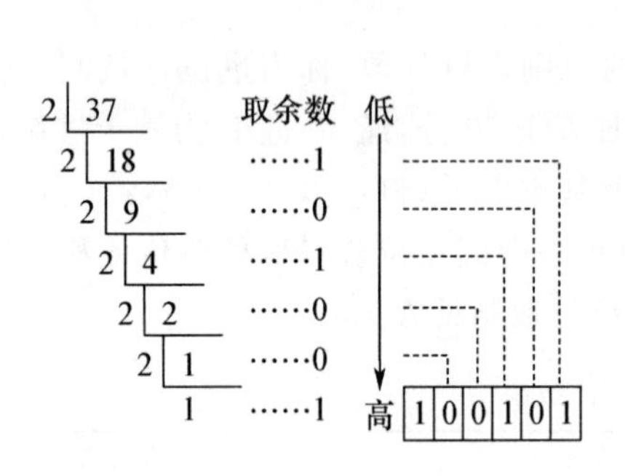

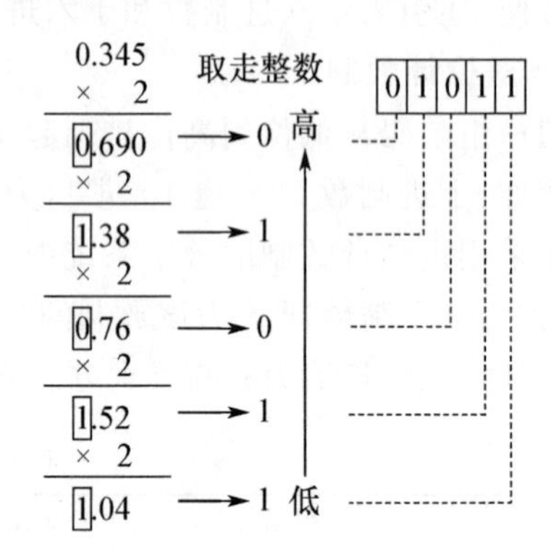

图 1-25 十进制数转换成二进制数过程示例

小提示

记住二进制数的位权关系,对数制之间的转换很有帮助。

2^7	2^6	2^5	2^4	2^3	2^2	2^1	2^0		2^{-1}	2^{-2}
1	1	1	1	1	1	1	1		1	1
128	64	32	16	8	4	2	1		0.5	0.25

例如:$(1011011.11)_2 = 64+16+8+2+1+0.5+0.25 = 91.75$

3) 二进制、八进制、十六进制数之间的相互转换

由于二进制、八进制和十六进制之间存在特殊关系:$2^3=8^1$、$2^4=16^1$,即一位八进制数相当于三位二进制数,一位十六进制数相当于四位二进制数。十进制、八进制、十六进制与二进制相互对应关系见表 1.5。

表 1.5 八进制、十进制、十六进制与二进制之间的关系

二进制	八进制	十进制	十六进制	二进制	八进制	十进制	十六进制
0000	0	0	0	1000	10	8	8
0001	1	1	1	1001	11	9	9
0010	2	2	2	1010	12	10	A
0011	3	3	3	1011	13	11	B
0100	4	4	4	1100	14	12	C
0101	5	5	5	1101	15	13	D
0110	6	6	6	1110	16	14	E
0111	7	7	7	1111	17	15	F

方法：根据这种对应关系，以小数点为中心向左右两边分组，二进制数转换成八进制数时，每 3 位为一组；同样，二进制数转换成十六进制数时，每 4 位为一组。位数不足时，整数部分左补零，小数部分右补零。

【例 3】 将二进制数$(10110111.101)_2$转换成八进制数。

$$(\underset{2}{\underline{010}}\ \underset{6}{\underline{110}}\ \underset{7}{\underline{111}}\ .\ \underset{5}{\underline{101}})_2=(267.5)_8$$

【例 4】 将二进制数$(1010111.110)_2$转换成十六进制数。

$$(\underset{5}{\underline{0101}}\ \underset{7}{\underline{0111}}\ .\ \underset{C}{\underline{1100}})_2=(57.C)_{16}$$

同样，将八进制数、十六进制数转换成二进制数时，只要将一位分成三位、四位即可。八进制和十六进制之间的转换可以先转为二进制，然后再转换。

【例 5】 将八进制数$(150.72)_8$转换成二进制数，再转换成十六进制数。

$$(150.72)_8=(\underset{1}{\underline{001}}\ \underset{5}{\underline{101}}\ \underset{0}{\underline{000}}.\ \underset{7}{\underline{111}}\ \underset{2}{\underline{010}})_2=(1101000.11101)_2$$

$$=(\underset{6}{\underline{0110}}\ \underset{8}{\underline{1000}}.\ \underset{E}{\underline{1110}}\ \underset{8}{\underline{1000}})_2=(68.E8)_{16}$$

【例 6】 将十六进制数$(B7.A4)_{16}$转换成二进制数，再转换成八进制数。

$$(B7.A8)_{16}=(\underset{B}{\underline{1011}}\ \underset{7}{\underline{0111}}.\ \underset{A}{\underline{1010}}\ \underset{8}{\underline{1000}})_2=(10110111.10101)_2$$

$$=(\underset{2}{\underline{010}}\ \underset{6}{\underline{110}}\ \underset{7}{\underline{111}}.\ \underset{5}{\underline{101}}\ \underset{2}{\underline{010}})_8=(267.52)_8$$

3. 数据存储单位

计算机中的信息分为数值信息和非数值信息。非数值信息包括字符、图像、声音等。数值信息可以直接转换成对应的二进制数据，而对于非数值信息则采用二进制数编码来表示。为了衡量信息的量，人们规定了如下一些常用单位。

(1) 位(bit)：是二进制中一个数位，简称比特(bit，简写为 b)，可以存储一个二进制数“0”或“1”。位是计算机中数据存储的最小单位。

(2) 字节(Byte，B)：由于 bit 太小，无法用来表示出数据的信息含义，所以把 8 个连续的二进制位组合在一起就构成一个字节(Byte，简写为 B)。一般用字节来作为计算机存储容量的基本单位。除 B 外，还有 KB(千字节)、MB(兆字节)、GB(吉字节)和 TB(太字节)。

一般一个字节存放一个西文字符，两个字节存放一个中文字符；一个整数占 4 个字节，一个双精度实数占 8 个字节。

例如西文字符“A”的二进制编码为“01000001”，即编码值为 65。

项目实施 3　字符编码

这里的字符包括西文字符(英文字母、数字、各种符号)和中文字符，即所有不可做算术运算的数据。由于计算机中的数据都是以二进制的形式存储和处理的，因此字符也必须按特定的规则进行二进制编码才能进入计算机。字符编码时，首先确定需要编码的字符总数，然后将每一个字符按顺序确定编号，编号值大小无意义，仅作为识别与使用这些字符的依据。字符形式的多少涉及编码的位数。

1. 英文字符编码

计算机中的信息都是用二进制编码表示的。用以表示字符的二进制编码称为字符编码。计算机中常用的字符编码有 BCD 码和 ASCII 码。IBM 系列大型机采用 BCD 码，微型机采用 ASCII 码，下面主要介绍 ASCII 码。

ASCII(American Standard Code For Information Interchange)码是美国标准信息交换码，被国际标准化组织(ISO)指定为国际标准。ASCII 码有 7 位码和 8 位码两种版本。国际通用的 7 位 ASCII 码称为基本 ASCII 码，共有 $2^7=128$ 个不同的编码值，其中包括：26 个大写英文字母，26 个小写英文字母，0～9 共 10 个数字，34 个通用控制字符和 32 个专用字符(标点符号和运算符)，如表 1.6 所示。

表 1.6　标准 ASCII 码表

$d_6d_5d_4$ / $d_3d_2d_1d_0$		000	001	010	011	100	101	110	111
		0	1	2	3	4	5	6	7
0000	0	NUL	DLE	SP	0	@	P	′	p
0001	1	SOH	DC1	!	1	A	Q	a	q
0010	2	STX	DC2	"	2	B	R	b	r
0011	3	ETX	DC3	#	3	C	S	c	s
0100	4	EOT	DC4	$	4	D	T	d	t
0101	5	ENQ	NAK	%	5	E	U	e	u
0110	6	ACK	SYN	&	6	F	V	f	v
0111	7	BEL	ETB	'	7	G	W	g	w
1000	8	BS	CAN	(	8	H	X	h	x
1001	9	HT	EM	)	9	I	Y	i	y
1010	A	LF	SUB	*	:	J	Z	j	z
1011	B	VT	ESC	+	;	K	[	k	{
1100	C	FF	FS	,	<	L	\	l	|
1101	D	CR	GS	-	=	M	]	m	}
1110	E	SO	RS	.	>	N	^	n	~
1111	F	SI	US	/	?	O	_	o	DEL

例如：字符"A"的 ASCII 码为$(1000001)_2$，对应的十六进制数为$(41)_{16}$，十进制数字为$(65)_{10}$。常用西文字符的 ASCII 如下：

西文字符	ASCII 码(十进制数)	十六进制数
空格	32	20H
'0'～'9'	48～57	30H～39H
'A'～'Z'	65～90	41H～5AH
'a'～'z'	97～122	61H～7AH

例如：信息"Hello!"，如果按 ASCII 码存储成文件(txt 类型文本文件)则为一组 0，1 串：

01001000 01100101 01101100 01101100 01101111 00100001。而要打开该文件并读出其内容，只要按照规则“对0,1串按8位分隔一个字符，并查找ASCII码表将其映射成相应符号”进行解析即可。

2. 中文字符编码

1）国标码

英文为拼音文字，所有的字均由52个英文大小写字母拼组而成，加上数字及其他标点符号，常用的字符仅95种，因此7位二进制编码已经够用了。而汉字是象形文字，每个汉字字符都有自己的形状，所以，每个汉字在计算机中都需要一个唯一的二进制编码。汉字有超过50 000个单字，这种信息容量要求两个字节即16位二进制位编码才能满足。我国1981年颁布了国家标准:《信息交换用汉字编码字符集——基本集》，代号“GB 2312—1980”，即“国标码”。

GB 2312—1980编码标准规定：一个汉字用两个字节表示，每个字节只使用低7位，最高位为0。例如：“大”字的国标码为3473H，0011 0100 0111 0011，如图1-26所示。

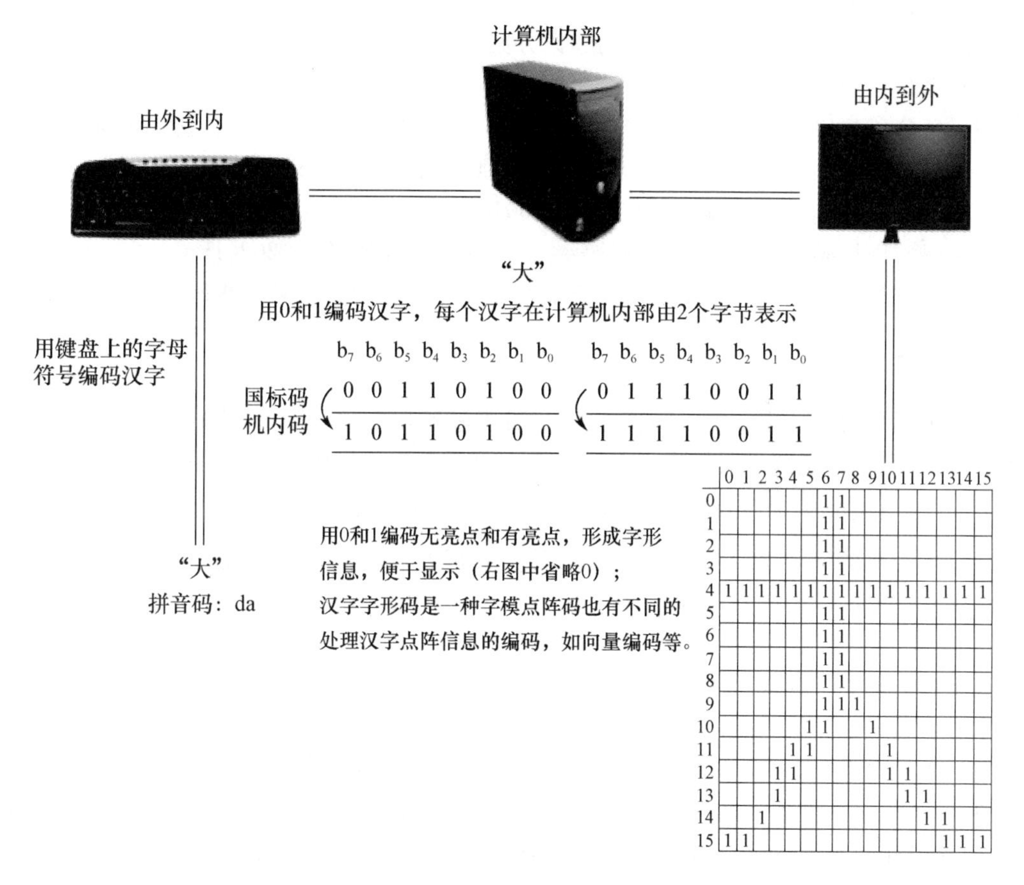

图1-26　汉字编码的处理过程

GB 2312—1980共收录6 763个简体汉字和682个非汉字图形字符（如：序号、数字、罗马数字、英文字母、日文假名、俄文字母、汉语拼音等），其中一级汉字3 755个，以拼音排序；二级汉字3 008个，以偏旁排序。GB 2312—1980编码的总体布局如表1.7所示。

表 1.7　GB 2312—1980 编码总体布局

位号 区号	1～94 位
1	常用符号(94 个)
2	序号、罗马数字(72 个)
3	GB 1900 图形字符集(94 个)
16…55	一级常用汉字(3 755 个)
56…87	二级非常用汉字(3 008 个)
88…94	(空区)

2）汉字输入码

为将汉字输入到计算机中，人们发明了各种汉字输入码，又称外码，是以键盘上可识别符号的不同组合来编码汉字，以便进行汉字输入的一种编码。常用的输入码有国标区位码、拼音码、字形码、音形码等。

音码类主要是以汉语拼音为基础的编码方案，如全拼码、智能 ABC 等。

形码类是根据汉字的字形进行的编码，如五笔字型码、表形码等。

国标区位码是用汉字在国标码中的位置信息编码汉字的一种方法。它将国标码分为 94 区，每区分 94 位，如表 1.7 所示。区号和位号分别用两个 4 位二进制数表示。例如："大"在第 20 区第 83 位，其国标区位码为 2083，表示为 0010 0000 1000 0011。

区位码与国标码之间的关系：国标码＝ 十六进制的区位码 ＋ 2020H

各种输入码的共同目标就是实现汉字的快速记忆、快速输入、减少重码。目前还可以通过手写识别和语音识别实现汉字的输入。

3）机内码

由于国标码的每个字节的最高位也为 0，与国际通用的 ASCII 编码无法区分，因此，在计算机内部，汉字编码全部采用机内码表示。机内码就是将国标码两个字节的最高位设定为 1。例如："大"的机内码为 B4F3H，10110100 11110011，如图 1-26 所示。因此，机内码就是用两个最高位均为 1 的字节表示一个汉字，是计算机内部处理、存储汉字信息所使用的统一编码。

汉字两字节的机内码和国标码有一个对应关系：机内码 ＝ 国标码 ＋ 8080H。

4）汉字字形码

汉字字形码又称为汉字字模，即汉字输出码，用于显示或打印汉字时产生字形。汉字字形码通常有两种表示方式：点阵和矢量表示方式。

用点阵表示字形时，汉字字形码指的就是这个汉字字形点阵的代码，如：用 0 表示无字形点，1 为有字形点。点阵中的点对应存储器中的一位，对于 16×16 点阵的汉字，如图 1-26 所示，共有 256 个点，即 256 位。由于计算机中，8 个二进制位作为一个字节，所以 16×16 点阵汉字需要 32(16×16/8＝32)字节表示一个汉字的点阵数字信息(字模)；32×32 点阵汉字需要 128(32×32/8＝128)字节表示一个汉字的点阵数字信息。例如"大"字的 16×16 点阵字模如图 1-26 所示。

点阵数越大，分辨率越高，字形越美观，但占用的存储空间越多。因此，字模点阵只能用来构成"字库"，而不能用于机内存储。字库中存储了每个汉字的点阵代码，当显示输出时才检索字库，输出字模点阵得到字形。

汉字的点阵字形的缺点是放大后会出现锯齿现象，很不美观。

矢量表示方式存储的是描述汉字字形的轮廓特征，其生成方式比点阵字形复杂，但这种方法的优点是字形精度高，且可以任意放大、缩小而不产生锯齿现象。当要输出汉字时，计算机经过复杂的数学运算处理，由汉字字形描述生成所需大小和形状的汉字。中文 Windows 广泛应用的 TrueType 字形就是采用轮廓字形法。

图 1-26 所示为汉字“大”的处理过程：首先，通过拼音码（输入码）在键盘上输入“大”的拼音“da”，然后计算机将其转换为“大”的汉字机内码“10110100 11110011”保存在计算机中，再依据此进内码转换为字模点阵码显示在显示器上。

5）Unicode 字符集编码

随着国际互联网的发展，需要满足跨语言、跨平台进行文本转换和处理的要求，还要与 ASCII 兼容，因此国际组织提出了 Unicode 标准。Unicode 是可以容纳世界上所有文字和符号的、可伸缩的字符编码方案。用数字 0～0x10FFFF 来映射索引的字符（最多可容纳 1 114 112 个字符的编码信息容量）。具体实现时，再将前述唯一确定的码位按照不同的编码方案映射为相应的编码，有 UTF-8、UTF-16、UTF-32 等几种编码方案。UTF-8 中，字符是以 8 位序列来编码的，用一个或几个字节来表示一个字符，这种方式的最大好处是保留了 ASCII 字符的编码作为它的一部分；UTF-16 和 UTF-32 分别是 Unicode 的 16 位和 32 位编码方案。

项目实施 4　多媒体信息编码

在计算机中，数值数据和字符数据都是转换成二进制来存储和处理的。同样，图形图像、音频、视频、动画等多媒体数据也要转换成二进制后才能为计算机存储和处理。

1. 多媒体文件的存储格式

多媒体文件的存储格式是按照特定的算法，对文字、音频或视频信息进行压缩或解压缩形成的一种文件。如图 1-27 所示，多媒体文件包含文件头、数据和文件尾等部分，文件头记录了文件的名称、大小、采用的压缩算法、文件的存储格式等信息，它只占文件的一小部分；数据是多媒体文件的主要组成部分，它往往有特定的存储格式。

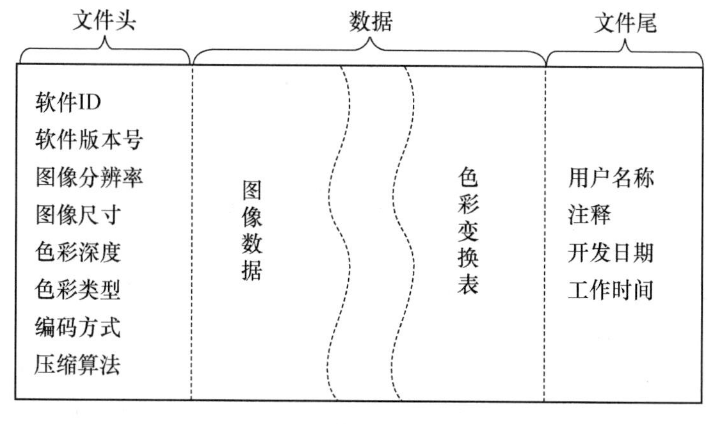

图 1-27　多媒体文件的存储格式

不同的文件存储格式，必须使用不同的编辑或播放软件，这些软件按照特定的算法还原某种或多种特定格式的文字、音频或视频文件。

2. 多媒体信息的数据量

数字化的图形、图像、视频、音频等多媒体信息的数据量很大，下面分别以文本、图形、图像、声音和视频等数字化信息为例，计算它们的理论数据存储容量。

1）文本的数据量

设屏幕分辨率为 1 024×768，屏幕显示字符大小为 16×16 点阵像素，每个字符用 2 个字节存储，则满屏字符所需的存储空间为：

$$\frac{1\,024(\text{水平分辨率})\times 768(\text{垂直分辨率})}{16(\text{点})\times 16(\text{点})}\times 2(\text{Byte})=6\,144\text{ Byte}=6\text{ KB}$$

2）点阵图像的数据量

如果用扫描仪获取一张 11 in×8.5 in（相当于 A4 纸张大小）的彩色照片输入计算机，扫描仪分辨率设为 300 dpi（300 点/英寸），扫描色彩为 24 位 RGB 彩色图，经扫描仪数字化后，未经压缩的图像需要的存储空间为：

$$11\text{ in}\times 300\text{ dpi}\times 8.5\text{ in}\times 300\text{ dpi}\times(24\text{ bit}\div 8\text{ bit})=25\,245\,000\text{ Byte}\approx 25\text{ MB}$$

3）数字化高质量音频的数据量

人们能够听到的最高声音频率为 22 kHz，制作 CD 音乐时，为了达到这个指标，采样频率为 44.1 kHz，量化精度为 16 位，存储 1 min 未经压缩的立体声数字化音乐需要的存储空间为：

$$44\,100\text{ Hz}\times 16\text{ bit}\times 2(\text{声道})\times 60\text{ s}\div 8\text{ bit}=10\,584\,000\text{ Byte}\approx 10.5\text{ MB}$$

按照一首乐曲或歌曲的长度为 4 min 计算，对应的音频数据量约为 42 MB。

4）数字化视频的数据量

我国采用带宽为 5 MHz 的 PAL 制式视频信号，每秒显示 25 幅画面（帧速率为 25 fps），色彩采样精度为 24 位，如果视频图像分辨率为 640×480，则存储 1 min 未经压缩的数字化 NTSC制式的视频图像需要的存储空间为：

$$640\times 480\times 24\text{ bit}\times 25\text{ fps}\times 60\text{ s}\div 8\text{ bit}=1\,382\,400\,000\text{ Byte}\approx 1.3\text{ GB}$$

可见，多媒体信息的数据量都非常大。如果不对如此大的数据做多种形式的压缩处理，信息的保存、传输和携带都将成为很大的问题。

3. 图像编码

1）图像和图形

数字化图像是指利用计算机以及其他相关数字技术对自然界中的图像进行数字运算和处理，从而形成描述图像的数据集合。

表示“图”的手段有两种，一种是图像，一种是图形。

图像是直接量化的原始信号形式，由像素点阵构成，也称为“位图”，一个像点由若干个二进制位描述。计算机在处理图像时，并不直接处理每一个像点，而是采用压缩数据算法，找出并去掉像素中的冗余，然后才以较少的数据量进行保存和传送。图像通常用于表现自然景观、人物、动物、植物和一切引起人类视觉感受的事物。

图形是指经过计算机运算而形成的抽象化结果，由具有方向和长度的矢量线段构成。因此，人们通常把图形称为矢量图。矢量图形用一组指令来描述图形的内容、形状（如直线、圆、圆弧、矩形、任意曲线等）、位置（如 x,y,z 坐标）、大小、颜色等属性。例如，Line(x_1,y_1,x_2,y_2)

表示点 1(x_1,y_1)到点 2(x_2,y_2)的一条直线;Circle(x,y,r)表示圆心位置为(x,y)、半径为 r 的一个圆;可以用 $y=\sin x$ 来描述一个正弦波的图形等等。由于矢量图形只保存算法和特征点参数,因此占用的存储空间较小,打印输出和放大图形质量较高。但是,图形的显示需要大量的数据运算,因而稍微复杂的图形需要花费较多的运算时间,显示速度受到影响。矢量化的图形主要用于表现线框型图片、工程制图、二维动画设计、三维物体造型、美术字体设计等。矢量图形可以很好地转换为点阵图像,但是,点阵图像转换为矢量图形时通常效果很差。

2) 图像的编码

与自然界中的影像不同,数字化图像的颜色数量具有准确的数量级,这是用一定长度的二进制数描述颜色的缘故。

如图 1-28 所示为对一个分辨率为 1 024×768、色彩深度为 24 位的图像进行编码的方法。对图像中的每一个像素点进行色彩取值,其中某一个像素点的色彩值为“R=109,G=98,B=102”,如果不对图像进行压缩,则将以上色彩值进行二进制编码就可以了。形成图像文件时,还必须根据图像文件的格式,加上文件头等信息。

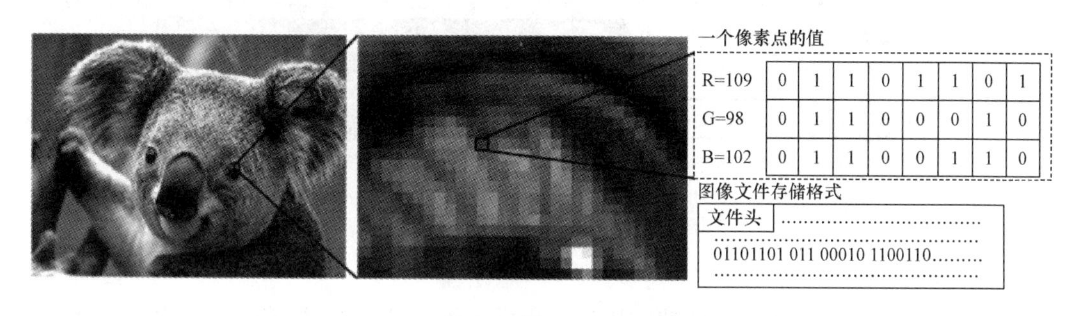

图 1-28　24 位色彩深度的图像编码方式(无压缩)

图像颜色和颜色深度

1. 图像颜色

根据量化的颜色深度不同,图像颜色有三种模式。

(1) 二值图像:是指每个像素不是黑就是白,其灰度值没有中间过渡的图像。二值图像一般用来描述文字或者图形,其优点是占用空间少;缺点是:当表示人物,风景的图像时,二值图像只能描述其轮廓,不能描述细节。

灰度图像的颜色深度为 1,用一位二进制数表示。

(2) 灰度图像:又称灰阶图。把白色与黑色之间按对数关系分为若干等级,称为灰度。灰度分为 256 阶。用灰度表示的图像称作灰度图。除了常见的卫星图像、航空照片外,许多地球物理观测数据也以灰度表示。

灰度图像的颜色深度为 8,用一个字节表示,灰度级别为 256 级。

(3) 彩色(RGB)图像:24 位真彩色图像显示时,由红、绿、蓝三基色通过不同的强度混合而成,当强度分成 256 级(值为 0～255),三个颜色通道共占 24 位,就构成了 $2^{24}=16\ 777\ 216$ 种颜色的“真彩色图像”。

2. 颜色深度

也称为位深度,是指计算机需要使用多少 bit(位)来表述图像上的某一个像素。越高的位深度将会带来色彩越细腻的图像。在实际应用中,彩色或灰度图像的颜色分别用 4 bit、8 bit、16 bit、24 bit 和 32 bit 二进制数表示。下面用纯色渐变图像来说明一下不同位深度之间的差异程度。

从图 1-29 可以看出,8 bit(256 种颜色)已经可以显示比较细腻的过渡了。当色彩深度达到或高于 24 bit 时,图像的颜色数量已经足够多,基本上还原了自然影像,习惯上把这种图像叫做"真彩色"图像。

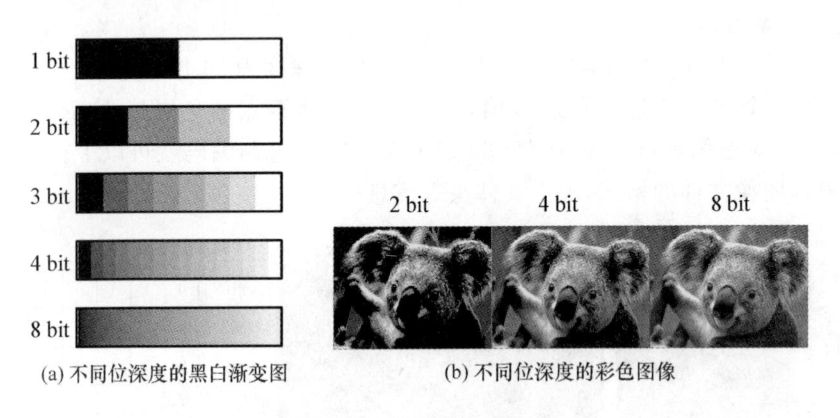

(a) 不同位深度的黑白渐变图 (b) 不同位深度的彩色图像

图 1-29 位深度对图像质量的影响

3) 图像的分辨率

图像分辨率的高低直接影响图像的质量。分辨率越高,图像对细节的表现力越强,清晰度也越高;如果分辨率较低,图像就会显得相当粗糙。分辨率有以下几方面的含义。

(1) 图像分辨率。

数字化图像的分辨率是水平与垂直方向像素的总和。例如,800 万像素的数码相机,图像最高分辨率为 3 264×2 448。

(2) 屏幕分辨率。

一般用显示器屏幕水平像素×垂直像素表示,如 1 024×768。

(3) 印刷分辨率。

印刷分辨率是指图像在打印时,每英寸的像素的个数,一般用 dpi(像素/英寸)表示。例如,显示器屏幕的输出分辨率是 96 dpi,普通书籍的印刷分辨率为 300 dpi,精致画册的印刷分辨率为 1 200 dpi。

(4) 分辨率之间的关系。

例如,使用数码相机拍摄一幅 380 万像素的数码图片时,图像的分辨率为 2 272×1 704。

如果将图像按 100%的比例在屏幕分辨率为 1 024×768 的显示器中输出时,则只能显示图片的一部分,因为图像分辨率大于屏幕分辨率;如果满屏显示,则屏幕只显示了图像 45%左右的像素。

如果将这个图像文件在打印机中输出,当打印画面尺寸为 3.5 in×5 in(5 寸相片)时,打印出的图像分辨率为 450 dpi 左右;如果打印画面尺寸扩大到 8 in×12 in(12 寸相片,相当于 A4 纸张大小)时,则打印出的图像分辨率将降为 190 dpi 左右。

4. 图像文件的格式

同一幅图像若采用不同文件格式保存，其存储容量不同，至于采用什么文件格式最合适，要根据使用场合决定。如数码相机多采用 JPEG 格式，互联网多使用 GIF 格式，用于印刷多采用 TIFF 格式，Windows 环境多采用 BMP 格式。

例如，某真彩色图像的颜色深度为 24 bit，分辨率为 300 dpi，画面尺寸为 10 cm×8 cm（1 811×944 像素），分别以 JPG、GIF、BMP 等不同格式保存，其文件大小见表 1.8。

表 1.8　图像文件大小与文件格式的关系

序号	文件格式	颜色深度/bit	文件数据量/KB	说明
1	JPG	24	393	损失 15%彩色图像
2	GIF	8	689	256 色图像
3	PSD	24	3 267	真彩色图像
4	TGA	24	3 267	真彩色图像
5	BMP	24	3 268	真彩色图像
6	TIF	24	3 476	真彩色图像

5. 音频编码

1）声音的物理特性

声音是依靠介质的振动进行传播的。敲一个玻璃杯，它振动发出声音；按下钢琴的琴键，它就发出声音。声源实际上是一个振动源，它使周围的介质（如空气、液体、固体）产生振动，并以波的形式进行传播，通常我们叫它声波。声波传进人们的耳朵，使鼓膜振动，触动听觉神经，人们才感觉到了声音。

2）声音的三要素

声音的三要素是音调、音色和音强。就听觉特性而言，这三者决定了声音的质量。

(1) 音高（音调）：代表了声音的高低。音调与频率有关，频率越高，音调越高，反之亦然。当使用音频处理软件对声音进行处理时，频率的改变可造成音调的改变。声音的频率单位是 Hz（赫兹），1 Hz 就是一秒钟振动一次。例如，音乐中的标准音 A 是 440 Hz，也就是每秒钟振动 440 次。这个声音是乐器定音的标准。

(2) 音量（音强）：代表了声音的强弱。音量与声波的振幅成正比，振幅越大，强度越大，声音越响。通常采用 dB（分贝）表示。CD 音乐盘、MP3 音乐以及其他形式的声音强度是一定的，可以通过播放设备的音量控制改变聆听的响度。使用音频处理软件可以改变声源的音强。

(3) 音色：音色是人耳对某种声音的综合感受。音色与多种因素有关，但主要取决于声音的频谱特性和包络。同样是标准音 A，振动频率都是 440 Hz，但钢琴和二胡的声音相差甚远。各种声源都有自己独特的音色，如各种乐器、不同的人、各种生物等，人们根据音色辨别声源种类。

3）声音的数字化

声波是连续的模拟量，若要用计算机处理声音，就要将模拟信号转换成数字信号，这一转换过程称为模拟音频的数字化。数字化过程涉及采样、量化和编码，其过程如图 1-30 所示。

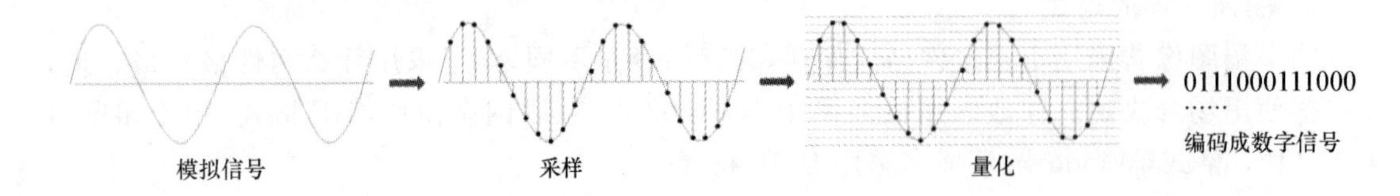

图 1-30　模拟音频的数字化过程

图 1-31 中的粗曲线表示的是自然界的声波，细曲线表示的是采样量化后输出的声波，细曲线上的点表示采样点，横坐标是采样频率，纵坐标是量化位数。

(1) 采样原理。

数字音频采样的基本过程是：首先输入模拟声音信号，然后按照固定的时间间隔截取该信号的振幅值，每个波形周期内截取两次，以取得正、负向的振幅值。该振幅值采用若干位二进制数表示，从而将连续的模拟音频信号转换成离散的数字音频信号。

截取模拟声音信号振幅值的过程叫做采样，得到的振幅值叫做采样值，采样值用二进制数的形式，该表示形式被称为量化编码。

(2) 采样频率。

指每秒钟取得声音样本的次数。采样频率越高，声音的质量也就越好，声音的还原也就越真实。当然，采集的样本数量越多，数字化声音的数据量也越大。根据奈奎斯特(Nyquist)采样定理，采样频率只要达到信号最高频率的 2 倍，就能精确描述被采样的信号。一般人耳的听力范围在 20 Hz～20 kHz 之间，因此，采样频率达到 40 kHz 时，就可以满足人耳的听觉要求。目前，大多数声卡的采样频率都达到了 44.1 kHz 或更高。

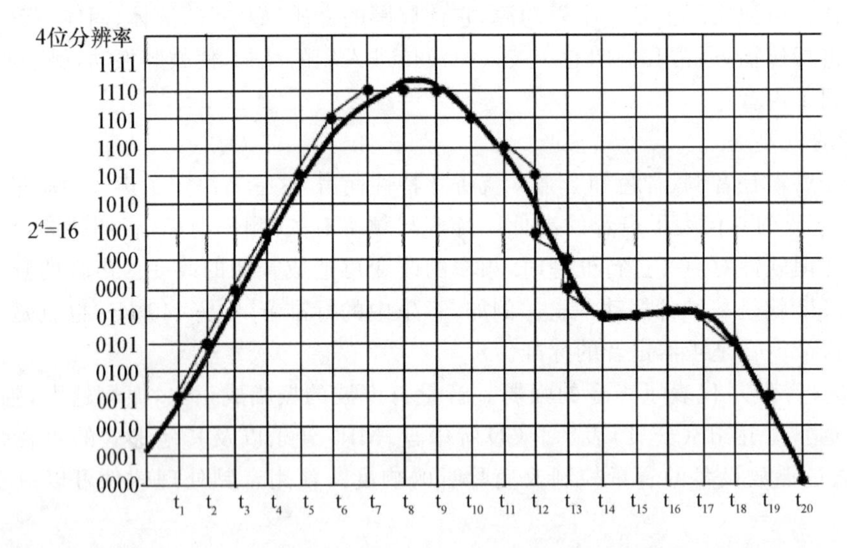

样点	t_1	t_2	t_3	t_4	t_5	t_6	t_7	…	t_{16}	t_{17}	t_{18}	t_{19}	t_{20}
幅值	0011	0101	0111	1001	1001	1101	1110		0110	0110	0101	0011	0000

图 1-31　波形、采样点、量化、编码示意图

(3) 量化精度。

量化精度是对采样信号进行量化的位数。量化位数越高，能表示的幅度的等级数越多。例如，声卡采样位数为 8 位，就有 256(2^8)种采样等级；如果采样位数为 16 位，就有65 536(2^{16})

种采样等级。量化精度影响到声音的质量，位数越多，声音的质量越高，而需要的存储空间越多。目前，大部分声卡为 24 位或 32 位采样精度。

(4) 声道数。

声道数是指声音通道的个数，指一次采样的声音波形个数。单声道一次采样一个声音波形，双声道(立体声)一次采样两个声音波形。双声道比单声道多一倍的数据量。

(5) 编码。

对模拟音频信号采样、量化完成后，计算机得到一大批原始音频数据，将这些信源数据(采集的原始数据)按文件类型(如 WAV、MP3 等)进行规定的编码后，再加上音频文件格式的头部，就得到一个数字音频文件。这项工作由计算机中的声卡和音频处理软件(如 Adobe Audition)共同完成。

4) 数字音频的文件格式

数字音频信息在计算机中是以文件的形式保存的，常见存储音频信息的文件格式主要有 4 种：WAV 格式、MIDI 格式、CDA 格式、MP3 格式。

WAV 波形音频文件是一种最直接的表达声波的数字形式，它通过数字采样获得声音素材，扩展名为“. wav”。MIDI 文件是乐器数字化接口文件，它通过 MIDI 乐器的演奏获得声音素材，扩展名为“. mid”。CDA 格式是 CD-DA 音频文件的一种表述形式，用于 CD 音乐光盘。MP3 格式采用 MPEG 数据压缩技术，具有数据量小、音质好、适用的播放器多等特点，扩展名为“. mp3”。

6. 视频编码

视频本质上是时间序列的动态图像(如 25 帧/秒)，也是连续的模拟信号，需要经过采样、量化、编码形成数字视频，保存和处理。同时，视频还可能是由视频、音频及文字经同步合成后形成的。因此视频处理相当于按照时间序列处理图像、声音和文字及其同步问题。

目前国际上制定视频编解码技术的组织有两个，一个是“国际电联(ITU-T)”，它制定的标准有 H. 261、H. 263、H. 263＋等，另一个是“国际标准化组织(ISO)”它制定的标准有 MPEG-1、MPEG-2、MPEG-4 等。而 H. 264 则是由两个组织联合组建的联合视频组(JVT)共同制定的新数字视频编码标准，所以它既是 ITU-T 的 H. 264，又是 ISO/IEC 的 MPEG-4 高级视频编码(Advanced Video Coding，AVC)，而且它将成为 MPEG-4 标准的第 10 部分。H. 264 最大的优势是具有很高的数据压缩比率，在同等图像质量的条件下，H. 264 的压缩比是 MPEG-2 的 2 倍以上，是 MPEG-4 的 1. 5～2 倍。例如，原始文件的大小如果为 88 GB，采用 MPEG-2 压缩标准压缩后变成 3. 5 GB，压缩比为 25∶1，而采用 H. 264 压缩标准压缩后变为 879 MB，压缩比达到 102∶1。和 MPEG-2 和 MPEG-4 ASP 等压缩技术相比，H. 264 压缩技术将大大节省用户的下载时间和数据流量收费，H. 264 在具有高压缩比的同时还拥有高质量流畅的图像。

此外，在互联网上被广泛应用的还有 Real-Networks 的 RealVideo、微软公司的 WMV 以及 Apple 公司的 Quick Time 等。

◆ 归纳总结

本项目主要讲解了数值数据、非数值数据以及多媒体信息的数字化编码方法。

数值信息和非数值信息都可以用 0 和 1 表示。数值信息可以采用二进制表示，为了方便，还可以使用八进制、十六进制等。非数值信息可以采用编码进行表示，如 ASCII 码、汉字编码、Unicode 码等多种编码方式。图像和声音等通过采样、量化、编码等方法也可以表示为 0

和1。多媒体信息的数据量通常比较大,需要采用相应的压缩编码方案进行存储和处理,对应于不同的文件格式。

能力自测

一、选择

1. 世界上发明的第一台电子计算机是(　　)。

A. ENIAC　　B. EDVAC　　C. EDSAC　　D. UNIVAC

2. 电子计算机技术发展至今,仍采用(　　)提出的存储程序方式进行工作。

A. 牛顿　　B. 爱因斯坦　　C. 爱迪生　　D. 冯·诺依曼

3. 配置高速缓冲存储器(Cache)是为了解决(　　)。

A. 内存与辅助存储器之间速度不配问题

B. CPU 与辅助存储器之间速度不匹配问题

C. CPU 与内存储器之间速度不匹配问题

D. 主机与外设之间速度不匹配

4. 为解决某一特定问题而设计的指令序列称为(　　)。

A. 文档　　B. 语言　　C. 程序　　D. 系统

5. 计算机的软件系统通常分为(　　)。

A. 操作系统　　B. 编译软件和连接软件

C. 各种应用软件包　　D. 系统软件和应用软件

6. 下列软件中不属于系统软件的是(　　)。

A. C语言　　B. 诊断程序　　C. 操作系统　　D. 财务管理软件

7. 在微型计算机系统中,指挥并协调计算机各部件工作的设备是(　　)。

A. 控制器　　B. 存储器　　C. 运算器　　D. 键盘

8. 微型计算机中运算器的主要功能是(　　)。

A. 算术运算　　B. 逻辑运算

C. 算术和逻辑运算　　D. 初等函数运算

9. 在计算机中,图像显示的清晰程度主要取决于显示器的(　　)。

A. 亮度　　B. 尺寸　　C. 分辨率　　D. 对比度

10. 若微型计算机在工作时突然断电,则(　　)中的信息将全部丢失。

A. ROM　　B. RAM　　C. ROM 和 RAM　　D. 硬盘

11. 在计算机领域中通常用 MIPS 来描述(　　)。

A. 计算机的运算速度　　B. 计算机的可靠性

C. 计算机的可运行性　　D. 计算机的可扩充性

12. 计算机指令通常由两部分组成:(　　)和操作数。

A. 原码　　B. 机器码　　C. 操作码　　D. 内码

13. 在计算机内,信息的表示形式是(　　)。

A. 二进制码　　B. 汉字内码　　C. 拼音码　　D. ASCII 码

14. 计算机能直接识别并执行语言是(　　)。

A. 汇编语言　　B. 自然语言　　C. 机器语言　　D. 高级语言

15. 能将高级语言的源程序转换成目标程序的是(　　)。

A. 调试程序　　B. 解释程序　　C. 编译程序　　D. 编辑程序

16. 电子计算机由于某种原因重新启动,则丢失信息的是(　　)。

A. EPPROM　　B. ROM　　C. 硬盘　　D. RAM

17. 某学校的职工人事管理软件属于(　　)。

A. 应用软件　　B. 系统软件

C. 文字处理软件　　D. 工具软件

18. 在微型计算机中,能指出 CPU 下一次要执行的指令地址的部件是(　　)。

A. 程序计数器　　B. 指令寄存器

C. 数据寄存器　　D. 缓冲存储器

19. 静态 RAM 的特点是(　　)。

A. 在不断电的条件下,其中的信息保持不变,因为不必定期刷新

B. 在不断电的条件,其中的信息不能长时间保持,因而必须定期刷新才不致丢失信息

C. 其中的信息只能读不能写

D. 其中的信息断电后也不会丢失

20. 微型计算机存储器系统中的 Cache 是(　　)。

A. 只读存储器　　B. 高速缓冲存储器

C. 可编程制度存储器　　D. 可擦除可再编程只读存储器

21. 人类应具备的三大思维能力是指(　　)。

A. 抽象思维、逻辑思维和形象思维

B. 实验思维、理论思维和计算思维

C. 逆向思维、演绎思维和发散思维

D. 计算思维、理论思维和辩证思维

22. 本课程中拟学习的计算思维是指(　　)。

A. 计算机相关的知识

B. 算法与程序设计技巧

C. 蕴含在计算学科知识背后的具有贯通性和联想性的内容

D. 知识与技巧的结合

23. 如何学习计算思维?(　　)

A. 为思维而学习知识而不是为知识而学习知识

B. 不断训练,只有这样才能将思维转换为能力

C. 先从贯通知识的角度学习思维,再学习更为细节性的知识,即用思维引导知识的学习

D. 以上所有

24. 计算学科的计算研究什么?(　　)

A. 面向人可执行的一些复杂函数的等效、简便计算方法

B. 面向机器可自动执行的一些复杂函数的等效、简便计算方法

C. 面向人可执行的求解一般问题的计算规则

D. 面向机器可自动执行的求解一般问题的计算规则

25. 自动计算需要解决的基本问题是什么？（　　）

A. 数据的表示

B. 数据和计算规则的表示

C. 数据和计算规则的表示与自动存储

D. 数据和计算规则的表示、自动存储和计算规则的自动执行

26. 摩尔定律是指（　　）。

A. 芯片集成晶体管的能力每年增长一倍，其计算能力也增长一倍

B. 芯片集成晶体管的能力每两年增长一倍，其计算能力也增长一倍

C. 芯片集成晶体管的能力每 18 个月增长一倍，其计算能力也增长一倍

D. 芯片集成晶体管的能力每 6 个月增长一倍，其计算能力也增长一倍

27. 关于计算系统，下列说法正确的是（　　）。

A. 计算系统由输入设备、输出设备和微处理器构成

B. 计算系统由输入设备、输出设备和存储设备构成

C. 计算系统由微处理器、存储设备、输入设备和输出设备构成

D. 计算系统由微处理器和存储设备构成

28. 为什么要学习计算思维？因为（　　）。

A. 计算学科知识膨胀速度非常快，知识学习的速度跟不上知识膨胀的速度，因此要先从知识的学习转向思维的学习，在思维的指引下再去学习知识。

B. 如果理解了计算思维，则便具有了融会贯通、联想启发的能力，这样再看计算学科的知识便感觉他们似乎具有相同的道理或原理，只是术语不同而已。

C. 学习计算思维并不仅仅是学习计算机及相关软件的原理，因为社会/自然中的很多问题解决思路与计算学科中的方法和原理是一致的，计算思维的学习也可以提高解决社会/自然问题的能力。

D. 不仅仅是上述的理由，有很多理由说明大思维比小技巧更重要，思维的学习比知识的学习更重要。

29. 计算之树中，两类典型的问题求解思维是指（　　）。

A. 抽象和自动化　　B. 算法和系统

C. 社会计算和自然计算　　D. 程序和递归

30. 计算之树中，计算技术的奠基性思维包括（　　）。

A. 0 和 1、程序和递归

B. 0 和 1、程序、递归和算法

C. 0 和 1、程序、递归、算法和网络

D. 上述全不对

31. 表达式“$1\times2^3+1\times2^0+1\times2^{-2}$”的二进制数是（　　）。

A. 1001.01　　B. 1100.11　　C. 1001.11　　D. 1111.11

32. 二进制数 1101.1 转换成十进制数为（　　）。

A. 3.1　　B. 13.1　　C. 13.5B　　D. 13.5D

33. 十进制数 25 转换为二进制数为（　　）。

A. 11001　　B. 1101B　　C. 1001　　D. 10H

34. ASCII 编码使用（　　）位二进制数对 1 个字符进行编码。

A. 2　　B. 4　　C. 7　　D. 10

35. 采样过程是在每个固定时间间隔内对模拟信号截取一个(　　)值。

A. 振幅　　B. 频率　　C. 相位　　D. 电信号

36. 根据采样定理,采样频率达到信号最高频率的(　　)倍,就能精确描述采样信号。

A. 2　　B. 4　　C. 8　　D. 10

37. 将离散的数字量转换成连续的模拟量信号的过程称为(　　)转换。

A. 信号　　B. 编码　　C. 模数　　D. 数模

38. gif 使用 8 位调色板,在一幅图像中只能使用(　　)种颜色。

A. 256　　B. 1 025　　C. 65 535　　D. 无限

二、填空

1. 冯·诺依曼结构计算机硬件系统的五个基本组成部分是:(　　)、(　　)、(　　)、(　　)和(　　)。

2. 在计算机中是以(　　)为单位传递和处理信息的。

3. CPU 不能直接访问(　　)存储器。

4. 用计算机高级语言编写的程序称为(　　)程序。

5. 声音的三要素是音高、音量和(　　)。

6. 不同音高的产生是由于声音(　　)不同。

7. 图像(　　)越大,图像文件尺寸越大,也就能表现更丰富的图像细节。

三、简答

1. 计算机的发展经历了哪几个阶段?各阶段的主要特点是什么?

2. 计算机硬件系统由哪几部分组成?各部件的主要功能是什么?

3. 什么是硬件?什么是软件?它们有何关系?

4. 计算机存储器可分为几类?它们的主要特点是什么?

5. 计算机程序设计语言如何分类?什么程序语言是计算机能直接识别和执行的?

6. 简述冯·诺依曼计算机的工作原理。

7. "计算之树"概括了计算学科的经典思维,它从几个维度来概括的?

8. 请查阅资料,叙述一种或两种典型的存储格式(如 JPEG、MP3)是如何被编码成 0 和 1 的。隐藏在格式背后的往往是标准,标准是一种什么"东西"?它与技术、产业有什么关系?我们国家为什么高度重视制定标准并使之称为国际标准?

9. 编码涉及分类,编码的好坏与分类标准有密切关系。假如现在要给 20 000 个学生每人一个编码,请根据所在学校的学生特点给出一个编码规则。注:需要说清楚用多少位进行编码,以及每一位的取值范围及其含义。

10. 什么是 ASCII 码?请查一下"B"、"e"、"7"和空格的 ASCII 码值。

11. 利用"画图"程序,观察同一图像的不同格式文件的大小。

12. 什么是计算思维?谈谈计算思维对你所学习、从事的学科、专业的价值。

2 Windows 7 操作系统

项目1——个性化系统设置

项目2——管理文件和文件夹

项目3——Windows 7系统的配置与管理

项目4——磁盘管理

项目实训

2.1　项目 1——个性化系统设置

◆ 项目导入

小王去找同学小李，发现小李的电脑桌面个性鲜明，很有特点。她也想设计自己的个性化的电脑桌面。于是，她虚心向小李请教，通过认真学习和实践，她终于学会了设计一个便捷而又具有个性化的任务栏、炫酷的桌面和便捷的"开始"菜单，来方便自己平时对计算机的使用。

◆ 项目分析

Windows 7 是由微软公司 2009 年 10 月 22 日于美国发布的，具有革命性变化的操作系统。该系统旨在让人们的日常电脑操作更加简单和快捷，为人们提供高效易行、个性化的工作环境。Windows 7 可供家庭及商业工作环境、笔记本电脑、平板电脑、多媒体中心等使用。完成本项目小王需要掌握任务栏、"开始"菜单、桌面图标快捷方式的创建，以及应用程序的启动、任务管理器、Windows 帮助系统和工作窗口操作等。

◆ 项目展示

图 2-1　桌面设置

◆ 能力要求

📖 熟悉 Windows 7 窗口及对话框的组成和操作
📖 掌握 Windows 7 的桌面管理
📖 掌握 Windows 7 的"开始"菜单、任务栏的个性化设置方式
📖 掌握 Windows 7 的文件及文件夹操作
📖 掌握任务管理器的使用

操作系统

1. 操作系统的定义

操作系统是现代计算机系统中不可缺少的系统软件，是其他所有系统软件和应用软件的运行基础。操作系统控制和管理整个计算机系统中的软硬件资源，并为用户使用计算机提供一个方便灵活、安全可靠的工作环境。

2. 引入操作系统的目的

(1) 提供了一个计算机用户与计算机硬件系统之间的接口，使计算机系统更易于使用；

(2) 有效地控制和管理计算机系统中各种软件和硬件的资源，使之得到更有效的利用；

(3) 合理地组织计算机系统的工作流程，以改善系统性能。

3. 根据操作系统具备的功能、特征、规模和所提供的应用环境等方面的差异，可以将操作系统划分为不同类型。

1) 批处理操作系统

批处理(Batch Processing)是指用户将一批作业提交给操作系统后就不再干预，由操作系统控制它们自动运行。批处理操作系统分为单道批处理系统和多道批处理系统。批处理操作系统不具有交互性，它是为了提高CPU的利用率而提出的一种操作系统。

特征：用户脱机使用计算机、成批处理、多道程序运行。

2) 分时操作系统

分时(Time Sharing)操作系统是使一台计算机采用时间片轮转的方式同时为多个用户服务的一种操作系统。分时操作系统将系统处理机时间与内存空间按一定的时间间隔，轮流地切换给各终端用户的程序使用。由于时间间隔很短，每个用户的感觉就像他独占计算机一样。

特征：同时性、交互性、及时性。

3) 实时操作系统

实时操作系统(Real Time Operating System)能及时响应外部事件的要求，在规定的时间内完成对该事件的处理，并控制所有实时设备和实时任务协调一致地工作。

特征：响应及时、可靠性高

4) 嵌入式操作系统

嵌入式操作系统(Embedded Operating System)是运行在嵌入式系统环境中，对整个嵌入式系统以及它所操作、控制的各种部件装置等资源进行统一协调、调度、指挥和控制的系统软件。

特征：高可靠性、实时性、占有资源少、成本低。

5) 个人计算机操作系统

个人计算机操作系统主要供个人使用，功能强、价格便宜，可以在几乎任何计算机上安装使用。它能满足一般人操作、学习、游戏等方面的需求。个人计算机操作系统的主要特点是：计算机在某一时间内为单个用户服务；采用图形界面进行人机交互，界面友好；使用方便，用户无需专门学习，也能熟练操纵计算机。

特征：人机交互、界面友好、使用方便。

6）网络操作系统

网络操作系统是基于计算机网络的，是在各种计算机操作系统上按网络体系结构协议标准开发的系统软件，包括网络管理、通信、安全、资源共享和各种网络应用。其目标是实现网络通信及资源共享。

特征：分布性、互连性、可见性。

7）分布式操作系统

通过高速互联网络将许多台计算机连接起来形成一个统一的计算机系统，可以获得极高的运算能力及广泛的数据共享。这种系统被称作分布式系统(Distributed System)。

特征：统一性、共享性、透明性、自治性。

8）智能手机操作系统

智能手机操作系统是一种运算能力及功能比传统功能手机操作系统更强的操作系统。使用最多的智能手机操作系统有：Android、iOS、Symbian、Windows Phone和BlackBerry OS。它们之间的应用软件互不兼容。因为可以像个人电脑一样安装第三方软件，所以智能手机有丰富的功能。

项目实施1　个性化桌面设计

步骤1　启动Windows 7操作系统

打开显示器电源，按下主机电源按钮，如未设置用户密码，启动界面，如图2-1所示。

步骤2　鼠标和键盘的操作

键盘和鼠标是Windows中最主要的输入设备。

1. 鼠标操作

在Windows 7中，鼠标操作是最基本的操作。鼠标指针一般称为光标，当鼠标在平面上移动时，光标也就在屏幕上作相应的移动，并将光标所在位置的x、y坐标值送入计算机。

2. 键盘操作

在某些特殊场合，使用键盘操作可能要比使用鼠标操作来得方便，用得最多的键盘命令形式多以组合键出现。Windows 7的常用快捷键如表2.1所示。

表2.1　Windows 7常用快捷键

快捷键	功　能
<Alt+F4>	关闭当前窗口或退出应用程序
<Alt+Tab>	在当前打开的各窗口之间进行切换
<Alt+菜单栏上带下划线的字母>	打开相应的菜单
<Alt+PrtSc>(Alt+PrintScreen)	复制当前窗口、对话框或其他对象
PrtSc(PrintScreen)	复制桌面
<Ctrl+C>	复制
<Ctrl+X>	剪切

续 表

快捷键	功 能
<Ctrl+V>	粘贴
<Ctrl+Z>	撤销
<Ctrl+A>	全选
<Ctrl+Esc>	打开“开始”菜单
<Ctrl+Home>	回到文件或窗口的顶部
<Ctrl+End>	回到文件或窗口的底部
<Ctrl+Alt+Delete>	打开 Windows 7 任务管理器

小提示

在 Windows 系列操作系统中，桌面是一个重要的概念，指的是当用户启动并登录操作系统后，用户所看到的一个主屏幕区域。桌面是用户进行工作的一个平面，形象地说，就像人们平时用的办公桌，可以在上面展开工作。

步骤 3 设置桌面、屏幕保护及分辨率

右击桌面空白处，选择“个性化”命令，打开“个性化”窗口，如图 2-2 所示。窗口左侧上边提供选项，可以设置桌面图标、鼠标指针和账户图片。

① 更改桌面图标。用户第一次进入 Windows 7 操作系统的时候，桌面上只有一个回收站图标，常用的系统图标都没有显示在桌面上，因此需要在桌面上添加这些系统图标。单击“个性化”窗口的“更改桌面图标”，在打开的对话框中勾选“计算机”、“回收站”、“控制面板”、“用户的文件”和“网络”复选框，然后单击“确定”按钮即可，如图 2-3 所示。Windows 7 允许用户自己设定系统图标的图案，单击“更改图标”按钮，在打开的对话框中操作即可。

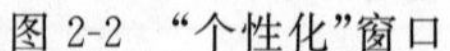

图 2-2 “个性化”窗口

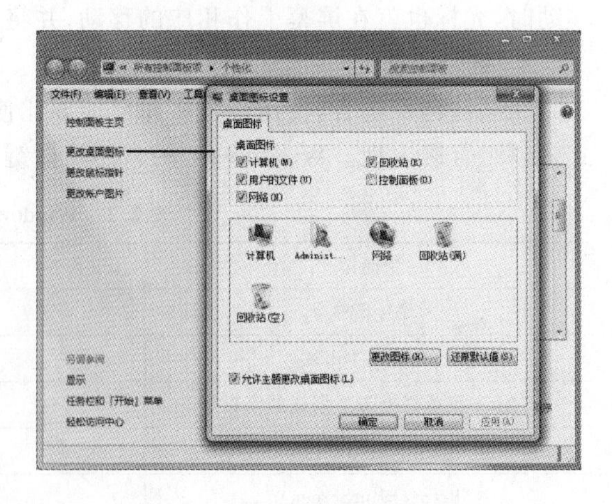

图 2-3 “桌面图标设置”对话框

② 设置用户账号的图片。单击“个性化”窗口的“更改账户图片”，在打开的窗口中选择“向日葵”图片，单击“更改图片”按钮，如图 2-4 所示。

③ 设置电脑的桌面背景。单击“个性化”窗口的“桌面背景”，在打开的窗口选择图片，一张或多张都可以，然后下边设置多张图片的间隔时间，单击右下方的“保存修改”按钮，如图 2-5 所示。

图 2-4 “更改图片”窗口

图 2-5 “桌面背景”窗口

④ 设置电脑的窗口颜色和透明度。单击“个性化”窗口的“窗口颜色”，在打开的窗口选择颜色“黄昏”，勾选“启用透明效果”复选框，单击“保存修改”按钮，如图 2-6 所示。

图 2-6 “窗口颜色和外观”窗口

⑤ 设置屏幕保护程序。单击“个性化”窗口的“屏幕保护程序”，在打开的“屏幕保护程序设置”对话框，选择“屏幕保护程序”下拉菜单中的“气泡”，设置等待时间为 10 min，单击“应用”和“确定”按钮，如图 2-7 所示。

⑥ 设置屏幕分辨率。在桌面空白处单击鼠标右键，在弹出的快捷菜单中选择“屏幕分辨率”，打开如图 2-8 所示的窗口。单击“分辨率”下拉按钮，拖动滑块设置显示器的分辨率

为:1 920×1 200。

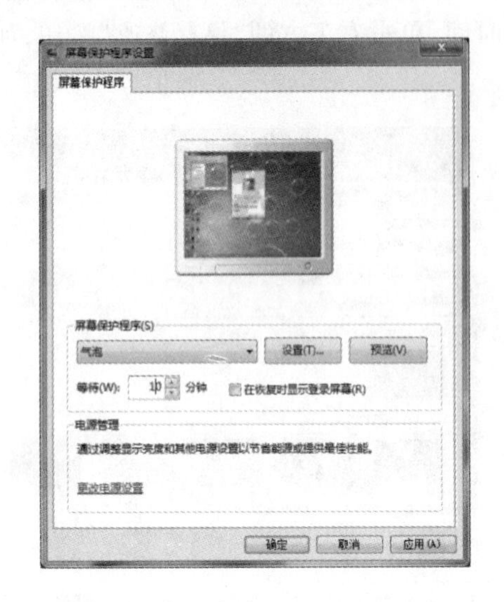

图 2-7 “屏幕保护程序设置”对话框

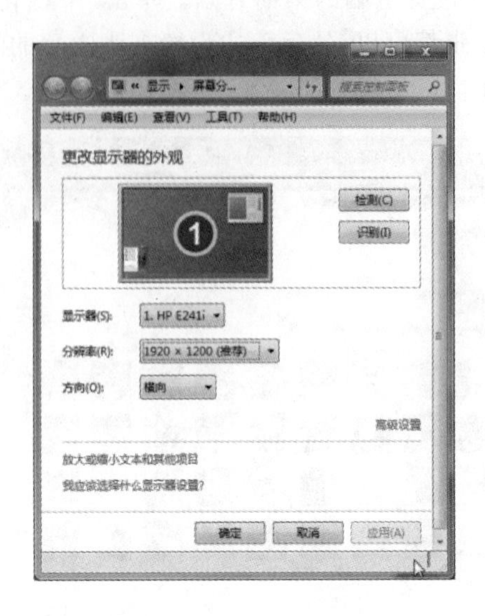

图 2-8 “屏幕分辨率”窗口

小提示

屏幕分辨率是屏幕图像的精密度,是指显示器所能显示的像素数。由于屏幕上的点、线和面都是由像素组成的,显示器可显示的像素越多,画面就越精细,同样的屏幕区域内能显示的信息也越多,所以分辨率是显示器非常重要的性能指标之一。

步骤 4 使用 Windows 7 小工具

Windows 7 中包含称为“小工具”的小程序,这些小程序可以提供即时信息以及可轻松访问常用工具的途径。Windows 7 随附的小工具,包括日历、时钟、天气、源标题、幻灯片放映和图片拼图板。

在桌面单击鼠标右键,在弹出的快捷菜单中选择“小工具”,打开如图 2-9 所示的窗口。

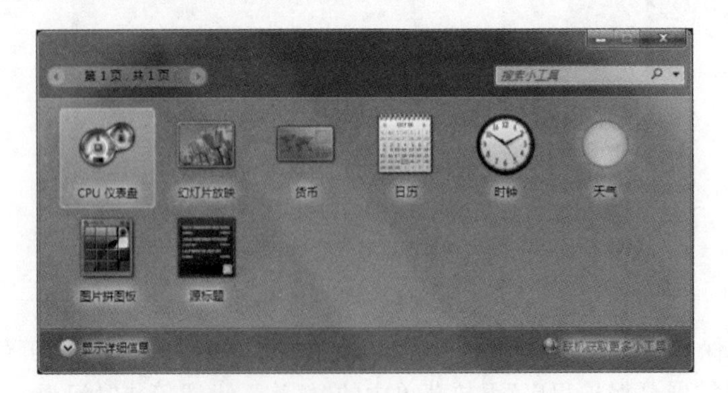

图 2-9 Windows 7 小工具

① 选择日历,单击鼠标右键,选择“添加”。

② 选择时钟,单击鼠标右键,选择“添加”。

项目实施 2　创建快捷方式

除了可以在桌面上添加系统图标外，还可以添加其他应用程序或文件夹的快捷方式图标。

在安装应用程序时，都会自动在桌面上建立相应的快捷方式图标，方便使用该应用程序。单击“开始”→“所有程序”→“Microsoft Office”→“Microsoft Word 2010”，单击鼠标右键，选择“发送到”→“桌面快捷方式”命令，即创建一个桌面快捷方式，如图 2-10 所示。

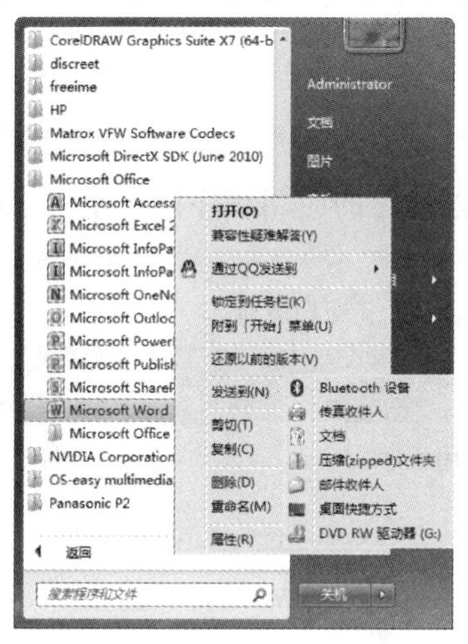

图 2-10　创建桌面快捷方式

项目实施 3　认识“开始”菜单、任务栏

步骤 1　认识“开始”菜单

在 Windows 7 操作系统中，“开始”菜单主要由固定程序列表、常用程序列表、所有程序列表、用户头像、启动菜单列表、搜索文本框、关闭和锁定电脑按钮组等组成，如图 2-11 所示。

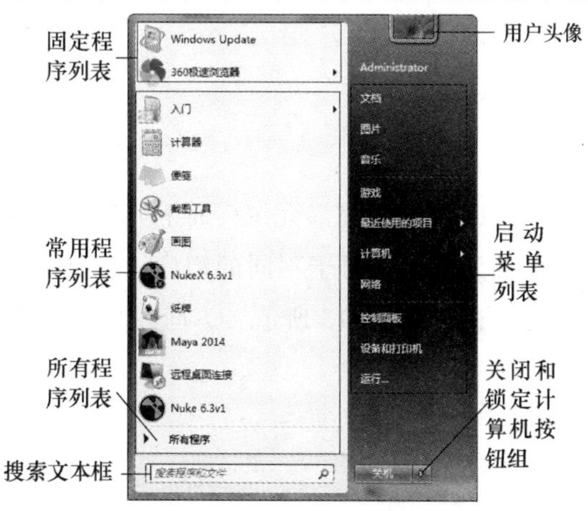

图 2-11　“开始”菜单

小提示

“开始”菜单是 Windows 操作系统中的重要元素，其中存放了操作系统或系统设置的绝大多数命令，而且还可以使用当前操作系统中安装的所有程序。

通过“开始”菜单启动应用程序既方便又快捷，Windows 7 中的“所有程序”菜单以树形文件夹结构来呈现，方便用户查找程序。

步骤 2 认识任务栏

任务栏主要包括“开始”按钮、快速启动栏、已打开的应用程序区（包括已打开的应用程序和空白区域）、语言栏、时间及常驻内存的应用程序区等组成，如图 2-12 所示。

图 2-12 Windows 7 任务栏

小提示

微软在 Windows 7 中设计了通知区域图标功能，默认情况下有些程序图标不显示。

右击“任务栏”空白处，在快捷菜单中选择“属性”，打开“任务栏和「开始」菜单属性”对话框，在“任务栏”选项卡中单击通知区域中的“自定义”按钮，进入“通知区域图标”页面，用户即可对程序图标选择“显示图标和通知”、“隐藏图标和通知”、“仅显示通知”等自定义操作。

项目实施 4 Windows 7 的窗口

运行程序或打开文档，Windows 7 系统都会在桌面上开辟一块矩形区域用以展示相应的程序或文档，这个矩形区域就称为窗口。对于不同的程序、文件，虽然每个窗口的内容各不相同，但所有窗口都具有相同的结构，如图 2-13 所示。下面以“计算机”窗口为例，介绍 Windows 窗口的组成。

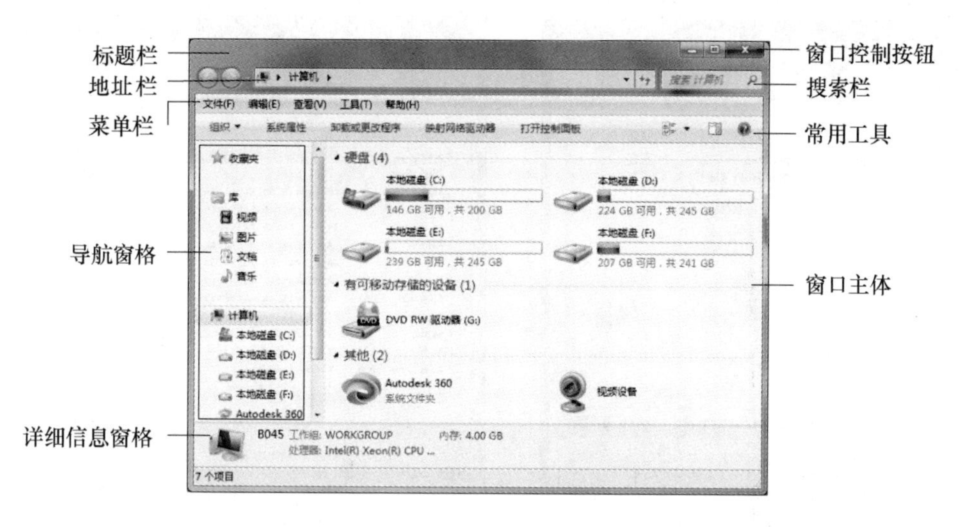

图 2-13　Windows 7 窗口结构

小提示

Windows 操作系统最大的特点就是窗口，通过窗口，我们可以很明确地执行操作，直观地得到操作结果。

对话框是一种次要窗口，是人机交流的一种方式。用户对对话框进行设置，计算机就会执行相应的命令。对话框中包含单选框、复选框、按钮和各种选项，通过它们可以完成特定命令或任务。

对话框与窗口不同，它没有“最大化”按钮、“最小化”按钮，大部分不能改变形状和大小。

项目实施 5　使用任务管理器

Windows 任务管理器提供了有关计算机性能的信息，并显示了计算机上所运行的程序和进程的详细信息，可以结束或启动应用程序、停止服务；如果连接到网络，还可以查看网络状态。

1）启动任务管理器的常用方法

（1）按住 Ctrl ＋Alt ＋Delete 组合键，单击“启动任务管理器”。

（2）按住 Ctrl＋Shift＋Esc 组合键。

（3）在任务栏底部空白地方，用鼠标右键单击，在弹出的快捷菜中选择“启动任务管理器”。

2）结束应用程序

打开“Windows 任务管理器”窗口，如图 2-14 所示。单击“应用程序”选项卡，选择“任务”栏中的 Word 应用程序，单击“结束任务”按钮，结束正在运行的 Word 应用程序。

3）停止服务

单击“服务”选项卡，可以查看当前计算机中服务的使用情况，并对该服务的状态进行改变。查看“服务”选项卡，360 杀毒实时防护服务正在运行。选中该服务，如图 2-15 所示，单击鼠标右键，在弹出的快捷菜单中选择“停止服务”，则该服务停止运行。

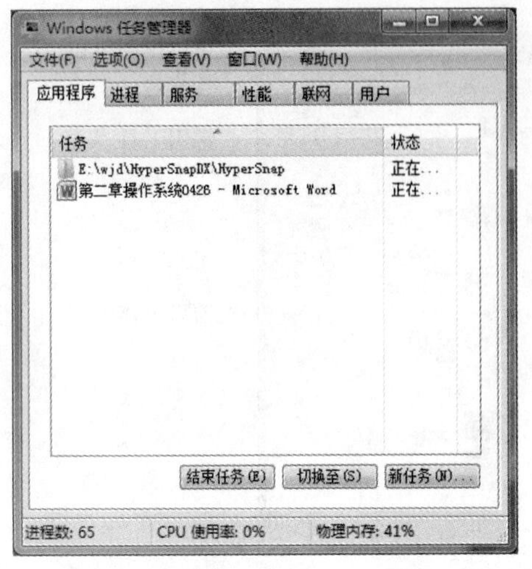

图 2-14 “Windows 任务管理器”窗口

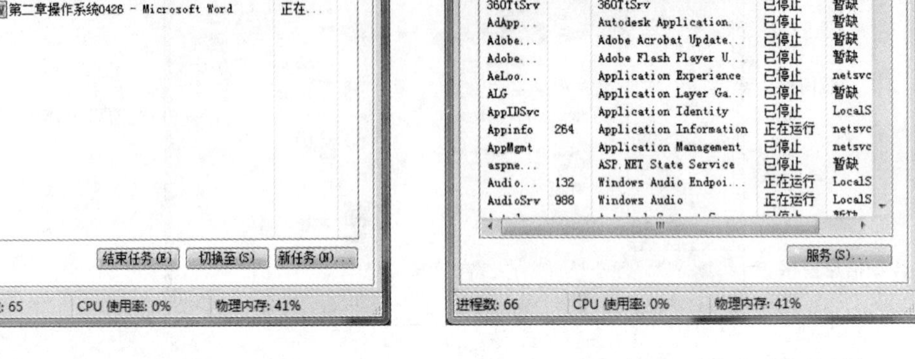

图 2-15 结束 360 杀毒实时防护服务

Windows 任务管理器

“Windows”任务管理器窗口提供了文件、选项、查看、帮助等菜单项，其下还有应用程序、进程、服务、性能、联网、用户等选项卡，窗口底部为状态栏，可以查看到当前系统的进程数、CPU 使用率、物理内存使用率等数据。默认设置下系统每隔两秒钟对数据进行 1 次自动更新，也可以单击“查看”菜单下的“更新速度”菜单重新设置。

1. 应用程序

应用程序显示了所有当前正在运行的应用程序，不过它只会显示当前已打开窗口的应用程序，而 QQ 等最小化至系统托盘区的应用程序则并不会显示出来。可以在这里单击“结束任务(E)”按钮直接关闭某个应用程序，如果需要同时结束多个任务，可以按住 Ctrl 键复选；单击“新任务(N)”按钮，可以直接打开相应的程序、文件夹、文档或 Internet 资源。

2. 进程

操作系统最核心的概念就是进程。进程是在操作系统中运行的程序，它是操作系统资源管理的最小单位。进程是一个动态的实体，它是程序的一次执行过程。进程和程序的区别在于：进程是动态的，程序是静态的；进程是运行中的程序，而程序是一些保存在硬盘上的可执行代码。

任务管理器中显示了所有当前正在运行的进程，包括应用程序、后台服务等。如果我们在使用计算机过程中计算机没有任何反应，就可以进入任务管理器，找到需要结束的进程名，单击快捷菜单中的“结束进程”，就可以强行终止。不过这种方式将丢失未保存的数据，而且，如果结束的是系统服务，则系统的某些功能可能无法正常使用，因此结束进程时要特别注意。

3. 服务

操作系统中的服务是指执行指定系统功能的程序、例程或进程，以便支持其他程序，尤其是底层（接近硬件）程序。通过网络提供服务时，服务可以在 Active Directory（活动目录）中发布，从而促进了以服务为中心的管理和使用。

服务是一种应用程序类型，它在后台运行。服务应用程序通常可以在本地和通过网络为用户提供一些功能，例如，客户端/服务器应用程序、Web 服务器、数据库服务器以及其他基于服务器的应用程序。

“服务”选项卡下列出了本机所有的服务，用户可以查看、启动、停止相关服务。

4. 性能

从任务管理器中可以看到计算机性能的动态概念，如 CPU 和内存的使用情况。

CPU 使用率：表明 CPU 工作时间百分比的图表，该计数器是 CPU 活动的主要指示器，查看该图表可以知道当前使用的处理时间是多少。

CPU 使用记录：显示 CPU 的使用程序随时间变化的情况图表，图表中显示的采样情况取决于“查看”菜单中所选择的“更新速度”设置值，“高”表示每秒 2 次，“普通”表示每两秒 1 次，“低”表示每四秒 1 次，“暂停”表示不自动更新。

内存使用情况：正被系统使用的页面文件的量。

页面文件使用记录：显示页面文件的量随时间的变化情况的图表，图表中显示的采样情况取决于“查看”菜单中所选择的“更新速度”设置值。

5. 联网

联网显示了本地计算机所连接的网络通信量的指示。使用多个网络连接时，我们可以在这里比较每个连接的通信量。只有安装网卡后才会显示该选项。

6. 用户

用户显示了当前已登录和连接到本机的用户数、标识、状态、客户端名，可以单击“注销”按钮重新登录。

项目实施 6　使用 Windows 7 帮助中心

单击“开始”菜单中的“帮助和支持”命令，打开“Windows 7 帮助和支持”窗口，如图 2-16 所示。

在“搜索帮助”文本框中输入“任务管理器”，单击“搜索帮助”按钮，获得“任务管理器”相关帮助主题，如图 2-17 所示。

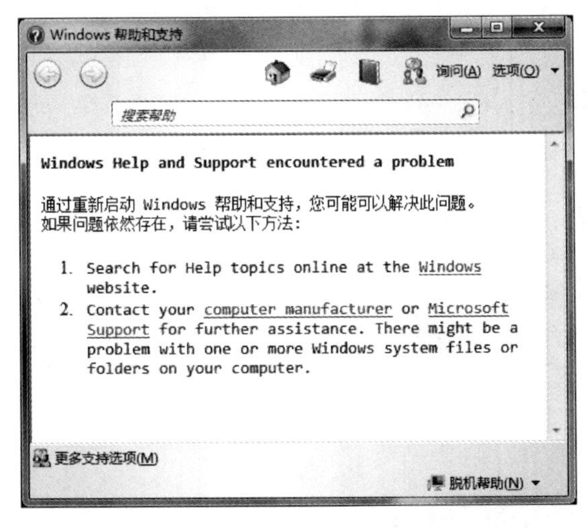

图 2-16　“Windows 7 帮助和支持”窗口

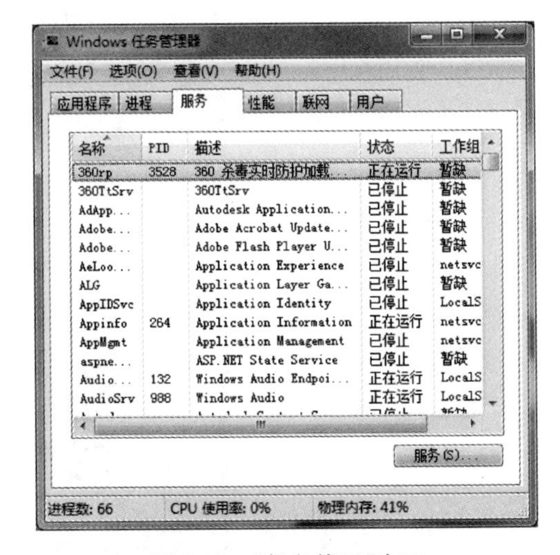

图 2-17　“任务管理”窗口

◆ 归纳总结

Windows 7 是多任务多用户的操作系统，因而，用户在进入 Windows 7 之前必须选择一个用户身份方可登录；而且，Windows 7 允许用户拥有自己的桌面环境。分析案例，主要经过了桌面背景设置、屏幕保护程序设置、窗口外观设置、显示器性能设置和 Windows 小工具设置等步骤。

2.2 项目 2——管理文件和文件夹

◆ 项目导入

电脑是小王学习、生活工作的好帮手，也是重要的文件“仓库”。随着时间推移，小王电脑中产生的文件越来越多，由于缺乏有效地管理，其中充斥大量、无序且混乱的文件，不仅拖慢电脑速度，还影响工作效率；所以，小王希望能够对电脑文件进行有效管理。

◆ 项目分析

买来的裸机内安装操作系统等系统软件以及应用软件后，文件通常高达数十万个，如何有效地管理好自己的文件是很多人面临的一个问题，很多人管理文件的方式和方法不是很恰当，不够清晰明了。小王仔细学习了 Windows 7 中的文件和文件夹管理，建立了良好、有效的目录结构，既节省了查找文件的时间，又提高了工作效率。

◆ 项目展示

Windows 使用资源管理器的树形结构管理用户的文件及文件夹，如图 2-18 所示。

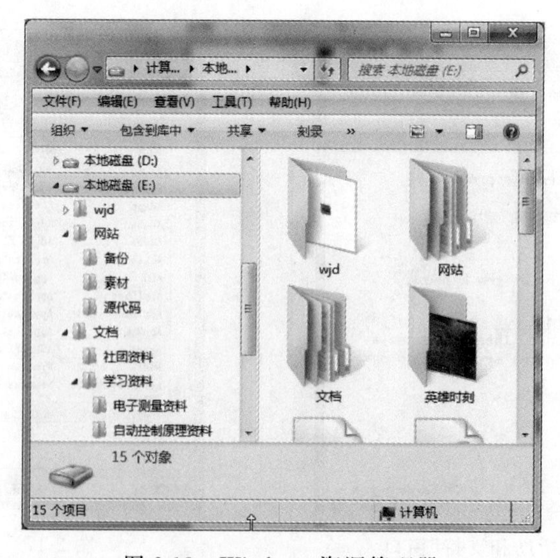

图 2-18 Windows 资源管理器

◆ 能力要求

- 熟悉“资源管理器”的使用
- 掌握文件、文件夹的命名及管理
- 掌握文件与文件夹的一些基本操作
- 熟悉 Windows 7 库的使用

◆ 项目实施

磁盘、文件与文件夹

1. 磁盘分区和盘符

电脑中的主要存储设备为硬盘，但是硬盘不能直接存储资料，需要将其划分成多个空间，划分的空间即为磁盘分区。

将电脑硬盘划分为多个磁盘分区后，为区分每个磁盘分区，可将其命名为不同的名称，如“本地磁盘 C”等，这样的磁盘分区名称即为盘符。

2. 文件与文件夹的概念

文件：文件是电脑操作中一个最基本的概念，是数据的基本存储单位。计算机文件是以计算机硬盘为载体存储在计算机上的信息集合。文件可以是文本文档、图片、程序等等。

文件夹：计算机文件夹是用来协助人们管理计算机文件的，每一个文件夹对应一块磁盘空间。通常将同一类型的文件保存在一个文件夹中，或根据用途将文件存在一个文件夹中，它既可以包含文件，也可包含其他文件夹，文件夹中包含的文件夹通常称为“子文件夹”。文件夹一般采用多层次结构(树状结构)，如图 2-19 所示。在这种结构中每一个磁盘有一个根文件夹，它包含若干文件和文件夹。这样类推下去形成的多级文件夹结构既帮助了用户将不同类型和功能的文件分类储存，又方便文件查找，还允许不同文件夹中文件拥有同样的文件名。

图 2-19　文件夹结构

3. 文件与文件夹的命名

(1) 文件名由基本名和扩展名组成，二者之间用“.”分隔。

(2) 文件名不区分大小写。

(3) 文件名中可以使用汉字、数字字符 0～9、英文字符 A～Z 和 a～z，还可以使用空格字符和加号(＋)、逗号(，)、分号(；)、左右方括号([ ])、等号(＝)，但不允许使用尖括号(<>)、正斜杠(/)、反斜杠(\)、竖杠(|)、冒号(：)、双撇号(”)。

(4) 文件的扩展名用来标明文件的类型，常见的文件扩展名如表 2.2 所示。

表 2.2　Windows 7 常见文件扩展名

扩展名	文件类型	扩展名	文件类型
. txt	文本文件	. doc 或. docx	Word 文件
. sys	系统文件	. xls 或. xlsx	Excel 文件
. exe	可执行程序	. ppt 或. pptx	PowerPoint 文件
. ini	Windows 配置设置文件	. html	静态网页文件
. bmp 或. jpg	图像文件	. wav 或. mp3	音频文件
. gif	动态图像文件	. wmv	视频文件
. swf	Flash 影片文件	. rar	压缩文件

(5) 文件夹的名称可根据需要任意命名。

4. 磁盘、文件和文件夹的路径

路径指的是文件或文件夹在电脑中存储的位置，当打开某个文件夹时，在地址栏中即可看到所进入的文件夹的层次结构，由文件夹的层次结构可以得到文件夹的路径。

路径的结构一般包括磁盘名称、文件夹名称和文件名称，它们之间用“\”隔开。

(1) 绝对路径：在树形目录结构中，从根节点到任何一个数据文件都只有一条唯一的通路。将从根节点到一个数据文件的通路上经过的各个目录文件名用“\”连接起来，就形成了可用来访问这个数据文件的绝对路径名。

(2) 相对路径：所谓相对路径，就是相对于自己的目标文件的位置。

假设磁盘目录结构如图 2-20 所示。

如果当前用户目录为 1 文件夹，要表示 12. txt 文件，有两种方法。

方法一：D:\ABC\1\12. txt，这是绝对路径。指明 12. txt 文件在 D 盘 ABC 文件夹中的 1 文件夹内，从最大的目录 D 盘开始表示。

方法二：12. txt，这是相对路径。当前已经在 1 文件夹了，而 12. txt 文件就是在 1 文件夹中，所以前面的 D:\ABC 都是一样的，也就不用写了。

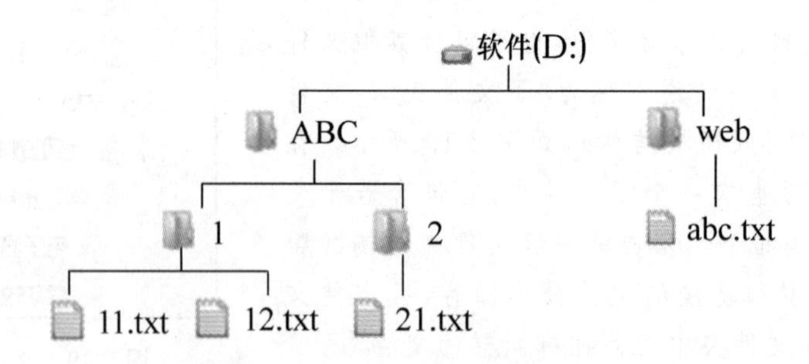

图 2-20　磁盘目录结构

注：可以使用“../”来表示上一级目录，“../../”表示上上级的目录，以此类推。

项目实施 1　文件和文件夹的基本操作

步骤 1　创建新文件夹

① 通过“计算机”或“Windows 资源管理器”打开 D 盘。

② 鼠标右击空白处，在弹出的快捷菜单中选择“新建”下的“文件夹”命令，如图 2-21 所示。

③ 以“2014040201047 王娟娟”命名该文件夹。

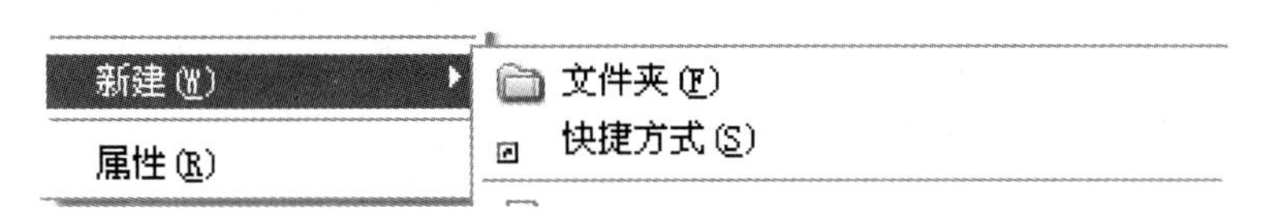

图 2-21　新建文件夹

④ 鼠标双击打开“2014040201047 王娟娟”文件夹，用同样的方式创建“图片”、“学习资料”、“test”等子文件夹。

步骤 2　创建文件

① 鼠标指向“学习资料”文件夹，双击打开。

② 在空白处右击，在弹出的快捷菜单中选择“新建”→“文本文档”命令。

③ 鼠标选中新创建的文本文件，右击鼠标，在快捷菜单中选择“重命名”命令，并以 book. txt命名。

步骤 3　设置文件、文件夹属性

文件属性反映的是文件的特征信息，主要包括文件的名称、类型、文件大小、存放位置、创建时间及文件的操作属性等信息。

鼠标指向 book. txt 文件，右击鼠标，在弹出的快捷菜单中选择“属性”命令，弹出“book 属性”对话框，如图 2-22 所示。勾选“只读”属性。单击“高级”按钮，打开“高级属性”对话框，在“压缩或加密属性”区域选择“压缩内容以便节省磁盘空间”复选框，如图 2-23 所示，单击“确定”按钮，返回“book 属性”对话框，单击“应用”和“确定”按钮。

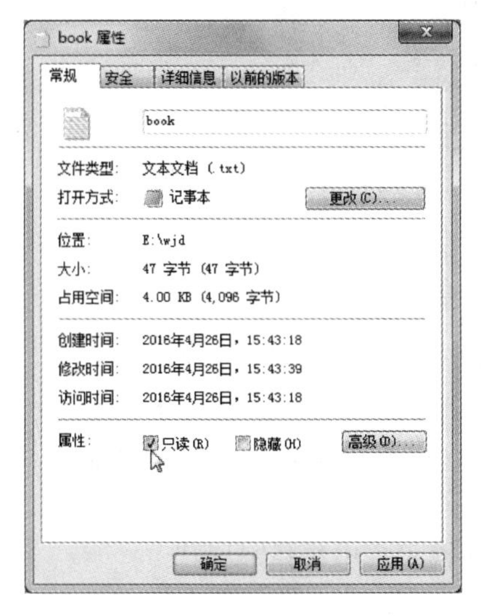

图 2-22　“book 属性”对话框

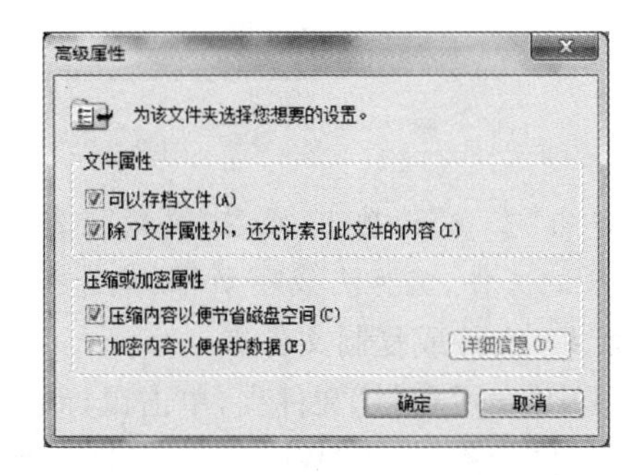

图 2-23　“高级属性”对话框

1. 文件及文件夹属性

① 只读：表示该文件不能被修改。若设置文件夹为只读，并选择“仅应用于文件夹中的文件”后，该文件夹内的所有文件都是只读的。

② 隐藏：表示文件或文件夹在系统中是隐藏的，在默认情况下用户看不见文件或文件夹。

③ 存档：表示该文件或文件夹应该被存档，有些程序用此选项来确定哪些文件需做备份。

④ 压缩：压缩文件或文件夹内容以便节省磁盘空间。

⑤ 加密：给文件或文件夹加密，以便保护数据。

2. 查看隐藏的文件或文件夹

① 双击“计算机”图标，打开“计算机”窗口。

② 选择“工具”菜单中的“文件夹选项”，打开“文件夹选项”对话框，如图 2-24 所示。

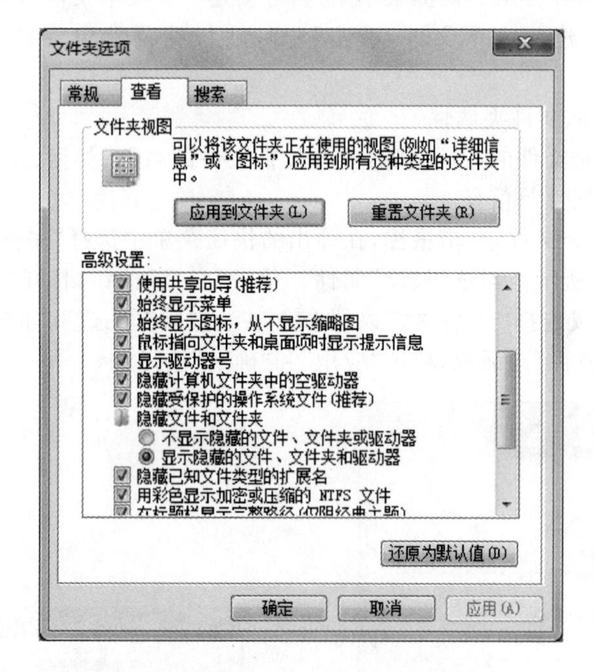

图 2-24 “文件夹选项”对话框

③ 单击“查看”选项卡，调整“高级设置”列表框的滚动条，选择“隐藏文件和文件夹”下的“显示隐藏的文件、文件夹或驱动器”单选按钮，即可显示隐藏的文件、文件夹或驱动器。

步骤 4 文件或复制文件夹

① 选中“学习资料”文件夹，单击鼠标右键，在快捷菜单中选择“复制”。

② 通过“计算机”或“Windows 资源管理器”打开 E 盘。

③ 右击空白处，在快捷菜单中选择“粘贴”。

步骤 5 重命名文件或文件夹

选中 E 盘中的“学习资料”，鼠标单击文件夹的名称，此时文件夹的名称将处于选中状态。重新输入“学习资料备份”，然后单击空白区域或按下 Enter 键，完成文件或文件夹的重命名操作。也可以单击鼠标右键，通过快捷菜单中的“重命名”命令完成。文件的重命名和文件夹相同。

步骤 6　删除文件或文件夹

删除文件或文件夹最快的方法就是在选定要删除的对象后按 Delete 键。此外，还可以用以下两种方法进行删除操作。

方法一：用鼠标右击要删除的对象，在弹出的快捷菜单中选择“删除”命令。

方法二：选定删除对象后用鼠标将其直接拖放到回收站中。

小提示

注意：按照上述方法操作，删除的文件或文件夹将进入回收站。若想将文件或文件夹彻底删除，可在使用“删除”命令的同时按住 Shift 键。此操作要特别谨慎，以免误操作而造成无法挽回的损失。

步骤 7　文件与文件夹的搜索

在“开始”菜单的“搜索程序和文件”文本框中输入“book. txt”；或者打开“Windows 资源管理器”，在搜索框中输入“book. txt”，单击搜索按钮，即可在计算机中搜索名为 book. txt 的所有文件，结果如图 2-25 所示。

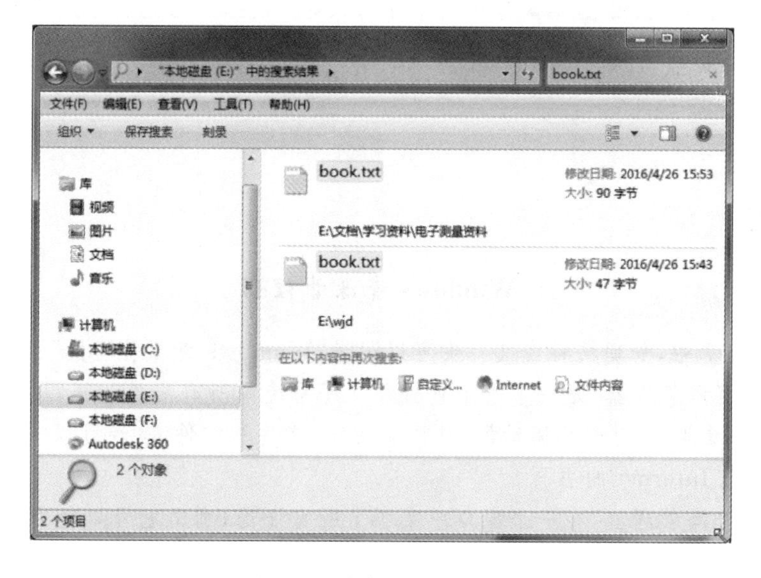

图 2-25　搜索文件及文件夹

项目实施 2　使用 Windows 资源管理器

1. 启动 Windows 资源管理器

方法一：右击桌面左下角的“开始”按钮，在弹出的快捷菜单中选择“打开 Windows 资源管理器”。

方法二：右击桌面“计算机”快捷图标，在弹出的右键菜单中选择“打开”。

方法三：按下 Win+E 快捷键。

2. 查看文件及文件夹

在"Windows资源管理器"窗口中查看文件夹，如图 2-26 所示。"Windows资源管理器"左窗格采用树形结构管理文件及文件夹，有些文件夹的前面有"▷"标记，表示在此文件夹下还有下一级子文件夹。单击该标记后，其下一级子文件及文件夹展开，前面的标记变为"◢"，如图 2-27 所示。

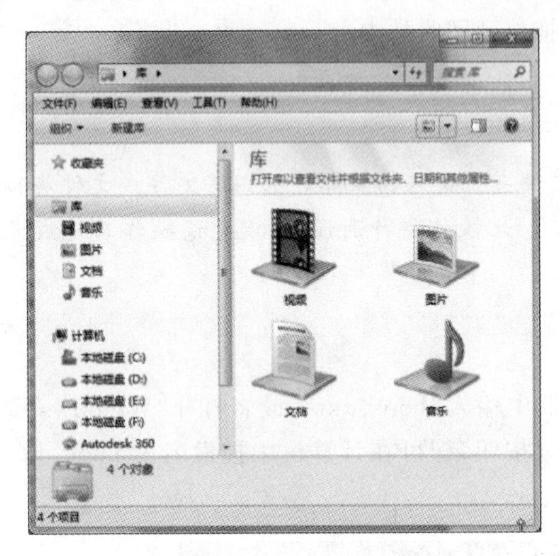

图 2-26 "Windows资源管理器"窗口

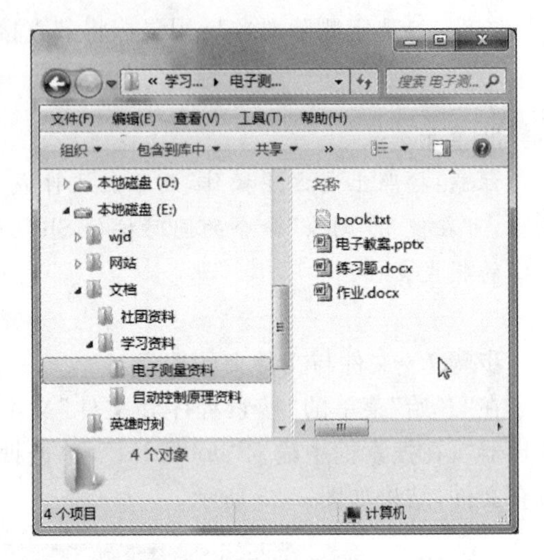

图 2-27 资源管理器树形结构

Windows资源管理器

在 Windows 7 中，管理文件或文件夹可以通过"Windows资源管理器"。

"Windows资源管理器"是一个用于查看和管理系统中所有文件和资源的文件管理工具。通过它可以管理硬盘、映射网络驱动器、外围驱动器、文件和文件夹，还可以查看控制面板和打印机的内容、浏览 Internet 的主页。

"Windows资源管理器"在一个窗口中集成了所有资源，利用它可以很方便地在不同的资源之间进行切换并实施操作。

"Windows 7 资源管理器"窗口，如图 2-28 所示。

(1) 导航窗格：使用导航窗格可以访问库、文件夹以及整个硬盘。它用于查看本台电脑的所有资源，特别是它提供的树形的文件系统结构，使我们能更清楚、更直观地认识电脑的文件和文件夹。

(2) 地址栏：使用地址栏可以导航至不同的文件夹或库，或返回上一文件夹或库。

(3) 库：管理文件意味着在不同的文件夹和子文件夹中组织文件。在 Windows 7 中，还可以使用库组织、访问文件。

(4) 搜索框：快速搜索 Windows 中的文档、图片、程序、Windows 帮助等信息。Windows 7 系统的搜索是动态的，当我们在搜索框中输入第一个字的时刻，Windows 7 的搜索就已经开始工

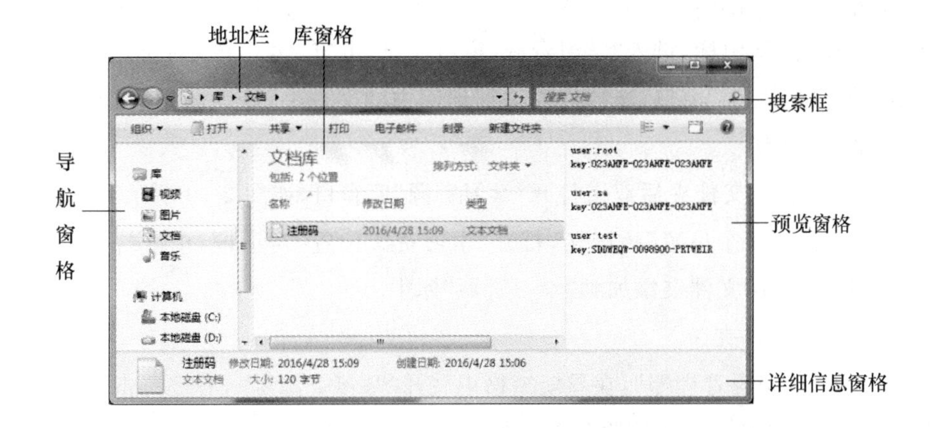

图 2-28　Windows 7 资源管理器窗口结构

作，大大提高了搜索效率。

(5) 预览窗格：使用预览窗格可以查看大多数文件的内容。例如，如果选择电子邮件、文本文件或图片，则无须在程序中打开即可查看其内容。

(6) 详细信息窗格：当前选中对象的详细信息。

项目实施 3　Windows 7 操作系统的新功能“库”

库可以收集不同位置的文件和文件夹，并将其显示为一个集合或容器，而无需从其存储位置移动这些文件。

1) 新建学习资源库

双击桌面“计算机”图标，打开“Windows 资源管理器”窗口。在工具栏单击“新建库”或在导航窗格中选中“库”，单击鼠标右键，在快捷菜单中选择“新建”→“库”，并设置新建库的名称为“学习资源”，按 Enter 键。如图 2-29 所示。

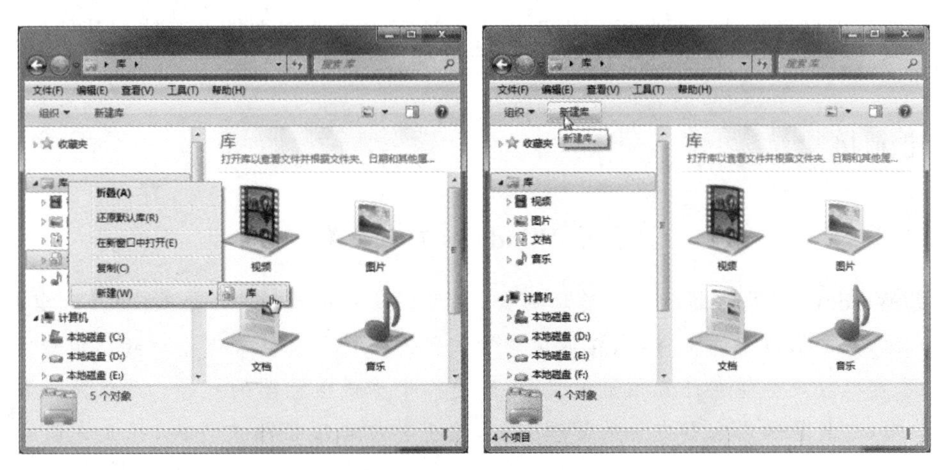

图 2-29　新建“学习资源”库

2）将文件夹包含到库中

双击“学习资源”库图标，进入“学习资源”窗口库，单击“包含一个文件夹”按钮，弹出“将文件夹包括在‘学习资源’中”窗口，选择需要添加到库中的文件夹（D 盘的“学习心得”文件夹），单击“包括文件夹”按钮。

成功添加一个包括文件夹后双击打开“学习资源”库窗口，如图 2-30 所示。单击窗口右侧的“学习资源库”下的“1 个位置”超链接，打开“学习资源位置”对话框，单击“添加”按钮，用相同的方法将“课程 PPT”文件夹添加到“学习资源”库中。

3）从库中删除文件夹

打开“Windows 资源管理器”，在导航窗格中展开“学习资源”库，右键单击“学习心得”，在弹出的快捷菜单中单击“从库中删除位置”，如图 2-31 所示。

图 2-30　向库中添加文件或文件夹

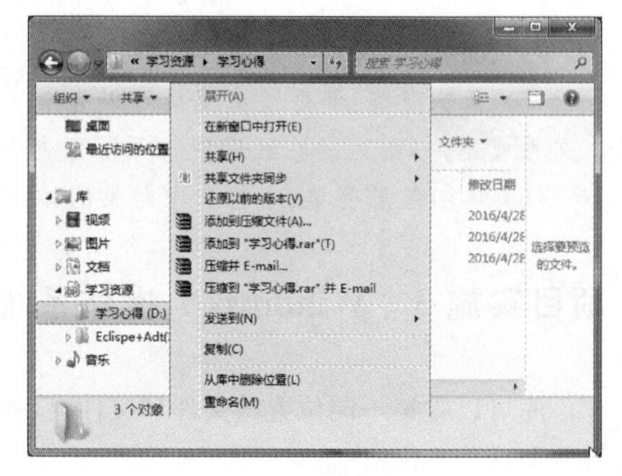

图 2-31　删除库中的文件夹

4）删除库

在“Windows 资源管理器”导航窗格中右键单击要删除的库，在快捷菜单中选择“删除”。删除库后会将库自身移动到回收站。由于该库中访问的文件和文件夹存储在其他位置，因此不会删除。

关于 Windows 7 中的库

库是 Windows 7 当中新的文件管理模式，它可以集中管理文档、音乐、图片和其他文件。在某些方面，库类似传统的文件夹，在库中查看文件的方式与文件夹完全一致。但与文件夹不同的是，库可以收集存储在任意位置的文件，这是一个细微但重要的差异。库实际上并没有真实存储数据，它只是采用索引文件的管理方式，监视其包含项目的文件夹，并允许以不同的方式访问和排列这些项目。并且库中的文件都会随着原始文件的变化而自动更新，以同名的形式存在于文件库中。

“库”是个有些虚拟的概念，把文件（夹）收纳到库中并不是将文件真正复制到“库”这个位置，而是在“库”中“登记”了那些文件(夹)的位置并由 Windows 管理而已。因此，收纳到库中的内容除了它们自占用的磁盘空间之外，几乎不会再额外占用磁盘空间，并且删除库及其内容时，也并不会影响到那些真实的文件。

库功能是 Windows 7 系统最大的亮点之一，它彻底改变了我们的文件管理方式，从死板的文件夹方式变得更为灵活和方便。

◆ 归纳总结

操作系统作为计算机最重要的系统软件，提供的基本功能是数据存储、数据处理及数据管理等。数据通常以文件形式存储在存储介质中，数据处理的对象是文件，数据管理也是通过文件管理来完成的；因此，文件系统在操作系统中占有非常重要的地位。在 Windows 7 操作系统中，用户在计算机中操作并保存的内容都是以文件的形式存在的，它们或者单独形成一个文件，或者存在于文件夹中。Windows 文件管理的操作主要涉及以下基本内容：建立文件及文件夹、搜索文件及文件夹、删除文件及文件夹、移动文件及文件夹、资源管理器及库等。本节内容需要熟练掌握。

2.3　项目 3——Windows 7 系统的配置与管理

◆ 项目导入

小王在学习、生活中有时需要和别人共用一台计算机，如何为自己和他人设置不同的工作环境？如何在系统中安装所需的系统组件和应用程序？如何利用操作系统对计算机的软件和硬件资源进行合理的配置和管理，让计算机达到最大化的利用？

◆ 项目分析

使用控制面板——Windows 中一个对自身的设置进行控制和管理的工具程序，小王就可以按照自己的需要对系统进行设置。通过系统的配置和管理让计算机的软硬件资源的利用率达到最佳，让使用最便捷。

◆ 项目展示

使用控制面板管理计算机，创建多用户账户，如图 2-32 所示。

◆ 能力要求

🕮 掌握系统设置
🕮 创建用户账户
🕮 掌握添加或删除应用程序以及系统组件等
🕮 掌握磁盘管理

图 2-32　设置多个用户

项目实施 1　使用控制面板

步骤 1　打开控制面板

电脑的很多设置都是在控制面板中进行的，因此需要经常打开控制面板，下面介绍两种常用的打开控制面板的方法。

方法一：单击“开始”按钮，选择“控制面板”；

方法二：打开“计算机”窗口，在工具栏中单击“打开控制面板”按钮。

步骤 2　认识控制面板

Windows 7 系统的控制面板缺省以“类别”的形式来显示功能菜单，分为“系统和安全”、“用户账户和家庭安全”、“网络和 Internet”、“外观和个性化”、“硬件和声音”、“时钟、语言和区域”、“程序”和“轻松访问”，每个类别下会显示该类的具体功能选项，如图 2-33 所示。

图 2-33　“控制面板”窗口

除了“类别”，Windows 7 控制面板还提供了“大图标”和“小图标”的查看方式，只需单击控制面板右上角“查看方式”旁边的向下箭头，从中选择自己喜欢的形式即可。

项目实施 2　系统和安全设置

打开“控制面板”窗口，单击“系统和安全”链接，打开“系统和安全”窗口界面，可以对系统的软硬件资源和系统本地安全进行查看和管理，包括“操作中心”、“Windows 防火墙”、“系统”、“Windows Update”、“电源选项”、“备份和还原”、“BitLocker 驱动器加密”和“管理工具”，如图 2-34 所示。

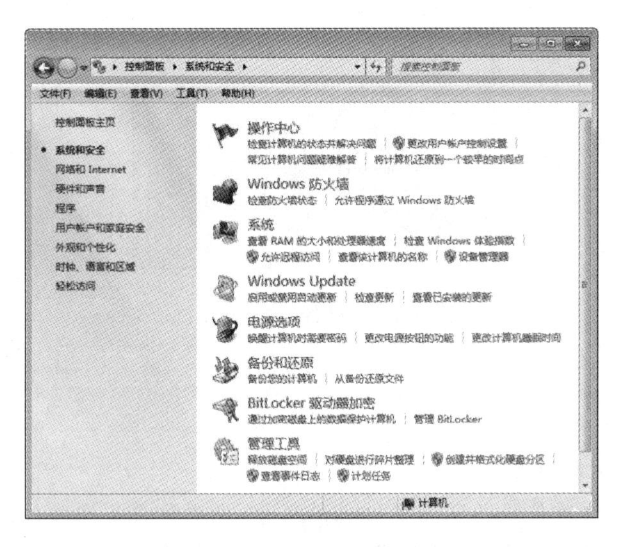

图 2-34　“系统和安全”窗口

在“系统和安全”窗口单击“系统”，打开“系统”窗口，如图 2-35 所示。窗口左侧提供“设备管理器”等导航链接，右侧窗口可查看当前计算机的基本信息，包括：Windows 版本、CPU 型号、计算机名、工作组名等信息。

图 2-35　“系统”窗口

(1) 设备管理器:使用设备管理器管理计算机的硬件设备,可查看和更改设备属性,更新设备驱动程序,配置设备设置和卸载设备。“设备管理器”窗口如图 2-36 所示。

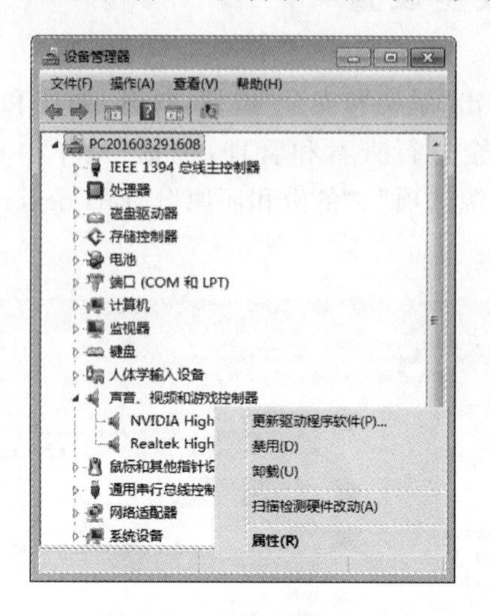

图 2-36 “设备管理器”窗口

小提示

设备管理器——问题符号

(1) 红色的叉号:在硬件设备显示了红色的叉号,说明该设备已被停用。

解决办法:右键单击该设备,从快捷菜单中选择“启用”命令就可以了。

(2) 黄色的问号或感叹号:某个设备前显示了黄色的问号或感叹号,前者表示该硬件未能被操作系统所识别;后者指该硬件未安装驱动程序或驱动程序安装不正确。

解决办法:首先,可以右键单击该硬件设备,从快捷菜单选择“卸载”命令,然后重新启动系统。如果是 Windows 7 操作系统,大多数情况下会自动识别硬件并自动安装驱动程序;不过,某些情况下可能需要插入驱动程序盘,按照提示进行操作。

(2) 远程设置:远程设置是在网络上一台计算机远距离控制另一台计算机的技术。要实现远程设置,要满足的条件有:两台电脑连接在网络中,知道需要控制的那台计算机的 IP 地址,要控制的那台计算机处在开机状态,远程计算机要允许远程控制操作。设置运行远程控制的步骤如下。

单击“系统”窗口左侧导航栏中的“远程设置”链接,弹出“系统属性”对话框,默认是“远程”选项卡,如图 2-37 所示。

如果需要远程连接,可以选择“远程”选项卡中“远程桌面”设置中的②项或③项。其中,②项不需要通过身份验证,安全性差;③项可以进行远程连接但需要远程连接者有正确的用户名和密码,安全性较好,建议使用。

远程设置选择③项,单击“确定”按钮,开启允许远程控制功能。远程用户通过单击“开始”按钮,在搜索文本框中输入“mstsc”,或者单击“开始”→“所有程序”→“附件”→“远程桌面连接”,即可连接远程计算机。

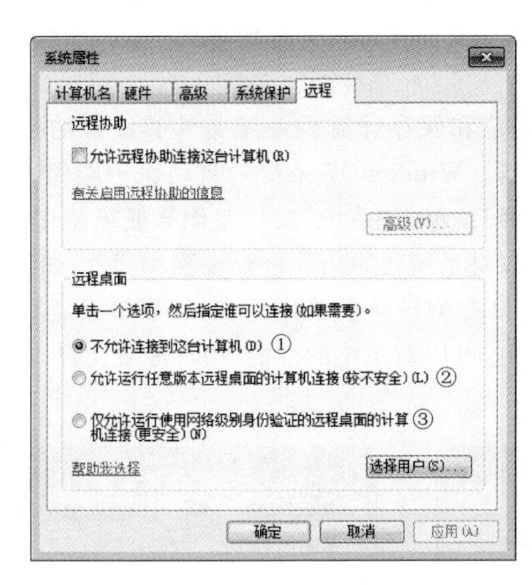

①其他主机无法远程连接这台机器

②任意主机都可远程连接这台机器

③通过身份验证的主机可远程连接这台机器

图 2-37　“远程”选项卡

QQ 远程控制

远程协助是由一台电脑远距离去控制另一台电脑技术。QQ 的远程协助提供了 QQ 好友之间的协助操作，当遇到困难时，可以向好友发起远程协助要求，邀请好友协助处理电脑上的一些疑难问题。

① 登录 QQ 软件之后，打开需要远程协助的好友聊天窗口，然后单击 QQ 聊天窗口上的图标后面的倒三角符号。

② 在弹出的选项中，如果要远程协助别人，就单击“请求控制对方电脑”；如果想要别人远程我们自己电脑的，就单击“邀请对方远程协助”，如图 2-38 所示。

③ 这时好友那边会弹出一个窗口，需要远程协助的好友单击“接受”按钮即可在双方之间建立远程协助，如图 2-39 所示。

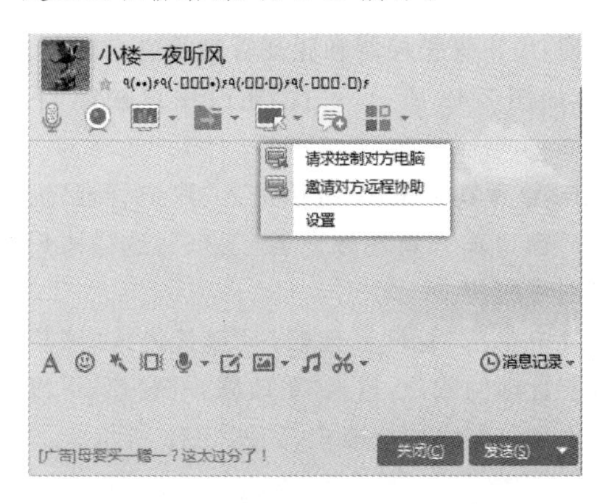

图 2-38　QQ 发起远程协助请求

图 2-39　对方收到远程协助请求

④ 完成以上操作步骤之后，就可以控制需要协助好友的电脑了，完成之后，单击“结束”就可以断开远程协助了。

(3) 系统保护：系统保护是定期创建和保存计算机系统文件和设置的相关信息的功能。系统保护也保存已修改文件的以前版本。Windows 7 系统的自动保护能保护系统，当系统崩溃时能够还原，但系统保护会占磁盘空间。单击“系统”窗口左侧导航窗格中的“系统保护”链接，在打开的“系统保护”选项卡中，可以对系统还原信息进行设置和管理，如图 2-40 所示。

(4) 高级系统设置：单击“系统”窗口左侧导航窗格中的“高级系统设置”链接，弹出“系统属性”对话框，在打开的“高级”选项卡中，可以对系统的性能、用户配置文件以及启动和故障恢复进行配置和管理，如图 2-41 所示。

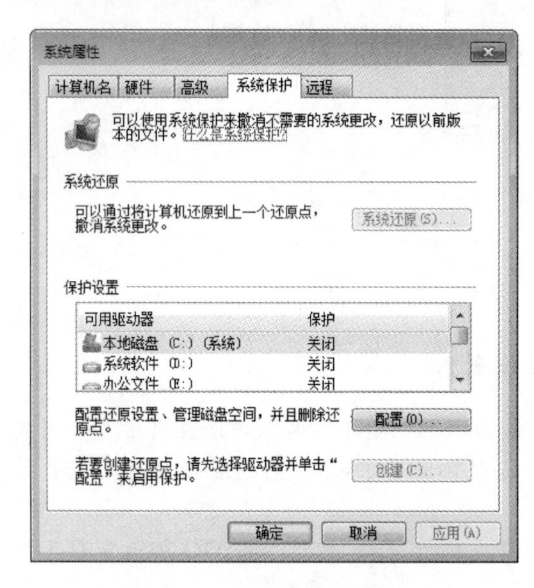

图 2-40 “系统保护”选项卡

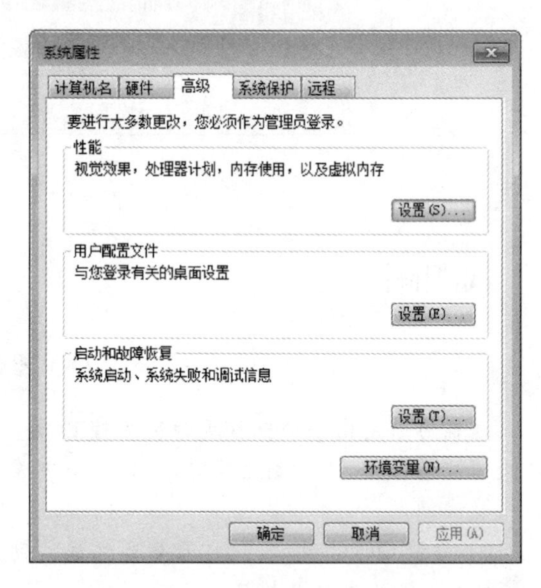

图 2-41 “高级”选项卡

项目实施 3 用户管理

“用户账户和家庭安全设置”可以对用户账户管理、用户家长控制和凭证管理等进行配置。

(1) 更改用户账户信息。单击“用户账户”链接，如图 2-42 所示，可在“更改用户账户”下更改密码、创建密码或更改用户账户图片。

(2) 用户账户的创建。在“用户账户”窗口中单击“管理其他账户”链接进入“账户管理”窗口，单击“创建一个新账户”链接，在“创建一个新账户”窗口输入新建账户名“王东”，选择账户类型为“标准用户”，单击“创建账户”按钮，用户账户创建成功。

(3) 用户账户的管理与删除。在“用户账户”窗口中单击“管理其他账户”链接进入“账户管理”窗口，可以查看到系统的用户账户信息。单击要管理的账户，进入“更改账户”窗口，可以更改账户的名称、密码、账户图片、账户类型等信息，也可以删除用户账户，如图 2-43 所示。

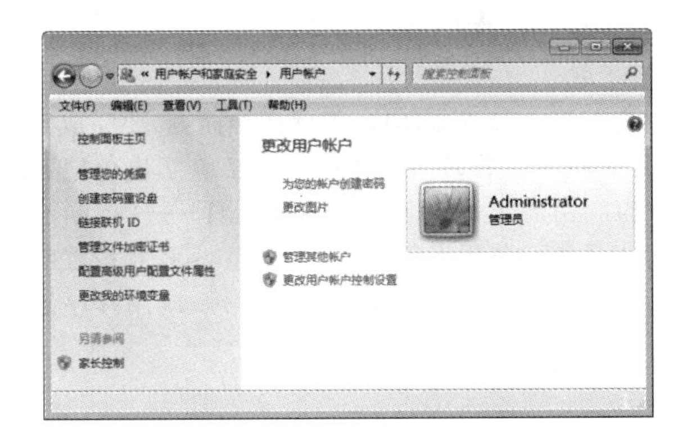

图 2-42　“更改用户账户”信息窗口

图 2-43　“更改账户”管理窗口

项目实施 4　程序的安装、卸载

在“程序”下允许用户从系统中添加或删除程序。添加、删除程序窗口也会显示程序被使用的频率，以及程序占用的磁盘空间。

1. 卸载或更改程序

安装新软件一般都通过运行软件自带的安装程序来完成。若要删除已安装的软件，通过执行该软件自带的卸载程序，或是通过“控制面板”提供的“卸载或更改程序”来完成删除工作，该功能也可以更新程序。

若要卸载系统中已经安装的 360 安全浏览器软件，方法为：打开“控制面板”窗口，单击“程序”中的“卸载或更改程序”链接，右击 360 安全浏览器软件，在弹出的快捷菜单中选择“卸载”，按照提示操作可以从系统中卸载该软件，如图 2-44 所示。

2. 打开或关闭 Windows 功能

Windows 系统自身附带的某些程序和功能(如 Internet 信息服务)必须打开才能使用。某些功能默认情况下是打开的，但可以在不使用它们时将其关闭。关闭某个功能不会将其卸载，并且不会减少 Windows 功能使用的硬盘空间量。可以通过“打开或关闭 Windows 功能”控制这些功能的打开与关闭，如图 2-45 所示。

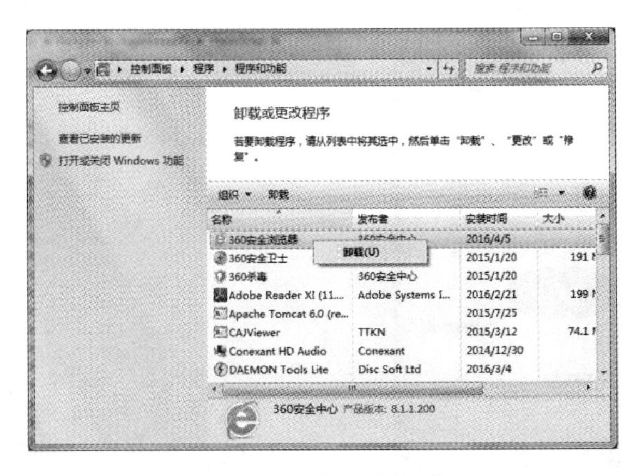

图 2-44　“程序和功能”窗口

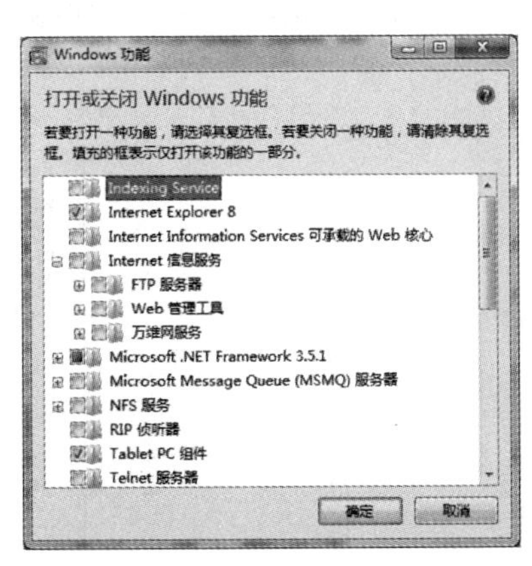

图 2-45　“Windows 功能”窗口

◆ 归纳总结

操作系统可以为用户提供一个很好的交互界面和工作环境,但就用户而言,要完成大量的日常工作,仍可以根据需要来调整和设置计算机的工作环境。Windows 7 除了出色地完成着操作系统的工作外,还为用户及各式各样的应用需求提供了一个基础工具——"控制面板"。"控制面板"是用来对系统进行设置的一个工具集。分析案例,有关 Windows 系统设置的操作主要涉及以下几点:设备管理、远程设置、系统保护、用户账户的创建及管理、应用程序的添加与删除、创建新账户等。

2.4 项目 4——磁盘管理

◆ 项目导入

今天早上,小王打开某个文件夹,发现里面有几个文件的文件名是乱码,不能打开也不能删除,而且最近小王的电脑变慢了很多,刚开始以为是中了病毒,后来经多方面证实,不是病毒的原因,那是为什么?她去请教小李,得知是自己磁盘管理的知识还不够,下面我们就和小王一起学习在磁盘管理中常见的操作。

◆ 项目分析

用户电脑没有中毒但速度变慢很可能是因为用户对磁盘进行多次读写操作后,磁盘上碎片文件过多。由于这些碎片文件被分割成许多分离的部分放置在一个分区上,系统读取这些文件时会花更多的时间,导致 Windows 系统性能下降;文件夹中有无法删除的文件,该文件名是乱码时,可能是由于非正常关闭应用程序,导致 Windows 文件系统出错,可以使用磁盘错误检查工具解决这个问题。

◆ 项目展示

"磁盘常规"对话框如图 2-46 所示。

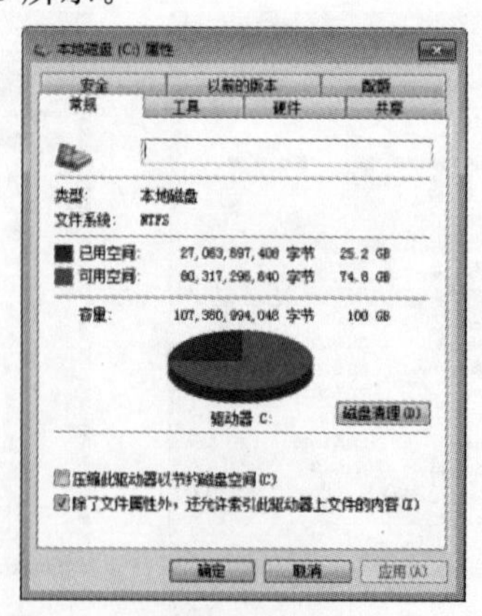

图 2-46 "磁盘常规"对话框

◆ 能力要求

🕮 掌握硬盘分区及格式化
🕮 熟悉文件系统的概念
🕮 查看磁盘容量、进行磁盘检查
🕮 掌握磁盘碎片整理及磁盘清理

项目实施 1　磁盘查看和修复

步骤 1　查看磁盘可用容量

① 在桌面上双击“计算机”图标，打开“计算机”窗口。

② 右击 C 盘驱动器图标，在弹出的快捷菜单中选择“属性”命令，打开该磁盘的“属性”对话框，查看可知 C 盘磁盘容量为 100 GB，文件系统为 NTFS，磁盘已经使用了 25.2 GB 的空间，剩余 74.8 GB 的空间，如图 2-46 所示。

③ 如果只查看磁盘(不包括软磁盘)的总容量和可用的剩余空间量，可用鼠标单击要查看的磁盘驱动器图标，在窗口底部的状态栏左侧会显示这些信息。

步骤 2　修复磁盘中存在的系统错误

磁盘检查主要实现文件系统的错误检查和硬盘坏扇区的修复功能，操作步骤如下。

① 右击 E 盘驱动器，在弹出的快捷菜单中选择“属性”命令，打开“属性”对话框。

② 选择“工具”选项卡，如图 2-47 所示。在“查错”区域中单击“开始检查”按钮，打开其对话框，如图 2-48 所示。

图 2-47　“磁盘工具”对话框

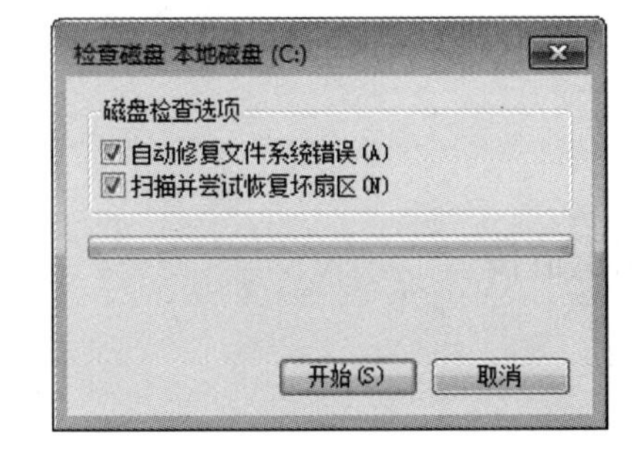

图 2-48　“检查磁盘”对话框

③ 在“磁盘检查选项”区域中将“自动修复文件系统错误”和“扫描并尝试恢复坏扇区”复选框选中。

④ 单击对话框中的“开始”按钮。

⑤ 如果系统建议进行碎片整理，则单击“碎片整理”按钮，进行整理。

在磁盘碎片整理过程中，用户可以单击“停止”按钮，终止当前的操作，也可以单击“暂停”按钮，暂时中断当前的操作，待单击“恢复”按钮后再继续操作。磁盘碎片整理完成后，系统会打开一个对话框，用户可单击其中的“查看报告”按钮，查看碎片的整理情况。

项目实施 2　格式化磁盘

步骤 1　格式化移动硬盘

① 将移动硬盘通过 USB 接口与计算机连接。

② 双击桌面上的“计算机”图标，打开“计算机”窗口。

③ 右击该移动硬盘图标，在弹出的快捷菜单中选择“格式化”命令。

④ 弹出磁盘的“格式化”对话框，如图 2-49 所示，设置卷标为：软件园。勾选“快速格式化”复选框。

⑤ 单击“开始”按钮，弹出警告窗口，确定后开始进行格式化操作。

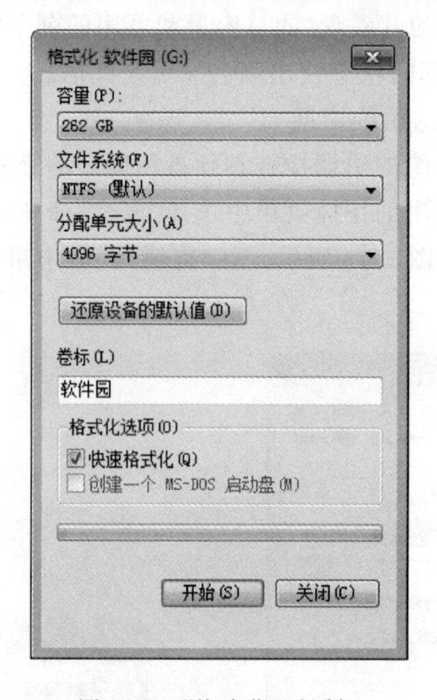

图 2-49　“格式化”对话框

磁盘管理

1. 基本概念

1) 硬盘分区

硬盘分区是指将硬盘的整个存储空间划分成多个独立的存储区域，每个存储区域单独成为一个逻辑磁盘，分别用来存储操作系统、应用程序以及数据文件等。在对新硬盘(包括移动硬盘)做格式化操作时,都可对其进行硬盘分区操作。在实际应用中,某些操作系统只有在硬盘分区后才能使用,否则不被识别。

目前使用的 Windows 7 操作系统,其文件管理机制可以不必对硬盘进行分区。之所以进行分区操作,多是出于对多任务多用户操作系统的文件安全和存取速度等方面的考虑。通常,人们会从文件存放和管理的便利性出发,将硬盘分为多个区,用以分别放置操作系统、应用程序以及数据文件等,如在 C 盘安装操作系统,在 D 盘安装应用程序,在 E 盘存放数据文件,F 盘用来做备份。

2) 主分区、扩展分区和逻辑分区

硬盘分区后可分为主分区、扩展分区和逻辑分区。因为主分区一般有操作系统的引导信息,所以主分区一般作为引导分区,主要用于安装操作系统,使用计算机以主分区作启动。除了主分区外,硬盘的其余的空间一般作为扩展分区,扩展分区又可划分成多个逻辑分区,即我们平常使用的如 D 盘、E 盘和 F 盘等逻辑盘。

3) 磁盘格式化

磁盘格式化是指在磁盘的盘片表面划分用以存放文件或数据的磁道和扇区,并登记各扇区地址标志的操作过程。磁盘格式化是分区管理中最重要的工作之一,一个未经过格式化的新磁盘,操作系统和应用程序将无法向其中写入信息。

新磁盘使用之前必须先进行格式化,而旧磁盘重新使用或感染计算机病毒无法根除时,进行磁盘格式化操作是最便捷、最安全的办法。当然对于旧磁盘的格式化操作要非常谨慎,因为一旦格式化,磁盘上的所有信息将彻底消失。

很多时候我们出于某些原因需要在硬盘上划分一块新区域,大家可能想到了很多第三方的硬盘分区工具,其实 Windows 系统自带的磁盘管理带有分区容量调整及磁盘分区删除、创建的编辑功能,使用这个工具即可将现有分区划分更多的磁盘分区。右击"计算机"→"管理",进入到"计算机管理"的界面,找到左边目录中"存储"下的"磁盘管理"并且选中,这时候中间的界面就会出现磁盘的详细信息,可以针对具体磁盘进行格式化、压缩卷、删除卷等操作,如图 2-50 所示。格式化磁盘分区须谨慎,若操作不慎,会造成数据丢失。

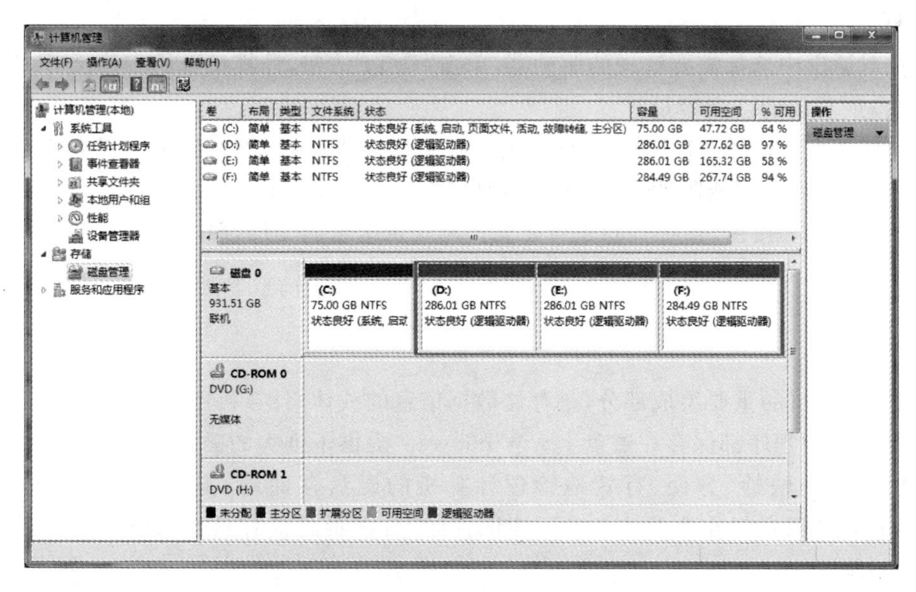

图 2-50 "磁盘管理"窗口

4）文件系统

文件系统是指在硬盘上存储信息的格式。它规定了计算机对文件和文件夹进行操作处理的各种标准和机制，用户对所有文件和文件夹的操作都是通过文件系统完成的。一般不同的操作系统使用不同的文件系统，不同的操作系统能够支持的文件系统不一定相同；因此，硬盘分区或格式化之前，应考虑使用哪种文件系统。

Windows 操作系统支持 FAT16、FAT32、NTFS 文件系统。

2. 磁盘碎片整理

通常情况下，计算机会在第一个连续的、足够大的可用空间中存储文件，如果没有足够大的可用空间，计算机会将尽可能多的文件保存在最多的可用空间中，然后将剩余数据保存在下一个开通的空间中，并以此类推。由于不断地删除、添加文件，经过一段时间后，就会形成一些物理位置不连续的文件，这就是磁盘碎片。虽然碎片不影响数据的完整性，但却降低了磁盘的访问效率。磁盘中的碎片越多，计算机的文件输入、输出系统的性能就越低。

系统的"磁盘碎片整理"功能可以高效地分析磁盘，合并碎片文件或文件夹，重新整理磁盘文件，并将每个文件存储在一个单独而连续的磁盘空间中，而且将最常用的程序移到访问时间最短的磁盘位置，以加快程序的启动速度。

步骤 2　磁盘清理

计算机在运行 Windows 7 操作系统时，会有下述 3 类文件产生。

（1）系统使用的特定临时文件。

（2）用户在上网浏览时产生的缓存文件。

（3）长期不用的程序文件。

这些文件不但占用大量的磁盘空间，而且影响系统的整体性能。为此，用户应该定期使用磁盘清理功能，以便释放磁盘空间，提高整机性能。

进行磁盘清理的步骤如下。

① 单击"开始"→"所有程序"→"附件"→"系统工具"→"磁盘清理"命令，打开"选择驱动器"对话框。

② 在对话框中选择需要清理的驱动器，单击"确定"按钮，计算机开始扫描文件，计算可以清理的磁盘所释放的空间容量。

③ 计算结束后，系统打开"（X:）盘的磁盘清理"对话框，在"要删除的文件"列表框中，系统列出该磁盘上存储的可删除的文件，选中需要删除文件前面的复选框。

④ 单击"确定"按钮，系统询问是否要真正删除所选定的文件，单击"是"按钮，即可将选定文件删除。

◆ 归纳总结

磁盘是计算机的重要组成部分，是存储数据信息的载体，计算机中的所有文件以及所安装的操作系统、应用程序都保存在磁盘上。Windows 7 提供了强大的磁盘管理功能，用户可以利用这些功能，更加快捷、方便、有效地管理计算机的磁盘存储器，提高计算机的运行速度。Windows 磁盘管理的操作主要涉及以下知识技能点：查看磁盘容量；磁盘格式化；磁盘检查；磁盘碎片整理。

项 目 实 训

实训项目:Windows 7 操作系统

实训内容

(1) 个性化桌面设置、桌面图标设置及排列、创建桌面快捷方式。

(2) 文件资源管理。

① 在 C 盘上查找“Control. exe”文件,建立其快捷方式,保存到“D:\11”文件夹下,并改名为“控制面板”。

② 调整窗口大小和排列图标。

③ 文件和文件夹的移动、复制、删除。

④ Windows 7 库的使用。

⑤ 在 Windows 帮助系统中搜索有关“将 Web 内容添加到桌面”的操作,将搜索到的内容复制到“写字板”程序的窗口中,以“记录 1. txt”为名保存在“D:\11”文件夹中。

⑥ 试着将⑤中“记录 1. txt”文件删除到回收站,然后再尝试从回收站中将它还原。将“D:\11”文件夹发送到“我的文档”文件夹中。

(3) 利用 Windows 7 资源管理器管理文件及文件夹。

(4) Windows 7 控制面板的使用。

项目1——排版设计基础

项目2——制作个人简历

项目3——毕业论文排版

能力自测

项目实训

3.1 项目1——排版设计基础

◆ 项目导入

小王入学后积极参加学生会工作，在此期间，接触到了各类文档的编辑排版工作，一开始，她对一些排版术语不甚清楚，经常走弯路，经过一个学期的学习，终于掌握了基本的排版技巧，下面就是她总结的一些排版相关的知识，在文档制作中一定要贯彻：做什么、在哪里做的思路，同时要对各种排版格式非常熟练、能够一眼看出所涉及的排版内容或格式要点，那么，在制作时一定会事半功倍。

◆ 项目分析

在进行文档版面制作前，首先要对版面制作涉及的对象进行了解，如文字及其属性，段落及其属性，版面及其构成要素，科技文章的构成要素、插图、表格、公式、目录、索引等；同时熟悉Word 2010的界面及其基本操作；掌握文档排版的基本流程并养成良好的排版习惯。

◆ 能力要求

🕮 掌握字体、段落及其属性
🕮 掌握版面设计的基本内容
🕮 熟悉版面制作的基本流程
🕮 了解版面制作的相关知识
🕮 熟悉 Word 2010 的界面及基本操作

项目实施1 认识“文字”、“段落”、“版面”及其属性

1. 认识“文字”及其属性

文字是信息出版物的基本构成要素。不同风格的出版物可能选择不同属性的文字。

字符排版主要是对字体、字形、字号、字间距和字符宽度等文字的外部特征进行设置，使文字美观大方，符合排版要求。

1）字体

字体用于描述文字的形状，印刷中最常见的中文字体是宋体、黑体、圆体、楷体、艺术体等。常用的字库有方正字库、汉仪字库等，相关字体可从网上下载。

一般情况下，不同字体有不同的作用，对人的视觉效果也不同。例如，宋体显得简洁、规范，一些标题要用黑体，起强调、突出的作用；此外，中文也有横排文本和竖排文本两种不同的编排风格。熟悉各种字体的特点及在什么情况下用什么字体，需要使用者注重平时积累。

（1）常用中文字体。

图 3-1 所示字体为常用的中文字体,除系统字体外均需用户自行安装。

方正报宋简体	方正卡通简体	方正中倩简体	华文隶书
方正彩云简体	方正楷体简体	方正准圆简体	华文宋体
方正超粗黑简体	方正隶书简体	仿宋	华文细黑
方正粗倩简体	方正美黑简体	汉仪大黑简	华文中宋
方正大标宋简体	方正少儿简体	汉仪黛玉体简	楷体
方正大黑简体	方正瘦金书简体	汉仪咪咪体简	楷体_GB2312
方正仿宋简体	方正舒体	汉仪哈哈体简	隶书
方正行楷简体	方正宋黑简体	汉仪萝卜体简	宋体
方正黑体简体	方正小标宋简体	汉仪太极体简	宋体-方正超大字符集
方正琥珀简体	方正新报宋简体	汉仪中等线简	微软雅黑
方正黄草简体	方正姚体	黑体	新宋体
方正剪纸简体	方正中等线简体	华文彩云	幼圆

图 3-1 常用中文字体示例图

(2) 常用英文字体。

英文字体种类非常多,以下几种英文字体最常用。

Times New Roman:字体笔画较细,且笔画粗细不一致,适合做内文。

Arial:字体笔画适中,且笔画粗细一致,适合做标题文字或内文。

Impat:字体笔画较粗,适合做标题文字。

小提示

使用非系统字体时,将该文档拷贝到另一台未安装相应字体的计算机,将会导致相应字体被自动替换,而对应的文档版式会发生改变,解决办法有以下几种。

(1) 拷贝文档中用到的非系统字体文件,随同文档一起提交,在目的计算机上安装使用的字体后再浏览文档(推荐)。

安装字体的方法:将字体文件(.ttf)拷贝到"C:\Windows\Fonts"文件夹下。

(2) 将应用了非系统字体的文本内容截屏后以图片形式粘贴到原位(不推荐)。

(3) 将文档制作成 PDF 文档提交(推荐)。

2) 字号

字号是区分文字大小的一种衡量标准。

国际上通用的是点制,也称磅制(P),以字符在一行中垂直方向上所占用的点(磅)来计算,一磅约为 1/72 英寸,磅数越大,文字越大,如图 3-2 所示。

国内则以号制为主,点制为辅。号制式采用互不成倍数的几种活字为标准,根据加倍或减半的换算关系而自称系统,可分为四号字系统、五号字系统等。

字号的标称数越小,字形越大,如四号字比五号字大,如表 3.1 所示。

20 磅 ABC;16 磅 ABC;14 磅 ABC;12 磅 ABC;8 磅 ABC

一号字;二号字;三号字;四号字;五号字;六号字;七号字;八号字

图 3-2 磅制与号制文字大小示例图

表 3.1 印刷汉字尺寸近似对应表

号数	点数/磅	号数	点数/磅	号数	点数/磅	号数	点数/磅
初号	42.0	二号	21.0	四号	14.0	小五号	9.0
一号	28.0	小二号	18.0	小四号	12.0	六号	8.0
小一号	24.0	三号	16.0	五号	10.5	七号	5.25

在进行文档排版时，不但要能正确分辨字体，还要能准确判断文字的常用字号，可以为工作带来极大的便利。标准的书刊、文章的正文文字一般是五号字(10.5 磅)。

3）字形

每一种文字还可能有各种书写形式，简称为字形，如斜体、粗体等。例如："这是宋体"、"**这是宋体的粗体**"、"*这是宋体的斜体*"。

4）文字间的水平距离——字间距

字间距是指两个文字(字符)之间的间隔。标准的字间距是 0 磅。例如："标准字间距"，"字间距紧缩 1.5 磅"，"字 间 距 加 宽 1.5 磅"。紧缩之后文字之间有重叠，加宽之后文字之间有明显的间隔。通常只有在用字号调整不了文字间距离的时候，才需个别调整字间距。英文字间距可以 Em 单位，即以英文字母 m 的宽度为基准，这种单位在网页制作中常用。

5）文字间的垂直距离——基线、上标和下标

基线是指书写每一行文字所要基于的标准水平线。

一般而言，文字书写位于基线以上(下对齐原则)。有些情况下，需要使局部的字符向上或向下调整，如上标和下标。例如"这是^{上标}，这是$_{\text{下标}}$"。

在需要有连续下标(下标的下标)时，如果没有其他的方法可以使用，利用字号的改变与文字位置的调整也能够实现，例如"A123"，通过位置调整后则为"$A_{1_{2_3}}$"，先设置"123"为下标，然后设置"2"为"位置降低 2 磅"，设置"3"为"位置降低 4 磅"。

6）文字的特殊效果与其他属性

文字的属性还包括文字的颜色、下划线、删除线、着重号、缩放、文字加框、注音文字、字符底纹等。例如："这是带下划线的文字"，"这是不同下划线"，"~~这是不同删除线文字~~"，"这是带着重号文字"，"这是缩放 120%的文字"，"这是缩放 80%的文字"，"这是文字加框"，"这是(zhè shì)注音文字(zhù yīn wén zì)"，"这是加底纹的文字"，"这是带圈字符"。

文字还可以设置一些特殊效果，如轮廓、阴影、映像、发光等。例如："文字轮廓效果"，"文字阴影效果"，"文字映像效果"，"文字发光效果"，以上效果可以叠加。艺术字还可以跟随路径排列或弯曲变形，如图 3-3 所示。

This is an example

图 3-3 艺术字变形效果示例

2. 认识“段落”及其属性

段落是文本、图形、对象或其他项目等的集合，后面跟有一个段落标记，一般为一个回车符（按 Enter 键）。段落的排版是指整个段落的外观，其属性包括对齐、缩进、行间距、段间距、项目符号和编号、边框和底纹等。

1）段落文字的对齐方式

段落中的文字要求进行对齐，如：一般书籍中的正文要左右都对齐，一级标题一般是居中，其他标题一般是左对齐，图表一般是居中，文字串左对齐，数字要右对齐。如图 3-4 示例所示。

12.34 123.46 12234.50 0.33 100.24 1.02	 图 1-2 剪贴画 摘要 Abstract	A wonderful first novel. Much like Roald Dahl, J.K.Rowling has a gift for keeping the emotions.	A wonderful first novel. Much like Roald Dahl, J.K.Rowling has a gift for keeping the emotions.

图 3-4 段落对齐示例（从左到右依次是右对齐、居中、左对齐、两端对齐）

段落对齐还可以指一行中字体的对齐方式。通常，一行中字体采用的是底端对齐，也有采用中间对齐或顶端对齐，如图 3-5 示例所示。

段落文字顶端对齐顶端对齐**顶端对齐**顶端对齐顶端对齐

段落文字居中对齐居中对齐**居中对齐**居中对齐居中对齐

段落文字底端对齐底端对齐**底端对齐**底端对齐底端对齐

图 3-5 行内文字对齐方式示例

小 提 示

Word 2010 中的设置方式：打开“开始”选项卡“段落组”中的“段落”属性对话框，在其中的“中文版式”标签下的“文本对齐方式”选项列表中进行选择。

2）段落缩进

段落排版时，为了使段落之间层次清晰，需要设置段落缩进。段落缩进包括首行缩进、悬挂缩进（除第一行外，其他各行都缩进）、段落的整体缩进（分为左缩进和右缩进）。中文排版要求在每一段的首行缩进两个文字，以表示一个新段落的开始；英文则可以缩进也可以不缩进。如图 3-6 示例所示。

3）行距与段落间距

行距表示行与行之间的垂直间距。行距可用单行行距的倍数为单位来衡量，如 1.5 倍、2 倍等，例如，对于 10 磅的行文字，1.5 倍行间距就是 15 磅。在默认情况下，Word 采用单倍行距。

段落间距常用来设置标题与正文之间的间隔距离，或者设置一段特殊文本与上下段落之间的距离。“段前”间距表示所选段落于上一段之间的距离，“段后”间距表示所选段落与下一段之间的距离。如图 3-7 示例所示。

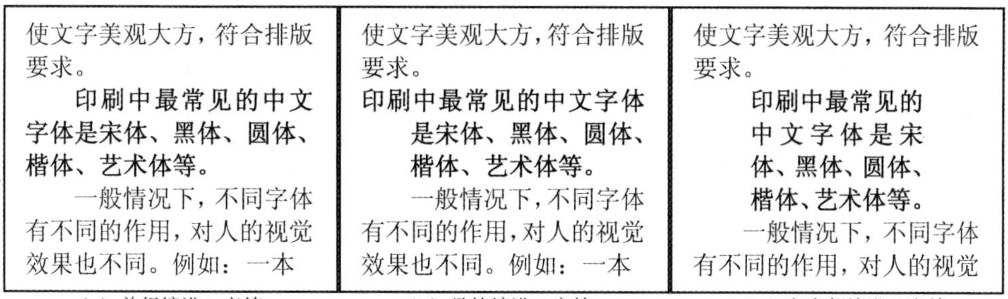

使文字美观大方，符合排版要求。
印刷中最常见的中文字体是宋体、黑体、圆体、楷体、艺术体等。
一般情况下，不同字体有不同的作用，对人的视觉效果也不同。例如：一本

（a）首行缩进2字符

使文字美观大方，符合排版要求。
印刷中最常见的中文字体是宋体、黑体、圆体、楷体、艺术体等。
一般情况下，不同字体有不同的作用，对人的视觉效果也不同。例如：一本

（b）悬挂缩进2字符

使文字美观大方，符合排版要求。
印刷中最常见的中文字体是宋体、黑体、圆体、楷体、艺术体等。
一般情况下，不同字体有不同的作用，对人的视觉

（c）左右都缩进2字符

图3-6 段落缩进示例

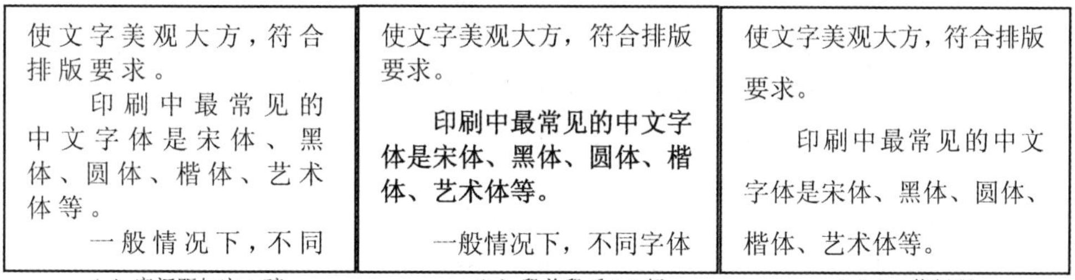

使 文 字 美 观 大 方 ， 符 合 排 版 要 求 。
印 刷 中 最 常 见 的 中 文 字 体 是 宋 体 、 黑 体 、 圆 体 、 楷 体 、 艺 术 体 等 。
一 般 情 况 下 ， 不 同

（a）字间距加宽1磅

使文字美观大方，符合排版要求。
印刷中最常见的中文字体是宋体、黑体、圆体、楷体、艺术体等。
一般情况下，不同字体

（b）段前段后0.5行

使文字美观大方，符合排版要求。
印刷中最常见的中文字体是宋体、黑体、圆体、楷体、艺术体等。

（c）1.5倍行距

图3-7 不同的字间距、段落间距、段落行距示例

4）段落的边框与底纹

给段落加上边框或底纹，可以强调突出段落文字。图3-8所示为段落加上边框和底纹的效果示例。

5）列表形式的段落

列表可以将若干条信息并列起来使之具有相同的重要性，或者使之分出层次。使用列表可以使文档结构清晰醒目，是进行段落编排不可缺少的内容。如图3-9示例所示。

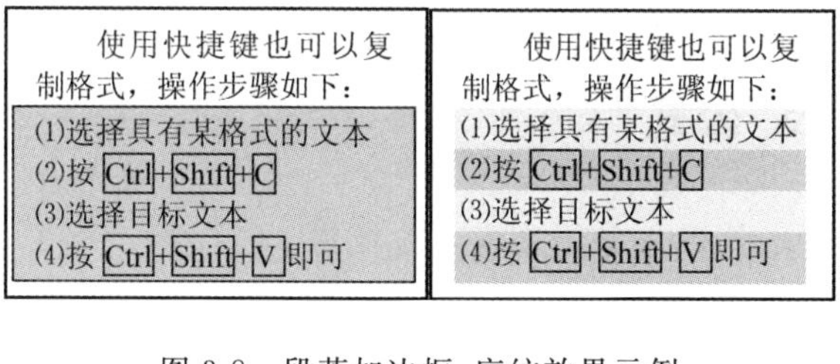

使用快捷键也可以复制格式，操作步骤如下：
⑴选择具有某格式的文本
⑵按Ctrl+Shift+C
⑶选择目标文本
⑷按Ctrl+Shift+V即可

使用快捷键也可以复制格式，操作步骤如下：
⑴选择具有某格式的文本
⑵按Ctrl+Shift+C
⑶选择目标文本
⑷按Ctrl+Shift+V即可

图3-8 段落加边框、底纹效果示例

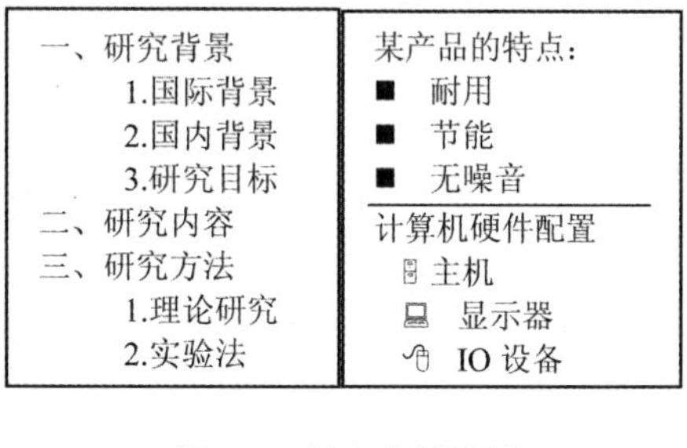

一、研究背景
　1.国际背景
　2.国内背景
　3.研究目标
二、研究内容
三、研究方法
　1.理论研究
　2.实验法

某产品的特点：
■ 耐用
■ 节能
■ 无噪音

计算机硬件配置
主机
显示器
IO设备

图3-9 列表应用示例

列表可以认为是由若干条信息构成，每一条信息对于列表而言称为一个项目，将若干个项目并列起来就是列表。项目并不都是单行，也可以是一个由多行组成的段落。

3. 认识“版面”及其属性

版式是指书刊正文部分的全部格式，包括正文和标题的字体、字号、版心大小、通栏、双栏、每页行数、每行字数、行距，表格、图片的排版位置等。

书籍版面的构成如图3-10所示。

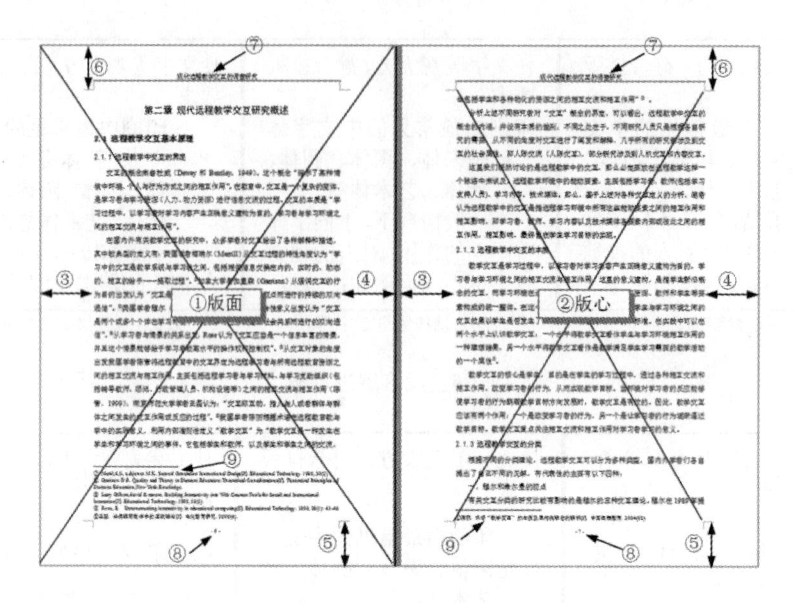

图 3-10　书籍版面构成

其中①所示范围是版面范围,②所示范围是版心范围,③是页面左边距,④是页面右边距,⑤是页面下边距,⑥是页面上边距,⑦是页眉区,⑧是页脚并且插入了页码,⑨是脚注。

版心:是指每面书页上的文字部分,包括章、节标题、正文,以及图、表、公式等。

页面边距(上、下、左、右):页边距设置确定正文的宽度,即确定文本与纸张四个边界之间的距离。该位置可以放置各非嵌入式的图形对象,但不能放置文档正文及嵌入式对象。

页眉、页脚:对于文档中每页都要有的内容可以将其置于页眉页脚中,如页码、Logo、背景图等。Word 可以分节设置不同的页眉页脚,还可以分奇、偶页设置不同的页眉页脚,并可以做到首页不同。

页码:页码是 Word 中的域,它会根据文档大小自动显示页号,页码需要插入而不是自己输入。

脚注:对该页中部分文字内容(如名词、引用等)的注释,放置于页脚中。

尾注:对文章中部分文字内容(如名词、引用等)的注释,放置于文档末尾。

项目实施 2　认识“插图”、“表格”及“公式”

一般情况下,书籍或文章的正文中都包含有插图、表格或公式。如图 3-11 示例。

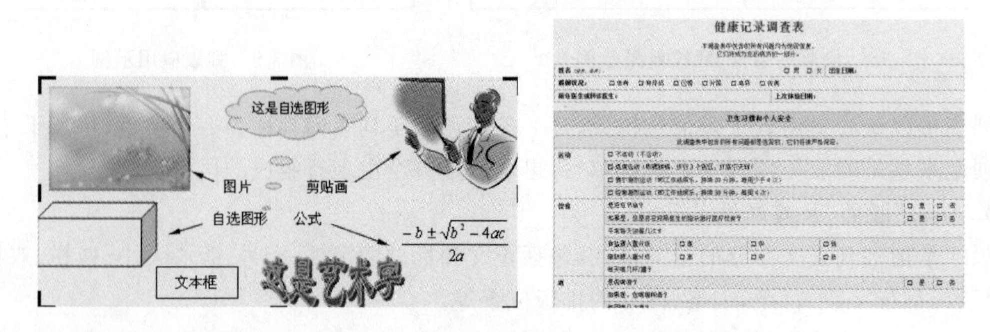

图 3-11　图片、公式、剪贴画、自选图形、艺术字、表格示例

1. 插图

插图能够给人以直观、醒目、准确的感觉，不但能突出主题思想、补充说明或辅助理解正文内容，而且可以增加文字的趣味性，使读者能够得到良好的阅读体验，所以插图是现代文章或书籍一个必不可少的元素。

插图要随文出现，即正文中引用插图的文字要先出现，随后给出插图和图标题。插图要有图标题，并按照次序编号。图中的文字一般比正文文字小一号，如正文是五号字，则图标题和图内文字一般是小五号字或六号字。

图序号可以采取整篇文章或整本书统一编号，如图 1、图 2、图 3、…；也可以采取每章统一编号，如图 1-1、图 1-2、图 2-1、图 2-2、…；其中“-”前面为章序号，后面为图序号，“-”也可以用“.”代替。

2. 表格

在表达数据之间的复杂关联关系时，或者表达数据之间的对比时，经常使用表格。

简单表格基本呈方阵形式排列，简单地给出数据/内容之间的二维关联关系——行关联和列关联。如图 3-12 所示。通常用于数据/内容的对比。表格要给出“表头”部分来刻画表中数据/内容的含义，通常要给出“列名/列表头”或“行名/行表头”。表头就是用于说明某一列或某一行数据含义的叙述性文字。如图 3-12 示例所示。

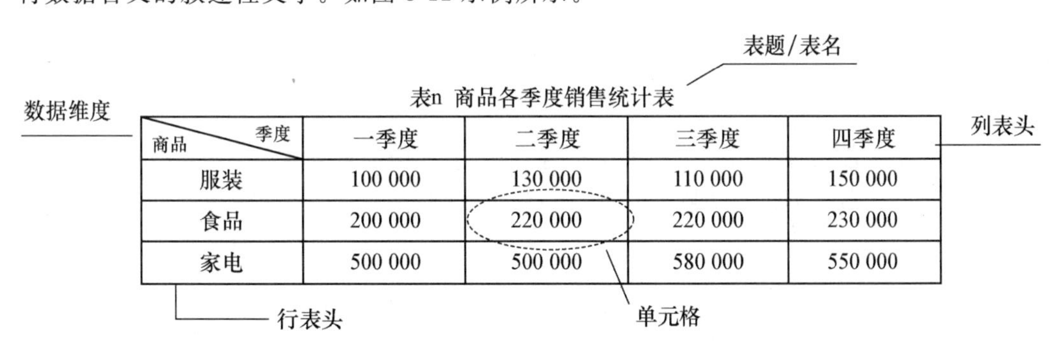

表n 商品各季度销售统计表

季度 商品	一季度	二季度	三季度	四季度
服装	100 000	130 000	110 000	150 000
食品	200 000	220 000	220 000	230 000
家电	500 000	500 000	580 000	550 000

图 3-12　简单表格示例

复杂表格，通常如各种统计报表等，具有多层次的表头。如图 3-13 所示，一列被分成了若干个子列，一个子列又进一步被分成了子子列；行也类似。在这样的复杂表格中，表中的数据被分成了若干不同层次的数据集合，不同分类的不同指标在不同层次的数据集合构成了丰富的对比内容。

表格在图书/期刊论文中的处理与插图的要求类似：除表格本身外，需给出表序号和表标题/表名，表标题一般在表格的上部居中或左齐的位置，表序号可按文中表格出现的次序进行编号，在图书中也可按章统一编号，如“表 1.1、表 1.2、表 2.1、…”，或者“表 1-1，表 1-2，表 2-1、…”，其中前一个数字为章序号。表格亦应遵循文字引用在先，表格出现在后的原则。

为使表格看起来工整、美观，需要注意：单元格中数据的位置及对齐方式；表格中文字通常比正文文字略小一点，如“小五号或六号”；表标题和表格应置于同一个页面。

3. 公式

科技论文离不开数学公式，掌握数学公式的编排技巧对于撰写科技论文是非常重要的。数学公式的编排有一定的规律，而且有一定的格式要求。

1）整体性

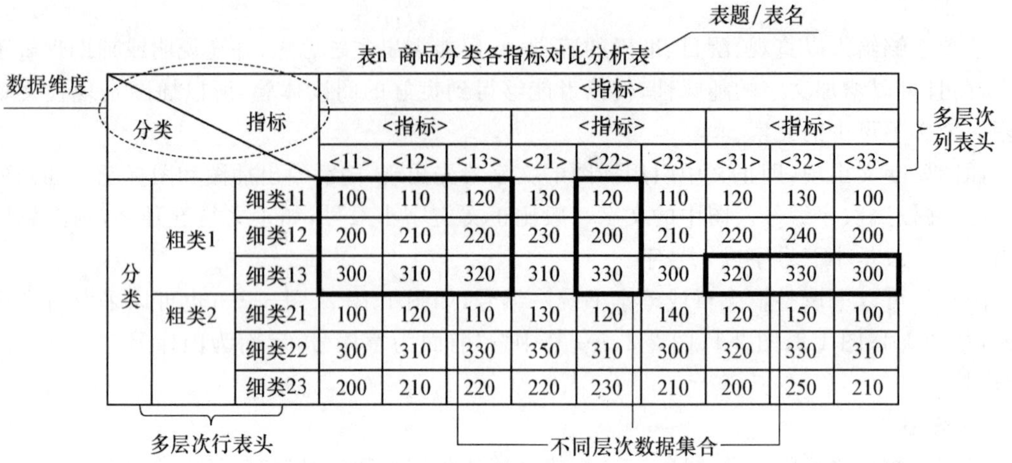

表题/表名

表n 商品分类各指标对比分析表

数据维度

分类＼指标			<指标>								
			<指标>			<指标>			<指标>		
			<11>	<12>	<13>	<21>	<22>	<23>	<31>	<32>	<33>
分类	粗类1	细类11	100	110	120	130	120	110	120	130	100
		细类12	200	210	220	230	200	210	220	240	200
		细类13	300	310	320	310	330	300	320	330	300
	粗类2	细类21	100	120	110	130	120	140	120	150	100
		细类22	300	310	330	350	310	300	320	330	310
		细类23	200	210	220	220	230	210	200	250	210

多层次列表头

多层次行表头

不同层次数据集合

图 3-13　复杂表格示例

数学公式中有许多内容都是以整体形式出现的，如分式中的分子、分母和分数线三个部分构成一个整体，不能分开；积分公式中的上限、下限和积分变量与积分符号也是一个不可分割的整体。如：

$$x=\frac{-b\pm\sqrt{b^2-4ac}}{2a},\quad (x+a)^n=\sum_{k=0}^{n}\binom{n}{k}x^k a^{n-k}$$

2）层次要分明

数学公式中可能出现下标及下标的下标等，或者分式中的繁分式（分式分母还是分式）等。编排时要使每一个符号的位置清晰，不能混淆，如下示例：

$$x_{y^2},A_{x_{1_{2_{3_{4_5}}}}},\quad \frac{\dfrac{x+y}{x_1+y_1}}{x_2+y_2},\quad 1+\frac{1}{1+\dfrac{1}{1+\dfrac{1}{x}}},\quad \lim_{n\to\infty}\left(1+\frac{1}{n}\right)^n$$

3）常规要求

数学公式的编排有一些常规要求，如变量要用斜体，排列若干公式时要对齐（一般左对齐），公式要居中，公式要编号，且编号也要对齐，公式的编号一般在公式的尾部。

项目实施 3　认识目录与索引

在书刊、论文、字典等中一般有目录、图表目录和索引等辅助读者快速检索阅读的内容。

1. 目录

目录(Content)是指按照在图书中出现的次序列出的多级标题清单，能够反映书籍或者大篇幅文档的内容与层次结构，可使读者了解图书的全貌，且便于迅速找出需要阅读的部分。

如图 3-14 所示，目录有三个构成要素：目录项、目录项的次序及页码。目录项可以是标题，如一级标题、二级标题等，也可以是相当于标题的文本。目录项在目录中一般按标题级别按次序由前至后进行排列，因此合理地定义文档的各级标题是形成良好目录的前提。一般情况下，目录只包括到三级标题。目录一般由排版软件自动生成。

目录除可按标题组织外，也可以针对某一类别的内容，如插图、表格等给出相应的目录，即图表目录。图表目录一般按图题/图名、表题/表名进行排列。

2. 索引

索引(Index)是指图书中给出的用户可查阅的关键词汇的有序汇集。这些关键词汇被称为索引词条或索引项，读者通过查阅索引项可快速找到索引项在图书中出现的位置。

索引表主要由两部分组成，即索引项/索引词条和页码。索引表指出了每一个索引项在出版物中出现的每一个位置(页码)，如图 3-15 所示。

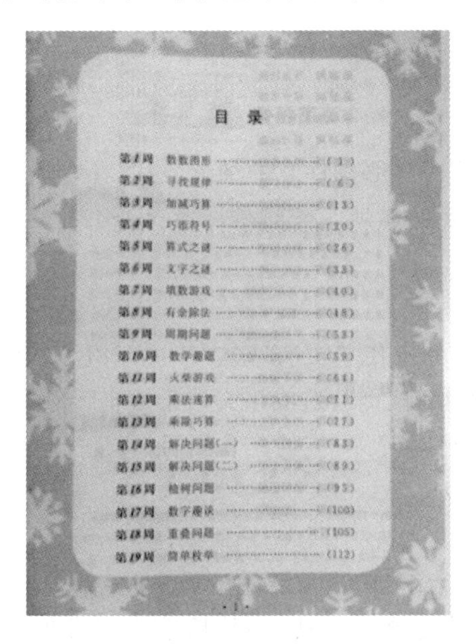

目　录

第1周 数数图形 ……（1）
第2周 寻找规律 ……（6）
第3周 加减巧算 ……（13）
第4周 巧填符号 ……（20）
第5周 算式之谜 ……（26）
第6周 文字之谜 ……（33）
第7周 填数游戏 ……（40）
第8周 有余除法 ……（48）
第9周 周期问题 ……（53）
第10周 数学趣题 ……（59）
第11周 火柴游戏 ……（64）
第12周 乘法速算 ……（71）
第13周 乘除巧算 ……（77）
第14周 解决问题(一) ……（83）
第15周 解决问题(二) ……（89）
第16周 植树问题 ……（95）
第17周 数字趣谈 ……（100）
第18周 重叠问题 ……（105）
第19周 简单枚举 ……（112）

·1·

图 3-14　目录示例

词目笔画索引

一画

一

一人得道，鸡犬升天 …… 841
一刀两断 …… 830
一了百了 …… 835
一干二净 …… 831
一马平川 …… 837
一马当先 …… 836
一无所长 …… 846
一无所有 …… 846
一无所知 …… 846
一无是处 …… 846
一五一十 …… 847
一日三秋 …… 842
一日千里 …… 842
一见如故 …… 833
一见钟情 …… 833
一见倾心 …… 832
一介不取 …… 833
一介书生 …… 833
一手包办 …… 843
一手遮天 …… 843
一毛不拔 …… 837
一气呵成 …… 840
一片冰心 …… 840
一反常态 …… 830
一文不名 …… 845
一心一意 …… 848
一孔之见 …… 835
一本万利 …… 826
一本正经 …… 826
一叶知秋 …… 849
一目十行 …… 839
一目了然 …… 838
一代风流 …… 830
一丘之貉 …… 841
一丝一毫 …… 844
一丝不苟 …… 843
一丝不挂 …… 843
一成不变 …… 828
一扫而空 …… 842
一尘不染 …… 828
一帆风顺 …… 830
一网打尽 …… 845
一团和气 …… 845
一年之计在于春 …… 839
一年半载 …… 839
一衣带水 …… 949
一决雌雄 …… 834
一字千金 …… 852
一如既往 …… 842
一劳永逸 …… 835
一技之长 …… 832
一步登天 …… 827
一针见血 …… 851
一言九鼎 …… 848
一言为定 …… 849
一言以蔽之 …… 849
一言既出，驷马难追 …… 848
一言难尽 …… 849
一应俱全 …… 850
一穷二白 …… 841
一张一弛 …… 851
一纸空文 …… 852
一表非凡 …… 827
一板一眼 …… 826
一事无成 …… 843
一拍即合 …… 839
一拥而入 …… 850
一呼百诺 …… 832
一鸣惊人 …… 838
一败涂地 …… 825
一知半解 …… 851
一往情深 …… 845
一贫如洗 …… 840
一命呜呼 …… 838
一念之差 …… 839
一刻千金 …… 834
一泻千里 …… 848
一波三折 …… 827
一官半职 …… 831
一视同仁 …… 842
一面之交 …… 838
一面之词 …… 837
一挥而就 …… 832
一览无余 …… 835
一哄而起 …… 831
一哄而散 …… 831
一脉相承 …… 837
一举成名 …… 834
一举两得 …… 834

图 3-15　索引示例

项目实施 4　认识 Word 2010 的界面

打开 Word 2010，自动进入空白文档编辑状态，窗口界面各项说明如图 3-16 所示。

图 3-16　Word 2010 窗口界面

Word 2010 用选项卡、功能区取代了之前版本的菜单栏和工具栏;功能区按任务分为不同的组,通过单击右下方的组对话框启动器,打开该组对应的对话框或任务窗格。

在输入内容的过程中,需要单击“快速访问工具栏”的“保存”按钮或按下 Ctrl+S 快捷键随时保存文档。Word 2010 文档的默认扩展名为“.docx”,为便于在 Word 2003 等低版本下通用,可选择保存类型为“.doc”。

项目实施 5　养成良好的排版习惯

俗话说:习惯成自然。在学习 Word 的过程中有一些必须注意的细节,初学者在学习时应养成良好的习惯,以免为以后的排版工作带来不必要的麻烦。下面是许多 Word 用户经常会出现的操作误区,作为初学者一定要注意避免。

1. 避免不设置页面直接开始编排文档

不同的文档应用场合不同,需要的尺寸也不同,如宣传单页有 A3、A4、A5、8K、16K 等多种尺寸,如果编排文档时不进行页面设置,直接开始编排,则会造成该文档无法实际应用;如果编排完再修改页面设置,则会出现版面混乱的情况,重新调整的工作量几乎等于制作的工作量。

2. 避免使用空格设置段落缩进和对齐

许多用户在需要缩进段落时都使用空格进行首行缩进,当需要进行居中、右对齐时,也用空格来作为距离的填充符,这是极不精确也是极不正确的方法,会给后续排版带来很大的麻烦。

3. 避免使用空白段落

使用空白段落来增加段落之间的间距或提升单元格的行高,这是极不规范的方法,尤其是在长文档中更不能随随便便使用空白段落。

4. 避免以段落设置来控制每行字数与每页行数

通过设置字符间距来控制每行的字数,通过段落间距来控制每页的行数,都是不正确的操作,如果要控制每行的字数和每页的行数,应该通过页面设置中的网格设置功能来实现。

5. 避免手动编号

当需要为段落或单元格内容编号时,不推荐采用手动输入方式编号,因为这样不但容易出错,而且增、减编号项目后,又需要重新编号,大大增加了工作量。尤其是在较长文档中,采用可以自动重新编号的自动编号功能才是正确的方法。

6. 避免手动绘制表格

初学者常见的操作误区是制作规范表格时也用绘制表格的方法来绘制。制作规范的表格应使用表格插入功能进行,既规范又高效。

7. 避免忽视样式的使用

初学者常见的操作误区是设置字符、段落和表格的格式时,即使进行多段设置也不使用样式,这样不仅工作效率极其低下,而且有可能在设置过程中产生误差,导致文档格式不统一、整体感较差,尤其是在较长文档中,使用 Word 的样式功能进行规范设置才是正确的。

小提示

这些操作误区，在许多 Word 的老用户中也或多或少的存在，虽然这些看似微不足道的习惯对掌握 Word 的使用方法好像影响不大，但细节决定成败，有可能因为你的某个不好的习惯，使你在编排文档的过程中多花很多功夫来纠正，或者本来可以自动完成的任务，却不得不手动逐个进行设置。因此，初学者一定要注意避免以上操作误区，养成良好的操作习惯，提高编排效率和质量。

项目实施 6 Word 文档排版流程

办公业务实践中，文档处理有其规范的操作流程。一般来说，使用 Word 2010 进行文档处理时都要遵循图 3-17 所示的操作流程。

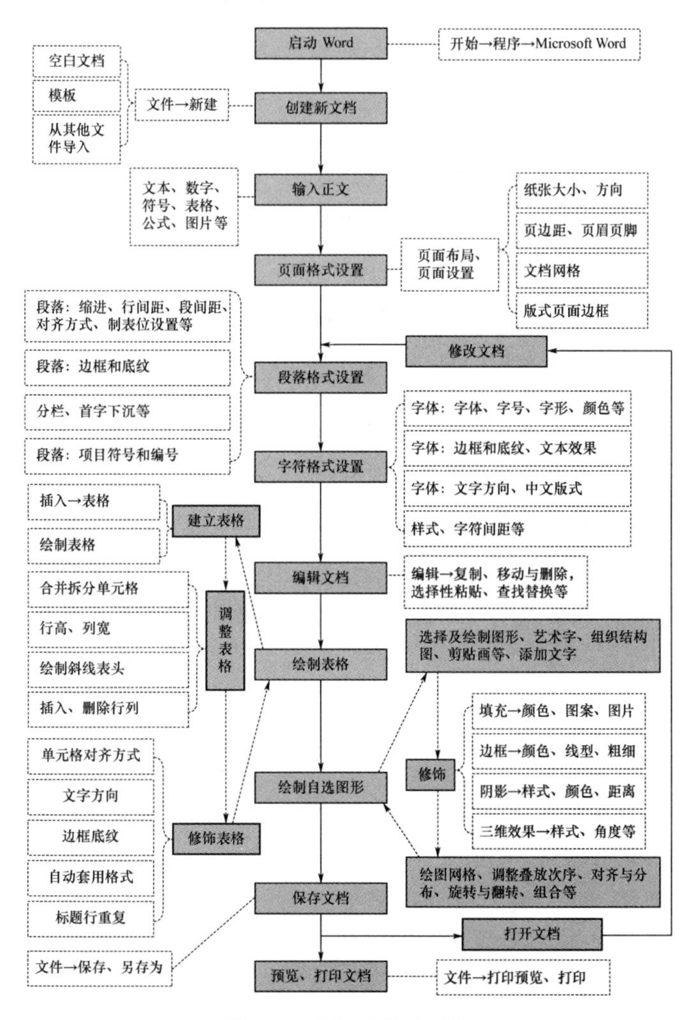

图 3-17 Word 操作流程

在进行文档制作时，关键要掌握三点。

What——这是什么版面构成要素？设置了什么格式？

Where——到什么选项卡中去找相应的命令？

How——怎样操作？先做什么？后做什么？注意什么？

在学习文档排版时，时刻思索以上三个问题，积累经验，才能提高文档制作水平和制作效率。

◆ 归纳总结

本项目介绍了文档排版涉及的基本知识，了解文档常见组成要素的表现形式。熟练掌握这些内容，快速识别文档格式设置，可以提高文档处理效率。

3.2 项目 2——制作个人简历

◆ 项目导入

小王找工作前的一个重要准备工作是：制作一份内容翔实、图文并茂的个人简历。通过了解应聘单位的要求、整理总结个人基本情况，她开始着手设计制作这份独具特色的个人简历。首先，需要录入整理好的文字资料；然后设置文本和段落的格式；最后对文本、段落、图片、表格、图表等版面元素进行修饰。

◆ 项目分析

制作个人简历需要说明个人基本信息、联系方式、应聘相关说明等内容，标题要突出，招聘职位和联系方式等要与正文区分开。

在制作文档前要分析版面及制作要点，然后再进行相应的操作。本项目的制作要点包括页面设置、文字设置、段落设置、双行合一、分栏、表格、项目符号、页面边框、插入图像、插入图表、绘制自选图形等操作。

◆ 项目展示

本项目效果如图 3-18 所示。

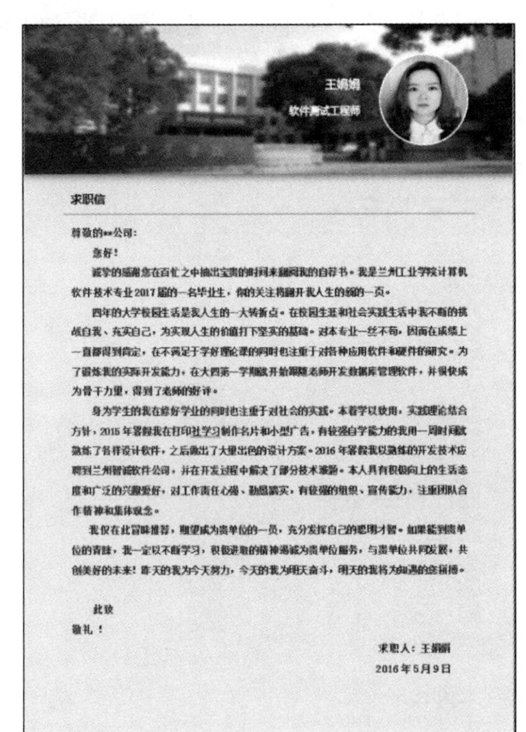

王娟娟

软件测试工程师

求职信

尊敬的**公司：

您好！

诚挚的感谢您在百忙之中抽出宝贵的时间来翻阅我的自荐书。我是兰州工业学院计算机软件技术专业 2017 届的一名毕业生，你的关注将翻开我人生的新的一页。

四年的大学校园生活是我人生的一大转折点。在校园生涯和社会实践生活中我不断的挑战自我、充实自己，为实现人生的价值打下坚实的基础。对本专业一丝不苟，因而在成绩上一直都得到肯定，在不满足于学好理论课的同时也注重于对各种应用软件和硬件的研究。为了锻炼我的实际开发能力，在大四第一学期就开始跟随老师开发数据库管理软件，并很快成为骨干力量，得到了老师的好评。

身为学生的我在修好学业的同时也注重于对社会的实践。本着学以致用，实践理论结合方针，2015 年暑假我在打印社学习制作名片和小型广告，有较强自学能力的我用一周时间就熟练了各种设计软件，之后做出了大量出色的设计方案。2016 年暑假我以熟练的开发技术应聘到兰州智诚软件公司，并在开发过程中解决了部分技术难题。本人具有积极向上的生活态度和广泛的兴趣爱好，对工作责任心强、勤恳踏实，有较强的组织、宣传能力，注重团队合作精神和集体观念。

我仅在此冒昧推荐，期望成为贵单位的一员，充分发挥自己的聪明才智。如果能到贵单位的青睐，我一定以不断学习，积极进取的精神竭诚为贵单位服务，与贵单位共同发展，共创美好的未来！昨天的我为今天努力，今天的我为明天奋斗，明天的我将为知遇的您拼搏。

此致

敬礼！

求职人：王娟娟

2016 年 5 月 9 日

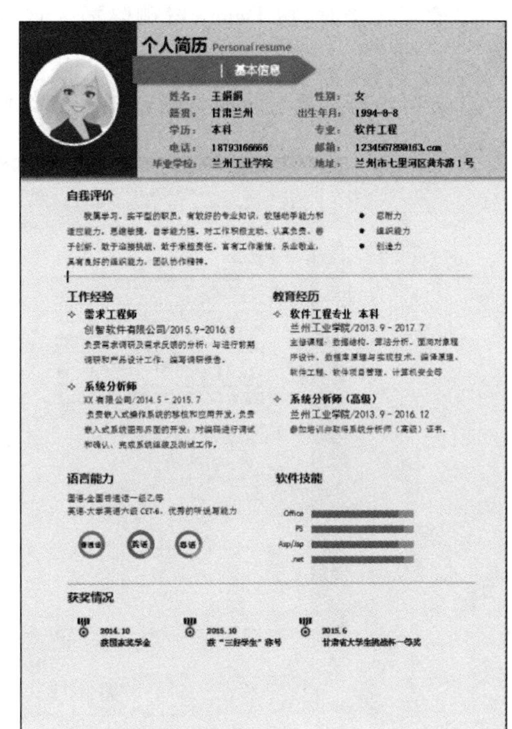

个人简历 Personal resume

基本信息

姓名：王娟娟　性别：女

籍贯：甘肃兰州　出生年月：1994-8-8

学历：本科　专业：软件工程

电话：18793166666　邮箱：1234567890163.com

毕业学校：兰州工业学院　地址：兰州市七里河区黄东路 1 号

自我评价

勤奋学习，实干型的职员，有较好的专业知识，较强的学习能力和适应能力，思维敏捷，自学能力强，对工作积极主动、认真负责，善于创新，敢于迎接挑战，敢于承担责任，富有工作激情，乐业敬业，具有良好的组织能力，团队协作精神。

- 忍耐力
- 组织能力
- 创造力

工作经验

◇ 需求工程师

创智软件有限公司/2015.9-2016.6

负责需求调研及需求反馈的分析；与进行前期调研和产品设计工作，编写调研报告。

◇ 系统分析师

XX 有限公司/2014.5－2015.7

负责嵌入式操作系统的移植和应用开发，负责嵌入式系统图形界面的开发；对编码进行调试和确认，完成系统编建及测试工作。

教育经历

◇ 软件工程专业　本科

兰州工业学院/2013.9－2017.7

主修课程：数据结构、算法分析、面向对象程序设计、数据库原理与实现技术、编译原理、软件工程、软件项目管理、计算机安全等

◇ 系统分析师（高级）

兰州工业学院/2013.9－2016.12

参加培训并取得系统分析师（高级）证书。

语言能力

普通话-全国普通话一级乙等

英语-大学英语六级 CET-6，优秀的听说写能力

普通话　英语　粤语

软件技能

Office

PS

Asp/Jsp

.net

获奖情况

2014.10 获国家奖学金

2015.10 获“三好学生”称号

2015.6 甘肃省大学生挑战杯一等奖

图 3-18　“个人简历”效果图

◆ 能力要求

🕮 输入文本并进行检查、校正

🕮 设置字符格式、段落格式、设置分栏

🕮 设置特殊的中文版式效果

🕮 制作表格、插入图表并美化

🕮 插入图像、图形、剪贴画、艺术字并美化

🕮 预览和打印文档

项目实施 1　文字的录入及格式设置

本项目所用素材：素材\Word 素材\个人简历\

步骤 1　录入文字

按照素材提供的内容进行文本输入，此步骤不需要设置格式，如图 3-19 所示。

输入时注意以下要点。

① 输入时各行结尾处不要按 Enter 键，一个段落结束才可按此键；每个段落后会产生一个段落标记 ↵ 。

② 首行空 2 字符时不要用空格键，应按 Tab 键采用缩进方式对齐。

③ 输入有错时，按 Delete 键删除插入点右边的错字，按 Backspace 键删除插入点左边的错字。

④ 文字内容需要分页时，执行“插入”选项卡“页”组的“分页”命令。

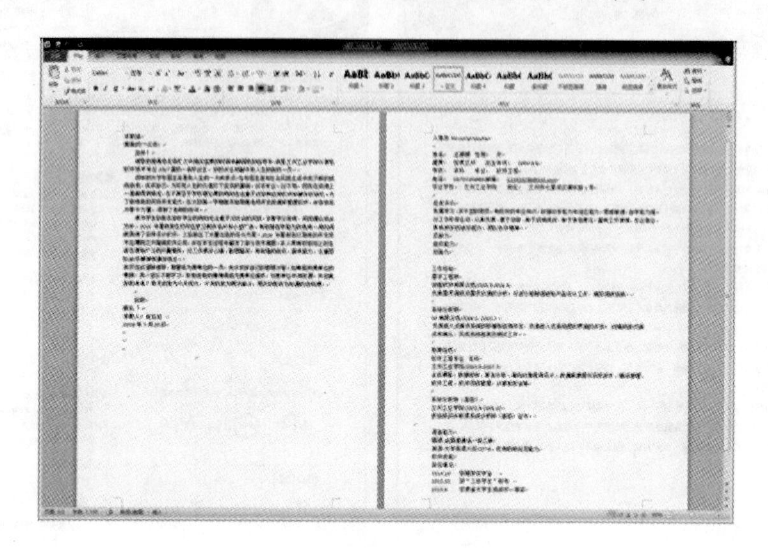

图 3-19　输入文本内容

录入文本

文本就是用户在文档编辑区输入的汉字、字母、数字和各种符号。对于文本输入，最常用的也是最基本的仍然是键盘输入。

文本输入总是从插入点（文档编辑区中闪烁的竖条光标）开始的。如果在文档编辑区没有找到插入点，一种可能是当前窗口没有被激活；另一种可能是使用滚动条移动文档后，插入点不在当前页面。此时，只需移动并单击鼠标，插入点将重新定位到鼠标单击的位置。

1. 文字输入

文字的输入主要包括中、英文输入。在输入中、英文时，还需注意两种不同文字下标点符号的正确使用，例如程序源文件代码必须使用英文状态下的标点符号。

注意：输入文本时注意文本输入状态“插入”和“改写”的区别。“插入”时键入的文字将插入到插入点处；“改写”时键入的内容将覆盖现有内容。可以使用键盘上的 Insert 键和 Delete 键进行切换，也可以单击 Word 状态栏的 插入 或 改写 按钮进行切换。

2. 符号输入

除了键盘上的常用符号，当需要插入一些特殊的符号时，可以使用以下方法。

(1) 使用中文输入法提供的软键盘。在输入法工具条的右键菜单中选择“软键盘”命令，单击某类键盘，如“数学符号”，会打开相应软键盘，如图 3-20 所示。

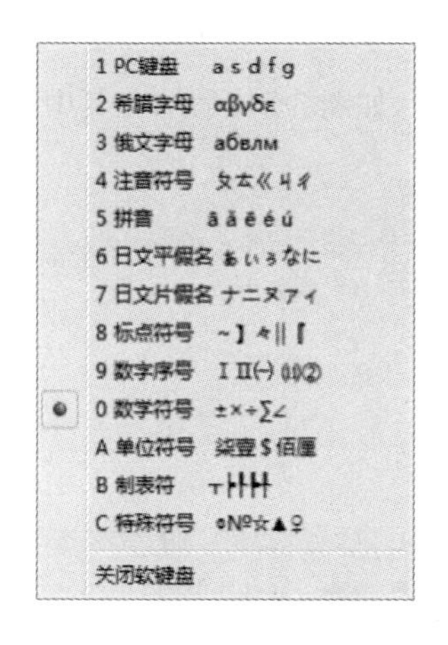

图 3-20　输入法软键盘(数学符号)

(2) 使用 Word 2010 中的“符号”组。操作步骤为:单击“插入”选项卡“符号”组中的“符号”按钮,如图 3-21 所示,列表中选择“其他符号”命令,打开“符号”对话框,如图 3-22 所示,选择所需的符号后,单击“插入”按钮即可插入符号。

(3) 单击“符号”组中的“编号”按钮,会打开“编号”对话框,“编号”栏中输入数字,然后选择“编号类型”中的一种,即可输入编号。如图 3-23 所示。

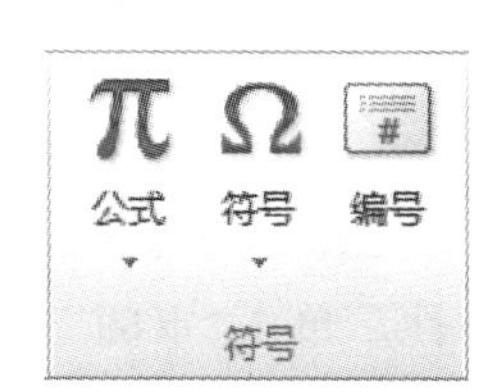

图 3-21　“符号”组

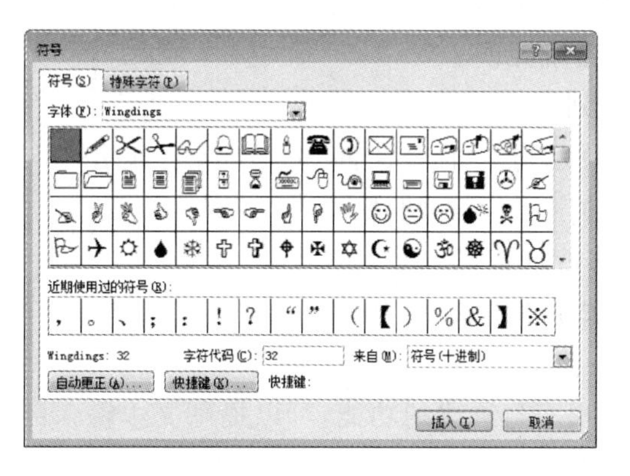

图 3-22　“符号”对话框

图 3-23　“编号”对话框

小提示

如何快速修改文档格式?

从网页上或其他文档中复制过来的文本内容,一般带有其自身的格式,进行文档格式设置前一般需要先对其格式进行修改,可以按照以下操作来进行。

方法一:直接选中不同格式的文本重新设置,设置过程中可以使用“格式刷”设置相同格式的文本。(内容多或格式复杂的文本不推荐)

方法二:全选需要清楚格式的文本,在“开始”选项卡“样式”组的“样式”窗格中,选择“全部清除”命令,再重新设置新的格式。(推荐)

步骤 2 页面设置

单击“页面布局”选项卡下“页面设置”组中的下拉按钮，如图 3-24 所示，在其中进行如下设置：

图 3-24 “页面设置”组

① 设置“纸张大小”为“A4”；

② 设置“文字方向”为“水平”；“纸张方向”为“纵向”；

③ 单击“页边距”按钮，选择“自定义页边距”命令，在“页面设置”对话框中设置页边距的“上”为“6.7 cm”，“下”为“1 cm”，“左”、“右”为“2 cm”，如图 3-25 所示。

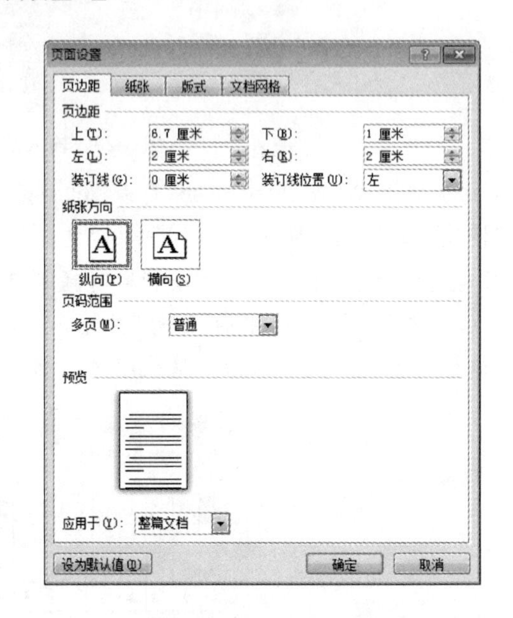

图 3-25 “页面设置”对话框

步骤 3 检查文本、更正拼写和语法错误

录入完毕后，要检查并改正错别字、语法、内容等错误，确保文档内容正确无误。

在文档中，红色波形下划线表示可能的拼写问题，绿色波形下划线表示可能的语法问题。右击标有上述下划线的字符，可在快捷菜单中查看错误类型，选择修改所需的命令，或者在列出的备选字词中挑选正确的文字，如图 3-26(a)所示。

Word 提供的自动检查拼写与语法的功能，可以提高文本输入的正确性。单击“审阅”选项卡“校对”组中的“拼写和语法”按钮，打开“拼写和语法”对话框对整篇文档的错误依次进行校对。如图 3-26(b)所示。

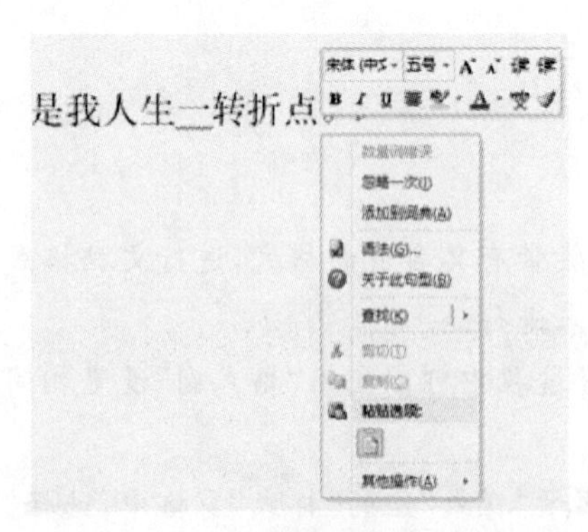

(a) 快捷菜单

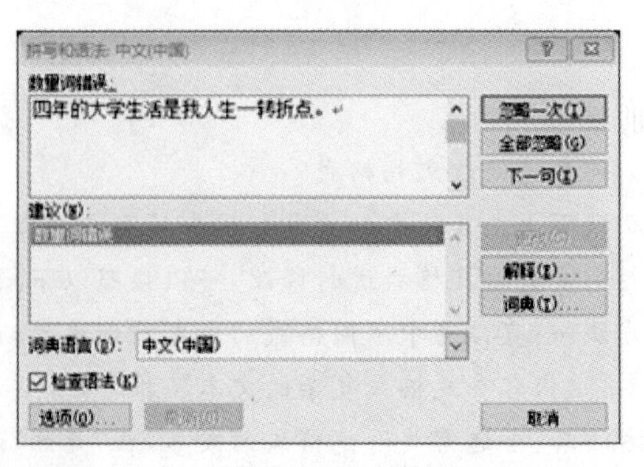

(b) “拼写和语法”对话框

图 3-26 更正拼写和语法错误

小提示

单击“文件”选项卡，单击“选项”命令，打开“Word 选项”对话框，在左侧列表中选择“校对”，在右侧窗口中可以对 Word 的文字更正和校对属性进行设置，如勾选“键入时检查拼写”和“随拼写检查语法”，则 Word 在键入的同时将自动进行拼写检查。

步骤4　设置字符格式

设置字符格式，需要先选中要设置的文本，然后单击“开始”选项卡，在“字体”组中进行设置，如图 3-27 所示；也可以单击组对话框启动器，在弹出的“字体”对话框中进行相应的设置，如图 3-28 所示。

本项目中各文本块的设置步骤如下。

(1) 第1页“求职信”页面。

① 选中文本“求职信”，设置“字体”为“微软雅黑”、“字号”为“四号”、“字形”为“加粗”。

② 选择求职信正文，设置“字体”为“宋体”、“字号”为“小四号”。

(2) 第2页“个人简历”页面。

① 设置正文文字。选中“个人简历”页面的所有文字，设置为“宋体、五号”。

② 设置标题。

选中标题文本“个人简历”，设置为“微软雅黑、20 磅、加粗”。

设置“Personal resume”为“Calibri、四号、加粗、蓝色”。

设置“自我评价、工作经验、教育经历、语言能力、软件技能、获奖情况”等标题文字为“微软雅黑、四号、加粗”。

设置“需求工程师、系统分析师、软件工程专业本科、系统分析师(高级)”等标题文字为“宋体、小四号、加粗”。

取消文本的超链接。文本中输入网址、邮箱地址等内容时会自动添加超链接，取消方法如下：在超链接文本“12345678@163.com”的快捷菜单中选择“取消超链接”。

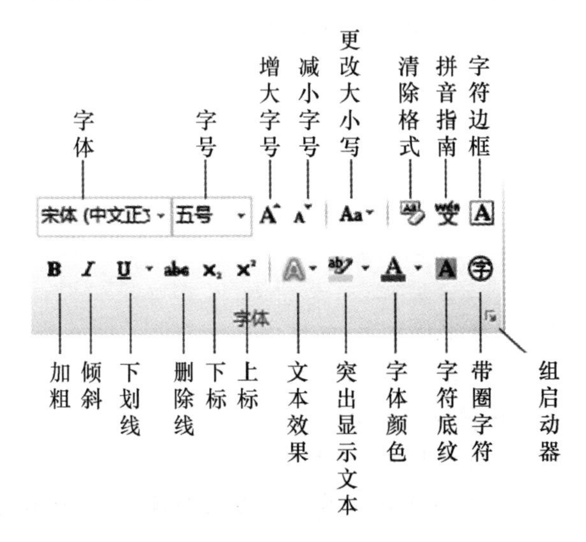

图 3-27　“字体”组

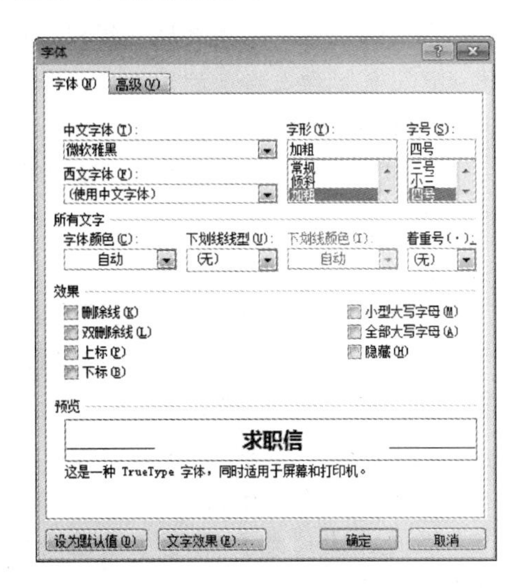

图 3-28　“字体”对话框

小提示

利用“开始”选项卡“剪贴板”组中的格式刷命令，可以快捷地复制文字的格式。

复制时，首先选定作为样板的文字，单击格式刷按钮，鼠标指针改变为刷子形状，找到需要改变文字格式的文本起始位置，按下鼠标左键并拖动到结尾处，释放鼠标后，所有拖过的文字与样板文字具有相同的格式。

单击格式刷可设置一次，双击格式刷可设置多次，按 ESC 键或再次单击选项卡的格式刷按钮，可以解除格式刷状态。

若操作对象是段落，该操作具有同样的作用，格式刷生效后，在段落前空白处单击，就可以将该段落设置成与样板段落相同的段落格式。

选定文本的操作

进行字符格式设置前，必须先选定所要排版的文本，否则格式设置只能对插入点后面新输入的文本起作用。

在对文档中的指定内容进行移动、复制和删除等操作时，首先要选定操作对象。这里介绍选定文本的几种主要方法，其他对象的选定可参考后面的有关章节。

方法一：用鼠标拖动选定文本。

在要选定文本的起始位置按下鼠标，拖动至被选文本的末尾，释放鼠标即可选定被拖过的文本，被选中的文本呈反相显示。用这种方法可以选定任意数量的文字，如一个字符、多个字符、一行、多行，或者整个文档。

方法二：用鼠标在选择区选定文本。

“选择区”位于文档窗口的左侧。向左移动鼠标，当指针的形状由 I 变为箭头时，即进入了选择区。鼠标在选择区的基本操作如下。

① 单击：选定鼠标指向的一行文字。

② 双击：选定鼠标指向的一段文字。

③ 三击：选定整个文档。

④ 拖动：选定多行文字。

方法三：与控制键配合选定文本。

使用鼠标或者键盘时，配合控制键可以选定一些特定的文本，方法如下。

① 选定矩形块：按住 Alt 键，按下鼠标从矩形块的左上角拖动到右下角。

② 选定单词或词组：在要选定的英文单词或汉语词组处双击鼠标。

③ 选定一个句子：按住 Ctrl 键，然后在该句的任何位置单击鼠标。

④ 选定大段文本：首先单击选定内容的起始处，然后滚动到选定内容的结尾处，在按住 Shift 键的同时单击鼠标。

方法四：用键盘选定文本。

在实际操作中，使用键盘选定文本也非常方便，尤其在打字时，可以避免在鼠标和键盘之间的往返操作。虽然使用键盘选定文本的组合键很多，但大部分因需要额外记忆而失去了实际操作的意义。常用的有以下方法。

① 按住 Shift 键，按箭头键"→"向右选定文本，按箭头键"←"向左选定文本，按"↑"、"↓"箭头键则向上或向下选定文本。

② 按住 Shift 键，按 Page Up 键或 Page Down 键，可以向上或向下一屏一屏地选定文本。

③ 按 Ctrl＋A 键，选定整个文档。

小提示

Word 2010 允许选定不连续的多个文本。只需在选定第一个文本后，按住 Ctrl 键并用鼠标分别选取其他文本即可。

项目实施 2　段落格式设置

步骤 1　设置段落格式

鼠标置于要设置的段落内，单击"开始"选项卡，在"段落"组中可以设置对齐方式、左右缩进、特殊格式、段间距、行距等段落属性，如图 3-29 所示。单击组对话框启动器，打开"段落"对话框，在其中可以对段落属性进行设置，如图 3-30 所示。

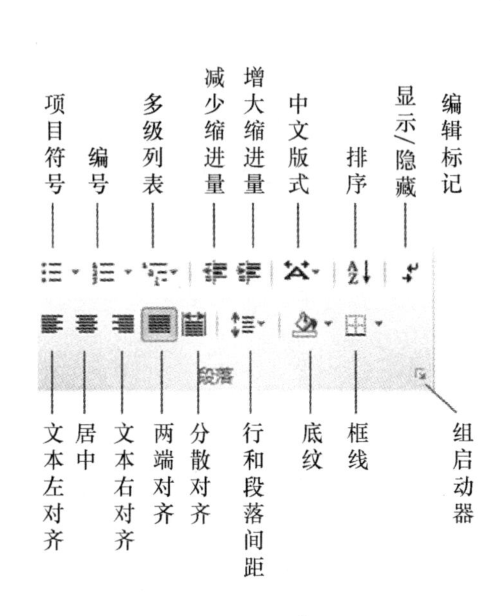

图 3-29　"段落"组

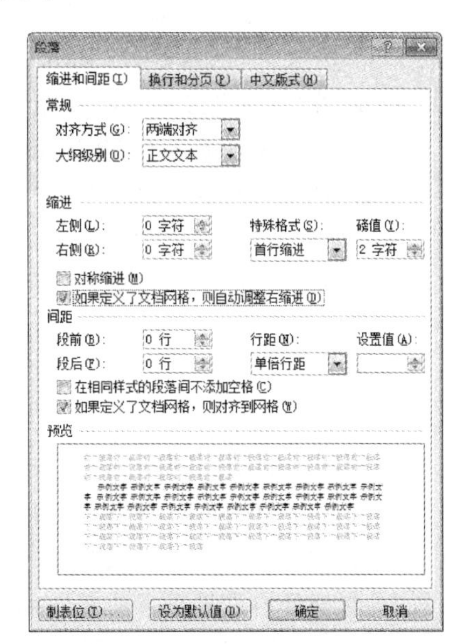

图 3-30　"段落"对话框

本项目中各段落的设置如下。

(1) 第 1 页"求职信"页面。

① 设置正文段落。全选第1页文本,设置段落格式。设置"文本对齐方式"为"左对齐","缩进"为"左侧0、右侧0","特殊格式"为"首行缩进2字符","间距"为"段前0、段后0","行距"为"1.5倍"行距。

② 设置"求职信"段落。设置"特殊格式"为"无","间距"为"段后12磅"。

③ 设置"尊敬的**公司"和"敬礼"段落。设置"特殊格式"为"无"。

④ 设置落款"求职人:王娟娟"和"2016年3月26日"段落。设置"对齐方式"为"右对齐"。插入日期可以使用"插入"选项卡下"文本"组中的"日期和时间"命令,在打开的"日期和时间"对话框中,在"可选格式"列表中选择一种格式,单击"确定"按钮,即可在当前位置插入指定格式的日期和时间,文档打开时会自动更新。

(2) 第2页"个人简历"页面。

① 设置正文段落。全选第2页文本,设置段落格式。设置"文本对齐方式"为"左对齐","缩进"为"左侧0、右侧0","特殊格式"为"无","间距"为"段前0、段后0","行距"为"多倍行距、1.15"。

② 设置"自我评价、工作经验、需求工程师、系统分析师、教育经历、软件工程专业本科、系统分析师(高级)、语言能力、软件技能、获奖情况"等标题段落。设置"行距"为"1.5倍"行距。

小提示

技巧一:"段落"对话框中设置不同度量单位的数据。

设置参数值是可以使用不同的度量单位,如"缩进"和"特殊格式"的单位为字符、厘米或磅,"间距"的单位为行、厘米或磅。如果数值框默认的单位与要设置的单位不同时,输入数据时连同单位一起输入即可。如:2字符、0.74厘米、10磅。

也可以单击"文件"选项卡,在菜单中选择"选项"命令,打开"Word选项"对话框。然后单击"高级"标签,在"显示"栏中进行度量单位的设置。一般情况下,当"度量单位"选择为"厘米",而"以字符宽度为度量单位"复选框也被选中时,默认的缩进单位为"字符",对应的段落间距和行距单位为"磅";当取消选中"以字符宽度为度量单位"复选框时,则缩进单位为"厘米",对应的段落间距和行距单位为"行"。

注意:不要将段落的左、右缩进与设置页面的左右页边距相混淆。页边距设置确定正文的宽度,即确定文本与纸张边界之间的距离。而段落的左、右缩进是指定文本与页边距之间的距离。

技巧二:快速设置段落缩进。

使用水平标尺上的缩进标记,可以快速设置段落的缩进方式及其缩进量。设置时,先将插入点移动到需要设置的段落(任意位置),如需同时设置多个段落,则应选定这些段落,然后用鼠标拖动相应的缩进标记,释放鼠标即可完成段落的缩进。

技巧三:在一行内设置不同的对齐方式。

段落排版可以设置整段文本的对齐方式,但有时可能需要在一行内使用不同的对齐方式。使用制表符可以实现这一效果。Word提供了5种制表符,分别是左对齐制表符、居中式制表符、右对齐制表符、小数点对齐式制表符和竖线对齐式制表符。

设置时单击水平标尺左端的"制表符"切换按钮,直到出现所需的制表符;然后,单击水平标尺上需要插入制表位的位置，制表符即出现在标尺上。需要时可用同样的方法在水平标尺设置其他制表位。

制表位设置完成后，每输入一项内容(数字或文字)，须用 Tab 键将光标移动到下一制表位，再输入下一项内容。一行输入结束时，按回车键，新的一行将自动获得上一行的制表位设置。

如图 3-31 所示。

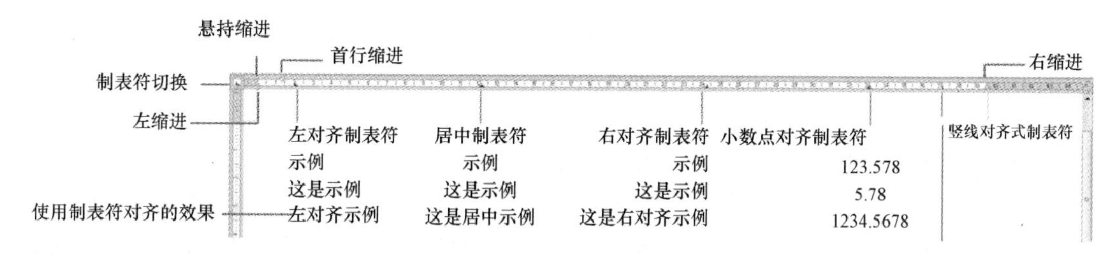

图 3-31　水平标尺上设置制表位及缩进标记

步骤 2　分栏

分栏使版面显得生动、活泼，增强可读性。单击“页面布局”选项卡，执行“页面设置”组的“分栏”命令对文本进行分栏操作。本例中的分栏操作如下。

① 设置“自我评价”的分栏。选中“我属学习、实干、……”到“创造力”这部分文本，选择“分栏”命令中的“偏右”，然后选择“更多分栏”命令，打开“分栏”对话框，调整第 1 栏“宽度”为“30 字符”，如图 3-32 所示。

② 设置“工作经验”和“教育背景”的分栏。选择“工作经验”到“参加培训并取得系统分析师(高级)证书(包括后面一个空行的段落标记)”这部分文本，设置为“分栏”命令中的“两栏”。

③ 设置“语言能力”和“软件技能”的分栏。在“软件技能”后面按回车键增加两个空行，选中“语言能力”和“软件技能”后面的一个空行，设置为“分栏”命令中的“两栏”。

单击“开始”选项卡“段落”组的“显示/隐藏编辑标记”按钮，可以查看分栏后自动添加的分节符。分栏后的效果如图 3-33 所示。

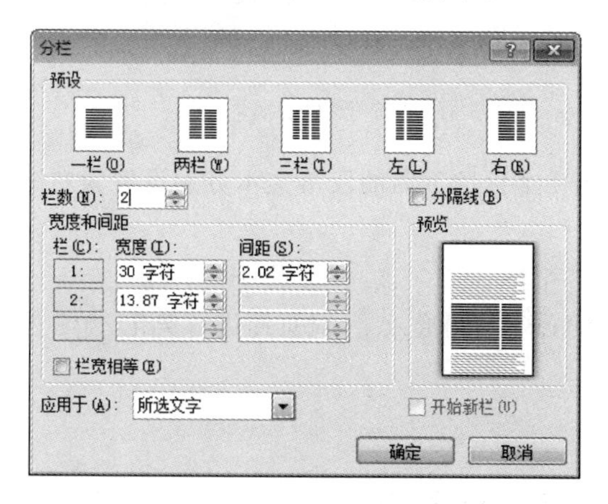

图 3-32　“分栏”对话框

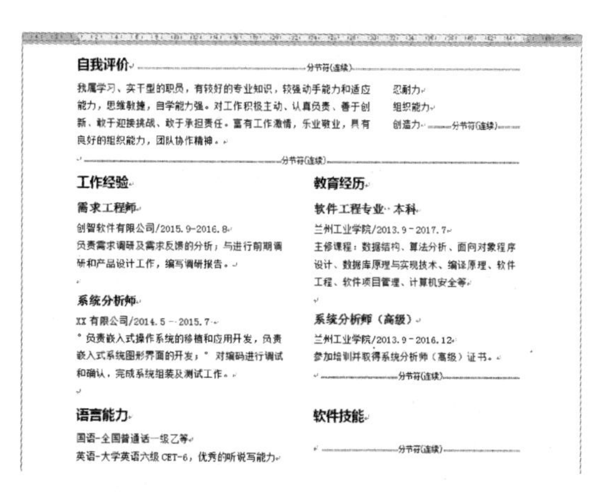
自我评价 ……分节符(连续)……

我属学习、实干型的职员，有较好的专业知识，较强动手能力和适应能力，思维敏捷，自学能力强。对工作积极主动、认真负责、善于创新、敢于迎接挑战、敢于承担责任。富有工作激情，乐业敬业，具有良好的组织能力，团队协作精神。

忍耐力
组织能力
创造力 ……分节符(连续)……

……分节符(连续)……

工作经验

需求工程师

创智软件有限公司/2015.9-2016.8

负责需求调研及需求反馈的分析；与进行前期调研和产品设计工作，编写调研报告。

系统分析师

XX 有限公司/2014.5 - 2015.7

° 负责嵌入式操作系统的移植和应用开发，负责嵌入式系统图形界面的开发；° 对编码进行调试和确认，完成系统组装及测试工作。

教育经历

软件工程专业 本科

兰州工业学院/2013.9 - 2017.7

主修课程：数据结构、算法分析、面向对象程序设计、数据库原理与实现技术、编译原理、软件工程、软件项目管理、计算机安全等

系统分析师（高级）

兰州工业学院/2013.9 - 2016.12

参加培训并取得系统分析师（高级）证书。

……分节符(连续)……

语言能力

国语-全国普通话一级乙等

英语-大学英语六级 CET-6，优秀的听说写能力

软件技能

……分节符(连续)……

图 3-33　案例设置分栏效果

小提示

如何对文档的最后一段文本进行正确的分栏？如何对齐各栏文本？

对文档最后一段文本进行分栏时，比如要分成两栏，选择文本不正确时会将整篇文档分成两栏，正确的操作方法是：在最后一段文本之后按回车键添加一个空行，在选择要分栏的文本时不要选中这个空行，然后执行分栏命令。

如果分栏后各栏文本对不齐时，可通过在每一栏中增加、删除空行来进行调整。

步骤 3　设置项目符号

本例中部分文字设置了项目符号，操作步骤如下。

① 选中“自我评价”中的“忍耐力、组织能力、创造力”这三段文字，单击“开始”选项卡“段落”组的“项目符号”命令，在其中选择“●”，添加圆点型的项目符号。设置“段落”属性左缩进为“2 字符”。

② 选中“工作经验”中的“需求工程师”，设置项目符号为“✧”。设置方法：选择“项目符号”命令下的“定义新项目符号”，打开“定义新项目符号”对话框，如图 3-34 所示；单击其中的“符号”按钮，打开“符号”对话框，如图 3-35 所示，在其中选择所需符号后确定即可。利用格式刷为文本“系统分析师”、“软件工程专业本科”和“系统分析师(高级)”设置相同的项目符号。

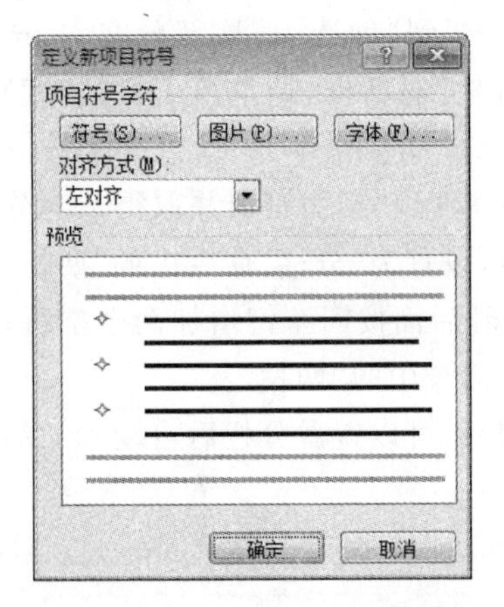

图 3-34　“定义新项目符号”对话框

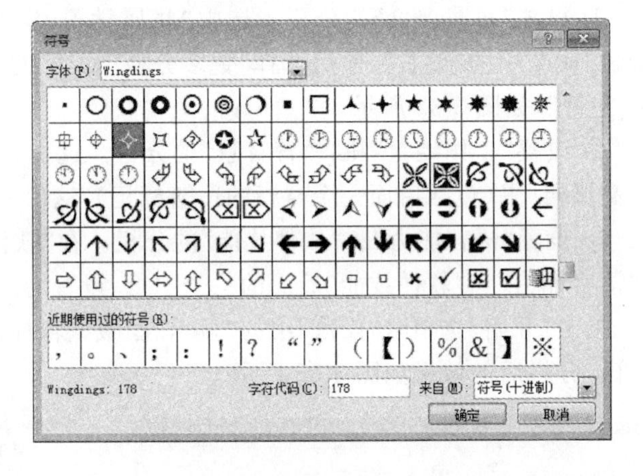

图 3-35　“符号”对话框

③ 调整段落效果。将设置了项目符号“✧”的四个标题下面的段落文本分别设置为左缩进“2 字符”。

设置完项目符号、调整完段落的效果如图 3-18 所示。

至此，文档正文的格式设置完毕，下面制作页面顶端的图形效果，对页面进行美化。

项目符号、编号和多级编号

为了准确、清晰地表示文档中的要点、方法步骤等层次结构，可以使用项目符号和编号，得到列表形式的段落。项目符号可以是字符，也可以是图片；编号是连续的数字或字母。Word具有自动编号功能，增加或删除段落时，系统会自动调整相关的编号顺序。

1. 项目符号

除了案例中执行的操作，在“新建项目符号”对话框中，单击“图片”按钮，可以使用图片项目符号；单击“字体”按钮，可以对项目符号进行字体、字号、颜色、字形、效果等设置。

2. 编号

可以根据需要选择不同的编号样式，如数字、罗马数字、字母等。

① 单击“段落”组中的“编号”按钮右侧的下拉按钮，弹出编号库，选择需要的编号样式，或选择“定义新编号格式”命令，打开“定义新编号样式”对话框，可以设置编号样式、字体格式、编号格式、对齐方式等。如图3-36所示。

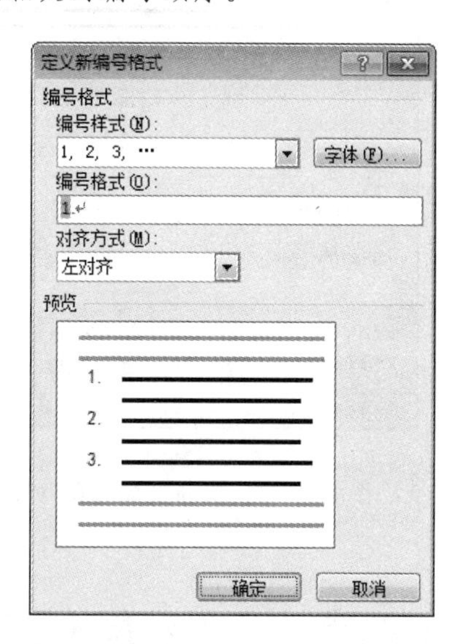

图3-36 “定义新编号样式”对话框

② 对已经定义好编号的文本，在其编号上单击鼠标右键，在右键菜单中选择“设置编号值”命令，如图3-37所示，打开“起始编号”对话框，可以对编号进行相关设置。如图3-38所示。

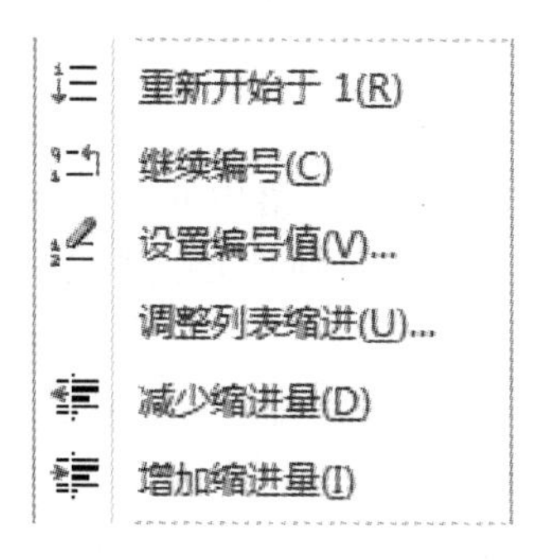

图3-37 编号右键菜单

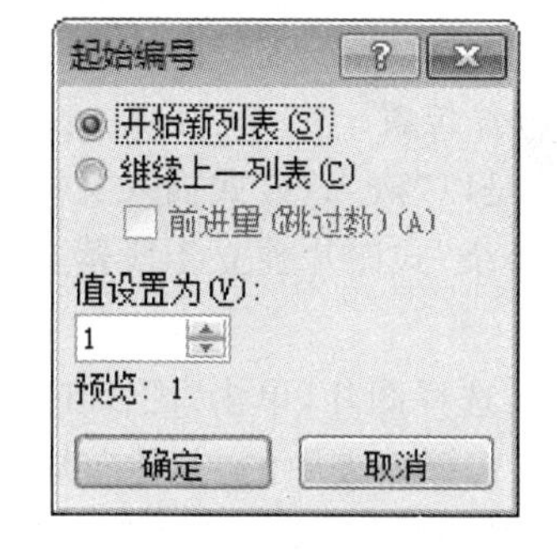

图3-38 “起始编号”对话框

3. 多级列表

多级列表可以清晰地表明各层次的关系。创建多级列表时，需要先确定多级格式，然后输入内容，再通过“段落”组中的“减少缩进量”按钮和“增加缩进量”按钮来确定层次关系。可以在列表库中选择列表形式，也可以通过“定义新的多级列表”和“定义新的列表样式”来自定义多级列表，如图3-39和图3-40所示。

要取消项目符号、编号和多级列表，只需要再次单击相应的按钮，在项目符号库、编号库、多级列表库中单击“无”按钮即可。

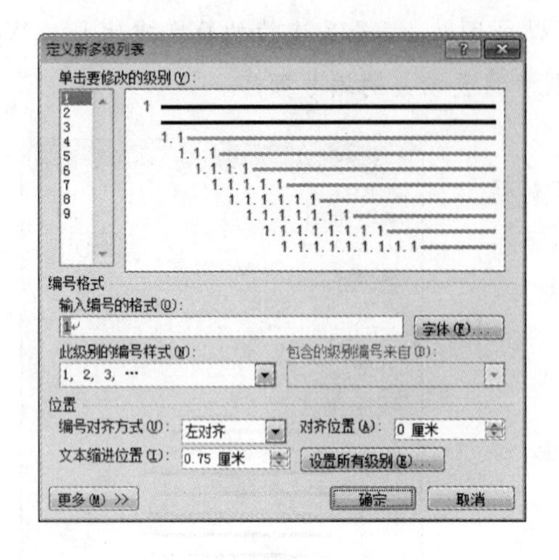

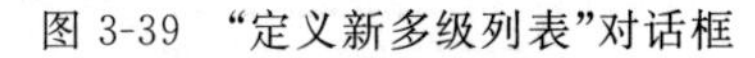

图 3-39 “定义新多级列表”对话框

图 3-40 “定义新列表样式”对话框

项目实施 3 插入对象并进行编辑

步骤 1 第 1 页顶端效果的实现

1）插入图片

光标置于第 1 页，单击“插入”选项卡“插图”组的“图片”命令，在弹出的“插入图片”对话框中选择合适的路径，选择要插入的图片，这里选择文件“背景.jpg”，单击“插入”按钮，该图片即插入到当前光标处。

2）修改图片位置

图片默认是以“嵌入”方式插入文档。“嵌入”式图片相当于段落中的一个字符，只能在段落中移动。“环绕”式图片独立于段落文本，可以放置在页面的任何地方。本例中需要使用“环绕”式图片。

修改方法：选择图片，单击“图片工具”的“格式”选项卡，单击“排列”组中的“位置”按钮，如图 3-41 所示。选择列表中的“其他布局选项”命令，打开“布局”对话框，单击“文字环绕”按钮，设置“环绕方式”为“浮于文字上方”，如图 3-42 所示。

图 3-41 “位置”菜单

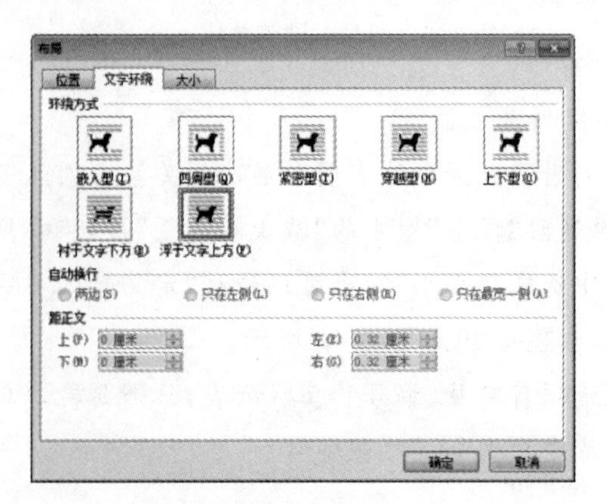

图 3-42 “布局”对话框

现在可以选择图片，将其移动至页面顶部空白处。

小提示

Word的对象环绕方式有三种：嵌入型、环绕型和图层方式。

“嵌入型”将图形作为文字处理，图形在文档中占有固定的位置，当在图形前面插入或删除字符时，图形会随同其他文本一起移动。嵌入型是Word为插入的剪贴画、图片和艺术字等设置的默认混排方式。

环绕型主要包括“四周型环绕”和“紧密型环绕”两种，其差别主要为，紧密型环绕可使文字按照图形的轮廓围绕在四周。

使用“编辑环绕顶点”可以任意设置环绕轮廓，在轮廓线上单击可以添加环绕顶点。

如图3-43所示，从上到下依次为“四周型环绕”、“紧密型环绕”和“编辑环绕顶点”。

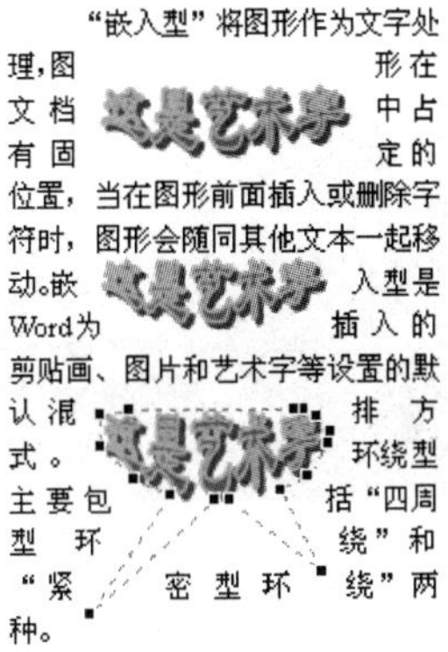

图3-43 文字环绕效果

图层方式包括“衬于文字下方”和“浮于文字上方”，是文本和对象叠加混排。还可以使用“排列”组的“上移一层”和“下移一层”命令调整对象和文本之间的叠加关系。

3）裁剪图片

图片和页面头部比例不相符，需要进行裁剪。只有图片和剪贴画才能被裁剪。

选择图片，单击“图片工具”的“格式”选项卡，单击“大小”组中的“裁剪”按钮，拖动图片四条边中部的控制点，即可裁剪图片。图片裁剪效果如图3-44所示。

图3-44 图片裁剪效果

小提示

裁剪图片实质上只是将其某一部分隐藏起来，而并未真正裁去。可以使用“裁剪”按钮反向拖动以恢复被裁去的图片；或选择“调整”组的“重设图片”命令，将图片恢复为原始状态；也可以拖动裁剪区域内的图片，调整图片的显示范围。

4）调整图片大小和位置

拖动图片将其置于页面左上角。选中图片，鼠标置于图片右下角时指针会变为箭头形，按住鼠标左键向右下角拖动，即可放大图片。将图片放大到宽度和页面宽度相同。

也可以在“格式”选项卡“大小”组中直接输入图片的宽度和高度。选中图片，在“格式”选项卡的“大小”组中，设置“形状高度”为“6.5 厘米”，如图 3-45 所示。

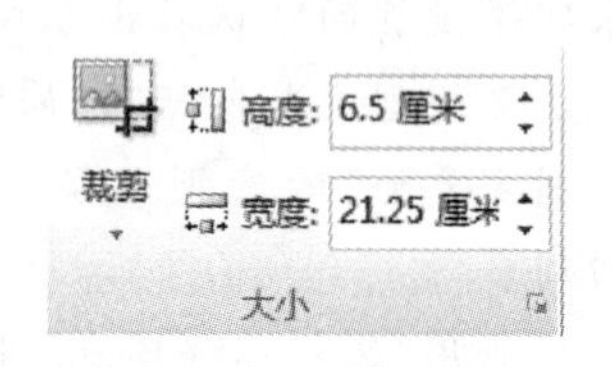

图 3-45　鼠标拖动放大图片、设置图片尺寸

利用键盘上的“↑”、“↓”、“←”、“→”键微调图片的位置，使其正好置于页面的顶端。

小提示

在文档中插入图片、图形、剪贴画、艺术字、文本框等对象后，常常需要调整其大小。单击对象，其四周将出现 8 个控制柄（直线或箭头为 2 个），鼠标移动到控制柄就会变成双向箭头形状，此时，以笑脸图形为例。

① 拖动鼠标可以随意调整图形的大小，如图 3-46(a)所示。

② 拖动图形四角的控制柄可以在调整大小时保持其纵横比，以免在缩放时造成图形的失真。

③ 拖动四角的任意一个控制柄时按住 Ctrl 键，可以保证中心点不变等比例缩放，如图 3-46(b)所示。

④ 鼠标置于图形上的绿色的旋转钮 ，单击后指针变为 ，按住左键的同时拖动鼠标就可以任意角度旋转图形，如图 3-46(c)所示。

⑤ 拖动图形上的黄色控制柄 ，可以改变图形的形状，如图 3-46(d)所示。

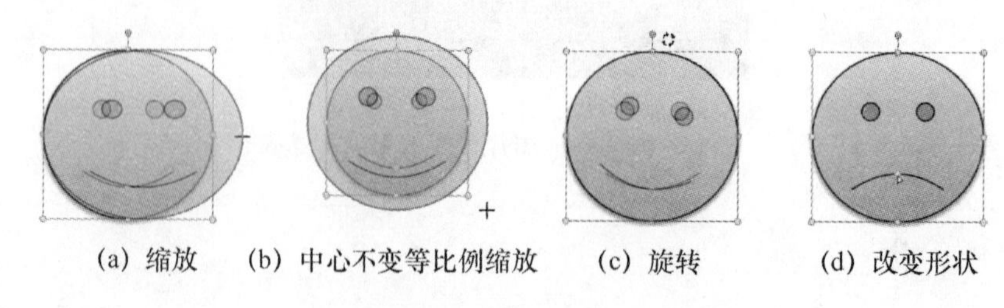

(a) 缩放　(b) 中心不变等比例缩放　(c) 旋转　(d) 改变形状

图 3-46　调整自选图形

要想精确控制图形的尺寸和旋转角度，可以单击“格式”选项卡“大小”组的对话框启动器，打开“布局”对话框，在“大小”标签中进行设置。要按尺寸缩放对象，可以在“尺寸和旋转”栏下，设置对象的“高度”和“宽度”值；要按比例操作时，则应在“缩放”栏下设置百分比。选中“锁

定纵横比”复选框，可以保证缩放图片时图像不失真。

5）设置图片效果

选中图片，单击“格式”选项卡下“调整”组中“艺术效果”按钮，选择效果库中的“虚化”命令（第2行第5列），如图3-47所示；再单击“艺术效果选项”命令，打开“设置图片格式”对话框，设置艺术效果的“辐射”值为“2”，如图3-48所示。

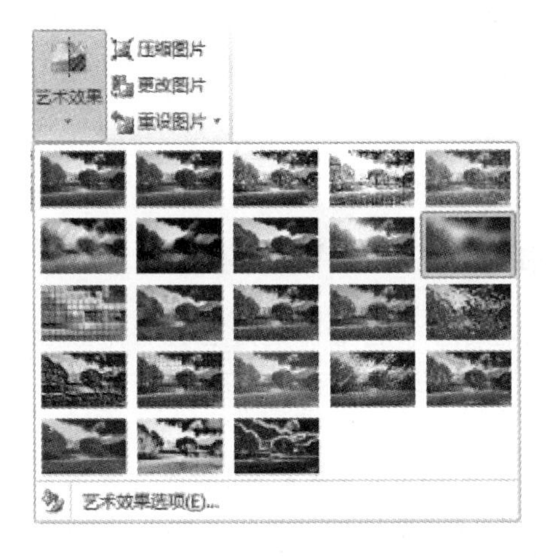

图3-47 “艺术效果”菜单

图3-48 “设置图片格式”对话框

6）制作人物头像

（1）绘制圆形。单击“插入”选项卡“插图”组的“形状”按钮，单击“基本形状”中的“椭圆”，按住Shift键的同时拖动鼠标，绘制一个正圆，到合适大小时释放鼠标。如图3-49(a)所示。

（2）设置图片填充。选中圆形，单击“绘图工具”的“格式”选项卡，在“形状样式”组中，单击“形状填充”下的“图片”命令，打开“插入图片”对话框，将文件“照片.jpg”设置为圆形的形状填充。如图3-49(b)所示。

（3）调整图片的大小和位置。选中圆形，使用裁剪工具进入裁剪状态，如图3-49(c)所示。拖动图片左下角的控制柄，放大图片到合适大小；如图3-49(d)所示。然后移动图片，调整到合适位置，如图3-49(e)所示。可以反复放大缩小图片，并调整位置，直到图片填充效果满意为止。

（4）设置形状轮廓。选中圆形头像，单击“格式”选项卡，在“形状样式”组中，单击“形状轮廓”中的“白色，背景1”，设置圆形的轮廓色为白色。如图3-49(f)所示。

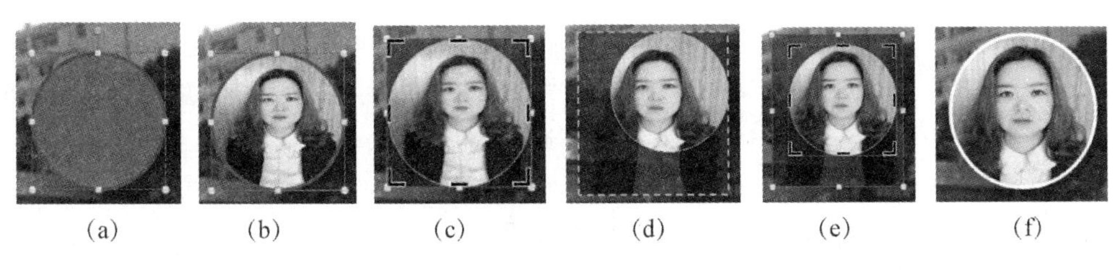

图3-49 头像制作过程

7）添加文本框，设置文本效果

（1）单击“插入”选项卡，在“文本”组中，单击“文本框”列表中预设的“简单文本框”，将添加的文本框拖放到头像左侧。

（2）在文本框中输入两行文字“王娟娟”和“软件测试工程师”，设置格式为“微软雅黑、四号、右对齐”，设置“文本效果”为“填充-白色投影（第1行第3个）”。

（3）设置文本框格式。文本框默认是白底黑边，需要进行修改。选中文本框，单击“格式”选项卡，在“形状样式”组中设置“形状填充”为“无填充颜色”，“形状轮廓”为“无轮廓”。

第1页顶部效果制作完毕。制作效果如图3-18效果图所示。

文本框

作为一个“容器”，文本框可以容纳文字、图形、表格等多种对象。通过在文档中移动文本框，可以将文字、图形、表格等放置到所需位置，需要时可使正文环绕在其四周。

（1）插入文本框。

在“插入”选项卡“文本”组中，在“文本框”中选择一种预设文本框样式，输入文本即可。也可以通过“绘制文本框”或“绘制竖排文本框”命令，在文档页面的任何位置绘制一个“横排”或“竖排”的文本框。

（2）编辑文本框。

单击文本框，当其中出现插入点后，就可以像编辑文档一样，在其中输入文字、建立表格和插入各种图形对象，其操作方法基本相同。

（3）设置文本框。

可以像处理其他任何图形对象那样，设置文本框的大小、颜色、线条，以及环绕方式等。设置时必须先选定文本框。通常，对文本框可以进行以下操作。

① 单击文本框是将插入点移动到文本框，以便在其中进行各种编辑操作。

② 选定文本框时，须移动鼠标至文本框的边框处，当指针变成十字形状时，再单击鼠标，此时文本框中不出现闪烁的光标。

③ 使用“绘图工具”的“格式”选项卡中提供的命令按钮，或者打开“设置形状格式”对话框，可以对文本框进行各种修饰。

图片、图形和剪贴画

图3-50 “插图”组

图片的插入和图形的建立主要通过“插入”选项卡“插图”组中对应的按钮来实现，如图3-50所示。选中图片后，会出现“图片工具”的“格式”选项卡，如图3-51所示，对图片的格式化操作在此工具栏中实现。

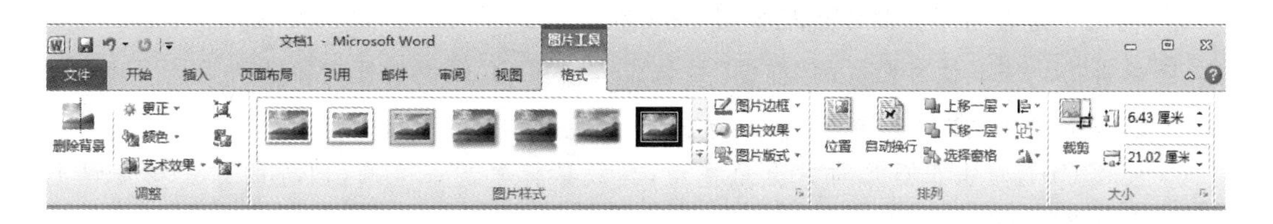

图 3-51　“图片工具”的“格式”选项卡

(1) 插入图片和格式化。

插入图片一般通过“图片”按钮选择各种保存的图片文件。

插入的图片是一个整体，对其也只能进行整体编辑，包括用“调整”组进行图片色调改变、艺术效果的设置，“图片样式”组改变图片的外形(图片边框、图片效果、图片版式)，“大小”组裁剪和缩放图片等，也可以通过单击鼠标右键，在弹出的快捷菜单中选择“设置图片格式”命令打开“设置图片格式”对话框来实现。

Word 2010 增加的形状裁剪功能依托“形状”组可裁剪出各种形状图形。

对插入的图片进行格式化的效果如图 3-52 所示。

(a) 插入原始图　(b) “调整”组的删除背景　(c) “图片样式”组的棱台透视　(d) 裁剪为云朵形

图 3-52　图片格式化效果

(2) 绘制图形和格式化。

通过“形状”按钮的下拉列表选择各种简单图形，并可以将多个图形组合形成所需的图形，如流程图等；SmartArt 按钮用于插入各类信息和观点的视觉表示形式图形，在演示文稿中常用。

对图形的格式化主要是设置边框线、填充颜色以及添加文字等。对图形编辑很重要的一个工作是将绘制的图形组合成一个整体，便于缩放、复制和移动等操作。通过选中图形中的每个简单图形对象，右击后在快捷菜单中选择“组合”命令使之成为一个整体。

小提示

排列多个图形对象时，可以使用“格式”选项卡“排列”组的“对齐”命令组来快速地实现多个对象的对齐和分布。单击其中的按钮可以快速对齐和分布各图形对象。

后绘制的图形总是置于先绘制的图形之上，要改变图形的叠放次序，可以右击要改变次序的图形，在快捷菜单中通过单击“置于顶层”、“置于底层”、“上移一层”、“下移一层”、“衬于文字下方”和“浮于文字上方”来改变图形的叠放次序。

选中对象(包括文本、段落、图片、图形等)，按住 Ctrl 键的同时拖动对象到另一个位置，可以快速复制所选对象到目标位置。

示例：制作组合图形。制作过程如图 3-53 所示。

① 单击“形状”下拉列表中的“椭圆”按钮，按住 Shift 键的同时单击并拖动鼠标，绘制一个正圆，设置圆形的“形状样式”为“彩色轮廓-橙色强调颜色 6”。

② 按住 Ctrl，单击正圆并向右上角拖动，释放鼠标复制一个圆，同样的方法共复制 4 个圆。如图 3-53(a)所示。

③ 按住 Shift 键依次选中这 5 个圆，单击“格式”选项卡“排列”组中的“对齐”按钮，在弹出的菜单中选择“横向分布”和“纵向分布”命令，使 5 个圆等距离放置。如图 3-53(b)所示。

④ 将 5 个圆形进行组合。单击“格式”选项卡“形状样式”组中的“形状填充”，在弹出的色板中选择“橙色”，设置“形状轮廓”为“无轮廓”。如图 3-53(c)所示。

⑤ 按住 Ctrl 键，单击组合图形并向上拖动一点距离，释放鼠标复制一个组合图形。如图 3-53(d)所示。

⑥ 选中复制的组合图形，设置“形状填充”颜色为“白色”，用键盘上的上、下、左、右方向键微调其位置。组合两个组合图形，得到的组合图形效果如图 3-53(e)所示。

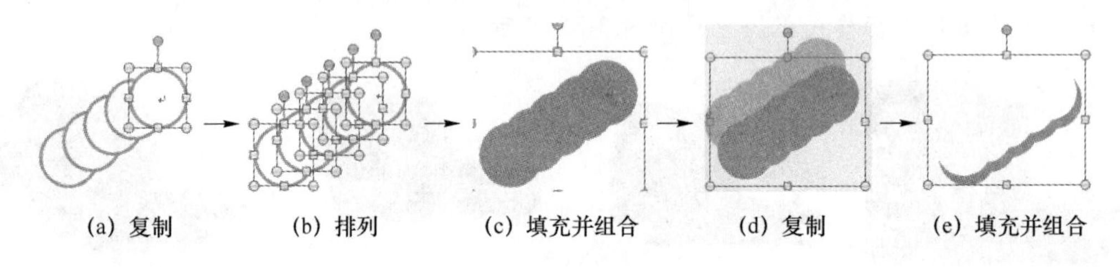

图 3-53　制作组合图形

(3) 插入剪贴画及格式化。

单击“剪贴画”按钮，选择系统提供的剪辑库中的剪贴画，文件扩展名为“.wmf”(Windows 图元文件或“.emf”增强型图元文件)。插入剪贴画的步骤如下。

① 将光标定位到文档中需要放置剪贴画的位置，单击“插入”选项卡“插图”组中的“剪贴画”按钮，窗口右侧将打开“剪贴画”任务窗格。

② 在“搜索文字”文本框中输入剪贴画的关键字，如“人”，在“结果类型”下拉列表框中勾选所需媒体文件类型，这里勾选“插图”类别，单击“搜索”按钮，任务窗格将列出搜索结果。如图 3-54 所示。

图 3-54　“剪贴画”任务窗格

③ 挑选合适的剪贴画后单击，或单击剪贴画右边的下拉按钮，选择“插入”命令，将剪贴画插入到指定位置。如图 3-55(a)所示。

对剪贴画的格式设置和图片的一致。也可以将剪贴画打散，转换为图形组合，然后像编辑图形一样来编辑剪贴画。操作方法：在剪贴画的快捷菜单中选择“编辑图片”命令，系统弹出如图 3-55(d)所示的提示对话框，选择“是”，剪贴画就转换为了图形，如图 3-55(b)所示。在此基础上可以增删图形元素，如图 3-55(c)所示为删除其他图形后保留的图形效果。

(a) 剪贴画原图

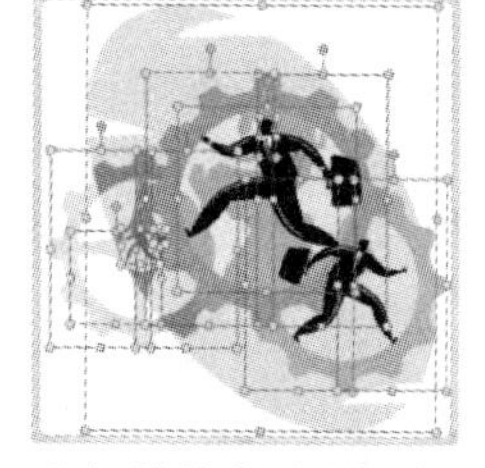

(b) 转换为图形组合

(c)保留图形

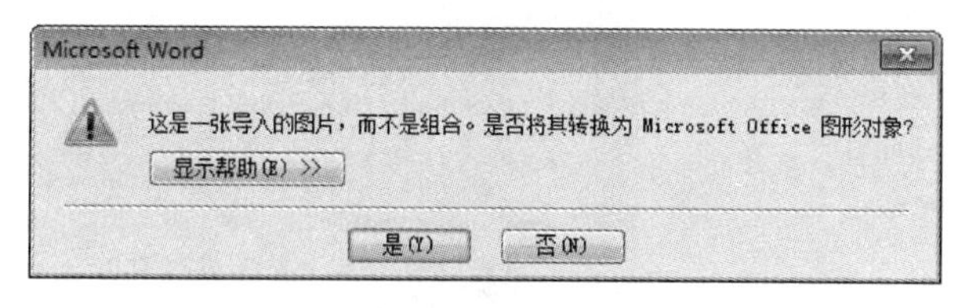

(d) 提示对话框

图 3-55　剪贴画转换为图形

步骤 2　第 2 页顶端效果的实现

(1) 绘制矩形。

① 在第 2 页顶端左侧绘制一个矩形，在“格式”选项卡“大小”组中，设置“高度”为“6.5 厘米”，“宽度”为“5 厘米”。

② 设置矩形样式。在“形状样式”组中，单击“形状填充”按钮，选择下拉列表中“主题颜色”下的“茶色，背景 2，深色 75%”色块(第 3 列倒数第 2 个色块)；设置“形状轮廓”为“无轮廓”；设置“形状效果”中的“阴影”为“外部、向下偏移”。

③ 微调矩形，使其正好放置在第 2 页的左上角。

(2) 复制头像，替换图片。

① 在“视图”选项卡“显示比例”组中，选择“双页”命令，使文档双页显示。

小提示

视图选项卡提供了文档的查看方式，如图 3-56 所示。

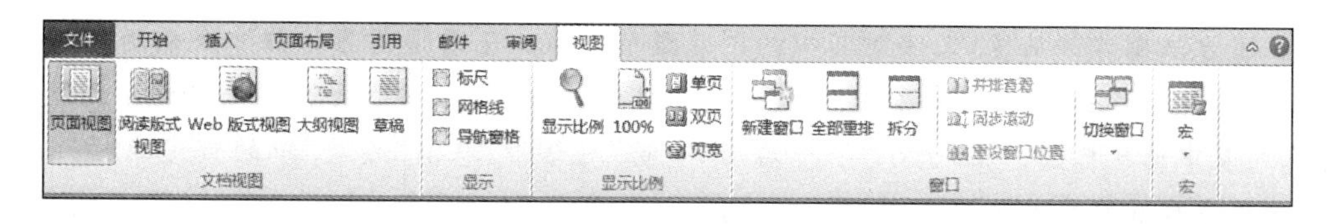

图 3-56　“视图”选项卡

“文档视图”组提供了页面视图、阅读版式视图、Web 版式视图和大纲视图四种文档视图形式。在需要时用户可以在不同视图间切换。

“显示”组可以显示/隐藏文档中的标尺、辅助线和导航窗格。利用导航窗格可以快速访问文档中的任何内容。如图 3-57 所示。

“显示比例”组提供了文档的显示大小。除了使用工具栏上的按钮选项外，还可以按下Ctrl键的同时，滚动鼠标滚轮来放大、缩小文档显示比例。

窗口可以排列多个文档窗口，可以使用“并排查看”来比较两个文档的异同。如图3-58所示。如果要查看同一个文档的不同部分，可以向下拖动垂直滚动条上方的文档分割按钮，这样，文档窗口就分为了上下两个窗格，可以分别显示同一文档的不同内容，如图3-58所示。

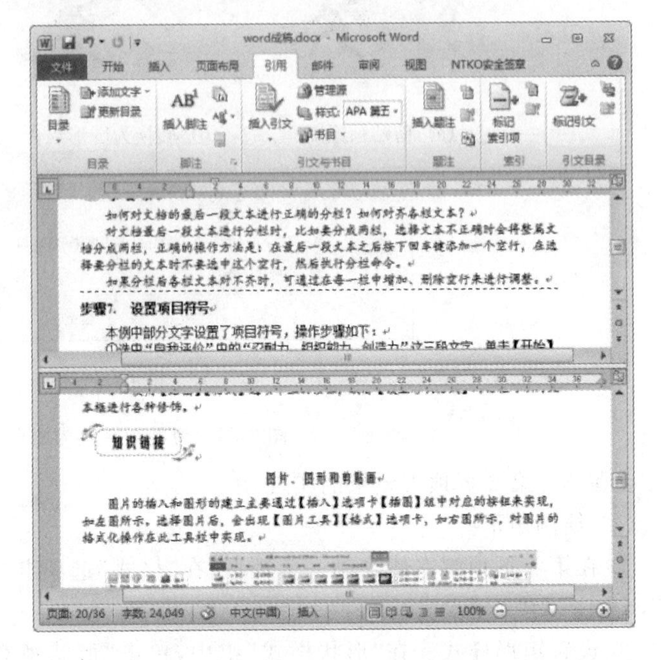

图3-57 导航窗格

图3-58 查看同一文档的不同内容

② 选择第1页的头像图形，按住Ctrl键的同时拖动鼠标至第2页左上角的矩形框中央，释放鼠标，将头像进行复制。

③ 替换图片。选中头像图形，在“格式”选项卡“形状样式”组中，设置“形状填充”为图片，选择一个图片，用第1个页面中制作头像的方法进行调整。

小提示

上述方法制作的头像，无法对其中的图片进行替换。下面使用另一种方法来制作。

插入图片，单击“格式”选项卡下“大小”组中“裁剪”按钮的下拉菜单，选择“裁剪为形状”命令，在列表中选择椭圆。在“大小”组中启动“布局”对话框，取消“缩放”中的锁定纵横比选项，然后设置高度和宽度为3.2厘米，变为正圆。

此时，可以替换其他图像。方法为：选中头像图形，单击“格式”选项卡“调整”组中的“更改图片”命令，即可以选择其他图像文件。替换新的图片后，使用裁剪的方法，调整图片在图形中的显示效果。

这种方法适用于所有图片的替换。比如，将第1页顶端的背景图替换为其他图片。

(3) 绘制文本框,设置效果。

绘制一个高 6.5 厘米,宽 16.3 厘米的文本框,微调使其上边缘与页面顶端对齐,左边缘与矩形右边缘对齐。

设置“形状填充”为“纹理”下的“再生纸(第 4 行第 2 列)”,如图 3-59 所示。

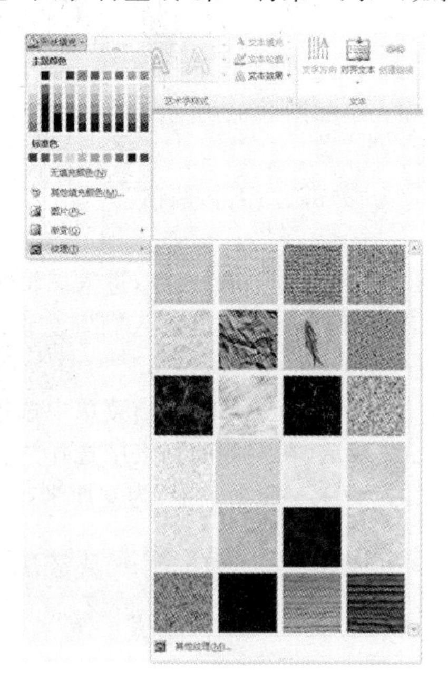

图 3-59　设置“纹理”效果

设置“形状轮廓”为“无轮廓”。

设置“形状效果”中的“阴影”为“外部、向下偏移(第 1 行第 2 列)”,如图 3-60 所示。

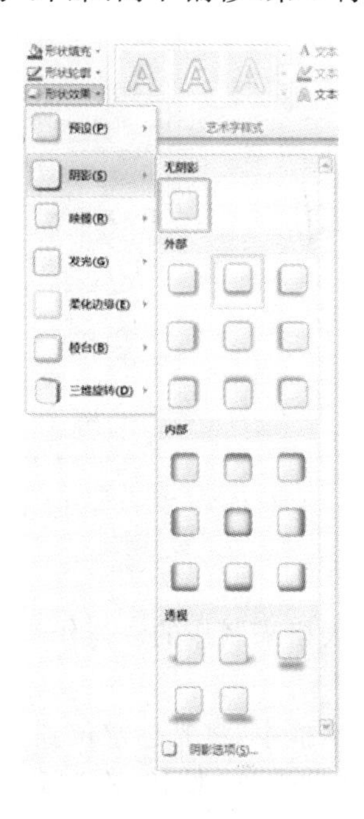

图 3-60　设置“阴影”效果

(4) 添加文本。

选择正文中设置好的文本“个人简历 Personal resume”,按下 Ctrl+X 键剪切,然后将光标定位到文本框中,按下 Ctrl+V 键进行粘贴,随后键入 2 个空行。

注意:只选择文本,不要选择段落,可以在文本最前和最后分别加几个空格,然后再选择文本。

(5) 绘制自选图形。

单击“插入”选项卡“插图”组中的“形状”下拉按钮,选择“箭头总汇”中的五边形,如图 3-61所示。绘制图形的位置和大小如图 3-62 所示,尺寸大致为高 1.1 厘米,宽 7.9 厘米。

设置“形状轮廓”为“无轮廓”。

设置“形状效果”中的“阴影”为“外部、左下斜偏移”。

(6) 为图形添加文本。

① 在五边形的快捷菜单中,选择“添加文本”命令,进入编辑状态。

② 输入文本“|　基本信息”(按下 Shift+\键输入“|”)。设置文本格式为“微软雅黑,四号,右对齐”,“文本效果”为预设中的“填充-白色,投影”。

③ 调整文本在文本框内的位置。在五边形的快捷菜单中选择“设置对象格式”命令,打开“设置形状格式”对话框,如图 3-63 所示,在左侧的列表中选择“文本框”,在右侧设置文本框的“内部边距”,“左”为 0.2 厘米,“右”为 1.1 厘米,“上”为 0 厘米,“下”为 0.1 厘米。

图 3-61　插入五边形

图 3-62　插入五边形的效果

图 3-63　设置文本框内边距

步骤 3　制作表格

本例中的个人基本信息是利用表格来制作的。操作步骤如下。

(1) 插入表格。

在第 2 页顶端的“个人简历”文本框中,将光标定位到五边形下面的段落标记之前。

单击“插入”选项卡“表格”组中的“表格”按钮,在“插入表格”栏下用鼠标划选 4×5 表格(列×行),如图 3-64(a)所示。

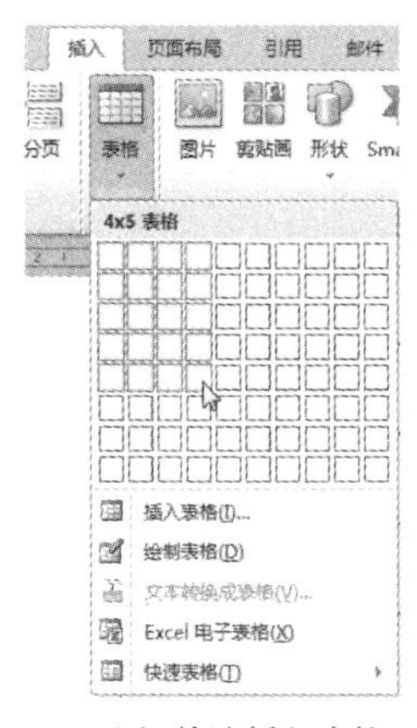

(a) 快速插入表格

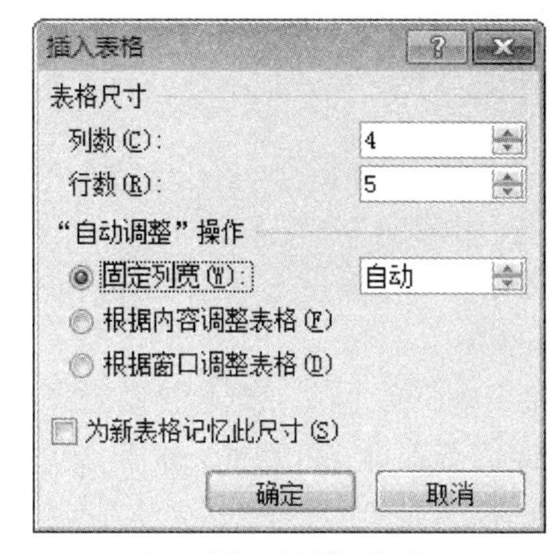

(b) "插入表格"对话框

姓名：杜拉拉 性别：女
籍贯：甘肃兰州 出生年月：1994-8-8
学历：本科 专业：软件工程
电话：18793166666 邮箱：123456789@163.com
毕业学校：兰州工业学院 地址：兰州市七里河区龚东路1号

姓名：	杜拉拉	性别：	女
籍贯：	甘肃兰州	出生年月：	1994-8-8
学历：	本科	专业：	软件工程
电话：	18793166666	邮箱：	123456789@163.com
毕业学校：	兰州工业学院	地址：	兰州市七里河区龚东路1号

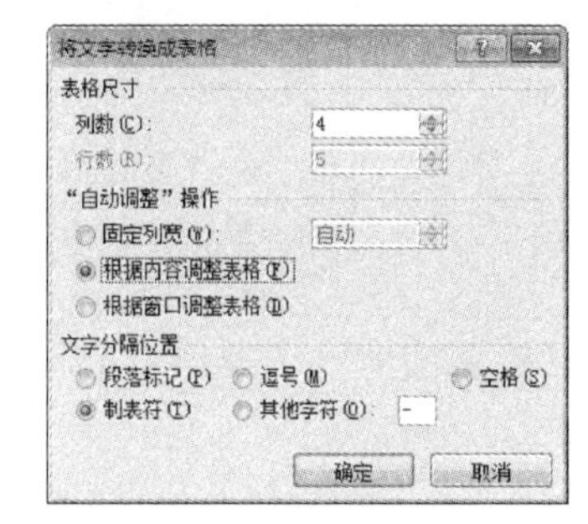

(c) 文字转换成表格

图 3-64　插入 4×5 表格的三种方法

小提示

在"插入"选项卡"表格"组中的下拉菜单中提供了四种插入表格的方法。

方法一：选择虚拟表格。在下拉菜单的虚拟表格里移动鼠标指针，经过需要插入的表格行列，确定后单击鼠标左键，即可创建一个规则表格，如图 3-64(a)所示。

方法二："插入表格"命令。在"表格"按钮的下拉菜单中选择"插入表格(I)"命令，打开"插入表格"对话框，选择或直接输入所需的列数和行数后，根据实际需要设置"自动调整"的相关设置，单击"确定"按钮即可，如图 3-64(b)所示。

方法三："绘制表格"命令。在"表格"组的下拉菜单中选择"绘制表格"命令，此时，光标呈铅笔状，可直接绘制表格外框、行列线和斜线。（此方法不推荐）

方法四：文本转换为表格。按规律分隔的文本可以转换成表格，文本的分隔符可以是空格、制表符、逗号或其他符号。本例中的操作方法：选中基本信息（从"姓名"到"龚东路 1 号"）的所有文本，这些文本是以制表符分隔的；在"表格"组的下拉菜单中选择"文本转换为表格"命令，打开"将文本转换为表格"对话框，在"表格尺寸"中选择"4 列、5 行"，"自动调整操作"设置为"根据内容调整表格"，"文字分隔位置"设置为"制表符"，单击"确定"按钮后即可将文本转换为 4×5 的表格。如图 3-64(c)所示。

(2) 输入表格内文本。

按照图 3-64(c)所示表格,输入表格文字(注:文本转换成的表格不需要输入文字)。

(3) 设置表格文本格式。

选中第 1 列和第 3 列文本,设置为"黑体、小四号、加粗、右对齐",文本颜色为"黑色,文字 1,淡色 35%"。

选中第 2 列和第 4 列文本,设置为"宋体、小四号、加粗"。

(4) 调整表格大小。

当指针位于表格中时,在表格的四角会出现控制柄。将鼠标指针移动到控制柄上,鼠标指针变为箭头,拖动鼠标即可缩放表格。这里,调整案例表格到合适大小。

(5) 隐藏表格边框。

方法一:单击表格左上角的表格标记 ,全选表格,单击"表格工具"的"设计"选项卡下"表格样式"组中的"边框"下拉按钮,在下拉菜单中选择"无框线"命令,取消表格所有的边框线。如图 3-65 所示。

方法二:单击"边框"下拉菜单中的"边框和底纹"命令,打开"边框和底纹"对话框。选择"设置"中的"无",即可取消所有框线。如图 3-66 所示。

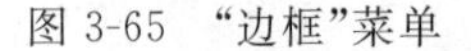
图 3-65 "边框"菜单　　　　图 3-66 "边框和底纹"对话框

至此,第 2 页顶部的效果制作完成,效果如图 3-67 所示。

图 3-67 第 2 页顶部效果

表　　格

针对表格的操作均在“表格工具”的“设计”选项卡和“布局”选项卡中进行。“设计”选项卡主要是对建立表格和对表格的外观进行设置，如图3-68所示，“布局”选项卡主要是对表格进行编辑操作和数据操作，如图3-69所示。

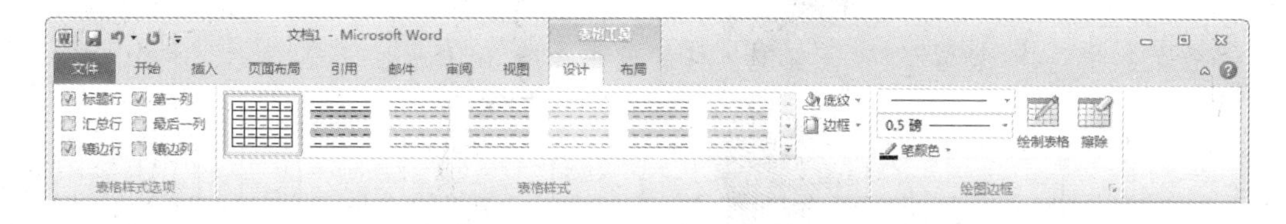

图3-68　“表格工具”的“设计”选项卡

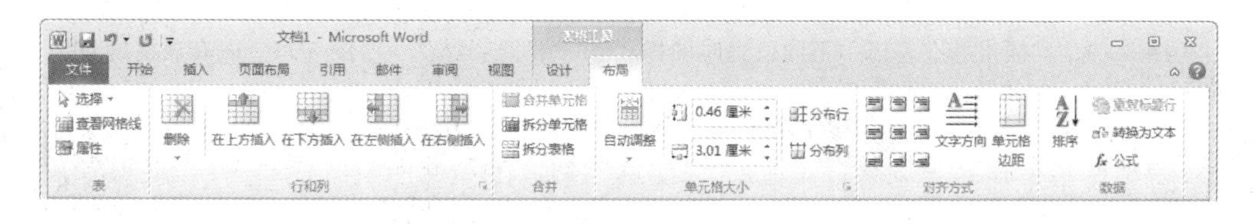

图3-69　“表格工具”的“布局”选项卡

1. 表格的编辑

1）输入表格内容

在表格中输入文本或插入图片的方法与在正文中的操作方式相同，操作前需先将鼠标定位到单元格中。定位单元格的方法有两种：使用鼠标或者使用键盘。

(1) 使用鼠标时，单击表格中的任意一个单元格，即可开始输入内容。

(2) 使用键盘上的“↑”键和“↓”键在上、下单元格中移动，利用“←”键和“→”键在每行的字符前、后移动；按下Tab键可移至后一单元格，当位于一行的最后一个单元格时，则移至下一行的第一个单元格；按下Shift＋Tab键，可移至前一单元格。

2）选定表格对象

选定表格中的单元格、行、列，乃至整个表格，可以通过菜单或使用鼠标操作实现。

(1) 光标定位在表格的单元格中，单击“布局”选项卡下“表”组中的“选择”下拉按钮，选择“选择单元格”、“选择列”、“选择行”、“选择表格”命令，就可以分别选择当前插入点所在的单元格、列、行或表格。

(2) 在单元格中单击并拖动可以选定与其相邻的多个单元格。

(3) 在表格左侧的选定区域单击可以选择一行或拖动选择多行。

(4) 鼠标指针位于表格上方时，鼠标指针变为⬇，单击或拖动可以选择一列或多列。

(5) 鼠标指针位于单元格的左边界时，单击可以选择一个单元格。

(6) 鼠标指针位于表格内时，表格左上角出现一个十字方框的选定标记，单击可选定整个表格。如图3-70所示。

(7) 以上操作中按住Ctrl键，可同时选定多个不相邻(不连续)的单元格、行或列。

3) 插入和删除表格对象(行、列、单元格、表格)

(1) 插入行、列或单元格。将插入点置于需要插入的位置,单击“布局”选项卡“行和列”组中的相应按钮,或者执行快捷菜单中的相应命令完成相应操作。如果选定的是多行或多列,那么增加或删除的也是多行或多列。

(2) 一次插入多行或者多列。先选定与之相等的行、列数,再按上述方法操作。

(3) 末尾插入行。将插入点置于表格右框线后(段落标记前),按下 Enter 键,可以在本行后插入高度相等的一行。

(4) 插入表格。Word 提供了嵌套表格的功能,即允许在表格中插入表格。操作时只需在“插入”子菜单中选择“表格”即可。嵌套表格的效果如图 3-71 所示。

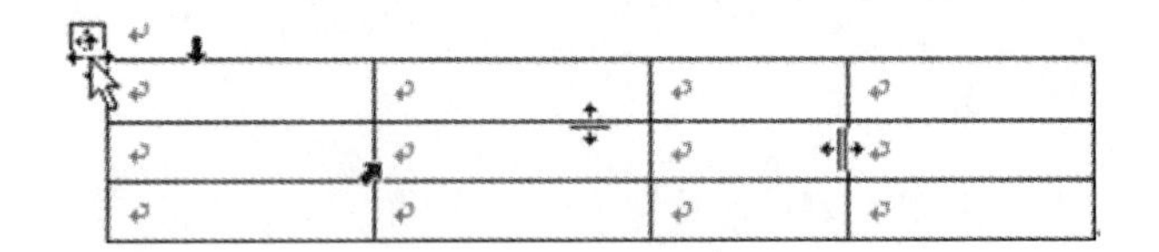

图 3-70　鼠标指针在表格中不同位置时的样式

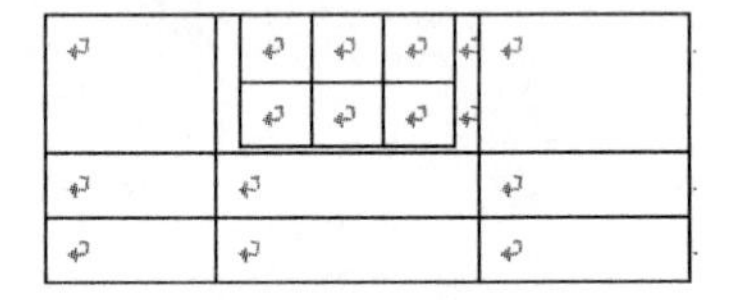

图 3-71　嵌套表格的效果

(5) 删除表格对象。插入点定位到要删除的行或列,然后单击“行和列”组的“删除”按钮,在“删除”子菜单中选择相应的操作即可;或者执行快捷菜单的“删除单元格”命令,即可删除被选择的表格对象;选定整个表格后,执行“剪切”命令,也可以删除整个表格。

2. 拆分与合并单元格、表格

(1) 拆分单元格。选中一个单元格,然后单击“布局”选项卡下“合并”组中的“拆分单元格”按钮,打开“拆分单元格”对话框,在其中指定列数和行数,即可将单元格拆分成指定的行列数。

(2) 合并单元格。选中要合并的多个单元格,然后单击“合并”组中的“合并单元格”按钮即可。

(3) 拆分表格。要将一个表格拆分成两个表格,首先将插入点置于下一个表格的首行,然后单击“合并”组中的“拆分表格”按钮,即可将表格分成上、下两个表格。

(4) 需要在表格前插入文本时,可以单击表格第一行,然后单击“拆分表格”按钮,即可在表格前增加一个空文本行(非表格行)。

(5) 合并表格。将两个表格之间的空行删除即可。

3. 表格的格式设置:调整表格的行高和列宽

表格的格式设置包括表格外观和表格内容两部分的格式化。如表格的边框和底纹、对齐方式、行高、列宽,以及表格中文本的字体、字号、缩进与对齐方式等。

如果没有指定行高,表格中各行的高度将取决于该行中单元格的内容以及段落文本前后的间距。改变行高和列宽有以下几种方法。

(1) 表格中不确定每行、每列的宽度和高度时,最便捷的方法就是使用鼠标拖曳。使用鼠标拖动表格的行边框或垂直标尺上的行标志来改变行高;如果在拖动的同时按住 Alt 键,Word 会在垂直标尺上显示行高的具体数值,供在调整时参考。用类似方法可以改变表格的列宽,如果拖动的是当前被选定单元格的左右框线,则仅调整当前单元格宽度。

(2) 表格的行高和列宽具有固定值时,单击“布局”选项卡“表”组中的“属性”按钮,或者单击“单元格大小”组的组启动器,都可以打开“表格属性”对话框,可以按数值大小精确设置表格的宽度、行高、列宽和单元格的宽度。如图 3-72 所示。

(a) “表格”标签

(b) “行”标签

(c) “单元格”标签

图 3-72 “表格属性”对话框

(3) 单击“单元格大小”组的“分布行”和“分布列”按钮,或选择快捷菜单中的相应命令,可以平均分布表格中选定的行(列)的高(宽)度。

4. 表格的格式设置:设置对齐方式

包括设置表格的对齐方式和单元格内容的对齐方式。

(1) Word 2010 允许表格和文字混排。打开“表格属性”对话框,单击“表格”标签,在其中可以设置表格的对齐方式和文字环绕方式。如图 3-72(a)所示。

(2) 单元格内容的对齐方式:选中单元格,单击“布局”选项卡“对齐方式”组中的相应按钮,或者在快捷菜单中选择“单元格对齐方式”下的相应操作,或者打开“表格属性”对话框,如图 3-72(c)所示,都可以设置单元格内文本的对齐方式。

5. 表格的格式设置:边框和底纹

设置方法如下。

方法一:选定要设置的表格或单元格,在“设计”选项卡“绘图边框”组中,首先在“绘图边框”组中设置边框的线型、粗细和颜色;然后单击“表格样式”组中的“边框”下拉菜单,选择其中的边框进行设置。这种方法操作一次只能设置一种类型的边框。

方法二:选定要设置的表格或单元格,在“表格样式”组中的“边框”下拉菜单中,选择“边框和底纹”命令,打开“边框和底纹”对话框,在其中可以一次设置多种不同风格的表格、单元格边框。如图 3-73 所示。

“边框”选项卡中,可以设置边框线的样式、线型、颜色、宽度;“预览”栏中查看效果,单击、、、按钮,可以分别设置上、下、左、右四个边框线的有无及线型。“应用于”栏中设置该效果应用于文字、段落单元格、表格,如图 3-73 所示。

“底纹”选项卡中,可以填充颜色、填充图案、“应用于”栏中设置所选效果应用于文字、段落、单元格、表格,如图 3-74 所示。

单击“边框和底纹”对话框下方的 横线(H)... 按钮，可以打开“横线”窗口，设置更多的线型。

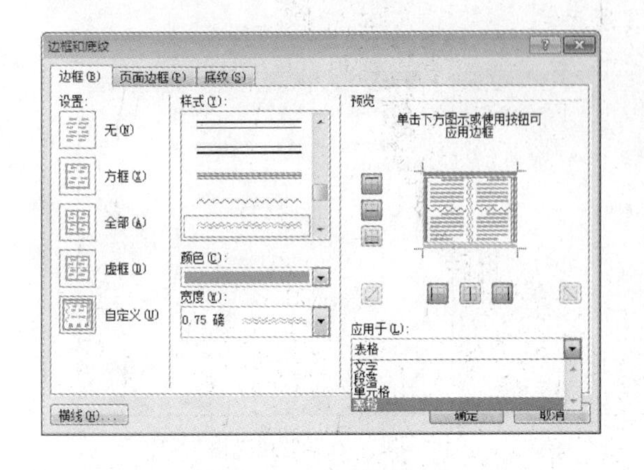

图 3-73 “边框”选项卡

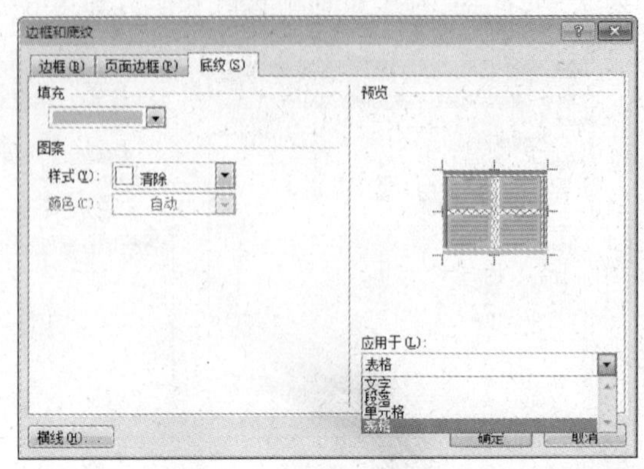

图 3-74 “底纹”选项卡

“页面边框”选项卡中，可以设置页面的边框风格，设置方法同“边框”选项卡。不同之处在于线型还可以设置为“艺术型”边框；“应用于”栏中设置该边框效果应用于整篇文档还是本节；单击该选项卡中的“选项”按钮，可以设置页面边框的边距和度量依据(文字或页面)，并预览设置效果。

小提示

为了强调、突出文档内容，可以为文档中的文字、段落、单元格、表格设置边框和底纹。对于文本段落，可以在“开始”选项卡“段落”组的边框下拉菜单中选择“边框和底纹”命令；对于表格，可以在“表格样式”组中的“边框”下拉菜单中，选择“边框和底纹”命令，打开“边框和底纹”对话框进行设置。

6. 表格的格式设置:表格自动套用格式

Word 在表格的格式设置上提供了一种简便的设定工具——表格自动套用格式。Word 为用户提供了 42 种表格格式，在这些表格中，设置了一套完整的字体、边框、底纹等格式，用户可以选择或修改后应用。

(1) 选择已经建立的表格，在“设计”选项卡“表格样式”组中，选择样式库中的某种表格，如图 3-75 所示。

(2) 若对所选样式中的某一部分感到不满意，可在“表格样式选项”组中选择或取消某一项目。

(3) 选择“修改表格样式”命令，打开“修改样式”对话框，对所选表格样式进行个性化设置，如图 3-76 所示。

(4) 选择“清除”命令，可将样式设置保存为文档中表格的默认风格。

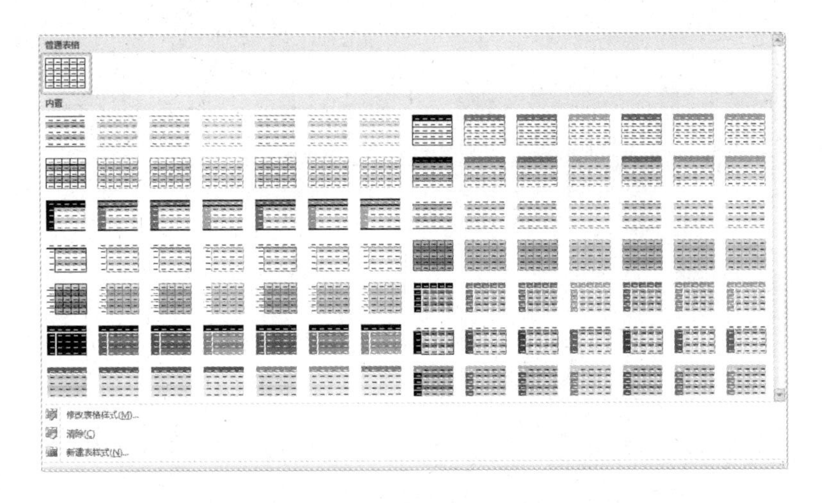

图 3-75　表格样式库

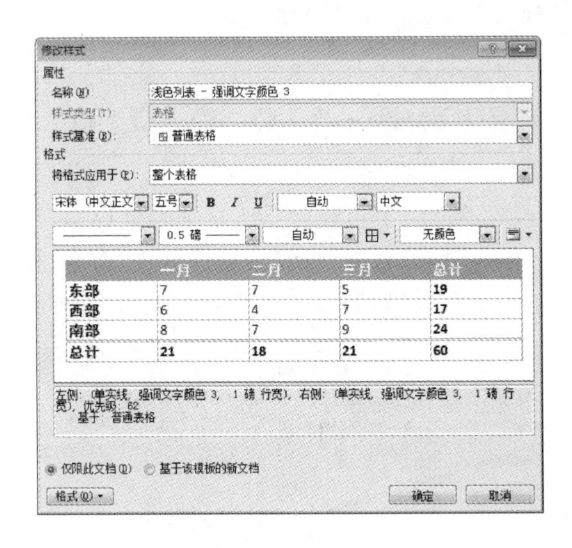

图 3-76　“修改样式”对话框

(5) 选择“新建表样式”命令，打开“根据格式设置创建新样式”对话框，可以创建新的自定义表格样式。

步骤 4　制作个性化图表

本例中在表现“语言能力”和“软件技能”时，使用了图表。制作方法如下。

(1) “语言能力”中添加圆环统计图。

① 插入图表。在“插入”选项卡“插图”组中，单击“图表”按钮，打开“插入图表”对话框，在左侧列表中选择“圆环图”，在右侧窗口中选择“圆环图”，如图 3-77 所示。

② 修改数据。在 Word 文档中插入“圆环图”的同时，在文档中会打开一个 Excel 电子表，其中包含默认数据，如图 3-78(a)所示，对应的默认图表如图 3-78(c)所示；将 Excel 数据修改为图 3-78(b)所示数据，关闭 Excel 窗口，删除修改后的图表中的图例，得到图3-78(d)所示效果。

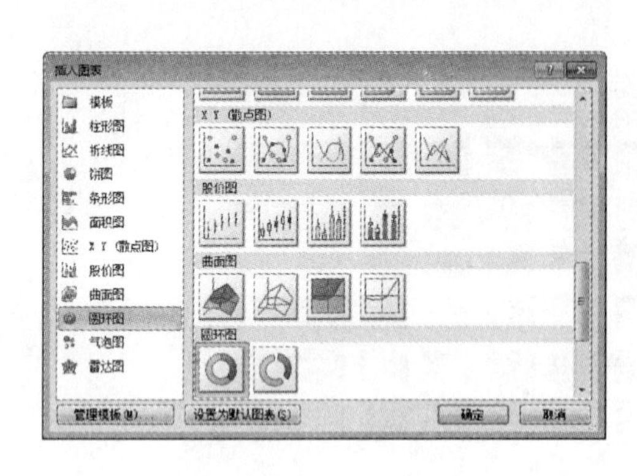

图 3-77 插入圆环图

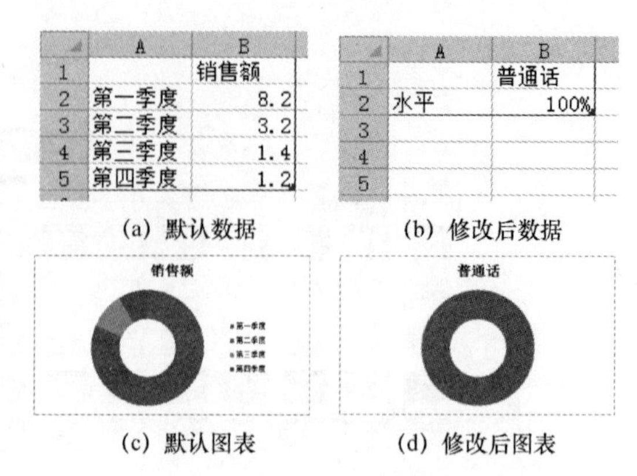

	A	B
1		销售额
2	第一季度	8.2
3	第二季度	3.2
4	第三季度	1.4
5	第四季度	1.2

(a) 默认数据

	A	B
1		普通话
2	水平	100%
3		
4		
5		

(b) 修改后数据

(c) 默认图表　(d) 修改后图表

图 3-78 修改前后的图表和数据

③ 设置图表样式。选中图表,单击“设计”选项卡,在“图表布局”组中设置为“布局 4”,在“图表样式”组中设置为“样式 3”,如图 3-79 所示。

图 3-79 “图表工具”的“设计”选项卡

④ 设置数据点格式。右击圆环,选择“设置数据点格式”命令,打开“设置数据点格式”对话框,设置“圆环圆内径大小”为“75%”,如图 3-80 所示。此时,圆环会变窄。

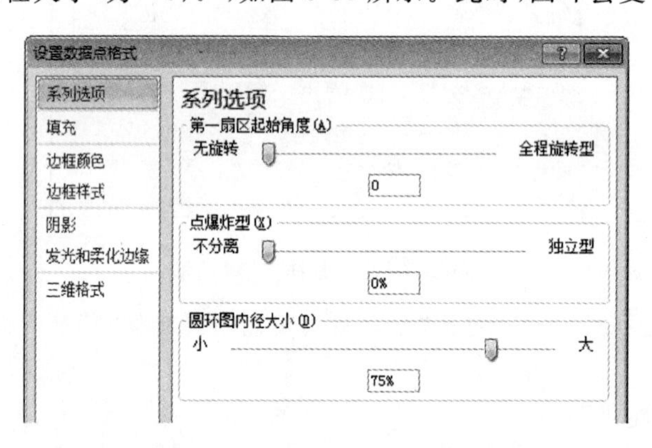

图 3-80 “设置数据点格式”对话框

⑤ 设置数据标签。选中图表,在“布局”选项卡的“标签”组中,如图 3-81 所示,单击“图表标题”下拉按钮,选择“居中覆盖标题”命令;单击“数据标签”下拉按钮,选择“无”命令。选中图表中的标题,在“开始”选项卡“字体”组中设置为“微软雅黑”,利用“增大字体”和“减小字体”按钮,将字号调整为文本处于圆环正中即可。

⑥ 取消图表区域边框。选中图表,拖动右下角的句柄,缩小图表区域,并将其放置到正文的合适位置。单击“图表工具”的“格式”选项卡,在“形状样式”组中设置“形状轮廓”为“无轮廓”。

⑦ 复制图表。选择图表,在其右侧复制 2 份。

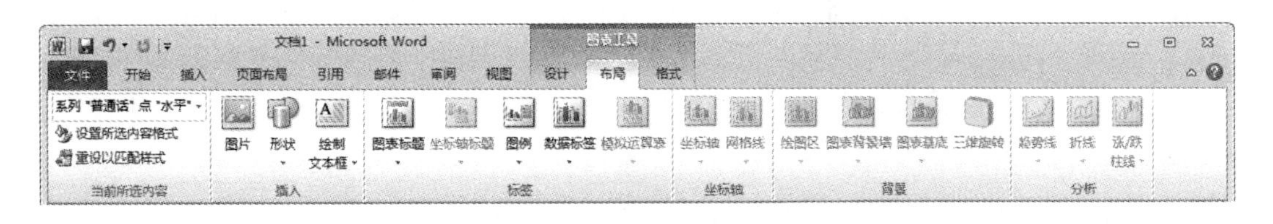

图 3-81　"图表工具"的"布局"选项卡

⑧ 修改图表数据。选择图表 2，在其右键快捷菜单中选择"编辑数据"命令，打开 Excel 表，修改为如图 3-82(a)所示数据，关闭 Excel；打开"设置数据点格式"对话框，设置"第一扇区起始角度"为"165"。用同样的方法修改图表 3，使用数据如图 3-82(b)所示。修改后的图表最终效果如图 3-82(c)所示。

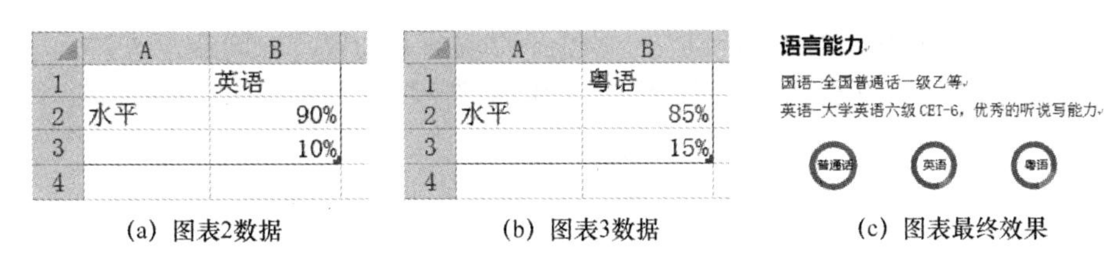

	A	B
1		英语
2	水平	90%
3		10%
4		

(a) 图表2数据

	A	B
1		粤语
2	水平	85%
3		15%
4		

(b) 图表3数据

(c) 图表最终效果

图 3-82　修改图表得到最终效果

(2)"软件技能"中添加条形统计图。

① 插入图表。在"插入"选项卡"插图"组中，单击"图表"按钮，打开"插入图表"对话框，在左侧列表中选择"条形"，在右侧窗口中选择"百分比堆积条形图"。

② 修改数据。在打开的 Excel 电子表格中修改数据，数据如图 3-83 所示。

③ 设置图表样式。选中图表，在"图表工具"的"设计"选项卡"图表样式"组中设置为"样式 3"。

④ 在"布局"选项卡"标签"组中，将"图表标题"、"坐标轴标题"、"图例"和"数据标签"均设置为"无"。也可以在图表区域中单击相应对象，然后删除。

	A	B	C
1		系列 1	系列 2
2	.net	90%	10%
3	Asp/Jsp	85%	15%
4	PS	90%	10%
5	Office	85%	15%
6			

图 3-83　"软件技能"数据

图 3-84　"设置坐标轴格式"对话框

⑤ 设置横坐标轴格式。选中条形图，在"布局"选项卡"坐标轴"组中，单击"坐标轴"按钮，选择"主要横坐标轴"中的"其他主要横坐标轴选项"命令，打开"设置坐标轴格式"对话框，设置"最小值"为"固定，0.0"，如图 3-84 所示。单击"坐标轴"按钮，设置"主要横坐标轴"为"无"。

⑥ 设置垂直坐标轴格式。单击"坐标轴"按钮，设置"主要纵坐标轴"为显示默认坐标轴。单击"其他主要以坐标轴选项"命令，打开"设置坐标轴格式"对话框，选择左侧列表中的"线条颜色"，选择右侧窗格中的"无"，取消垂直坐标轴的显示。

⑦ 取消图表区域边框。选中图表，拖动右下角

的句柄，缩小图表区域，并放置到正文的合适位置。在“格式”选项卡的“形状样式”组中，设置“形状轮廓”为“无轮廓”。

至此，个性化图表制作完毕。

项目实施4　设置文档特殊格式并完善文档效果

步骤1　插入奖章

光标分别定位在“获奖情况”下的三行文本的日期之前，在“插入”选项卡“插图”组中，单击“图片”按钮，将文件“奖章.jpg”插入文档。

步骤2　特殊格式——双行合一

获奖情况无法放置在一行，可以将每一个奖项设置为双行合一。操作步骤如下。

① 选择文本“2014.10 获国家奖学金”，在“开始”选项卡的“段落”组中，选择“中文版式”按钮，在下拉菜单中选择“双行合一”命令，如图3-85(a)所示，打开“双行合一”对话框。

② 在“预览”栏中查看效果，在“文字栏”中可以通过添加、删除空格的方法使文本分成期望的两行，如图3-85(b)所示。调整完毕，单击“确定”按钮即可。

③ 自动生成的双行合一文本较原文档小，选择双行合一文本，通过“增大字体”和“缩小字体”按钮将文字调整到合适大小。设置完的效果如图3-85(c)所示。

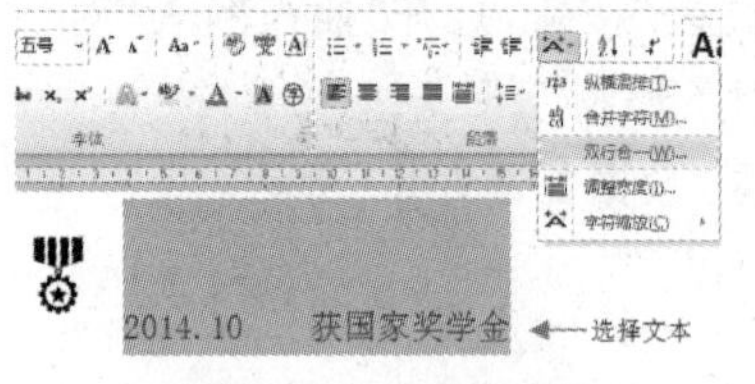

(a) 选择文本和命令

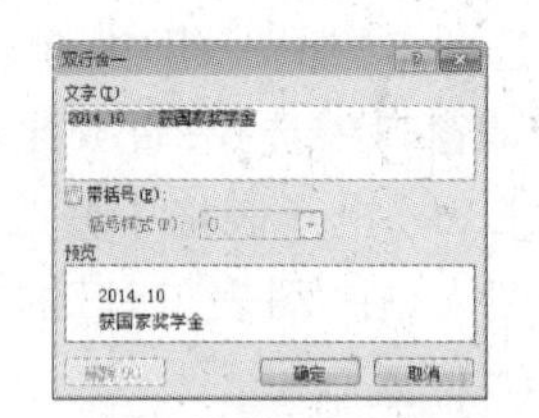

(b) 设置“双行合一”对话框

获奖情况

2014.10
获国家奖学金

(c) 效果

图3-85　“双行合一”设置过程

④ 用同样的方法，将“获奖情况”栏下所有的内容分别设置为双行合一。删除每行后面的段落标记，将“获奖情况”下的内容置于一行，调整相对位置，使之排列整齐。

小提示

在图3-85(a)所示“中文版式”下拉列表中，还可以设置“纵横混排”、“合并字符”、“调整宽度”、“字符缩放”等中文版式。

设置方法：选中文本，单击要设置的中文版式命令，在对话框中进行相应设置即可。

步骤3　绘制文档分割线

① 光标置于第1页，在“插入”选项卡“插图”组中，单击“形状”按钮，在下拉菜单中选择“直线”，在文档中按住Shift键的同时拖动鼠标绘制一条水平直线，将其放置到“求职信”文本的段后。

② 选中直线，在“格式”选项卡“形状样式”组中，单击“形状轮廓”，在下拉菜单中设置“颜色”为“白色，背景 1，深色 25%”；设置“粗细”为“1.5 磅”；“文字环绕”方式设置为“浮于文字上方”。调整直线到合适位置。

③ 将制作好的直线复制 2 份，分别置于第 2 页的“工作经验”的段前和“获奖情况”的段前。效果如图 3-18 所示。

步骤 4　设置文档背景

为了美化文档，可以为文档设置背景。有两种方法。

方法一：设置页面颜色。

在“页面布局”选项卡“页面背景”组中，单击“页面颜色”按钮，在下拉菜单中选择“白色，背景 1，深色 5%”，设置为浅灰色。这种方法在打印预览时，背景颜色无法显示。

方法二：绘制矩形。

① 在“插入”选项卡“插图”组中，选择“形状”按钮，在其下拉菜单中选择矩形。

② 在文档第 1 页中拖动鼠标绘制一个页面大小的矩形。

③ 设置矩形的“形状填充”颜色为“白色，背景 1，深色 5%”。

④ 选中矩形，在“格式”选项卡“排列”组中，单击“下移一层”按钮，在下拉菜单中依次设置“置于底层”和“衬于文字下方”命令，此时矩形置于所有对象的下面，相当于一个浅灰色背景。这种方法设置的背景在打印预览时能够正常显示。

步骤 5　预览和打印

单击“文件”选项卡，选择“打印”命令，在“预览”窗格中可以预览打印的效果，前后翻页，拖动右下角的滑块可以改变预览大小。在“打印”窗格中可以进行打印设置。如图 3-86 所示。

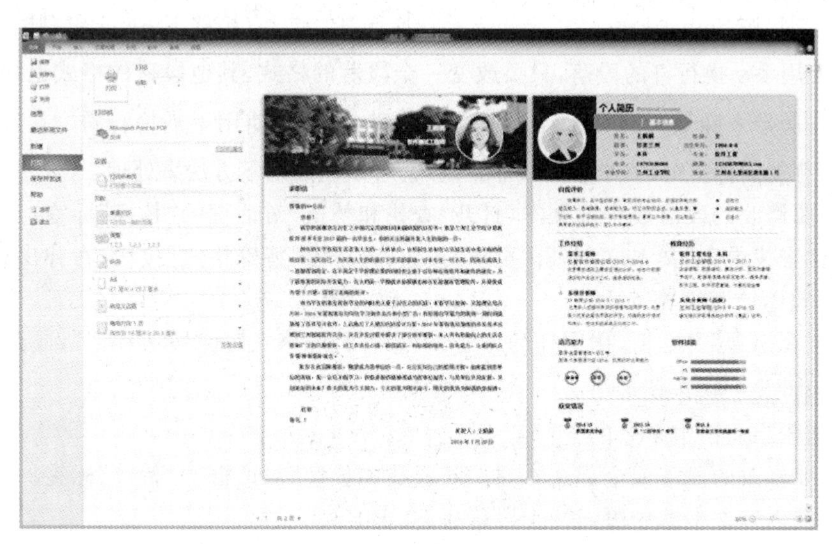

图 3-86　预览和打印

◆ 知识拓展

1. 查找和替换

在文档编辑过程中，如果想要查找某一个关键字，或者想把某些词汇转换成另外的内容时,使用 Word 内置的查找和替换功能,能够很方便地实现查找和置换功能。在“开始”选项卡“编辑”组,单击“替换”按钮,可以打开“查找与替换”对话框,如图 3-87 所示。下面是查找和替换的两个使用技巧。

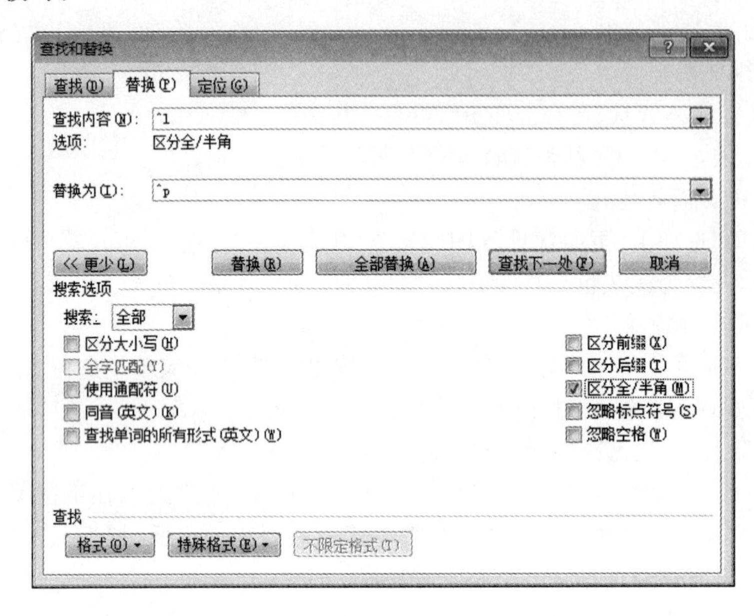

图 3-87 “查找和替换”对话框

(1) 将手动回车符“↓”替换为段落标记“↵”。

录入文本时,按 Shift+Enter 键,会输入手动换行符“↓”,直接按下 Enter 键则输入段落标记“↵”。对于使用手动换行符的段落,只要改变一个段落的格式,其他段落的格式也随之改变,这有时候会给排版带来麻烦。网页上复制的文本内容,经常是使用手动换行符“↓”作为段落结束,有时候还有很多行空行,一个个修改非常麻烦,可以使用以下方法来处理。

① 选中要修改的段落或全部文本,打开“查找和替换”对话框的“替换”标签。

② 单击“查找内容”文本框,单击“更多”按钮,再单击“特殊格式”按钮,在弹出的列表中选择“手动换行符”,或直接输入^L。

③ 单击“替换为”文本框,用同样的方法设置其“特殊格式”为“段落标记”,或直接输入^P。

④ 单击全部替换(A)按钮即可。

(2) 快速删除文档中多余的空行。

① 选中要修改的段落或全部文本,打开“查找和替换”对话框的“替换”标签。

② 在查找内容文本框中输入两个段落标记:^P^P。

③ 在“替换为”文本框中输入一个段落标记:^P。

④ 单击全部替换(A)按钮,若还有多余的空行,重复以上步骤即可。

2. 艺术字

艺术字以普通文字为基础,通过添加阴影、改变文字的大小和颜色、把文字变成多种预定义的形状来突出和美化文字。艺术字的使用会使文档产生艺术美的效果,常用来创建旗帜鲜明的标志或标题。

在文档中插入艺术字，可以通过“插入”选项卡“文本”组中的“艺术字”下拉按钮来实现。任选一种艺术字样式后，会出现“绘图工具”的“格式”选项卡，在“艺术字样式”组中可以对艺术字进行编辑操作，如图 3-88 所示。单击“文本效果”命令，可以设置艺术字的“阴影”、“映像”、“发光”、“棱台”、“三维旋转”等效果，使用“转换”列表还可以对艺术字进行变形，如图 3-88(c)所示。

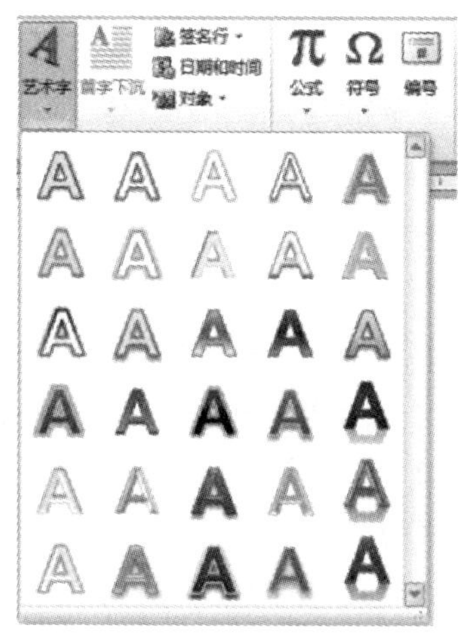

(a) 艺术字库

(b) 艺术字样式工具栏

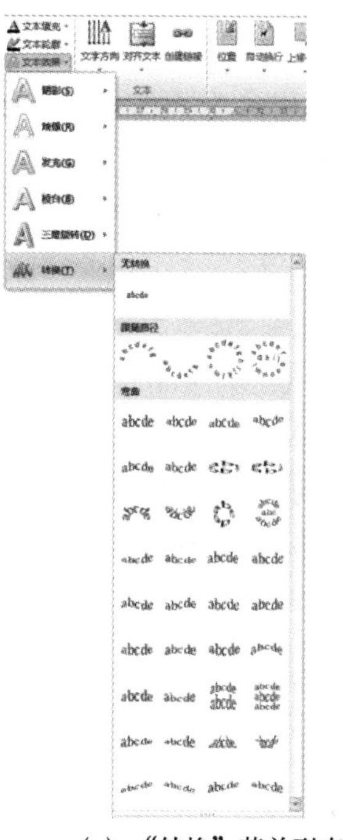

(c) “转换”菜单列表

图 3-88　设置艺术字

3. 表格内数据的计算和排序

1) 表格内数据的计算

在 Word 的表格中可以完成一些简单的计算，如求和、求平均值、统计等。这些操作可以通过 Word 提供的函数快速实现。Word 表格计算的自动化能力差，当不同单元格进行同种功能的统计时，必须重复编辑公式或调用函数，效率低；此外，当单元格数据改变时，计算结果不能自动更新，必须选定结果使用“更新域”命令，或者按下 F9 功能键，方可更新。

在 Word 2010 中，通过“表格工具”的“布局”选项卡下“数据”组中的“公式”按钮来使用函数或直接输入计算公式。

在计算过程中，经常要用到单元格的地址，它用字母后跟数字的方式来表示，如 B3、C4 等。其中，字母表示单元格所在的行号，依次用 A、B、C、…来表示；数字表示单元格所在的列号，依次用 1、2、3、…来表示。如下表中“王平的高数成绩”所在的单元格地址是 D3。

函数中还常出现 LEFT(左边所有单元格)、ABOVE(上边所有单元格)等参数。

单元格地址间用冒号“:”连接，表示矩形区域内的单元格，如“A1:B2”表示 A1、A2、B1、B2

共 4 个单元格的数据参与运算。

单元格地址间用逗号","连接，表示列出的这些单元格的数据参与运算，比如"A1,B2,D4"表示 A1、B2 和 D4 这三个单元格的数据参与运算。

注意：公式中的符号必须用英文标点符号。

例：计算图 3-89 所示成绩表的每个人的总分和每门课程的平均分。

操作步骤如下。

① 光标定位在 B5 单元格，单击"数据"组中的"公式"按钮，打开"公式"对话框，如图 3-90 所示。"公式"栏中自动填充了公式"=SUM(LEFT)"，单击"确定"按钮，B5 单元格即填充了计算结果 260。

② 用同样的方法给 C5 和 D5 单元格填充求和的计算结果，注意修改公式的求和参数为"LEFT"。

③ 光标定位在 E2 单元格，单击"公式"按钮 *fx*，打开"公式"对话框。清除"公式"栏中的公式，在"粘贴函数"列表中选择"AVERAGE"(求平均值函数)，在公式栏中修改公式为"=AVERGE(ABOVE)"，单击"确定"按钮，E2 单元格即填充了计算结果 84.67。

④ 用同样的方法给 E3 和 E4 单元格填充求平均值的计算结果。

⑤ 当单元格内原始数据发生改变时，选中表格，按下 F9 功能键，或者在结果单元格的右键菜单中选择"更新域"命令，即可更新计算结果。

姓名	英语	高数	计算机基础	总分
张强	87	88	85	260
李丽	91	87	90	268
王平	76	75	80	231
平均分	84.67	83.33	85	

图 3-89　学生成绩表

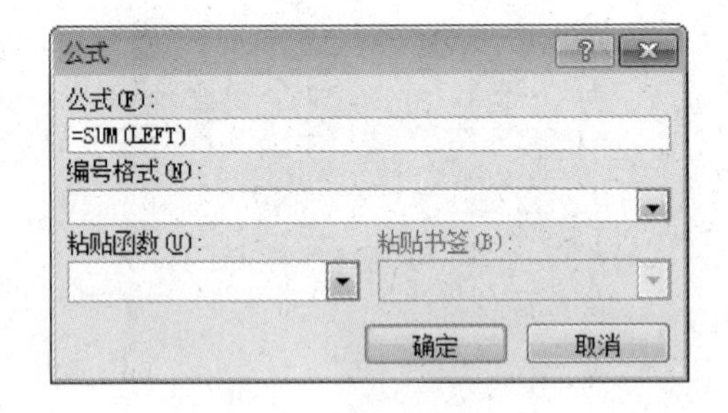

图 3-90　"公式"对话框

2) 表格内数据的排序

Word 可以对表格中的数据进行排序，以图 3-89 所示学生成绩表为例，将成绩按总分从高到低排序，当成绩相同时，以高数成绩降序排序，操作步骤如下。

① 将光标置于要排序的表格当中。

② 单击"数据"组中的"排序"按钮，打开"排序"对话框，如图 3-91 所示。

③ 根据需要选择关键字、排序类型和排序方式。本例中"主要关键字"列表框中选择"总分"，"类型"列表框中选择"数字"，再单击"降序"单选框。

④ 在"次要关键字"列表框中选择"高数"选项，在其右侧的"类型"列表框中选择"数字"，再单击"降序"单选框。

⑤ 单击确定按钮即可，完成排序的表格如图 3-92 所示。

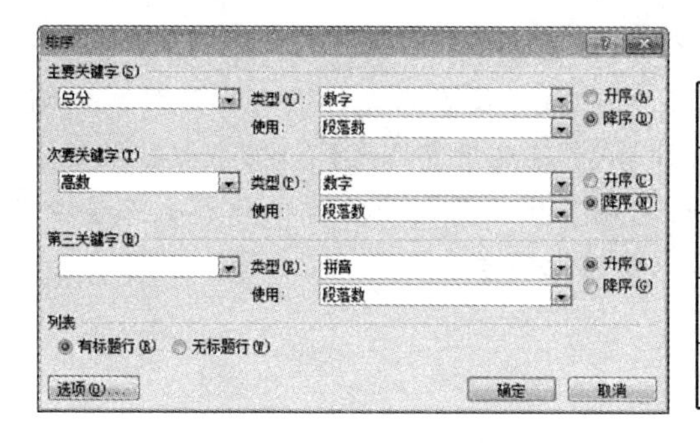

图 3-91 “排序”对话框

姓名	英语	高数	计算机基础	总分
李丽	91	87	90	268
张强	87	88	85	260
王平	76	75	80	231
平均分	84.67	83.33	85	

图 3-92 排序结果

小提示

“列表”栏中，选择“有标题行”时，关键字由系统从表格的第一行中自动提取；“无标题行”时，则以“列 1”、“列 2”等表示。

排序类型可根据关键字的类型或排列要求，选择笔画、数字、日期或拼音。

◆ 归纳总结

本项目通过制作求职信和个人简历，介绍了以下操作内容。

（1）Word 文档的基本操作，包括文档的建立、页面设置、输入文字、拼写检查、设置字符格式、设置段落格式、双行合一等中文版式的设置、视图模式、预览和打印等。

（2）Word 文档的图文操作，包括绘制自选图形，插入图片、文本框、艺术字、剪贴画等对象，学会了如何编辑对象、设置对象样式，设置环绕方式等。

（3）Word 文档中的表格操作，包括创建表格、编辑和调整表格（插入和删除表格对象、拆分和合并单元格、调整表格的行高和列宽等）、修饰表格（设置表格边框线、设置表格底纹、绘制斜线表头等）、表格的数据处理（排序、计算、生成图表等）。

通过本项目的制作，举一反三，可以制作日常学习及工作中的基本文档，如通知、公告、合同、说明书、报告、会议记录等以文本为主的文档；还可以制作日常学习及工作中的图文混排文档，如简单说明书、文摘报、简报、宣传报、海报等以图文混排为主的文档；可以制作日常学习及工作中的各类表格，如产品销售表、客户登记表、会议日程表、个人简历等。使用 Word 可以进行简单的数据处理，需要进行复杂的数据处理时，优先使用 Excel。

在 Word 中实现同样的效果有很多操作方法，熟练掌握这些方法可以提高文档处理效率。

3.3　项目 3——毕业论文排版

◆ 项目导入

小王马上就要毕业了，学校要求最后一学期要进行毕业设计和毕业论文撰写。毕业答辩就要临近,可是她看着学校关于毕业论文的要求,不禁着急起来。毕业论文文档长,样式多、格式复杂,处理起来比普通文档要复杂得多,如在论文中怎样设置正文样式和标题样式,如何设置不同章节的页眉、页脚和页码、如何自动生成目录等,这些情况都是她以前未曾接触过的,不得已只好去请教老师。经过老师的指点,她顺利完成了毕业论文的编排工作。小王整理了长文档编排的一些要点,并将整个工作记录下来,以供其他同学参考。

◆ 项目分析

毕业论文的相关要求如下。

1) 装订要求

论文一律用A4(210 mm×279 mm)标准大小的白纸打印并装订(左侧装订)成册。论文每页的页边距为:上"3.5 cm",下"2.5 cm",左"2.5 cm",右"2.5 cm"。

2) 毕业论文的结构及装订顺序

毕业论文由以下部分组成:封面、中文摘要、英文摘要、目录、引言、正文、结论、致谢、参考文献、附录。

3) 毕业论文的排版格式要求

(1) 封面。

封面格式由模板提供,格式要求见表3.2。

表3.2 毕业论文封面格式

设置对象	格式	
学校名称	插入图片,居中	
本科毕业论文	黑体,加粗,小初,多倍行距1.25,段前段后均为0,取消网格对齐选项	
题目、签名文字	宋体,四号,多倍行距1.25,下划线,段前段后均为0,取消网格对齐选项	

(2) 论文格式。

按照装订顺序的论文各部分格式要求见表3.3所示。

表3.3 各级标题与正文格式

设置对象	格式	使用的自定义样式名
摘要	标题:小三号,黑体,居中,1.5倍行距,段后11磅,段前为0	论文_居中标题
	摘要正文:与论文正文格式相同	论文_正文
	关键词:与摘要正文间空一行,小四号,黑体,加粗	论文_关键词
Abstract	标题:与摘要标题相同	论文_居中标题
	Abstract正文:小四号,Times New Roman,首行缩进2字符,多倍行距1.25行。间距:段前、段后均为0,取消网格对齐选项	论文_Abstract
	Key words:与Abstract之间空一行,小四号,Times New Roman,加粗	论文_keywords

续表

设置对象	格式	使用的自定义样式名
目录	标题：小三号，黑体，居中	论文_居中标题
	目录正文：小四号，宋体，多倍行距1.25行，自动生成三级目录。间距：段前、段后均为0，取消网格对齐选项	
引言	标题：与摘要标题相同	论文_居中标题
	引言正文：与论文正文相同	论文_正文
1（章名）	小三号，黑体，居左，1.5倍行距，段后11磅，段前为0，每章另起一页	论文_标题1
1.1（节名）	四号，黑体，居左，1.5倍行距，段后为0，段前0.5行	论文_标题2
1.1.1（条名）	小四号，黑体，居左，1.5倍行距，段后为0，段前0.5行	论文_标题3
论文正文	小四号，中文字体为宋体，英文字体为Times New Roman，首行缩进2字符，多倍行距1.25行。间距：段前、段后均为0，取消网格对齐选项	论文_正文
论文正文中的图、表	图名：五号，宋体，居中，与下文留一空行	论文_图表标题
	表名：五号、宋体、居中，与下文留一空行	论文_图表标题
	表内文字：五号，宋体	论文_表内文字
结论和致谢	标题：与摘要标题相同	论文_居中标题
	结论正文：与论文正文相同	论文_正文
	致谢正文：多倍行距1.3，其余与论文正文相同	论文_1.3倍行距正文
参考文献	标题：与摘要标题相同	论文_居中标题
	参考文献正文：五号，中文为宋体，英文为Times New Roman，居左，多倍行距1.25行。间距：段前段后均为0，悬挂缩进2字符	参考文献正文
附录	附录标题：与摘要标题相同	论文_居中标题
	附录正文：多倍行距1.3，其余与论文正文相同	论文_1.3倍行距正文

（3）页眉页脚。

毕业论文从摘要开始每页有页眉、页脚，奇数页页眉为“兰州工业学院本科毕业论文”字样，偶数页页眉为论文中文题目，格式为宋体，五号，居中。页脚为页码，从中文摘要开始，摘要、Abstract、目录用罗马数字“Ⅰ、Ⅱ、Ⅲ、…”，从引言开始用阿拉伯数字“-1-、-2-、-3-、…”，格式为宋体、小五号、居中。

◆ 项目展示

本项目效果如图3-93所示。

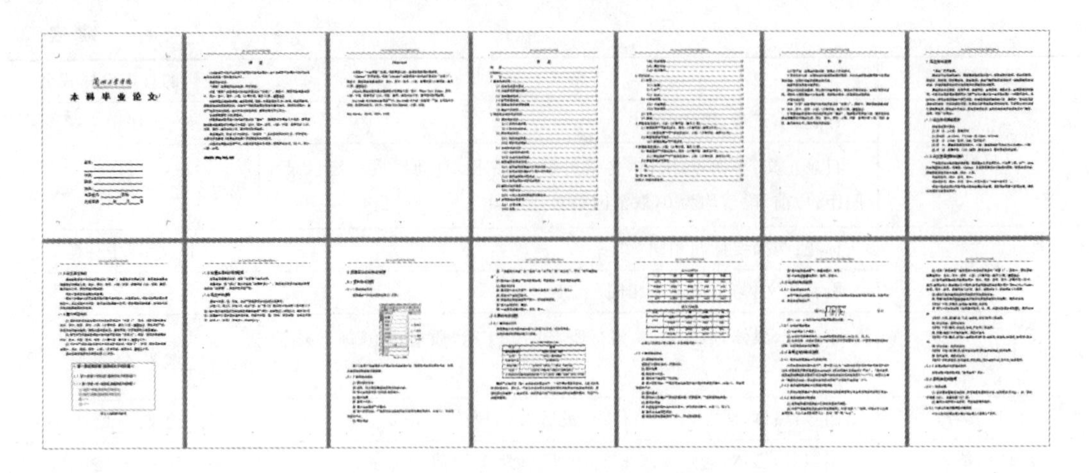

图 3-93　毕业论文部分页面效果图

◆ 能力要求

🕮 长文档的特点以及如何编排长文档

🕮 如何设置样式以提高编排效率

🕮 如何设置分节、分页，分别设置不同章节的页码、页眉和页脚

🕮 如何创建并更新目录

项目实施 1　页面设置、设置分节和分页

本项目所用素材：素材\Word 素材\毕业论文\

步骤 1　页面设置

单击“页面布局”选项卡，在“页面设置”组中进行如下设置：设置“纸张大小”为“A4”；设置“文字方向”为“纵向”；单击“页边距”中的“自定义页边距”，设置“上”为“3.5 cm”，“下”、“左”和“右”为“2.5 cm”，“装订线”为“左”。

步骤 2　制作封面

① 输入封面文字。根据表 3.2 设置封面文字的格式，并调整文本的位置。

② 在横线上输入自己的内容，并删除多余的下划线。如果下划线的粗细发生了变化，可以单击“格式”工具栏上的“下划线”按钮，选择合适的下划线进行设置。

步骤 3　设置分节、分页

(1) 插入分节符。

根据论文结构和装订顺序的要求，论文的封面为一节，该节不需要页眉、页脚；摘要和目录为一节，该节需要页眉且奇偶数页眉不同，页脚的页码格式为罗马数字；正文、结论、致谢、参考文献和附录为一节，该节需要页眉且奇偶数页眉不同，页脚的页码格式为阿拉伯数字。全文共需分为 3 节。插入分节符的步骤如下。

① 将插入点移到需要分节的位置，如将鼠标置于封面页的最后的空行处。

② 单击“页面布局”选项卡下“页面设置”组中的“分隔符”按钮，在下拉菜单中选择“分节

符”类别中的“下一页”命令，如图 3-94 所示。此时，Word 会自动插入一个具有分节符的新页面。

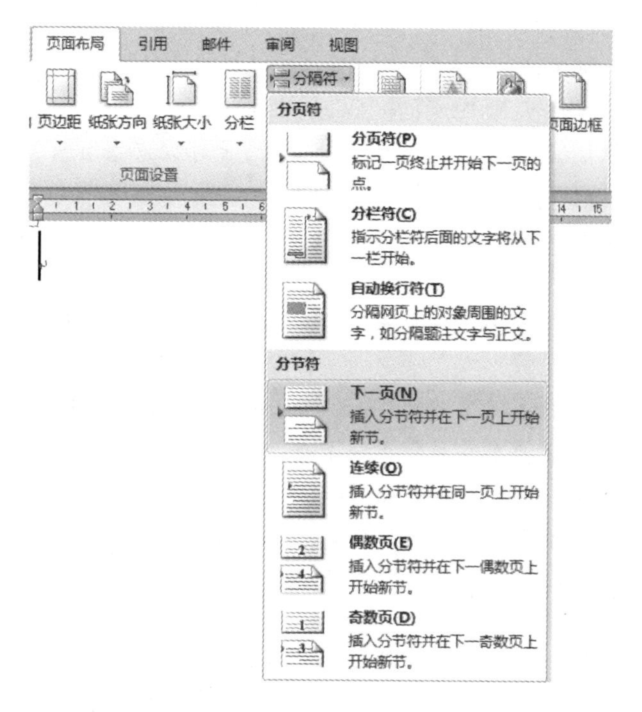

图 3-94　插入“分节符”

③ 用同样的方法，在目录页的最后的空行处插入一个分节符。此时，整篇论文已经被分为 3 节。

(2) 插入分页符。

论文每一节当中的项目及每一章均需另起一页，需要插入分页符。操作步骤如下。

① 将插入点移到需要分页的位置，如将鼠标置于摘要页面的最后的空行处。

② 插入分页符的方法有两种。

方法一：单击“页面布局”选项卡下“页面设置”组中的“分隔符”按钮，在下拉菜单中选择“分页符”类别中的“分页符”命令。

方法二：单击“插入”选项卡下“页”组中的“分页”按钮。

此时，Word 会自动插入一个具有分页符的新页面。

③ 用同样的方法，在 Abstract、引言、第一章、第二章、…、结论、致谢、参考文献页面的最后的空行处插入一个分页符。

分节符和分页符

Word 具有自动分页功能，当输入的文本或插入的图形满一页时，Word 会自动分页。但有时为了将文档的某一部分内容单独形成一页，可以插入分页符进行人工分页。如步骤 3 中的论文正文每一章之前插入了一个分页符，使该部分内容另起一页。论文要求每个项目及各章均要另起一页编排。

Word 将当前的格式化信息存储于分节符中，这些信息包括页面方向、页边距、分栏状态、纵向对齐方式、页面和页脚样式、页码、纸型大小及纸张来源等。因此，在同一文档中，若要将以上项目设置为不同风格时，插入一个分节符，然后进行相应设置即可。

在“页面视图”的默认情况下，“分页符”和“分节符”是看不到的，可以单击“开始”选项卡的“段落”组中的“显示/隐藏编辑标记”按钮 ¶ 进行查看；也可以双击页眉、页脚区域，进入页眉、页脚编辑状态来查看当前页面是第几节。

分页符和分节符在外观上是有区别的，分页符为单虚线 ....分页符.............. ，分节符为双虚线 ::::::::分节符(下一页):::::::: 。

要删除分页符或分节符，将插入点移到该符号的水平虚线处，按 Delete 键即可。

分节符类型如下。

(1)“下一页”：表示在插入分节符处进行分页，下一节从下一页开始。

(2)“连续”：表示在插入点的位置插入分节符。

(3)“偶数页”：表示从偶数页开始建新节。

(4)“奇数页”：表示从奇数页开始建新节。

在插入“分节符”时，如果此位置已经存在“分节符”或“分页符”，将会出现一张空白页，这时要及时删除空白页。

步骤 4 断开“节”的连接、设置不同的页眉及页脚

毕业论文的页眉页脚要求进行不同设置时，如摘要等页面是罗马数字页码，引言开始的页面是阿拉伯数字页码，则需要断开相应“节”的链接，分别进行设置。

(1) 断开每节的链接，为分别设置各节的页眉和页脚做准备。

① 双击页眉或页脚的空白处，进入页眉页脚编辑状态，打开“页眉和页脚工具”的“设计”选项卡，如图 3-95 所示。

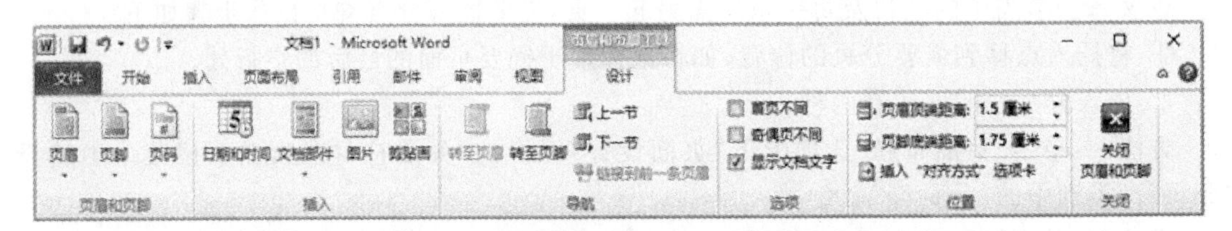

图 3-95 “页眉和页脚工具”的“设计”选项卡

② 首页不要页眉，所以去掉第 2 节和第 1 节的连接。方法：光标置于第 2 节的页眉，单击图 3-95 所示选项卡中“导航”组的“链接到前一条页眉”按钮，取消其选中状态，去除图 3-96 中的“与上一节相同”标记文字。

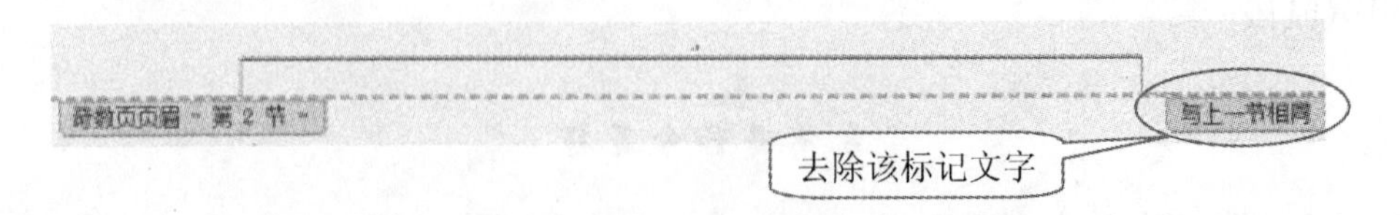

图 3-96 断开与上一节的链接

③ 首页不要页码，第 1 节使用罗马数字页码，第 2 节使用阿拉伯数字页码，所以，使用同样的方法，去掉第 2 节和第 3 节的页脚上的“与上一节相同”标记文字。

(2) 设置不同的页码。

① 进入页眉、页脚编辑状态，第 1 节不需要页脚，不进行设置。

② 光标插入第 2 节的页脚处，单击“设计”选项卡下“页眉和页脚”组中的“页码”按钮，选择“页面底端”列表中的“普通数字 2”，插入页码域。

③ 选中页码域，单击选项卡中的“页码”按钮，选择“设置页码格式”命令，打开“页码格式”对话框。在“编号格式”下拉列表框中选择罗马数字样式，在“页码编号”栏中选中“起始页码”并设置为“Ⅰ”，如图 3-97 所示。

④ 光标插入第 3 节的页脚处，用同样的方法设置第三节的页码格式为阿拉伯数字，使起始页码为 1。

⑤ 设置页码为“宋体、小五号、居中”。

⑥ 单击“设计”选项卡中的“关闭页眉和页脚”按钮，返回正文编辑状态。

(3) 设置不同的页眉。

① 在页眉页脚编辑状态，第 1 节不需要页眉，不进行设置。

② 在“设计”选项卡的“选项”组中，勾选“奇偶页不同”。

③ 光标插入第 2 节的“奇数页页眉”的页眉处，输入“兰州工业学院本科毕业论文”，设置为“宋体、五号，居中”。

④ 光标插入第 2 节的“偶数页页眉”的页眉处，输入“论文题目”，设置为“宋体、五号，居中”。

小提示

如何在文档的首页或奇、偶页显示不同的页眉或页脚？

(1) 对于一篇不分节的文档，封面不需页码时，可以进行以下设置。

① 在图 3-98 所示“页面设置”对话框中，勾选“首页不同”选项。

② 在文档的第 2 页插入页码，在“页码格式”对话框中将“起始页码”设置为 0。

(2) 对于分节的文档，页眉不同，页码按顺序编排时，可以进行以下设置。

在“页面格式”对话框中将“页码编排”选项设置为“续前节”。

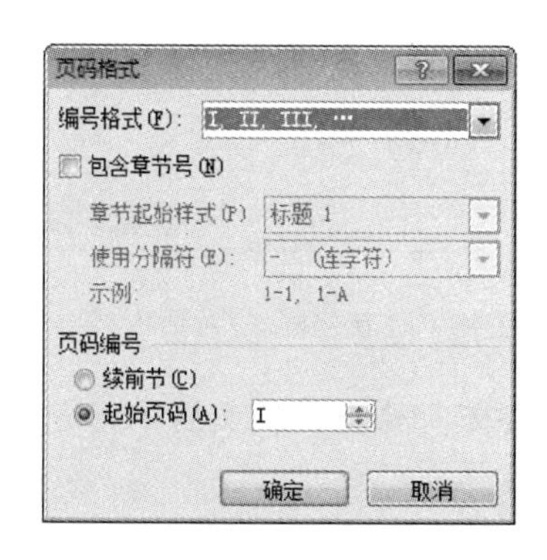

图 3-97　“页码格式”对话框

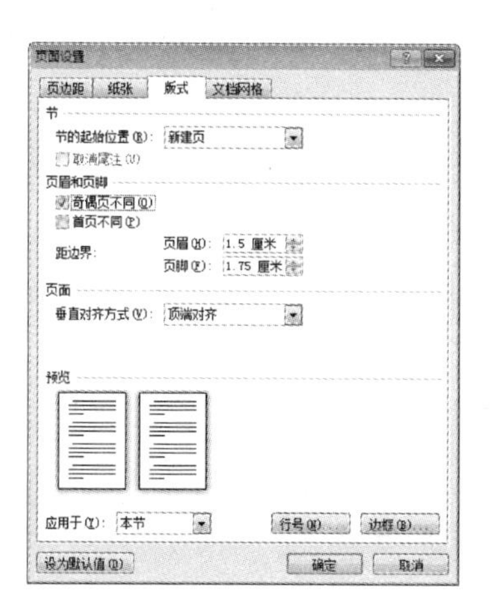

图 3-98　“页面设置”对话框

项目实施 2　样式的创建及使用

步骤 1　文档编辑

① 单击“开始”选项卡“编辑”组中的“编辑”按钮，在下拉列表中选择“全选”命令（或按 Ctrl＋A 键），选择全文。

② 单击“字体”选项卡“字体”组的组对话框启动器，打开“字体”对话框，设置“中文字体”为“宋体”，“英文字体”为“Times New Roman”，“字号”为“小四”。

③ 单击“段落”选项卡“段落”组，设置“左右缩进”为“0”，设置“特殊格式”为“首行缩进 2 字符”，设置段前段后间距为“0”，设置“行距”为“1.25 倍”行距。

④ 单击“审阅”选项卡的“校对”组中的“拼写与语法”按钮，对全文进行拼写与语法检查，对文档中的典型拼写与语法错误进行修改。

步骤 2　预设各类文字样式

① 单击“开始”选项卡“样式”组中的按钮（或按 Alt＋Ctrl＋Shift＋S 键），打开“样式”窗格。如图 3-99 所示。

② 单击新建样式按钮，打开“新建样式”对话框，如图 3-100 所示。

③ 在“属性”栏中的“名称”项中输入“论文_居中标题”、“样式类型”为“段落”、“样式基准”为“标题 1”；“格式”栏中设置为“黑体、小三”，单击“居中”按钮，单击“1.5 倍行距按钮”，如图 3-100所示，在预览区可以看到设置效果，预览区的下方会显示设置的格式清单。

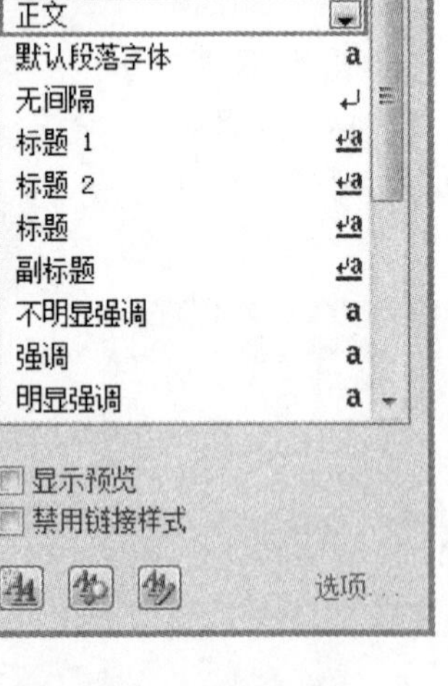

图 3-99　“样式”窗格

图 3-100　“新建样式”对话框

④ 按照同样的方法，参照表 3.3，分别新建样式“论文_正文”、“英文居中标题”、“英文摘要”、“参考文献”等样式。

小提示

样式是对文档中字符、段落等排版格式的组合应用。通过使用样式，可以一次完成一组格式的设置。修改文档格式时，仅需修改其样式，就可一次修改文档中具有同样样式的所有文本。使用样式进行格式设置，可以保证格式同样，并提高工作效率。

设置样式时，可以单击“新建样式”和“修改样式”对话框中的 格式(O)▾ 按钮，进行详细的字体、段落、制表位、边框等属性的设置。

小提示

去掉页眉线的方法。

① 打开“样式”任务窗格，单击样式“页眉”的下拉按钮，单击“修改”命令，打开“修改样式”对话框。

② 单击 格式(O)▾ 按钮，选择“边框”命令，设置段落边框为“无”。

步骤3 应用样式，保存模板文件

① 在每页的首行输入相应的标题文字和正文文字。

② 选定需要应用样式的文本，或者将插入点置于需要应用样式的段落中。

③ 通过“样式”任务窗格，或者使用“开始”选项卡“样式”组，在其中单击要应用的样式的名称即可。使用“开始”选项卡“剪贴板”组中的“格式刷”按钮，其实就是对选定样式的快速复制。

④ 按照表3.3设置所有文本的样式，单击“文件”选项卡的“另存为”命令，在“文件名”栏中输入“毕业论文”，在“文件类型”栏中选择“文档模板”，将文件存储为模板文件，以便供以后使用。

项目实施3 自动生成目录

步骤1 插入目录

① 单击要插入目录的位置，本案例为第2节的目录页面。

② 单击“引用”选项卡下“目录”组中的“插入目录”命令，打开“目录”对话框，选择“目录”标签，如图3-101所示。

③ 选择“显示页码”、“页码右对齐”、“制表符前导符”等项设置。

④ 单击“选项”按钮，可设置每种标题样式所代表的级别。单击“修改”按钮，可以设置插入到文档中的各级目录的文本和段落格式。完成后单击“确定”按钮。

步骤2 设置目录格式

全选已生成的目录文本，设置为“宋体、小四号、1.25倍行距”。

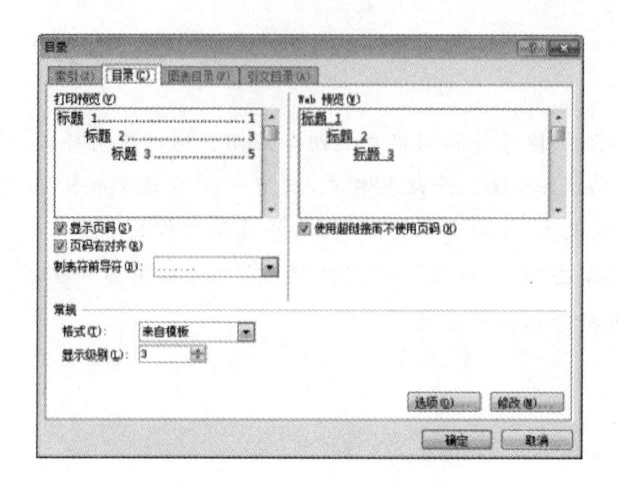

图 3-101 “索引和目录”对话框

小提示

(1) 只有在文中设置了标题后，才能够生成自动目录。

(2) 更新目录的方法：选中目录，选择“更新目录”按钮 ，或者在目录中单击鼠标右键，选择“更新域”命令，打开“更新目录”对话框，如图 3-102 所示。

① 若目录标题改变了，则选择“更新整个目录”。

② 若目录标题未变，仅页码改变，可以选择“只更新页码”选项。

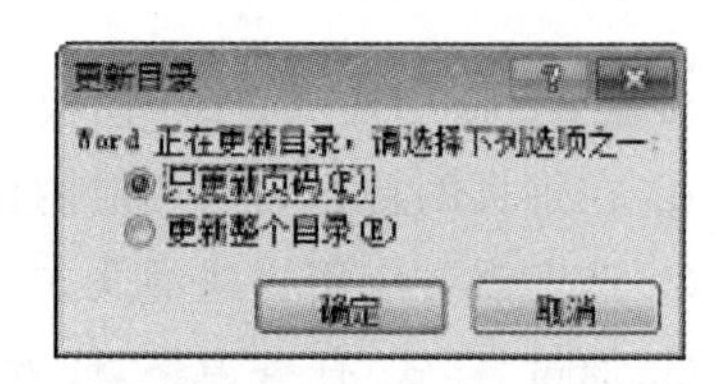

图 3-102 “更新目录”对话框

步骤 3 字数统计

单击“审阅”选项卡“校对”组的“字数统计”命令，弹出的“字数统计”对话框中会列出统计信息。

步骤 4 保存、打印预览和打印文档

检查文档无误后进行打印预览。

◆ 知识拓展

1. 绘制流程图

在 Word 2010 文档中，利用自选图形库提供的丰富的流程图形状和连接符可以制作各种用途的流程图。流程图能够直观地描述一个过程的具体步骤。流程图用图框、文字和符号表示操作内容，用箭头流程线表示操作的先后顺序。流程图可以用于企业，以便直观地跟踪和图解企业的运作方式。也可以用于表示程序设计中的算法。

流程图的结构有三种：顺序结构、选择结构和循环结构。为便于识别，绘制流程图的习惯表示方法是：圆角矩形表示“开始”与“结束”，矩形表示处理（如行动方案、普通工作环节），菱形表示判断，平行四边形表示输入输出，箭头线代表工作流方向。

下面绘制一个 C 程序上机步骤的流程图。效果如图 3-103 所示。

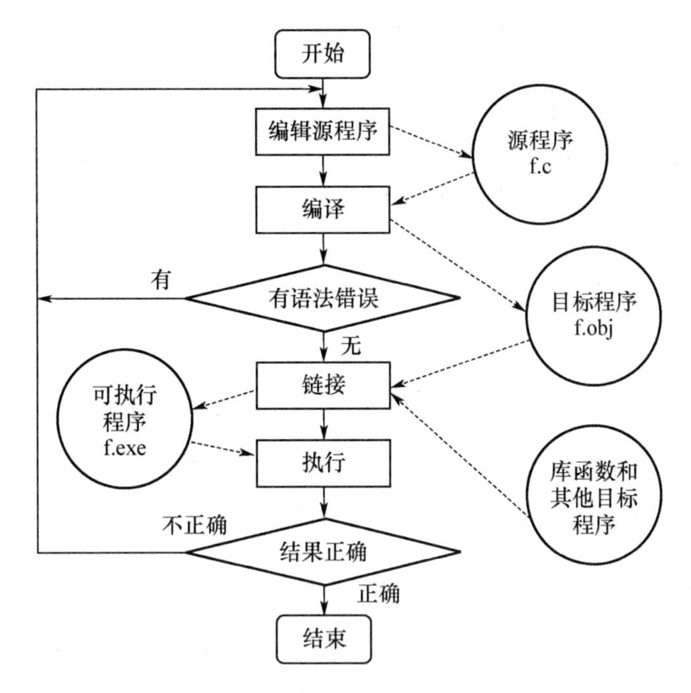

图 3-103　C 程序上机步骤流程图

操作步骤如下。

① 启动 Word 2010,新建文档。

② 单击“插入”选项卡“插图”组中的“形状”按钮,在下拉列表中选择“新建绘图画布”命令,在文档中插入画布。

③ 选中绘图画布,在“插入”选项卡的“插图”组中单击“形状”按钮,在“流程图”类型中选择插入合适的流程图形,此处选择“可选过程”。

④ 在形状上右击,在弹出的快捷菜单中选择“设置形状格式”命令,在弹出的对话框中将“填充”改为“无填充”;“线型”改为“1 磅”;“文本框内部边距”改为“0”,最后单击“关闭”按钮。

⑤ 继续选中形状并右击,在弹出的快捷菜单中选择“添加文字”命令,输入“开始”,并设置字号和颜色。

⑥ 重复③～⑤ 的操作,依次插入 2 个过程、1 个判断、2 个过程、1 个判断,分别为这几个图形输入如图所示文字“编辑源程序”、“编译”、“有语法错误”、“链接”、“执行”、“结果不正确”,最后插入一个“可选过程”,输入“结束”并设置格式。

⑦ 单击“插入”选项卡“插图”组中的“形状”按钮,在“线条”类型中选择合适的连接符,例如选择“箭头”。

⑧ 将鼠标指针指向第一个流程图图形(不必选中),则该图形四周将出现 4 个红色的连接点。将鼠标指针指向其中一个连接点,然后按下鼠标左键拖动箭头至第二个流程图图形,则第二个流程图图形也将出现红色的连接点。定位到其中一个连接点并释放鼠标左键,则完成两个流程图图形的连接。

⑨ 依次连接下面的图形,并按照图所示效果完成流程的绘制。

2. 公式

利用 Word 2010 的公式编辑器,可以方便地制作具有专业水准的数学公式。生成的数学公式可以像图形一样进行编辑操作。

要创建数学公式,单击“插入”选项卡下“符号”组中的“公式”下拉按钮,在下拉菜单中选择预定义好的公式,也可以通过“插入新公式”命令来输入自定义公式。此时,将出现公式输入框和“公式工具”的“设计”选项卡,如图 3-104 所示,利用“设计”选项卡提供的结构和符号可以帮助完成公式的输入。

图 3-104 “公式工具”的“设计”选项卡

积分公式“$\int \frac{\mathrm{d}x}{\sqrt{x^2 \pm a^2}} = \ln(\sqrt{x^2 \pm a^2}) + c$”的制作步骤如下。

单击“结构”组中的“积分”按钮,在下拉菜单中选择“积分”,插入积分符号$\int \square$;单击虚线框,单击“分数”按钮,在其中选择“分数(竖式)”,插入一个分号$\int \frac{\square}{\square}$;单击分子处的虚线框,输入 d$x$,单击分母处的虚线框,单击“根式”按钮,选择“平方根”,得到$\int \frac{dx}{\sqrt{\square}}$;单击根号下的虚线框,单击“上下标”按钮,选择常用中的 x^2,得到$\int \frac{dx}{\sqrt{x^2}}$;输入“符号”组中的符号“±”,得到$\int \frac{dx}{\sqrt{x^2 \pm}}$;单击“上下标”按钮,选择“上标”,得到$\int \frac{dx}{\sqrt{x^2 \pm \square^{\square}}}$;单击底数虚线框,在其中输入 a,得到$\int \frac{dx}{\sqrt{x^2 \pm a^{\square}}}$;单击指数虚线框,输入 2,得到$\int \frac{dx}{\sqrt{x^2 \pm a^2}}$;光标定位到分数线的后面,输入“=”,得到$\int \frac{dx}{\sqrt{x^2 \pm a^2}} =$;单击“极限和对数”按钮,选择“对数”,得到$\int \frac{dx}{\sqrt{x^2 \pm a^2}} = \ln \square$;单击虚线框,单击“括号”按钮,选择“方括号(第 1 个)”,得到$\int \frac{dx}{\sqrt{x^2 \pm a^2}} = \ln(\square)$;用和前面同样的方法输入 $x^2 \pm a^2$,在右括号的后面输入“$+c$”,得到$\int \frac{dx}{\sqrt{x^2 \pm a^2}} = \ln\left(x + \sqrt{x^2 \pm a^2}\right) + c$。

小提示

在输入公式时,插入点光标的位置很重要,它决定了当前输入内容在公式中所处的位置,可通过在所需的位置处单击来改变光标位置;也可以按键盘上的“←”键和“→”键在公式前后的内容之间进行定位。

3. 题注、交叉引用、图表目录

题注通常是对文章中的表格、图片或图形、公式或方程等对象的下方或上方添加的带编号的注释说明。生成题注编号的前提是必须将标题中的序号转变成自动编号。例如,要给文章中的图添加自动编号的序号,设置方法如下。

1) 插入题注

将光标置于图序号的位置,单击“引用”选项卡下“题注”组的“插入题注”按钮,打开“题注”对话框,如图 3-105 所示。

单击"新建标签"按钮，打开"新建标签"对话框。在标签栏中输入自定义标签，例如，本章的图使用图序号是"图 3-1、图 3-2、…"，因此，在"标签"栏中输入"图 3-"，单击"确定"按钮，如图 3-106 所示。

此时，"题注"对话框的"题注"栏自动变为"图 3-1"，单击"确定"按钮，将该题注添加到图的下方。

2）设置交叉引用

文档中出现图、表时，文档正文一般要在图、表之前进行文字引用，例如"如图 3-1 所示"。为了使文档中的文字和图序号自动保持一致，需要设置交叉引用。

鼠标定位在需要插入的位置，一般是"如"字的后面；单击"题注"组的"交叉引用"按钮，打开"交叉引用"对话框，如图 3-107 所示。

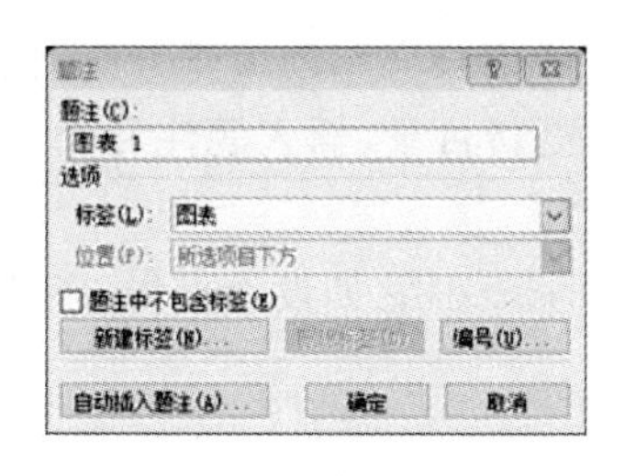

图 3-105　"题注"对话框

图 3-106　"新建标签"对话框

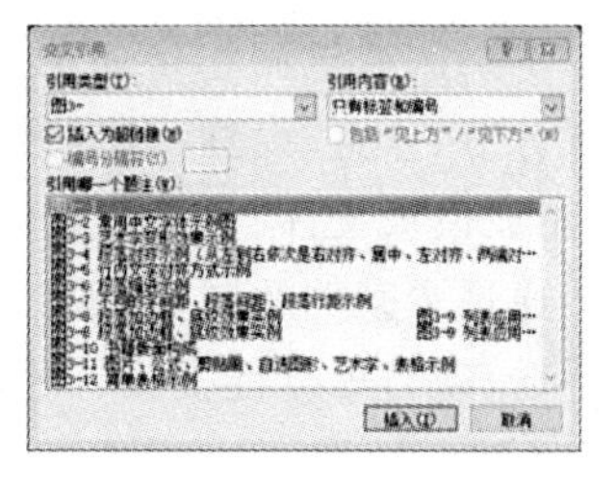

图 3-107　"交叉引用"对话框

在"引用类型"栏中选择"图 3-"，在"引用内容"栏中选择"只有标签和编号"，在"引用哪一个题注"栏中，单击选择要引用的题注，如图 3-107 所示为本章设置的题注列表；这里先选择第一个题注。

单击"插入"按钮，即可将"图 3-1"插入到光标插入点处。

在后续图中依次重复执行插入题注和交叉引用两个命令，分别给每一个图添加自动编号的题注，并在正文中引用该题注。

3）生成图表目录

插入自动编号的图表序号后，就可以生成图表目录。

单击"题注"选项卡"插入表目录"命令，打开"图表目录"对话框，如图 3-108 所示。在"题注标签"中选择要生成图表目录的标签名，这里选择"图 3-"；其他选项默认即可；单击确定按钮，即可在光标插入点插入图目录，如图 3-109 所示。

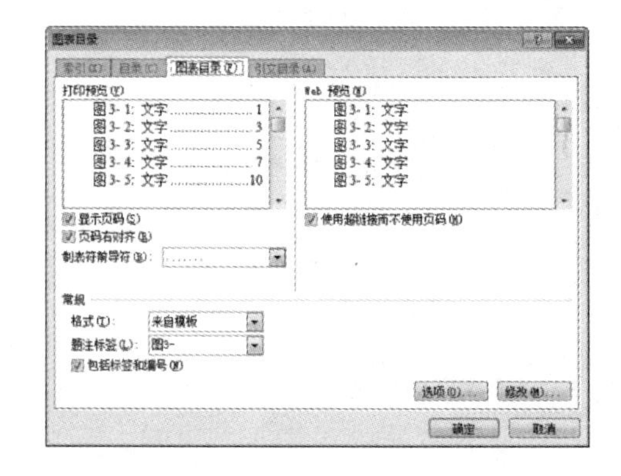

图 3-108　"图表目录"对话框

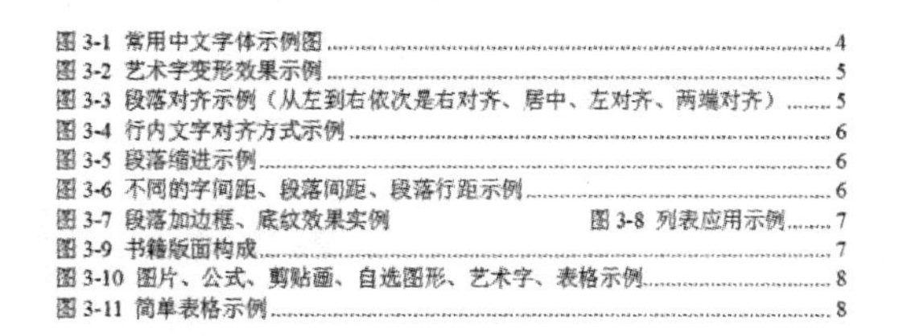

图 3-109　图目录示例

小提示

在文档编辑中，如果插入多个图、表等对象，使用“插入题注”可以方便地按图、表顺序自动生成编号，当增加、删除图、表时，编号自动改变。

但是当增加、删除图、表时，“交叉引用”的编号不会自动更新，需要右击“交叉引用编号”，在快捷菜单中选择“更新域”命令，编号才会更新，也可以选择要更新的文本范围，如按下 Ctrl＋A 选择全部文本，然后按下功能键 F9 即可一次全部更新所有域。

◆ 归纳总结

本案例通过制作毕业论文，了解长文档的特点，学会了 Word 中长文档的编排方法，包括设置分节、分页、设置不同的页眉页脚、设置并应用样式、创建并更新目录、插入题注和交叉引用、生成模板文件、字数统计等。

通过本案例的制作，举一反三，可以制作日常学习及工作中的长文档，如设计报告、产品说明手册、项目可行性报告、商务计划书等长文档。

能力自测

文档版面格式识别训练

请分别在样图 1 和样图 2 所示版面中标出进行了哪些格式设置，并在 Word 中实现样图所示文档效果。

Belle 百麗國際 International　诚聘

百丽集团 1992 年成立，2007 年在香港成功上市，是中国大陆知名的女装鞋零售商以及世界知名体育用品经销商。主要经营品牌包括：Beller（百丽）、Teenmix（天美意）、Tata（他她）、Staccato（思加图）、Senda（森达）、Basto（百思图）、Joy & Peace（真美诗）、Millie' s（妙丽）、Mirabell（美丽宝）、Bata（拔佳）、Geox（健乐仕）、Nike（耐克）、Adidas（阿迪达斯）、Puma（彪马）等，因兰州地区业务发展需要，现面向社会诚聘：

品牌运营督导　5 名
要求：大专以上学历，两年零售管理经验；熟悉零售业务的流程和基本规律；有一定事成分析能力及敏锐的洞察力；办公自动化软件运用熟练。

品牌货品专员　5 名
要求：大专以上学历，两年相关工作经验；时尚感强，对流行趋势比较敏感；良好的沟通能力、数据分析能力、市场分析能力，熟悉品牌货品采购流程；办公自动化操作熟练。

品牌陈列专员　2 名
要求：大专以上学历，意念相关工作经验；热爱时尚行业工作，熟练掌握色彩搭配、陈列技巧、陈列组合等；了解顾客心理好零售业运作模式，具备较强的语言表达及沟通、协作能力。

培训专员　2 名
要求：大专以上学历，两年相关工作经验；亲和力佳，较强的沟通、组织、协调能力，具有相关培训经验或持培训师相关证书者优先；熟练使用办公软件，能够制作 PPT 课件。

系统维护　1 名
要求：男性，大专以上学历，计算机相关专业，善于沟通，踏实努力。

数　　据　1 名
要求：女性，中专以上学历，计算机或财会专业，办公自动化软件运用熟练。

电　　工　1 名
要求：男性，35 岁以下，一年维修工作经验，有电工操作证。

配 送 员　5 名
要求：男性，年龄 20—40 岁，初中学历，诚实守信，吃苦耐劳。

品牌导购　若干名
要求：年龄 18—35 岁，品貌端正、口齿伶俐、善与人沟通交流，有零售从业经验者优先。

应聘人员请携带本人身份证及复印件、一寸照片 1 张前来面试，一经录用，待遇从优。

面试地址：兰州市城关区张杨路 182 号（隍庙向东 50 米耐克专卖店五楼百丽人力资源部）

咨询电话：0931-4818892 /4805825

样图 1　“招聘启事”样文

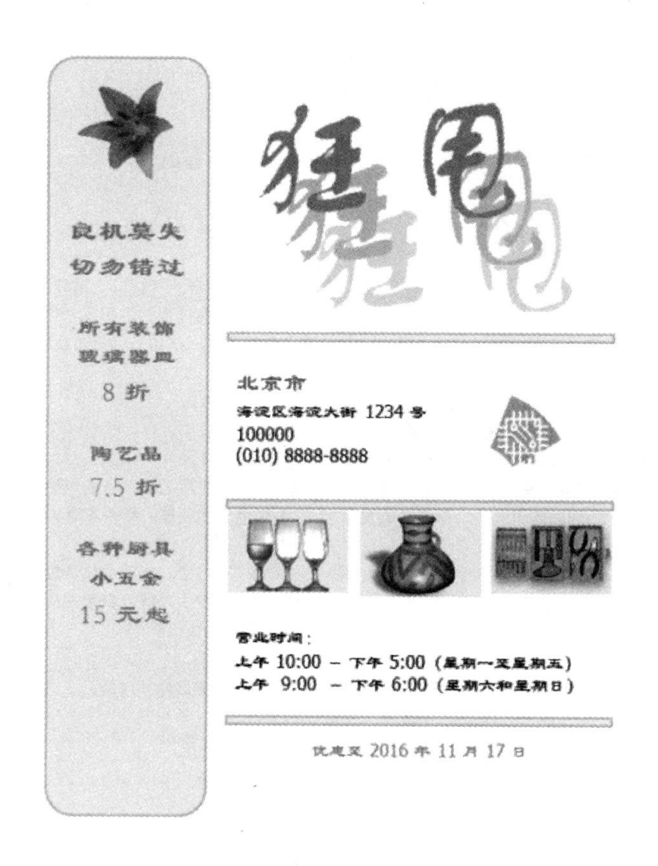

样图 2 "促销海报"样文

样图 1 包含格式提示：包括字体设置、段落设置、页面布局、双行合一、首字下沉、项目符号、调整宽度、分栏、底纹、着重号、下划线、简繁转换等。

样图 2 包含格式提示：包括文本框、自选图形、图片、剪贴画、艺术字等。

项目实训

实训项目一　Word 的基本操作

实训内容

制作以文字为主的版面和图文混排版面。

实训要求

任务一：参考样图 3，制作"古诗排版"文档

首先分析样图 3 所示"古诗排版"的版面设置，然后在 Word 中实现该样文，诗句中文本的颜色请自行设置。

高鼎

cǎo zhǎng yīng fēi èr yuè tiān　fú dī yáng liǔ zuì chūn yān
草长莺飞②二月天，拂堤杨柳③醉春烟。

ér tóng sàn xué guī lái zǎo　máng chèn dōng fēng fàng zhǐ yuān
儿童散学④归来早，忙趁东风⑤放纸鸢⑥。

➢ 【作者简介】

高鼎：生卒年不详，生活在鸦片战争之后，大约在咸丰年间（1851～1861）。字象一、拙吾，浙江仁和（今浙江省杭州市）人，是清代后期诗人。有关他的生平及创作情况历史上记录下来的很少，而他的《村居》诗却使他名传后世。著有《村居》、《拙吾诗稿》。

➢ 【注释】

① 村居：在乡村里居住时见到的景象。
② 草长莺飞：形容江南暮春的景色。
③ 拂堤杨柳：杨柳枝条很长，垂下来，微微摆动，像是在抚摸堤岸。醉：迷醉，陶醉。春烟：春天水泽、草木等蒸发出来的雾气。
④ 散学：放学。
⑤ 东风：春风。
⑥ 纸鸢：泛指风筝，它是一种纸做的形状像老鹰的风筝。鸢：老鹰。

➢ 【译文】

农历二月，村子前后青草渐渐发芽生长，黄莺飞来飞去。杨柳的枝条轻拂着堤岸，在水泽和草木间蒸发的水汽，烟雾般地凝聚着，令人心醉。村里的孩子们早早就放学回家了。他们趁着春风劲吹的时机，把风筝放上蓝天。☼

制作人：________________　制作时间：（请插入当前日期和时间）

样图 3 "古诗排版"样文

任务二：参考样图 4，制作"招生简章"文档

首先分析样图 4 所示"招生简章"样文的版面设置，然后在 Word 中实现该样文。

操作要点：
①文本框，黑体，22 磅，白色
②文本框，黑体，28 磅，白色
③文本框，黑体，26 磅，白色
④插入图片，调整大小
文本框，宋体，10.5 磅，白色
⑤项目符号，
黑体，加黑，20 磅，蓝色
⑥编号，
黑体，14 磅，字符间距加宽 1 磅
⑦文本框，宋体，小四号，白色，行距 1.15 倍
⑧插入图片，调整大小，无轮廓
快速样式：映像圆角矩形
文本框，宋体，二号，加粗，倾斜，红色
⑨插入图片，调整大小位置
⑩绘制自选图形

样图 4 "招生简章"样文及操作要点

操作提示：绘制背景上面和下面的两个自选图形时，使用“插入”选项卡下“插图”组中“形状”下拉列表中的“任意多边形”命令，单击鼠标左键添加一个顶点，按住 shift 键单击另一处，可以在两点之间建立一条直线；曲边的弧度处单击，建立一个顶点；最后在起点处双击，可以使图形封闭；在图形的快捷菜单中选择“编辑顶点”命令，拖动曲边上建立的顶点两端的控制手柄，可以调整其弧度，调整图形到满意为止。

实训项目二　Word 的表格和高级排版

实训内容

（1）在 Word 中制作“会议日程安排”表格，进行表格样式的设置和简单计算。

（2）对“产品说明书”进行排版，并生成自动目录。

实训要求

任务一：参考样文，制作“会议日程安排”表格

参考样图 5 所示“市场部一周会议日程安排”的版面效果，并参考图中标出的设置要点，在 Word 中实现该样文。

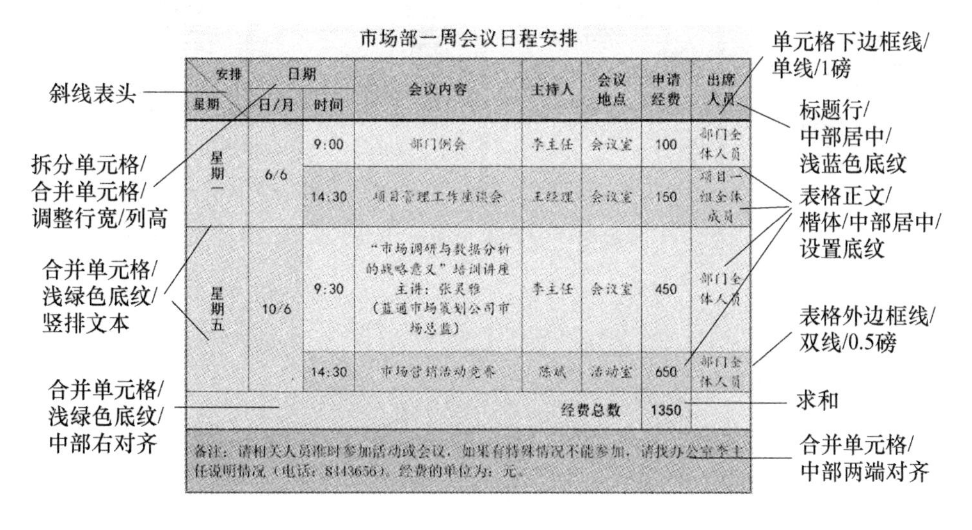

样图 5 “会议日程安排”表格及设置要点

任务二：参考样图 6 所示样文，对“产品说明书”进行排版

分析样图 6 所示“产品说明书”样文的版面设置，参考如下步骤在 Word 中对其进行排版。

（1）设置封面：字体字号自定，版面美观即可。

（2）设置正文样式。

一级标题为“黑体、四号、段前段后均为 0.5 行、行距 1.5 倍”。

二级标题为“宋体、小四号、加粗、段前段后均为 10 磅、行距 1.25 倍”。

三级标题为“宋体、五号、加粗、段前段后均为 5 磅，单倍行距、首行缩进 2 字符”。

正文为“宋体、五号、段前段后均为 0，单倍行距、首行缩进 2 字符”。

（3）对各类文本分别应用设置好的样式。

（4）对正文中的图设置题注和交叉引用。

(5) 在页脚处插入页码(封面除外),页码从正文第1页开始编号。

(6) 在封面的后一页插入生成的自动目录。

(7) 检查全文的“拼写和语法”,检查无误后预览和打印文档。

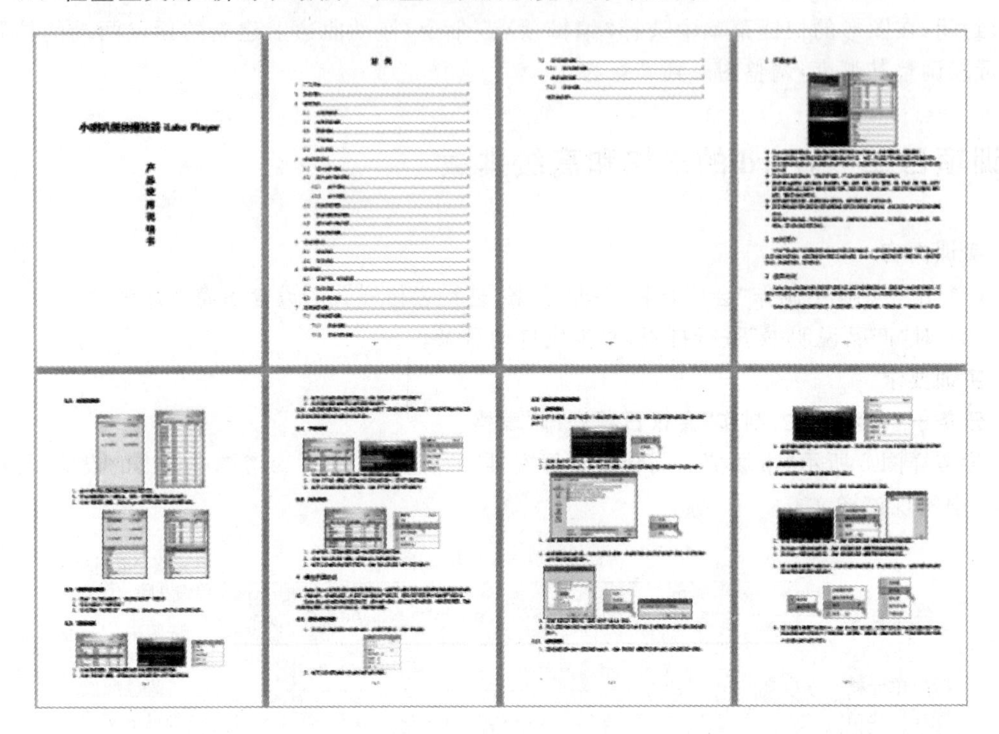

样图6 “产品说明书”样文

4 电子表格

项目1——Excel数据分析

项目2——创建学生成绩测评表

项目3——学生成绩测评表的格式化

项目4——制作图表

项目5——学生成绩表的数据管理及统计

项目实训

4.1 项目1——Excel数据分析

◆ 项目导入

小王考入大学后，经常去学工办帮忙，学期结束了，她要完成本班学生成绩表的统计计算，小王通过翻书学习，电脑上不断实践，功夫不负有心人，终于提交了一份满意的答卷。下面我们把Excel的知识点分解成几个案例，详细讲解其制作过程，通过以下案例的学习，想必大家也一定能成为Excel高手。

◆ 项目分析

Microsoft Excel是美国微软公司Office办公系列软件的组件之一。

使用Excel可以快速创建一个实用的电子表格，可以进行复杂的数据计算和数据分析，在图表的制作上更是别具一格。它不但适用于个人事务处理，而且被广泛应用于财务、统计和分析等领域。

Excel不仅功能强大、技术先进，而且可以非常方便地与其他Office组件交换数据，并提供完全Microsoft Office风格的工作环境和操作方式。它的功能主要体现在以下几个方面。

(1) 快速、方便地建立各种表格。

Excel可以根据需要快速、方便地建立各种电子表格，输入各种类型的数据，并有比较强大的自动填充功能，大大地提高了制表的效率。

(2) 强大的数据计算与分析处理功能。

Excel提供了数百个各种类型的函数和多种数据处理工具，可以进行复杂的数据计算和数据分析，并且支持网络上的表格数据处理。因此它被广泛地应用于办公事务数据处理中。

(3) 数据图表、图文并茂。

Excel不仅可以进行数据计算和分析，还可以把表格数据通过各种统计图、透视图等形式表示出来，并能进行市场分析和趋势预测工作。

所以它是一种集文字、数据、图形、图表以及其他多媒体对象于一体的流行软件。

项目实施1　熟悉Excel 2010的工作窗口

1. Excel 2010的启动和退出

Excel的启动与退出的方法与Word完全相同，不再赘述。

2. Excel 的主窗口组成

与 Word 等其他 Office 程序相似，Excel 2010 的工作窗口包括：标题栏、功能选项卡、功能区组、状态栏和文档窗口（工作簿窗口），另外，还有较特殊的名称框和编辑栏，如图 4-1 所示。

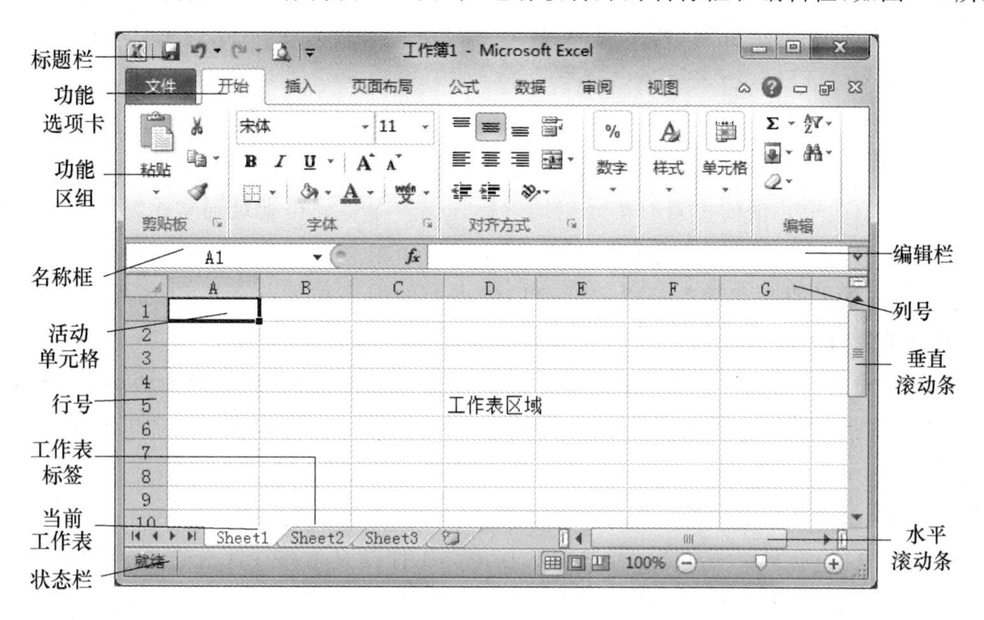

图 4-1　Excel 主窗口

1）名称框

编辑栏的左侧是名称框，用以显示单元格地址或区域名称。如果没有定义名称，则名称框中显示活动单元格的地址。如图 4-2 所示，名称框中显示单元格的地址“A1”。

2）编辑栏

显示活动单元格的数据或公式。当在活动单元格中输入数据时，数据将同时显示在编辑栏和活动单元格中，如图 4-2 所示。活动单元格“A1”中的数据是“学生表”，编辑栏中也同时显示“学生表”；并且编辑栏中还将显示“取消”按钮 ✕ 和“输入”按钮 ✓。如果数据输入不正确，则单击 ✕ 按钮来取消输入的数据；如果数据输入正确，则单击 ✓ 按钮来确认输入的数据。

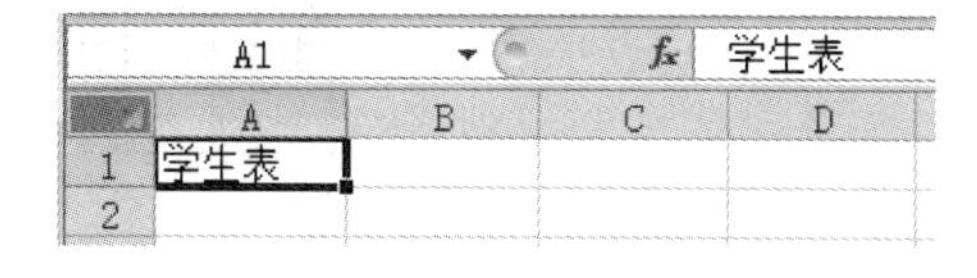

图 4-2　Excel 编辑栏

3. Excel 的基本要素

1）工作簿

每打开一个 Excel 文档，就出现一个文档窗口。一个 Excel 文档称作一个“工作簿”，一个工作簿可包含多张工作表。启动 Excel 后，系统会自动新建一个空的工作簿文档，工作薄的默认名称为工作簿 1，文件扩展名为“. xlsx”。

2）工作表

工作表是工作簿窗口中的一个表格，一个新工作簿默认有 3 张工作表，分别命名为 Sheetl、Sheet2、Sheet3。

窗口最下面一行显示当前在哪个表上工作，称作“当前工作表”，其名称带有下划线，且为白色填充。要使用其他工作表，可以单击其他工作表名或者单击切换按钮（向右▶或向左◀的黑三角）。

工作表是由行和列组成的，列号用 A、B、C、…、Z、AA、AB、…、AAA、AAB、…表示，行号用数字 1、2、3、…、65 536、…表示。

3）单元格

Excel 工作表中行和列交叉形成的每个格子称为“单元格”。单元格是工作表中用以存储数据的基本单位。单元格的位置有单元格地址标识。一个单元格地址通常由“列号＋行号”组成。例如，第一列的单元格地址分别为：A1，A2，A3，…；第一行的单元格地址分别为：A1，B1，C1，…。拖动右边的垂直滚动条可以改变窗口中内容的上下位置，拖动下边的水平滚动条可以改变窗口中内容的左右位置。

当前正在使用的单元格称为“活动单元格”。单击某个单元格，它便成为活动单元格，可以向活动单元格内输入数据，这些数据可以是字符串、数字、日期、公式等。活动单元格的地址显示在名称框中。

4）工作簿、工作表、单元格三者之间的关系

在 Excel 中，一个 Excel 文档就是一个工作簿。工作簿是由多个工作表组成的，工作表是由许多单元格组成的，单元格是组成工作簿的最小单位。工作簿、工作表、单元格三者之间的关系如图 4-3 所示。

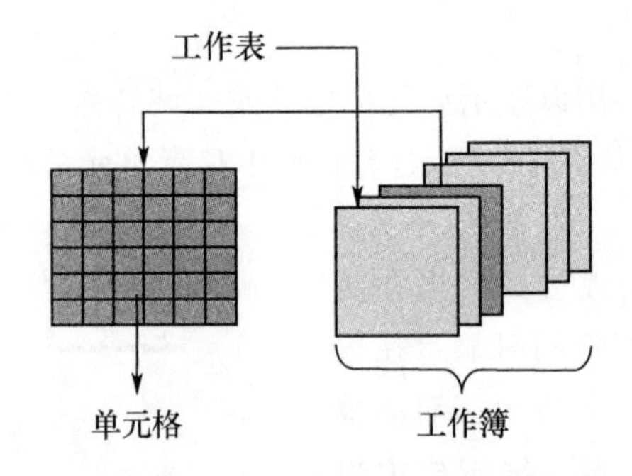

图 4-3　Excel 中工作簿、工作表、单元格三者之间的关系

5）区域——多个单元格组成的矩形

为了操作方便，引入了“区域”的概念。区域的引用常用左上角、右下角单元格的引用来表示，中间用“：”间隔。比如区域“A1：B3”，表示的范围为 A1、B1、A2、B2、A3、B3 共 6 个单元格组成的矩形区域，此时名称栏中只显示 A1 的地址。若需要对很多区域进行同一操作，可将一系列区域称为数据系列，它的引用是由“，”隔开的所有矩形区域的引用来表示的。比如区域“A1：B3，C4：D5，E2”表示的区域包括 A1、B1、A2、B2、A3、B3、C4、D4、C5、D5、E2 共 11 个单元格组成的系列。若活动单元是一个区域（即选中的是一个区域），则只显示左上角单元格的地址。例如，选取“A1：B3”区域，而在名称栏中只显示 A1 的地址。

项目实施2　Excel操作流程

Excel操作的一般流程如图4-4所示。

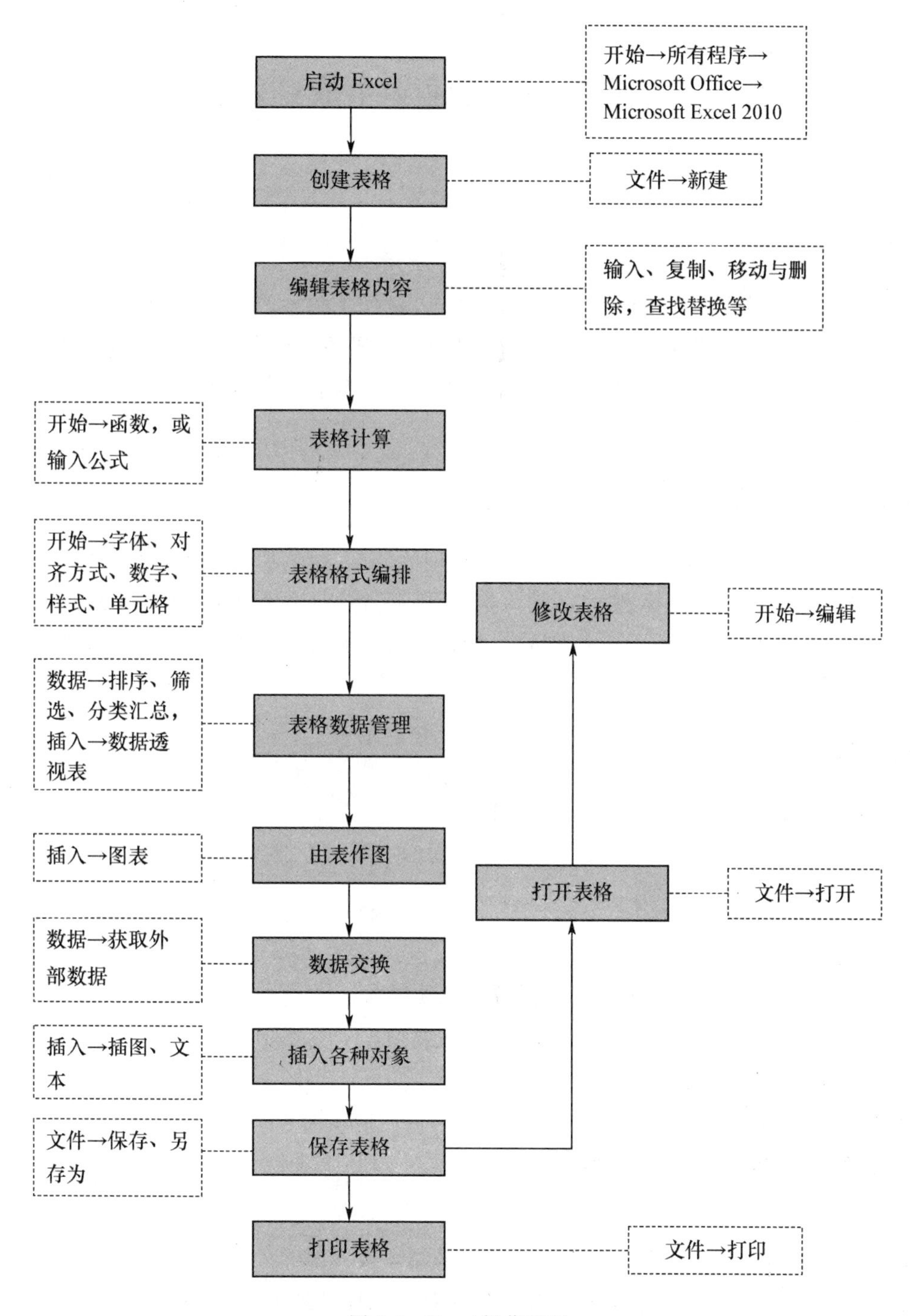

图4-4　Excel操作流程

◆ 归纳总结

本项目介绍了数据处理的基本知识及 Excel 2010 窗口组成。熟练掌握这些内容,可以根据需要快速、方便地建立各种电子表格,提高数据处理效率。

4.2 项目 2——创建学生成绩测评表

◆ 项目导入

小王需要制作学生成绩测评表,如图 4-5 所示,制作过程中,小王在输入各种类型的数据时碰到了困难,比如,如何输入出生日期,如何快速输入同类型或有规律的数据,如何完成各种计算、排名等。小王通过学习及不断实践,快速输入并准确的计算出了全班同学的学生成绩,顺利完成了任务。

◆ 项目分析

制作学生成绩测评表,首先需要输入各种类型的数据,在此基础上完成计算统计。

本例制作要点包括输入标题表头,输入学号、姓名、性别、出生日期、成绩列数据,计算课程学分积、平均学分积、排名、是否补考列数据,统计每门课平均分、最高分、最低分以及不及格人数等操作。

◆ 项目展示

本项目效果如图 4-5 所示。

◆ 能力要求

🕮 创建电子表格

🕮 输入各种类型的数据,对表格数据进行快速填充

🕮 在工作表中输入公式,进行公式填充

🕮 使用 Excel 常用函数

项目实施 1　表格数据的输入

本项目所用素材:素材\Excel 素材\学生成绩测评表. xlsx

步骤 1　启动 Excel 2010,新建“学生成绩测评表. xlsx”文件

步骤 2　输入数据

	A	B	C	D	E	F	G	H	I	J	K
1	学生成绩测评表										
2	学分				6	4.5	2	12.5			
3	学号	姓名	性别	出生日期	高数	英语	计算机	课程学分积	平均学分积	排名	是否补考
4	201501112101	马小军	男	1998/1/5	69	81	78	934.5	74.76	8	否
5	201501112102	曾令铨	男	1996/12/19	83	82	69	1005	80.4	4	否
6	201501112103	张国强	男	1997/3/29	69	68	78	876	70.08	11	否
7	201501112104	孙令煊	男	1996/4/27	68	88	89	982	78.56	5	否
8	201501112105	江晓勇	男	1997/5/24	82	52	89	904	72.32	10	是
9	201501112106	吴小飞	男	1997/5/28	91	96	92	1162	92.96	1	否
10	201501112107	姚南	女	1997/3/4	95	83	89	1121.5	89.72	2	否
11	201501112108	杜学江	女	1998/3/27	80	78	63	957	76.56	6	否
12	201501112109	宋子丹	男	1997/4/29	55	67	54	739.5	59.16	15	是
13	201501112110	吕文伟	女	1997/8/17	73	66	97	929	74.32	9	否
14	201501112111	符坚	男	1996/10/26	72	86	66	951	76.08	7	否
15	201501112112	张杰	男	1997/3/5	68	72	64	860	68.8	12	否
16	201501112113	谢如雪	女	1997/7/14	81	79	84	1009.5	80.76	3	否
17	201501112114	方天宇	男	1997/10/5	68	56	61	782	62.56	14	是
18	201501112115	郑秀丽	女	1997/11/15	50	79	81	817.5	65.4	13	是
19											
20	平均分				73.6	75.53	76.9333				
21	最高分				95	96	97				
22	最低分				50	52	54				
23	不及格人数				2	2	1				

图 4-5　学生成绩测评表

(1) 输入标题及表头数据。

① 在当前工作表 Sheet1 中，选择单元格 A1，输入标题文字“学生成绩测评表”，按 Enter 键。

② 在 A2 单元格中输入“学号”，按 Tab 键。

③ 以此类推，输入其他内容，输入结果如图 4-6 所示。

N10　　fx

	A	B	C	D	E	F	G	H	I	J	K
1	学生成绩测评表										
2	学号	姓名	性别	出生日期	高数	英语	计算机	课程学分积	平均学分积	排名	是否补考
3											

图 4-6　输入标题及表头数据

Excel 默认文本型数据在单元格中左对齐。

(2) 输入“学号”列数据。

① 单击 A3 单元格，在 A3 单元格中输入“201501112101”，按 Enter 键后会发现单元格中的内容变为“2.01501E+11”，说明在常规状态下认为该数值超过 11 位，数据以系统默认的科学计数法表示了。正确的输入方法是：首先输入西文单引号“'”，然后输入编号“201501112101”，即输入“'201501112101”，表示这是一个字符串，而非一般可计算的数字。

② 鼠标指针指向 A3 单元格的“填充柄”(位于单元格右下角的小黑块)，如图 4-7(a)所示，此时鼠标指针变为实心十字 ✚ 形状，按住鼠标左键向下拖动填充柄，拖动过程中填充柄的右下角出现填充的数据，拖至目标单元格时释放鼠标左键即可。填充效果如图 4-7(b)所示。

③ 填充完成后，在右下角可以看到新增的“自动填充选项”标记，单击该标记，即可在弹出的下拉菜单中选定单元格的方式。如图 4-7(b)所示为选中“复制单元格”选项，产生的数

据序列都是相同的数字“201501112101”，修改最后两位后得到正确序列，若数字位数低于11位时可选择“以序列方式填充”单选按钮，得到的填充结果序列自动增1。

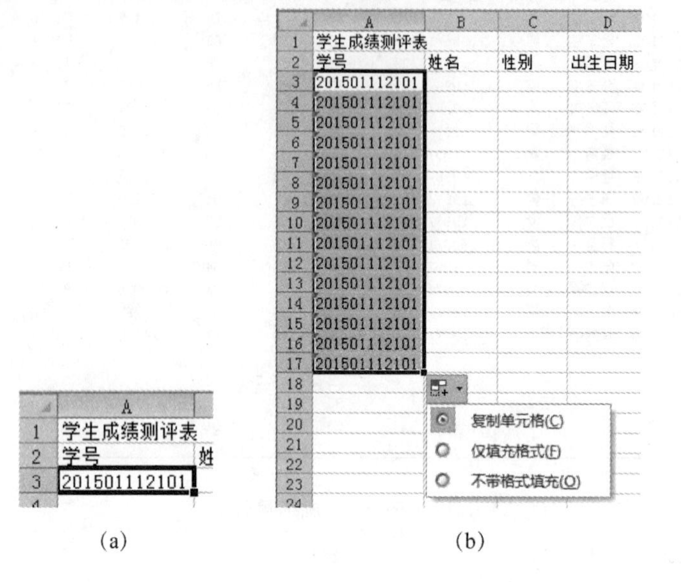

(a)　　　　(b)

图 4-7　用填充柄填充数据窗口

(3) 输入“姓名”、“性别”列数据。

① 选择单元格B3，输入“马小军”，按 Enter 键。

② 在B4单元格中输入“曾令铨”，按 Enter 键。

③ 用同样的方法依次输入姓名、性别列的内容。

(4) 输入“出生日期”列数据。

① 选择单元格D3，输入“1998/1/5”或“1998-1-5”，按 Enter 键。

② 以此类推，输入工作时间列的其余内容。

(5) 输入“高数”、“英语”、“计算机”列数据。

① 选择单元格E3，在英文输入状态下，输入“69”。

② 以此类推，输入其他数据。

输入完成之后的表格如图4-8所示。

小提示

单元格中为什么会出现“＃＃＃＃＃＃”?

表示该单元格的宽度不足以显示数据，调整单元格列表的宽度，或双击单元格列表的右边线，则可以将单元格的宽度调整为最合适的列宽，“＃＃＃＃＃＃”自动消失，单元格的数据恢复正常显示。

	A	B	C	D	E	F	G	H	I	J	K
1	学生成绩测评表										
2	学号	姓名	性别	出生日期	高数	英语	计算机	课程学分积	平均学分积	排名	是否补考
3	201501112101	马小军	男	1998/1/5	69	81	78				
4	201501112102	曾令铨	男	1996/12/19	83	82	69				
5	201501112103	张国强	男	1997/3/29	69	68	78				
6	201501112104	孙令煊	男	1996/4/27	68	88	89				
7	201501112105	江晓勇	男	1997/5/24	82	52	89				
8	201501112106	吴小飞	男	1997/5/28	91	96	92				
9	201501112107	姚南	女	1997/3/4	95	83	89				
10	201501112108	杜学江	女	1998/3/27	80	78	63				
11	201501112109	宋子丹	男	1997/4/29	55	67	54				
12	201501112110	吕文伟	女	1997/8/17	73	66	97				
13	201501112111	符坚	男	1996/10/26	72	86	66				
14	201501112112	张杰	男	1997/3/5	68	72	64				
15	201501112113	谢如雪	女	1997/7/14	81	79	84				
16	201501112114	方天宇	男	1997/10/5	68	56	61				
17	201501112115	郑秀丽	女	1997/11/15	50	79	81				

图 4-8 输入数据之后的表格

工作表中输入数据

1. 输入数据

(1) Excel 可以输入任意的正数、负数，如 3，3.14，－3，－3.14 等；可以输入百分数，如 10％、12.34％；也可以输入以科学计数法表示的数字，如 1e7、－4.2e7 等。Excel 默认数值型数据在单元格中右对齐。

(2) 日期型数据的输入：可按“年-月-日”、“月-日”、“年/月/日”或“月/日”等形式输入。输入当前日期，可以按 Ctrl＋；键。Excel 默认日期型数据在单元格中右对齐。

(3) 时间型数据的输入：可按“时：分：秒”或“时：分”的形式输入。例如：十三点三十分二十五秒，可输入 13：30：25；一分三十秒，可输入 1：30。输入当前时间，可以按 Ctr＋Shift＋：键。

(4) 单元格中输入“1/2”时，显示结果为“一月二日”，属于日期型；若要输入分数“1/2”，请先键入“0”＋“空格”，如输入“0 1/2”，则表示分数 1/2。

2. 数据序列自动填充

在输入表格数据时往往需要输入各种序列，例如等差序列、等比序列。Excel 可以自动填充日期、时间和数字序列，包括数字和文本的组合序列，如一、二等，part1、part2 等。利用 Excel 中的“填充”功能可以快速而又方便地完成这类有序数据的输入，而不必一一重复地输入这些数据。

1) 利用菜单输入等差或等比序列

(1) 在起始单元格中输入序列的起始值。

(2) 选定数列放置的区域。

(3) 执行“开始”选项卡→“编辑”组→ ▾ →“系列”子命令，如图 4-9 所示。

(4) 在“序列”对话框中，“类型”根据需要选定“自动填充”、“等差序列”或“等比序列”；在“步长值”框中，输入相应的数列差值或数列比值；在“终止值”框中，输入数列的终止数值或不输入，如图 4-10 所示。

（5）单击“确定”按钮。

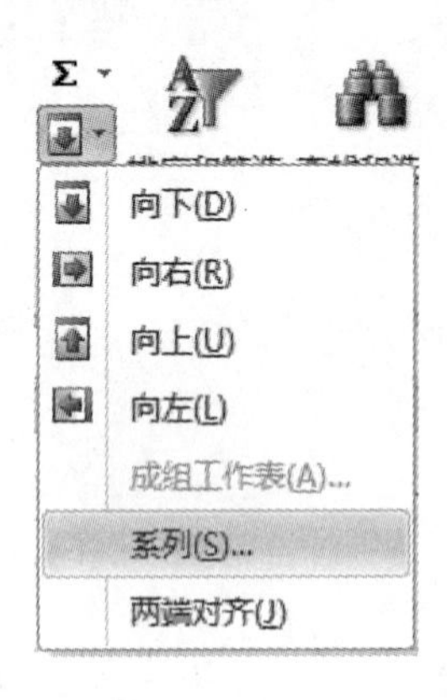

图 4-9 “编辑”组“填充”下拉按钮

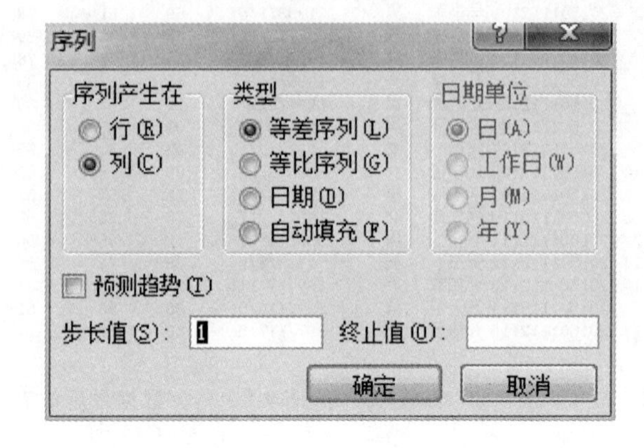

图 4-10 填充“序列”对话框

2）用鼠标自动填充

单击鼠标左键拖动填充柄，可以在相邻区域中自动填充相同的数据或具有增序、降序可能的数据序列。

（1）单击填充内容的起始单元格，输入填充内容。

（2）选取该单元格，用鼠标对准该单元格右下角的填充柄，对于数字型以及不具有增序或降序可能的文字型数据，可直接沿填充方向拖动填充柄至结束的单元格；而对于日期型以及具有增序或降序可能的文字型数据，可按住 Ctrl 键，沿填充方向拖动填充柄至结束的单元格。

（3）释放鼠标及 Ctrl 键，被拖曳过的单元格都被填充了相同的内容或序列。

项目实施 2 表格数据的计算

步骤 1 增加“平均分”、“最高分”、“最低分”以及“不及格人数”行内容，计算表格中每门课的平均分、最高分、最低分以及不及格人数。

（1）增加“平均分”、“最高分”、“最低分”以及“不及格人数”行内容。

（2）计算平均分。

① 选择要存放平均值的单元格 E18。

② 单击“开始”选项卡“编辑”组中的 Σ 按钮的下拉菜单，选择“平均值”，如图 4-11 所示。

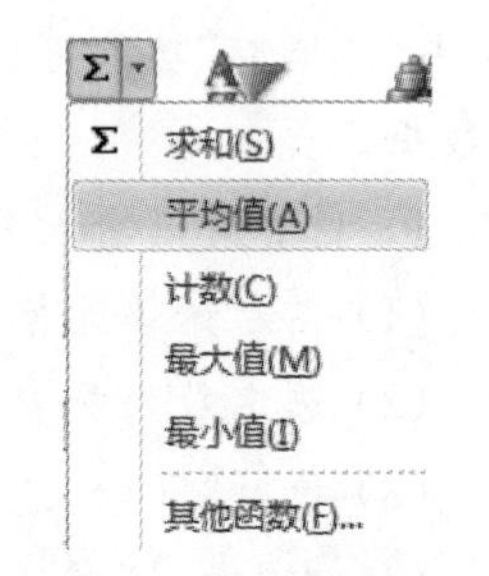

图 4-11 “自动求和”按钮的下拉菜单

③ Excel 自动在 E18 单元格中插入 AVERAGE 函数，并给出数据范围 E3：E17，生成相应的求平均值公式，如图 4-12 所示。

④ 按 Enter 键，或单击编辑栏中的“输入”按钮 ✓ 确认。

⑤ 其他列的平均分可利用公式的自动填充功能快速完成。

（3）计算最高分。

① 选择要存放最高值的单元格 E19。

SUM =AVERAGE(E3:E17)

	A	B	C	D	E	F	G	H
1	学生成绩测评表							
2	学号	姓名	性别	出生日期	高数	英语	计算机	课程学分积
3	201501112101	马小军	男	1998/1/5	69	81	78	
4	201501112102	曾令铨	男	1996/12/19	83	82	69	
5	201501112103	张国强	男	1997/3/29	69	68	78	
6	201501112104	孙令煊	男	1996/4/27	68	88	89	
7	201501112105	江晓勇	男	1997/5/24	82	52	89	
8	201501112106	吴小飞	男	1997/5/28	91	96	92	
9	201501112107	姚南	女	1997/3/4	95	83	89	
10	201501112108	杜学江	女	1998/3/27	80	78	63	
11	201501112109	宋子丹	男	1997/4/29	55	67	54	
12	201501112110	吕文伟	女	1997/8/17	73	66	97	
13	201501112111	符坚	男	1996/10/26	72	86	66	
14	201501112112	张杰	男	1997/3/5	68	72	64	
15	201501112113	谢如雪	女	1997/7/14	81	79	84	
16	201501112114	方天宇	男	1997/10/5	68	56	61	
17	201501112115	郑秀丽	女	1997/11/15	50	79	81	
18	平均分			=AVERAGE(E3:E17)				
19	最高分			AVERAGE(number1, [number2], ...)				
20	最低分							
21	不及格人数							

图 4-12 求“高数”的平均值

② 单击“开始”选项卡“编辑”组中的Σ按钮的下拉菜单，选择“最大值”。

③ Excel 自动在 E19 单元格中插入 MAX 函数，并给出数据范围 E3:E18，生成相应的求最大值公式。用鼠标拖曳选取数据区域 E3:E17。

④ 按 Enter 键确认。

⑤ 利用公式的自动填充功能快速完成其他列的最高值计算。

(4) 计算最低分。

① 单击要存放最低值的单元格 E20。

② 单击“开始”选项卡“编辑”组中的Σ按钮的下拉菜单，选择“最小值”。

③ Excel 自动在单元格中插入 MIN 函数，并给出数据范围 E3:E19，生成相应的求最小值公式。用鼠标拖曳选取新的数据区域或输入正确的数据区域为 E3:E17。

④ 按 Enter 键，或单击编辑栏中的“输入”按钮✓确认。

⑤ 利用公式的自动填充功能快速完成其他列的最低值计算。

(5) 计算不及格人数。

① 单击要存放最低值的单元格 E21。

② 单击“开始”选项卡“编辑”组中的Σ按钮的下拉菜单，选择“其他函数”。

③ 打开“插入函数”对话框，在对话框中“选择类型”下拉列表框中选择“常用函数”选项，再在“选择函数”下拉列表框中选择“AVERAGE”选项，如图 4-13 所示。

④ 单击“确定”按钮，弹出 COUNTIF“函数参数”对话框，在“Range”中输入统计区域“E3:E17”，在“Criteria”中输入条件“＜60”，如图 4-14 所示。

⑤ 单击“确定”按钮，完成计算。

⑥ 用公式的自动填充功能快速完成其他列的不及格人数计算。

步骤 2 计算课程学分积

为了计算课程学分积，应该知道每门课程对应的学分，故先插入学分行，再进行计算，具体步骤如下。

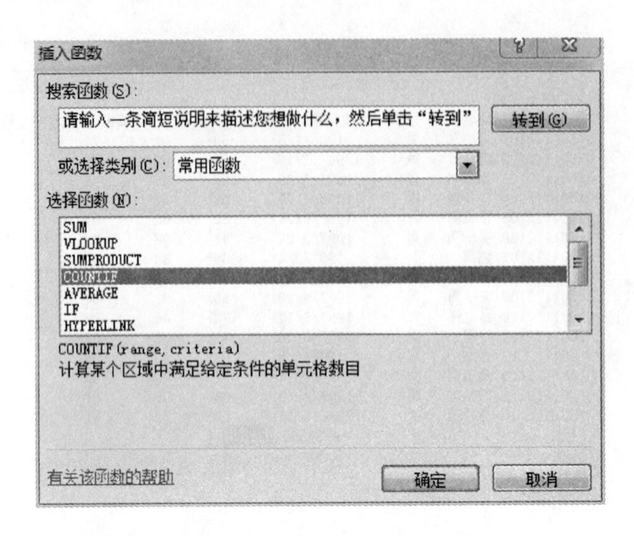

图 4-13 "插入函数"对话框

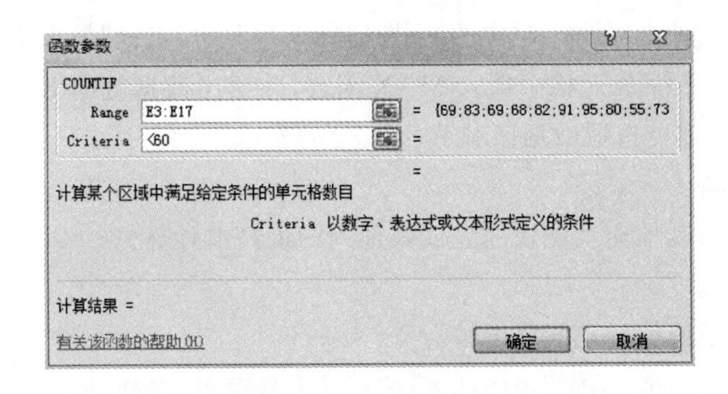

图 4-14 COUNTIF"函数参数"对话框

(1) 插入"学分"行。

① 鼠标单击第 2 行的行号。

② 执行"开始"选项卡→"单元格"组→"插入"→"插入工作表行"命令(或右击,在弹出的快捷菜单中选择"插入"命令)。

③ 在第 2 行位置插入一行空行,原有行的数据下移。

④ 输入学分行内容。

(2) 计算"课程学分积"列数据。

课程学分积=高数×高数学分+英语×英语学分+计算机×计算机学分

① 选择 H4 单元格。

② 在 H4 单元格或在编辑栏中输入"=E4 * $E$2+F4 * $F$2+G4 * $G$2",按 Enter 键,则 H4 中显示计算结果。单击 H4 单元格,如图 4-15 所示。

H4 　 fx =E4*$E$2+F4*$F$2+G4*$G$2

	A	B	C	D	E	F	G	H	I
1	学生成绩测评表								
2	学分				6	4.5	2		
3	学号	姓名	性别	出生日期	高数	英语	计算机	课程学分积	平均学分积
4	201501112101	马小军	男	1998/1/5	69	81	78	934.5	
5	201501112102	曾令铨	男	1996/12/19	83	82	69		

图 4-15 在 H4 单元格中输入公式

③ 鼠标指针指向 H4 单元格的“填充柄”(位于单元格右下角的小黑块),此时鼠标指针变为✚形状,按住鼠标左键向下拖动填充柄,拖至目标单元格 H18 时释放鼠标左键即可。这样就利用单元格复制公式的方法计算出每一个学生的课程学分积,如图 4-16 所示。

H4　fx　=E4*$E$2+F4*$F$2+G4*$G$2

	A	B	C	D	E	F	G	H	I	J	K
1	学生成绩测评表										
2	学分				6	4.5	2				
3	学号	姓名	性别	出生日期	高数	英语	计算机	课程学分积	平均学分积	排名	是否补考
4	201501112101	马小军	男	1998/1/5	69	81	78	934.5			
5	201501112102	曾令铨	男	1996/12/19	83	82	69	1005			
6	201501112103	张国强	男	1997/3/29	69	68	78	876			
7	201501112104	孙令煊	男	1996/4/27	68	88	89	982			
8	201501112105	江晓勇	男	1997/5/24	82	52	89	904			
9	201501112106	吴小飞	男	1997/5/28	91	96	92	1162			
10	201501112107	姚南	女	1997/3/4	95	83	89	1121.5			
11	201501112108	杜学江	女	1998/3/27	80	78	63	957			
12	201501112109	宋子丹	男	1997/4/29	55	67	54	739.5			
13	201501112110	吕文伟	女	1997/8/17	73	66	97	929			
14	201501112111	符坚	男	1996/10/26	72	86	66	951			
15	201501112112	张杰	男	1997/3/5	68	72	64	860			
16	201501112113	谢如雪	女	1997/7/14	81	79	84	1009.5			
17	201501112114	方天宇	男	1997/10/5	68	56	61	782			
18	201501112115	郑秀丽	女	1997/11/15	50	79	81	817.5			
19											

图 4-16　计算出的“课程学分积”

单元格地址

在公式的使用中,需要引用单元格地址来指明运算的数据在工作表中的位置。单元格地址的引用分为:相对引用、绝对引用、混合引用。

(1) 相对引用:当公式在复制或填充到新位置时,公式不变,单元格地址随着位置的不同而变化,它是 Excel 默认的引用方式,如:E3,H4。

在计算“课程学分积”列数据时,若采用相对地址引用,即在 H4 单元格中输入公式“=E4*E2+F4*F2+G4*G2”时,在 H4 单元格中显示马小军的课程学分积 934.5,但采用公式填充的方法继续向下填充时,发现 H5 单元格中的公式变为“=E5*E3+F5*F3+ G5*G3”,由于 E3、F3、G3 单元格的内容为非数值,故 H5 中得到错误数据,如图 4-17 所示。

H4　fx　=E4*E2+F4*F2+G4*G2

	A	B	C	D	E	F	G	H	I
1	学生成绩测评表								
2	学分				6	4.5	2		
3	学号	姓名	性别	出生日期	高数	英语	计算机	课程学分积	平均学分积
4	201501112101	马小军	男	1998/1/5	69	81	78	934.5	
5	201501112102	曾令铨	男	1996/12/19	83	82	69	#VALUE!	
6	201501112103	张国强	男	1997/3/29	69	68	78		
7	201501112104	孙令煊	男	1996/4/27	68	88	89		

图 4-17　相对地址引用得到的“课程学分积”

(2) 绝对引用:指公式复制或填入到新位置时,单元格地址保持不变。设置时只需在行号和列号前加“$”符号,如$E$3、$H$22。

本例在计算课程学分积时学分的引用方式采用绝对引用,即在 H4 单元格中输入公式为

"＝E4＊$E$2＋F4＊$F$2＋G4＊$G$2"，利用单元格公式复制的方法向下填充时，则H5单元格中的公式变为"＝E5＊$E$2＋F5＊$F$2＋G5＊$G$2"，符合题意要求，得到正确结果。

(3) 混合引用：指在一个单元格地址中，既有相对引用又有绝对引用，如$E3、$H4是列绝对引用，行相对引用；E$3、H$4是列相对引用，行绝对引用。

步骤3 计算"平均学分积"

为了计算平均学分积，应该知道总学分，再进行计算，具体步骤如下。

(1) 计算"总学分"。

① 选择要存放总学分的单元格H2。

② 单击"开始"选项卡"编辑"组中的 Σ ▾ 下拉菜单，选择"求和"。

③ Excel自动在H2单元格中插入SUM函数，并给出数据范围E2:G2。

④ 按Enter键确认。

(2) 计算"平均学分积"列数据。

平均学分积＝课程学分积/总学分

① 选择I4单元格。

② 在I4单元格或在编辑栏中输入"＝H4/$H$2"，按Enter键，则I4中显示计算结果。

③ 鼠标指针指向I4单元格的"填充柄"，此时鼠标指针变为 **＋** 形状，按住鼠标左键向下拖动填充柄，拖至目标单元格I18时释放鼠标左键即可。这样就利用单元格复制公式的方法计算出每一个学生的平均学分积，如图4-18所示。

I4 | =H4/$H$2

	A	B	C	D	E	F	G	H	I	J	K
1	学生成绩测评表										
2	学分				6	4.5	2	12.5			
3	学号	姓名	性别	出生日期	高数	英语	计算机	课程学分积	平均学分积	排名	是否补考
4	201501112101	马小军	男	1998/1/5	69	81	78	934.5	74.76		
5	201501112102	曾令铨	男	1996/12/19	83	82	69	1005	80.4		
6	201501112103	张国强	男	1997/3/29	69	68	78	876	70.08		
7	201501112104	孙令煊	男	1996/4/27	68	88	89	982	78.56		
8	201501112105	江晓勇	男	1997/5/24	82	52	89	904	72.32		
9	201501112106	吴小飞	男	1997/5/28	91	96	92	1162	92.96		
10	201501112107	姚南	女	1997/3/4	95	83	89	1121.5	89.72		
11	201501112108	杜学江	女	1998/3/27	80	78	63	957	76.56		
12	201501112109	宋子丹	男	1997/4/29	55	67	54	739.5	59.16		
13	201501112110	吕文伟	女	1997/8/17	73	66	97	929	74.32		
14	201501112111	符坚	男	1996/10/26	72	86	66	951	76.08		
15	201501112112	张杰	男	1997/3/5	68	72	64	860	68.8		
16	201501112113	谢如雪	女	1997/7/14	81	79	84	1009.5	80.76		
17	201501112114	方天宇	男	1997/10/5	68	56	61	782	62.56		
18	201501112115	郑秀丽	女	1997/11/15	50	79	81	817.5	65.4		
19											

图4-18 计算出的"平均学分积"

步骤4 计算"排名"

① 在J4单元格中输入"＝RANK(H4,$H$4:$H$18)"，按Enter键。

② 选中J4单元格，将鼠标指针移动到该单元格右下角的填充柄上，当鼠标变为 **＋** 形状，按住鼠标左键，拖动单元格填充柄到J18单元格中。这样就计算出每一个学生的排名，如图4-19所示。

J4　=RANK(H4,$H$4:$H$18)

	A	B	C	D	E	F	G	H	I	J	K
1	学生成绩测评表										
2	学分				6	4.5	2	12.5			
3	学号	姓名	性别	出生日期	高数	英语	计算机	课程学分积	平均学分积	排名	是否补考
4	201501112101	马小军	男	1998/1/5	69	81	78	934.5	74.76	8	
5	201501112102	曾令铨	男	1996/12/19	83	82	69	1005	80.4	4	
6	201501112103	张国强	男	1997/3/29	69	68	78	876	70.08	11	
7	201501112104	孙令煊	男	1996/4/27	68	88	89	982	78.56	5	
8	201501112105	江晓勇	男	1997/5/24	82	52	89	904	72.32	10	
9	201501112106	吴小飞	男	1997/5/28	91	96	92	1162	92.96	1	
10	201501112107	姚南	女	1997/3/4	95	83	89	1121.5	89.72	2	
11	201501112108	杜学江	女	1998/3/27	80	78	63	957	76.56	6	
12	201501112109	宋子丹	男	1997/4/29	55	67	54	739.5	59.16	15	
13	201501112110	吕文伟	女	1997/8/17	73	66	97	929	74.32	9	
14	201501112111	符坚	男	1996/10/26	72	86	66	951	76.08	7	
15	201501112112	张杰	男	1997/3/5	68	72	64	860	68.8	12	
16	201501112113	谢如雪	女	1997/7/14	81	79	84	1009.5	80.76	3	
17	201501112114	方天宇	男	1997/10/5	68	56	61	782	62.56	14	
18	201501112115	郑秀丽	女	1997/11/15	50	79	81	817.5	65.4	13	
19											

图 4-19　计算出的“排名”

常用函数的使用

Excel 中提供了大量的可用于不同场合的各类函数，分为财务、日期与时间、数学与三角函数、统计、查找与引用、数据库、文本、逻辑和信息等 9 大类。这些函数极大地扩展了公式的功能，使数据的计算、处理更为容易，更为方便，下面介绍几个常用函数及其使用。

1) SUM

用途：返回某一单元格区域中所有数字之和。

语法：SUM(number1，number2，…)。

参数：number1，number2，…为 1 到 30 个需要求和的数值(包括逻辑值及文本表达式)、区域或引用。

实例：如果 A1=1、A2=2、A3=3，则公式“=SUM(A1:A3)”返回 6。

2) AVERAGE

用途：计算所有参数的算术平均值。

语法：AVERAGE(number1，number2，…)。

参数：number1，number2，…是要计算平均值的 1～30 个参数。

实例：如果 A1:A5 的数值分别为 100、70、92、47 和 82，则公式“=AVERAGE(A1:A5)”返回 78.2。

3) MAX

用途：返回一组数据中的最大数值。

语法：MAX(number1，number2，…)

参数：number1，number2，…是需要找出最大数值的 1～30 个数值。

实例：如果 A1=71、A2=83、A3=76、A4=49、A5=92、A6=88、A7=96，则公式“=MAX(A1:A7)”返回 96。

4) MIN

用途：返回给定参数表中的最小值。

语法:MIN(number1,number2,…)。

参数:number1,number2,…是要从中找出最小值的1到30个数字参数。

实例:如果A1=71、A2=83、A3=76、A4=49、A5=92、A6=88、A7=96,则公式"=MIN(A1:A7)"返回49。

5) COUNT

用途:返回数字参数的个数。它可以统计数组或单元格区域中含有数字的单元格个数。

语法:COUNT(value1,value2,…)。

参数:value1,value2,…是包含或引用各种类型数据的参数(1～30个),其中只有数字类型的数据才能被统计。

实例:如果A1=90、A2=人数、A3=""、A4=54、A5=36,则公式"=COUNT(A1:A5)"返回3。

6) COUNTIF

用途:统计某一区域中符合条件的单元格数目。

语法:COUNTIF(range,criteria)

参数:range为需要统计的符合条件的单元格数目的区域;criteria为参与计算的单元格条件,其形式可以为数字、表达式或文本(如36、">160"和"男"等)。其中数字可以直接写入,表达式和文本必须加引号。

实例:假设A1:A5区域内存放的文本分别为女、男、女、男、女,则公式"=COUNTIF(A1:A5,"女")"返回3。

7) IF

用途:执行逻辑判断,它可以根据逻辑表达式的真假,返回不同的结果,从而执行数值或公式的条件检测任务。

语法:IF(logical_test,value_if_true,value_if_false)。

参数:logical_test计算结果为TRUE或FALSE的任何数值或表达式;value_if_true是logical_test为TRUE时函数的返回值,value_if_false是logical_test为FALSE时函数的返回值。

实例:公式"=IF(C2>=85,"A","B")",若第一个逻辑判断表达式C2>=85成立,则单元格值为"A";否则为"B",该函数广泛用于需要进行逻辑判断的场合。

8) RANK

用途:返回一个数值在一组数值中的排位(如果数据清单已经排过序了,则数值的排位就是它当前的位置)。

语法:RANK(number,ref,order)

参数:number是需要计算其排位的一个数字;ref是包含一组数字的数组或引用(其中的非数值型参数将被忽略);order为一数字,指明排位的方式。如果order为0或省略,则按降序排列的数据清单进行排位。如果order不为零,ref按升序排列的数据清单进行排位。

注意:函数RANK对重复数值的排位相同。但重复数的存在将影响后续数值的排位。如在一列整数中,若整数60出现两次,其排位为5,则61的排位为7(没有排位为6的数值)。

9) VLOOKUP

用途:在表格或数值数组的首列查找指定的数值,并由此返回表格或数组当前行中指定列处的数值。

语法：VLOOKUP(lookup_value，table_array，col_index_num，range_lookup)

参数：lookup_value 为需要在数据表第一列中查找的数值，它可以是数值、引用或文字串。table_array 为需要在其中查找数据的数据表。col_index_num 为 table_array 中待返回的匹配值的列序号。col_index_num 为 1 时，返回 table_array 第一列中的数值；col_index_num 为 2，返回 table_array 第二列中的数值，以此类推。range_lookup 为一逻辑值，指明函数 VLOOKUP 返回时是精确匹配还是近似匹配。如果为 TRUE 或省略，则返回近似匹配值，也就是说，如果找不到精确匹配值，则返回小于 lookup_value 的最大数值；如果 range_value 为 FALSE，函数 VLOOKUP 将返回精确匹配值。如果找不到，则返回错误值 #N/A。

实例：如果 A1＝23、A2＝45、A3＝50、A4＝65，则公式"＝VLOOKUP(50，A1：A4，1，TRUE)"返回 50。

步骤 5　计算"是否补考"

① 在工作表的 K4 单元格中输入"＝IF(COUNTIF(E4：G4，"＜60")＞0，"是"，"否")"，表示高数、英语、计算机三门课成绩中不及格门数大于 0 的情况下显示"是"，否则显示"否"，按 Enter 键确认。

② 向下填充公式到 K18 单元格即可完成设置。结果如图 4-20 所示。

K4　=IF(COUNTIF(E4:G4,"＜60")>0,"是","否")

	A	B	C	D	E	F	G	H	I	J	K
1	学生成绩测评表										
2	学分				6	4.5	2	12.5			
3	学号	姓名	性别	出生日期	高数	英语	计算机	课程学分积	平均学分积	排名	是否补考
4	201501112101	马小军	男	1998/1/5	69	81	78	934.5	74.76	8	否
5	201501112102	曾令铨	男	1996/12/19	83	82	69	1005	80.4	4	否
6	201501112103	张国强	男	1997/3/29	69	68	78	876	70.08	11	否
7	201501112104	孙令煊	男	1996/4/27	68	88	89	982	78.56	5	否
8	201501112105	江晓勇	男	1997/5/24	82	52	89	904	72.32	10	是
9	201501112106	吴小飞	男	1997/5/28	91	96	92	1162	92.96	1	否
10	201501112107	姚南	女	1997/3/4	95	83	89	1121.5	89.72	2	否
11	201501112108	杜学江	女	1998/3/27	80	78	63	957	76.56	6	否
12	201501112109	宋子丹	男	1997/4/29	55	67	54	739.5	59.16	15	是
13	201501112110	吕文伟	女	1997/8/17	73	66	97	929	74.32	9	否
14	201501112111	符坚	男	1996/10/26	72	86	66	951	76.08	7	否
15	201501112112	张杰	男	1997/3/5	68	72	64	860	68.8	12	否
16	201501112113	谢如雪	女	1997/7/14	81	79	84	1009.5	80.76	3	否
17	201501112114	方天宇	男	1997/10/5	68	56	61	782	62.56	14	是
18	201501112115	郑秀丽	女	1997/11/15	50	79	81	817.5	65.4	13	是
19											

图 4-20　"是否补考"列数据

步骤 6　保存学生成绩测评表

执行"文件"→"保存"或"另存为"命令。

◆ 知识拓展

1. 选定文本、单元格、单元格区域、行和列

(1) 选定单元格中的文本。

要对单元格进行编辑，双击该单元格，然后选择其中的文本，可进行插入或修改。

(2) 选定一个单元格。

单击相应的单元格，或用箭头键移动到相应的单元格。

(3) 选定连续的单元格区域。

方法一：单击选定该区域的第一个单元格，然后拖动鼠标直至选定最后一个单元格。

方法二：单击选定该区域的第一个单元格，然后按住 Shift 键再单击区域中最后一个单元格，通过滚动可以使该单元格区域可见。

(4) 选定不连续的单元格或单元格区域。

先选定第一个单元格或单元格区域，然后按住 Ctrl 键再选定其他的单元格或单元格区域。

(5) 选定工作表中所有单元格。

单击"全选"按钮 (行标记和列标记的交叉单元格)；或使用 Ctrl＋A 快捷键即可选定整张工作表。

(6) 选定整行。

单击行号。

(7) 选定整列。

单击列号。

(8) 选定相邻的行或列。

沿行号或列号拖动鼠标。或者先选定第一行或第一列，然后按住 Shift 键再选定最后的行或列。

(9) 选定不相邻的行或列。

先选定第一行或第一列，然后按住 Ctrl 键再选定其他的行或列。

此外，也可直接在"编辑栏"的名字框中输入单元格名字或地址，实现当前单元格的选定。单元格选定后，单元格的名字会显示在"编辑栏"的名字框中，单元格的内容显示在"编辑栏"的编辑框中，若是公式单元格，则编辑框中显示公式。选定后的区域为反白显示，在窗口的任意处单击鼠标左键则取消选定效果。

2. 行、列、单元格的插入、删除、清除

根据需要，可以在当前表中选定的单元格、行、列的位置上插入一整行、一整列、一个新的单元格等。

(1) 行、列的插入。

① 选定一行或一列(鼠标单击某行的行号或某列的列标)。

② 单击"开始"选项卡"单元格"组中的"插入"下拉按钮，选择"插入工作表行"或"插入工作表列"(或右击，在弹出的快捷菜单中选择"插入"命令)。

在选择的行(列)位置将插入一行空行，原有行(列)的数据下(右)移。

(2) 单元格的插入。

① 选择单元格。

② 单击"开始"选项卡"单元格"组中的"插入"下拉按钮，选择"插入单元格"，此时出现"插入"对话框，如图 4-21 所示。

③ 在对话框中选择"活动单元格右移"或"活动单元格下移"。这时插入了一个单元格。此命令也可以插入"行"或"列"。

(3) 行、列的删除。

① 选定要删除的行或列。

② 单击"开始"选项卡"单元格"组中的"删除"下拉按钮，选择"删除工作表行"或"删除工作表列"(或右击，在弹出的快捷菜单中选择"删除"命令)。此时被选中的行或列将删除。

(4) 单元格的删除。

① 选择要删除的单元格。

② 单击“开始”选项卡“单元格”组中的“删除”下拉按钮,选择“删除单元格”(或右击,在弹出的快捷菜单中选择“删除”命令)。此时出现“删除”对话框,如图4-22所示。

③ 在对话框中选择“右侧单元格左移”或“下方单元格上移”。这样就删除了一个单元格。此命令也可以删除“整行”或“整列”。

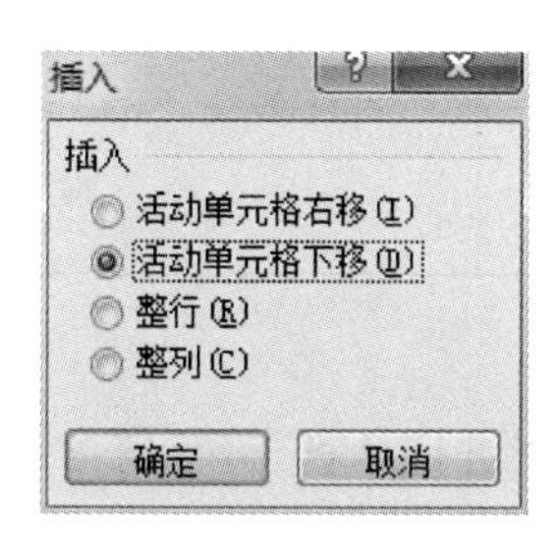

图4-21 “插入”对话框

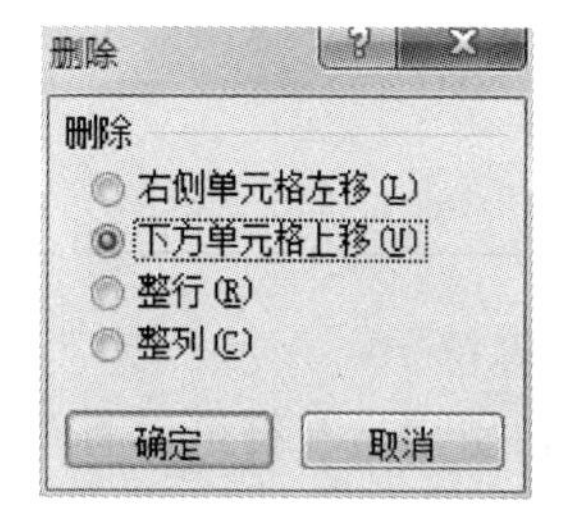

图4-22 “删除”对话框

(5) 单元格数据的清除。

① 选择要删除的单元格区域。

② 单击“开始”选项卡“编辑”组中的“清除”下拉按钮,出现下级菜单命令,介绍如下。

- 全部清除——清除选定区域内单元格中的所有属性,成为空单元格。
- 清除格式——清除选定区域内单元格中所有设置的格式,内容和批注不变。
- 清除内容——清除选定区域内单元格中的内容,但设置的格式等不变。
- 清除批注——清除选定区域内单元格中的批注,其他不变。
- 清除超链接——清除选定区域内单元格中的超链接,其他不变。

③ 根据需要选择其中的一项,单击“确定”按钮。

小提示

如果只想清除单元格区域的内容,可以在选定单元格区域后,按Delete键。

3. 公式的组成与计算

Excel的公式由运算符、数值、字符串、变量和函数组成。公式必须以等号“=”开始,后面是参与计算的运算数和运算符。

(1) Excel中的算术运算符、关系运算符、文本运算符。

Excel中的算术运算符、关系运算符、文本运算符如表4.1所示。

表4.1 Excel中的算术运算符、关系运算符、文本运算符

运算符	运算功能	优先级	示例
( )	括号	1	(3+2)*5(即25)
-	负号	2	−100

续 表

运算符	运算功能	优先级	示例
%（百分比）	算术运算符	3	5%（即 0.05）
^（乘方）		4	2^3（即 8）
* 与/（乘与除）		5	3 * 5（即 15）
＋与－（加与减）		6	3＋5
&（文本的连接）	文本运算符	7	"中"&"国"（即"中国"）
＝（等于）、＜（小于）、＞（大于）、＜＝（小于等于）、＞＝（大于等于）、＜＞（不等于）	关系运算符	8	5＞7（即 false）

（2）引用运算符。

引用运算符：引用运算符可以将单元格区域合并起来进行计算，运算符如表 4.2 所示。

表 4.2　引用运算符

引用运算符	含义	示例
：	区域运算符：包括两个引用在内的所有单元格的引用	SUM(A1：A2)
，	联合操作符：对多个引用合并为一个引用	SUM(A2，C4，A10)
空格	交叉操作符：产生对同时隶属于两个引用的单元格区域的引用	SUM(C2：E10　B4：D6)

四类运算符的优先级从高到低依次为：引用运算符→算术运算符→文本运算符→关系运算符，当优先级相同时，自左向右进行计算。

4. 数据引用

（1）同一工作表中不同单元格数据的引用。

比如假定当前处于 Bookl 工作簿的 Sheetl 表中的 A5 单元格，想引用该工作表的 D7 单元格，则在 A5 单元格中输入公式"＝D7"。

（2）同一工作簿中工作表之间的引用。

假定当前处于 Bookl 工作簿的 Sheetl 表中的 A5 单元格，想引用该工作簿的 Sheet2 表的 D7 单元格，则在 A5 单元格中输入公式"＝sheet2 ！D7"，注意在表名与单元格名之间用一个"!"分隔。

（3）不同工作簿中工作表的引用。

描述的格式是"[工作簿文件名. xls] 工作表名 ！单元格地址名"。比如，假定当前处于 Bookl 工作簿的 Sheet1 表中的 A5 单元格，想引用工作簿 Book2 的 Sheetl 表的 D7 单元格，工作簿 Book2 已打开，则在 Bookl 工作簿的 Sheet1 表中的 A5 单元格中输入公式"＝[book2. xls] sheetl ！D7"。

5. 在多个工资表中同时输入相同的数据

操作步骤如下。

① 按住 Ctrl 键，单击左下角的工作表名称（如：Sheet1、Sheet2、Sheet3），选定所需的工作表。这时所选的工作表会自动成为一个"工作组"。

② 只要在"工作组"中任意一个工作表中输入数据，"工作组"中其他工作表也会添加相同的数据。

③ 如果要取消“工作组”，右击任一工作表名称，在弹出的快捷菜单中选择“取消成组工作表”命令。

6. 表格数据的自动计算

Excel提供了自动计算功能，也叫快速计算。利用它可以自动计算选定单元格区域的总和、平均值、最大值、最小值及计数统计，其默认计算为求和。

操作步骤如下。

① 选定要计算的区域，状态栏的“自动计算区”显示求和结果。

② 若需进行其他计算，可右击状态栏，在“自动计算”快捷菜单中选择需要的计算，状态栏上会立即显示出选定区域此种计算的结果。注意：自动计算的结果显示在状态栏上。

7. 工作表的转置(行列互换)

操作步骤如下。

① 选择需要转置的数据区域，执行“复制”命令(单击右键，执行“复制”；或使用Ctrl+C快捷键)，复制到剪贴板。

② 切换到另一空白工作表中，执行“开始”选项卡→“剪贴板”组→“粘贴”→“转置”，如图4-23所示，完成行列互换。

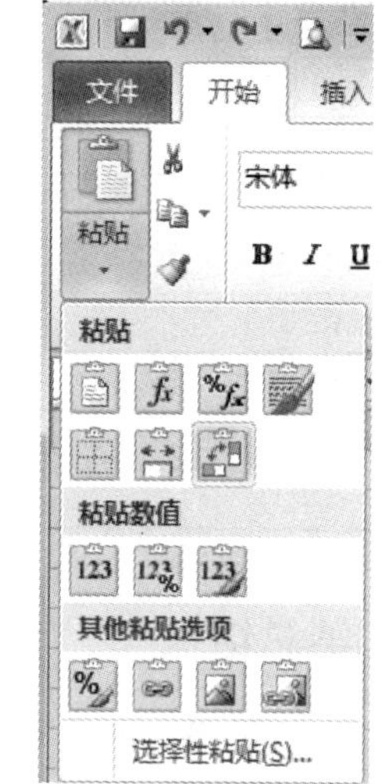

图4-23 “选择性粘贴”对话框

8. 工作表区域的命名

可以为某个单元格或区域设定一个名称，这样可以实现在工作表中快速定位，或在编写公式时使用名字更简单、容易理解。命名区域时，可采用以下步骤完成。

① 选定要命名的单元格区域，如本例中计算排名时，选择排名区域“sheet2！\$I\$4：\$I\$18”。

② 直接在编辑栏上的“名称框”输入一个名字“DATA”，完成命名。(或单击右键，在快捷菜单中选择“定义名称”命令，打开“新建名称”对话框，在对话框中为选定的单元格区域输入一个名字“DATA”，单击“确定”按钮完成命名，如图4-24所示。)

图4-24 “新建名称”对话框

为单元格区域命名完成后，在J4单元格中输入“=RANK(H4，DATA)”，按Enter键，就可以计算出马小军同学的班级排名，利用公式填充就计算出每一个学生的排名。

9. 公式中的错误信息

当输入的公式或函数发生错误时，Excel 不能有效地运算。这是在相应单元格中会出现表示错误的信息，常见的错误信息如表 4.3 所示。

表 4.3　Excel 常见的错误信息

出错信息	出错原因
#VALUE!	输入值错误。如:需要输入数字或逻辑值时输入了文本
#NAME?	未知的区域名称。在公式和函数中出现没有定义的名称
#NULL!	无可用单元格。在公式和函数中使用了不正确的区域或不正确的单元格引用
#N/A	无可用数值。在公式和函数中没有可用的数值
#REF!	单元格引用无效
#DIV/0!	除数为零
#NUM!	不能接收的参数或不能表示的数值
####	列宽不够，或者包含一个无效的时间或日期

◆ 归纳总结

Excel 最强大的是其计算功能，而它强大的计算功能主要是通过公式和函数来实现的。使用 Excel 的公式和函数可以处理日常学习和工作中的一些比较复杂的计算和数据处理问题。

本案例通过制作学生成绩测评表，学会了在 Excel 中如何使用公式和函数，以及公式如何复制等。

在进行公式和函数计算时，要熟悉公式的输入规则、函数参数的设置方法及单元格的引用方式，常用函数的使用要熟练掌握。

学完本案例的制作过程，可以对日常学习及工作中的其他表格，如工资表、销售表以同样的方法完成计算及统计，闻一知十。

4.3　项目 3——学生成绩测评表的格式化

◆ 项目导入

上一节输入并计算完成的学生成绩测评表，不够美观，小王需要在此基础上，进行各种设置使其更加美观，如设置字体、字形、字号，设置边框底纹，设置小数位数，标记不及格学生成绩，结果如图 4-25 所示，本节我们就来学习其完成过程。

◆ 项目分析

学生成绩测评表的格式化，包括设置字体、对齐方式、数字格式，小数位数等，同时还需要设置边框底纹，标记不及格学生成绩等。主要在“开始”选项卡通过设置完成。

◆ 项目展示

本项目效果如图 4-25 所示。

	A	B	C	D	E	F	G	H	I	J	K
1	学生成绩测评表										
2	学分				6	4.5	2	12.5			
3	学号	姓名	性别	出生日期	高数	英语	计算机	课程学分积	平均学分积	排名	是否补考
4	201501112101	马小军	男	1998年1月5日	69.00	81.00	78.00	934.50	74.76	8	否
5	201501112102	曾令铨	男	1996年12月19日	83.00	82.00	69.00	1005.00	80.40	4	否
6	201501112103	张国强	男	1997年3月29日	69.00	68.00	78.00	876.00	70.08	11	否
7	201501112104	孙令煊	男	1996年4月27日	68.00	88.00	89.00	982.00	78.56	5	否
8	201501112105	江晓勇	男	1997年5月24日	82.00	52.00	89.00	904.00	72.32	10	是
9	201501112106	吴小飞	男	1997年5月28日	***91.00***	***96.00***	***92.00***	1162.00	92.96	1	否
10	201501112107	姚南	女	1997年3月4日	***95.00***	83.00	89.00	1121.50	89.72	2	否
11	201501112108	杜学江	女	1998年3月27日	80.00	78.00	63.00	957.00	76.56	6	否
12	201501112109	宋子丹	男	1997年4月29日	55.00	67.00	54.00	739.50	59.16	15	是
13	201501112110	吕文伟	女	1997年8月17日	73.00	66.00	***97.00***	929.00	74.32	9	否
14	201501112111	符坚	男	1996年10月26日	72.00	86.00	66.00	951.00	76.08	7	否
15	201501112112	张杰	男	1997年3月5日	68.00	72.00	64.00	860.00	68.80	12	否
16	201501112113	谢如雪	女	1997年7月14日	81.00	79.00	84.00	1009.50	80.76	3	否
17	201501112114	方天宇	男	1997年10月5日	68.00	56.00	61.00	782.00	62.56	14	是
18	201501112115	郑秀丽	女	1997年11月15日	50.00	79.00	81.00	817.50	65.40	13	是

图 4-25　学生成绩测评表的格式化

◆ 能力要求

🕮 格式化电子表格

🕮 条件格式的使用

项目实施 1　表格数据格式化

本项目所用素材：素材\Excel 素材\学生成绩测评表. xlsx

步骤 1　打开“学生成绩测评表. xlsx”文件

步骤 2　设置单元格的对齐方式及合并单元格

单元格对齐方式默认是常规、靠下对齐。其中常规是水平对齐方式，指文字靠左对齐、数字靠右对齐，靠下对齐则为垂直对齐方式，是指所有数据都紧邻单元格的下边框排放。

这张学生成绩测评表的单元格内的文字都是在默认状态的情况下输入的，这里需要将整个表格的文字的“水平对齐”和“垂直对齐”均设置为“居中”，并且将标题行合并。操作步骤如下。

(1) 将表中数据居中。

① 在当前工作表 Sheet1 中，单击“全选”按钮 (行标记和列标记的交叉单元格)；或使用 Ctrl+A 快捷键即可选定整张工作表。

② 单击“开始”选项卡“对齐方式”组中的居中按钮和，如图 4-26 所示。

图 4-26　“对齐方式”工具栏

(2) 将标题行合并居中。

① 选择区域 A1:K1 的标题行范围。

② 单击“开始”选项卡“对齐方式”组中的合并后居中按钮。

步骤 3 设置字体格式

小王为了使学生成绩测评表美观,标题醒目,将标题字体设置为“隶书、加粗、深蓝色、20号且加下划线”,其他的文字字体设置为“宋体、常规、12 号”。操作如下。

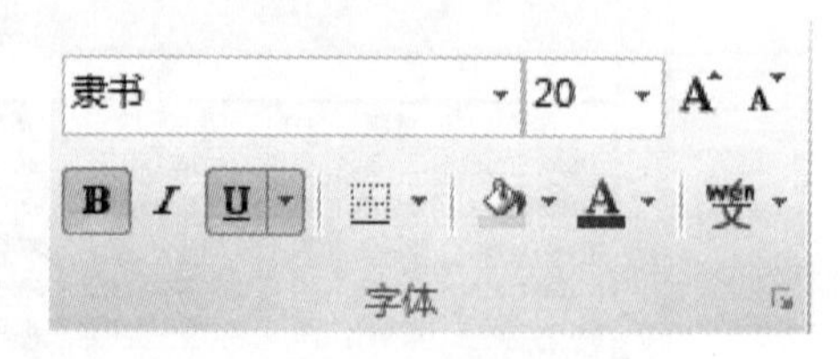

图 4-27 “字体”工具栏

① 选择设置单元格。

② 单击“开始”选项卡“字体”组中的按钮,如图 4-27 所示。

步骤 4 设置出生日期及成绩列格式

小王想将“出生日期”列数据设置为“ **** 年 ** 月 ** 日”的格式,成绩列数据保留两位小数,这样更精确,更美观,也更整齐。操作如下。

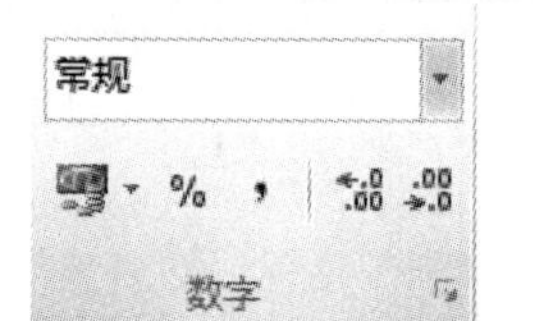

图 4-28 “数字”工具栏

(1) 设置“出生日期”列数据格式。

① 选中“出生日期”列数据所在的单元格区域 D4:D18。

② 单击“开始”选项卡“数字”组中的“常规”下拉按钮,选择“长日期”格式,如图 4-28,图 4-29 所示;也可单击该组右下角的对话框启动器,在弹出的“设置单元格格式”对话框中选择“数字”选项卡,在“分类”列表框中选择“日期”,在“类型”中选择“2001 年 3 月 14 日”,单击“确定”按钮,如图 4-30 所示。

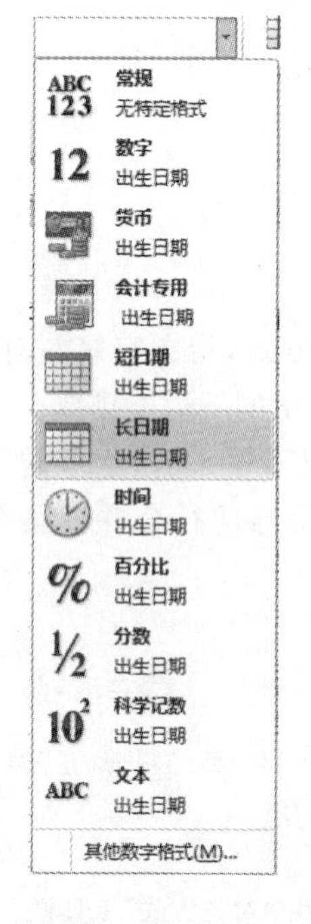

图 4-29 “数字”格式

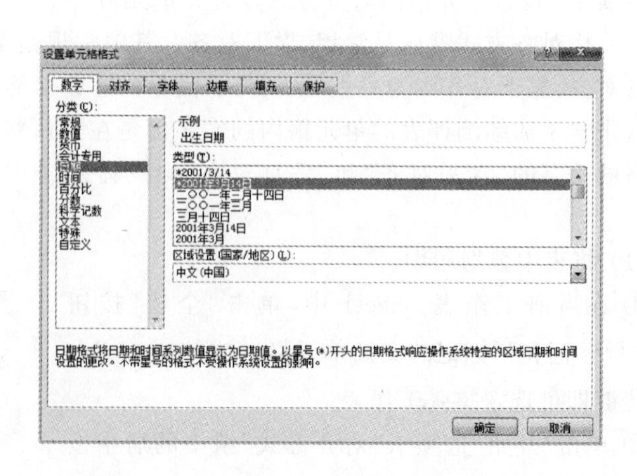

图 4-30 日期格式设置

（2）设置成绩列数据格式。

① 选中“高数”、“英语”、“计算机”、“课程学分积”和“平均学分积”列数据所在的单元格区域 E4:I18。

② 单击“开始”选项卡“数字”组中的“常规”下拉按钮，选择“数值”格式；也可单击该组右下角的对话框启动器，在弹出的“设置单元格格式”对话框中选择“数字”选项卡，在“分类”列表框中选择“数值”，设置“小数位数”为“2”，单击“确定”按钮，如图 4-31 所示。

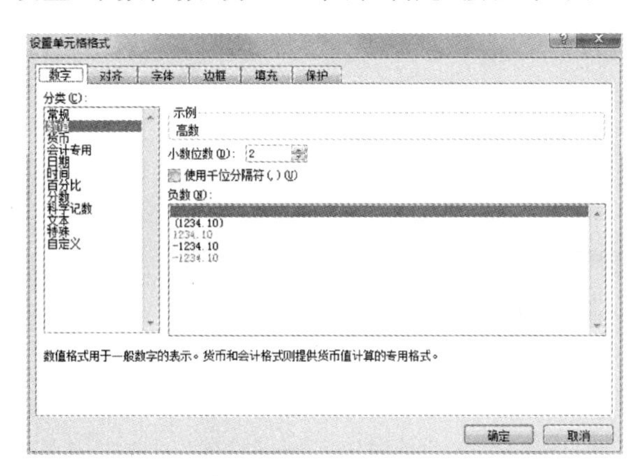

图 4-31　数值格式设置

前 4 步完成之后的结果如图 4-32 所示。

	A	B	C	D	E	F	G	H	I	J	K
1	学生成绩测评表										
2	学分				6	4.5	2	12.5			
3	学号	姓名	性别	出生日期	高数	英语	计算机	课程学分积	平均学分积	排名	是否补考
4	201501112101	马小军	男	1998年1月5日	69.00	81.00	78.00	934.50	74.76	8	否
5	201501112102	曾令铨	男	1996年12月19日	83.00	82.00	69.00	1005.00	80.40	4	否
6	201501112103	张国强	男	1997年3月29日	69.00	68.00	78.00	876.00	70.08	11	否
7	201501112104	孙令煊	男	1996年4月27日	68.00	88.00	89.00	982.00	78.56	5	否
8	201501112105	江晓勇	男	1997年5月24日	82.00	52.00	89.00	904.00	72.32	10	是
9	201501112106	吴小飞	男	1997年5月28日	91.00	96.00	92.00	1162.00	92.96	1	否
10	201501112107	姚南	女	1997年3月4日	95.00	83.00	89.00	1121.50	89.72	2	否
11	201501112108	杜学江	女	1998年3月27日	80.00	78.00	63.00	957.00	76.56	6	否
12	201501112109	宋子丹	男	1997年4月29日	55.00	67.00	54.00	739.50	59.16	15	是
13	201501112110	吕文伟	女	1997年8月17日	73.00	66.00	97.00	929.00	74.32	9	否
14	201501112111	符坚	男	1996年10月26日	72.00	86.00	66.00	951.00	76.08	7	否
15	201501112112	张杰	男	1997年3月5日	68.00	72.00	64.00	860.00	68.80	12	否
16	201501112113	谢如雪	女	1997年7月14日	81.00	79.00	84.00	1009.50	80.76	3	否
17	201501112114	方天宇	男	1997年10月5日	68.00	56.00	61.00	782.00	62.56	14	是
18	201501112115	郑秀丽	女	1997年11月15日	50.00	79.00	81.00	817.50	65.40	13	是
19	平均分				73.6	75.533	76.9333				
20	最高分				95	96	97				
21	最低分				50	52	54				
22	不及格人数				2	2	1				

图 4-32　日期和数字格式设置后的学生成绩测评表

步骤 5　添加边框和底纹

为了进一步美化表格，为学生成绩测评表添加边框：深红色，外框粗线、内框细线。为标题行加底纹：紫色，强调文字颜色 4，淡色 60%；列标头加底纹：黄色；数据加底纹：水绿色，强调文字颜色 5，淡色 80%。操作如下。

（1）设置边框格式。

① 选择学生成绩测评表中的数据区域 A3:K18。

② 单击“开始”选项卡“数字”组右下角的对话框启动器 ；或单击右键，在弹出的快捷菜单中选择“设置单元格格式”命令。

③ 在弹出的“设置单元格格式”对话框中，选择“边框”选项卡，先选择线条“样式”为“粗线”，“颜色”为“深红”，在“预置”栏内选择“外边框”；再选择线条“样式”为“细线”，在“预置”栏内选择“内部”，如图 4-33 所示。

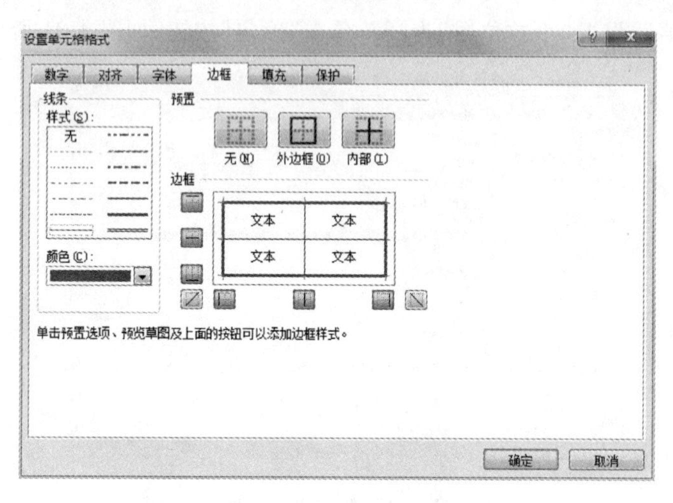

图 4-33 边框设置

④ 单击“确定”按钮，完成框线设定。

(2) 设置背景图案。

方法一：选中标题行区域 A1，单击“开始”选项卡“字体”组中的按钮 ，在主题颜色中选择“紫色，强调文字颜色 4，淡色 60%”。

方法二：选中标题行区域 A1，单击右键，在弹出的快捷菜单中选择“设置单元格格式”命令。在“设置单元格格式”对话框中，选择“填充”选项卡，在“填充”选项卡中，“颜色”选择“紫色，强调文字颜色 4，淡色 60%”，如图 4-34 所示，单击“确定”按钮。

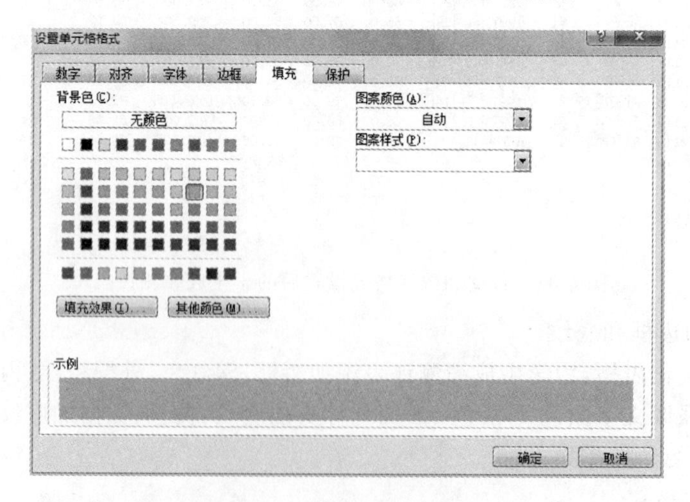

图 4-34 背景图案设置

利用同样的方法，列标头加背景：黄色；数据加背景：水绿色，强调文字颜色 5，淡色 60%。设置后的表格如图 4-35 所示。

	A	B	C	D	E	F	G	H	I	J	K
1	学生成绩测评表										
2	学分				6	4.5	2	12.5			
3	学号	姓名	性别	出生日期	高数	英语	计算机	课程学分积	平均学分积	排名	是否补考
4	201501112101	马小军	男	1998年1月5日	69.00	81.00	78.00	934.50	74.76	8	否
5	201501112102	曾令铨	男	1996年12月19日	83.00	82.00	69.00	1005.00	80.40	4	否
6	201501112103	张国强	男	1997年3月29日	69.00	68.00	78.00	876.00	70.08	11	否
7	201501112104	孙令煊	男	1996年4月27日	68.00	88.00	89.00	982.00	78.56	5	否
8	201501112105	江晓勇	男	1997年5月24日	82.00	52.00	89.00	904.00	72.32	10	是
9	201501112106	吴小飞	男	1997年5月28日	91.00	96.00	92.00	1162.00	92.96	1	否
10	201501112107	姚南	女	1997年3月4日	95.00	83.00	89.00	1121.50	89.72	2	否
11	201501112108	杜学江	女	1998年3月27日	80.00	78.00	63.00	957.00	76.56	6	否
12	201501112109	宋子丹	男	1997年4月29日	55.00	67.00	54.00	739.50	59.16	15	是
13	201501112110	吕文伟	女	1997年8月17日	73.00	66.00	97.00	929.00	74.32	9	否
14	201501112111	符坚	男	1996年10月26日	72.00	86.00	66.00	951.00	76.08	7	否
15	201501112112	张杰	男	1997年3月5日	68.00	72.00	64.00	860.00	68.80	12	否
16	201501112113	谢如雪	女	1997年7月14日	81.00	79.00	84.00	1009.50	80.76	3	否
17	201501112114	方天宇	男	1997年10月5日	68.00	56.00	61.00	782.00	62.56	14	是
18	201501112115	郑秀丽	女	1997年11月15日	50.00	79.00	81.00	817.50	65.40	13	是

图 4-35　设置边框和图案后的学生成绩测评表

小提示

利用“开始”选项卡“字体”组、“对齐方式”组和“数字”组按钮可以快速设置字体格式、数字格式以及边框和底纹。

按钮 宋体 12 A A B I U ：设置字体格式。

按钮 ：设置边框。　　按钮 ：设置填充颜色。

按钮 A ：设置字体颜色。　　按钮 ：设置货币样式。

按钮 % ：设置百分比样式。　　按钮 , ：设置千位分隔。

按钮 ：增加小数位数。　　按钮 ：减少小数位数。

步骤 6　设置单元格的行高和列宽

默认情况下，单元格都具有相同的宽度和高度，然而单元格的数据有长有短，因此需要经常对单元格的尺寸作相应的修改，以保持工作表的美观，同时也便于查看工作表中的数据。

将学生成绩测评表标题栏的行高设置为 35，数据部分的行高设置为 20，将“学号”列宽设置为 13，“姓名”列宽设置为 8，其余数据部分的列宽为最合适的列宽。操作如下。

① 选择需要调整的行（一行或多行）或列。

② 单击右键，执行“行高”或“列宽”命令。

③ 在弹出的“行高（或列宽）”对话框中，“行高（或列宽）”文本框根据要求设置对应的数字，如图 4-36 所示。单击“确定”按钮即可。

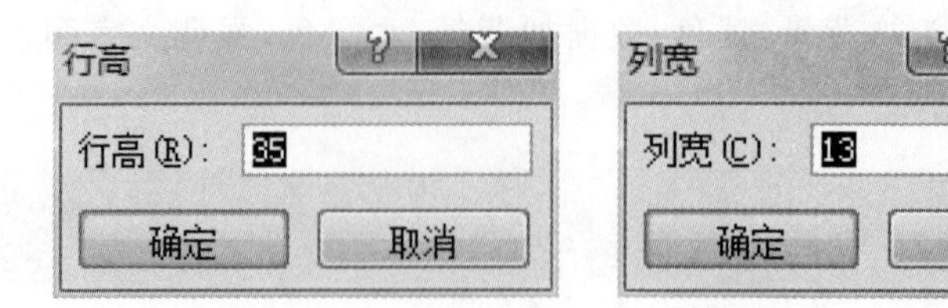

图 4-36　行高或列宽对话框

小提示

利用鼠标调整列宽或行高。

将鼠标移至列号区所选列的右边框，鼠标的形状发生变化(一条黑短线和两个反向箭头 ✛)，按住鼠标左键向左边或右边移动，就可改变列宽。在改变列宽的同时，鼠标的旁边将显示该列的列宽值。

在所选列的右边框双击，则 Excel 将自动调整所选择列的列宽为此列中最合适的宽度。

项目实施 2　条件格式的设置

小王想把学生成绩测评表中单科成绩低于 60 分的单元格设置成浅红填充、深红色文本效果，大于或等于 90 分的单元格数据用深蓝色、加粗倾斜标注，其效果如图 4-37 所示。那么，该如何设置呢？

	A	B	C	D	E	F	G	H	I	J	K
1	学生成绩测评表										
2	学分				6	4.5	2	12.5			
3	学号	姓名	性别	出生日期	高数	英语	计算机	课程学分积	平均学分积	排名	是否补考
4	201501112101	马小军	男	1998年1月5日	69.00	81.00	78.00	934.50	74.76	8	否
5	201501112102	曾令铨	男	1996年12月19日	83.00	82.00	69.00	1005.00	80.40	4	否
6	201501112103	张国强	男	1997年3月29日	69.00	68.00	78.00	876.00	70.08	11	否
7	201501112104	孙令煊	男	1996年4月27日	68.00	88.00	89.00	982.00	78.56	5	否
8	201501112105	江晓勇	男	1997年5月24日	82.00	52.00	89.00	904.00	72.32	10	是
9	201501112106	吴小飞	男	1997年5月28日	***91.00***	***96.00***	***92.00***	1162.00	92.96	1	否
10	201501112107	姚南	女	1997年3月4日	***95.00***	83.00	89.00	1121.50	89.72	2	否
11	201501112108	杜学江	女	1998年3月27日	80.00	78.00	63.00	957.00	76.56	6	否
12	201501112109	宋子丹	男	1997年4月29日	55.00	67.00	54.00	739.50	59.16	15	是
13	201501112110	吕文伟	女	1997年8月17日	73.00	66.00	***97.00***	929.00	74.32	9	否
14	201501112111	符坚	男	1996年10月26日	72.00	86.00	66.00	951.00	76.08	7	否
15	201501112112	张杰	男	1997年3月5日	68.00	72.00	64.00	860.00	68.80	12	否
16	201501112113	谢如雪	女	1997年7月14日	81.00	79.00	84.00	1009.50	80.76	3	否
17	201501112114	方天宇	男	1997年10月5日	68.00	56.00	61.00	782.00	62.56	14	是
18	201501112115	郑秀丽	女	1997年11月15日	50.00	79.00	81.00	817.50	65.40	13	是

图 4-37　设置条件格式后的效果图

① 选取要设置条件格式的单元格区域 E4:G18。

② 单击“开始”选项卡“样式”组中的“条件格式”下拉按钮，选择“突出显示单元格规则”→“小于”命令，打开“小于”对话框进行设置，如图 4-38 所示，单击“确定”按钮。

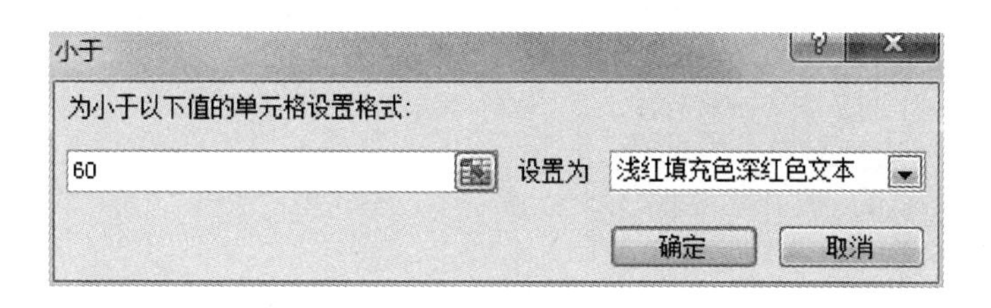

图 4-38　“小于”对话框

③ 再次选取要设置条件格式的单元格区域 E4:G18。单击“开始”选项卡“样式”组中的“条件格式”下拉按钮,选择“突出显示单元格规则”→“其他规则”命令,打开“新建格式规则”对话框进行设置,如图 4-39 所示,单击“确定”按钮。

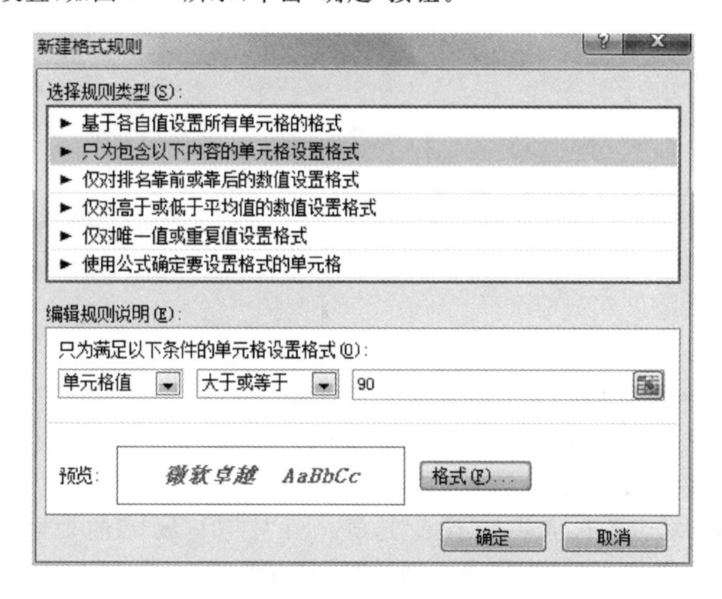

图 4-39　“新建格式规则”对话框

项目实施 3　打印学生成绩测评表

表格完成之后,小王想要打印输出,但由于数据量大,在进行打印操作时出现分页问题,需要对表格进行打印设置,具体操作步骤如下。

步骤 1　保存学生成绩测评表

步骤 2　页面设置

将页面方向设置为“横向”,纸张大小设置为“A4”,将页边距设置为“左”、“右”、“上”各 2.5,“下”为 2.0,居中“水平”方式,操作如下。

方法一:单击“页面布局”选项卡“页面设置”组中的“页边距”、“纸张方向”、“纸张大小”等下拉按钮进行设置,如图 4-40 所示。

方法二:单击“页面布局”选项卡“页面设置”组中右下角的对话框启动器,在弹出的“页面设置”对话框中进行设置,如图 4-41 所示。

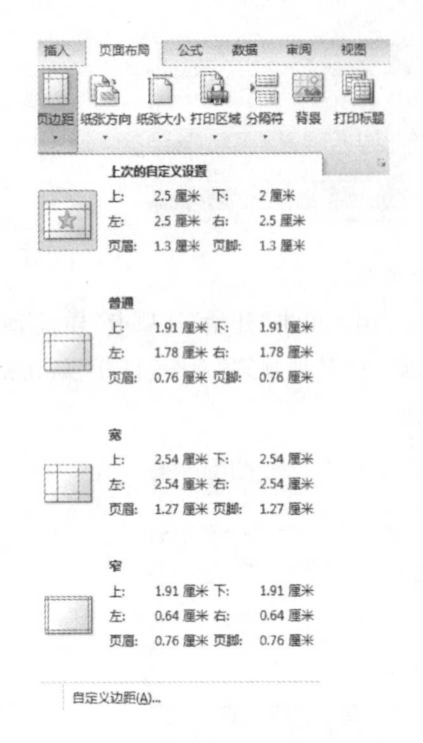

图 4-40 “页面设置”常用按钮

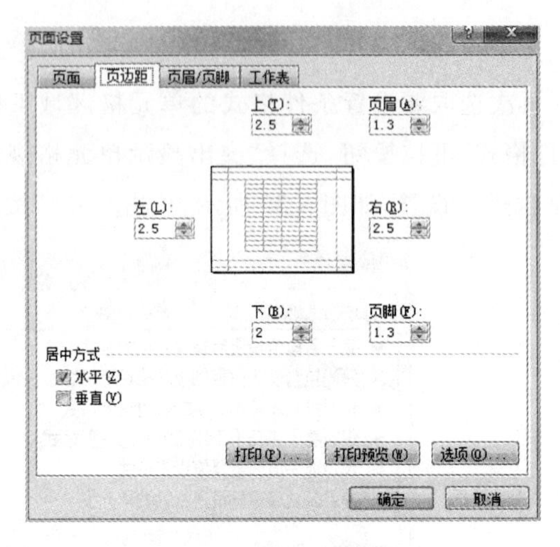

图 4-41 “页面设置”对话框的“页边距”选项卡

步骤 3 多页显示标题

通过打印预览,发现统计表中的内容被分成了两页,第一页有标题和表头,第二页没有,若希望每一页都出现标题和表头,可进行如下操作。

在“页面设置”对话框中,选择“工作表”选项卡,在“打印区域”后的文本框中输入数据表区域,在“顶端标题行”后的文本框中输入标题及表头部分的区域。如图 4-42 所示。通过以上设置,在所有页面上都会出现标题和表头。

步骤 4 页眉、页脚的设置

在“页面设置”对话框中,选择“页眉/页脚”选项卡,如图 4-43 所示完成页眉页脚设置,单击“确定”按钮。

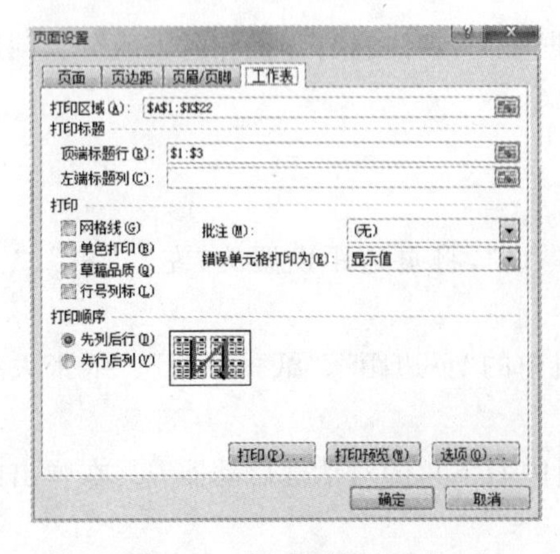

图 4-42 “工作表”选项卡

图 4-43 “页眉/页脚”选项卡

步骤5 打印输出

执行“文件”→“打印”命令，完成打印。

◆ 知识拓展

1. 插入批注

如果要对学生成绩测评表中吴小飞的姓名列加一个批注“2015年获得国家奖学金”。操作如下。

① 选择吴小飞的姓名列单元格B9。

② 在此单元格上右击，弹出一个快捷菜单，选择“插入批注”(或单击“审阅”选项卡“批注”组中的“新建批注”命令)。

③ 弹出一个文本框，在此框中输入“2015年获得国家奖学金”。

批注设置完成后，在右上角显示一个红色的三角，当把光标移至此单元格上时，会显示出批注的内容，如图4-44所示。

姓名	性别	出生日期
马小军	男	1998年1月5日
曾令铨	男	1996年12月19日
张国强	男	1997年3月29日
孙令煊	男	1996年4月27日
江晓勇	男	1997年5月24日
吴小飞		28日
姚南		月4日
杜学江	女	1998年3月27日

2015年获得国家奖学金

图4-44 显示批注图

小提示

删除批注：在此单元格上右击，弹出一个快捷菜单，选择“删除批注”选项。

---

2. 自动套用格式

如果对所建工作表没有特殊的格式要求，可以直接应用Excel给用户提供的自动套用格式。操作如下。

① 选择工作表区域。

② 单击“开始”选项卡“样式”组中的“套用表格格式”下拉按钮，如图4-45所示；选择一种合适的格式后，弹出“套用表格式”对话框，如图4-46所示，单击“确定”按钮。

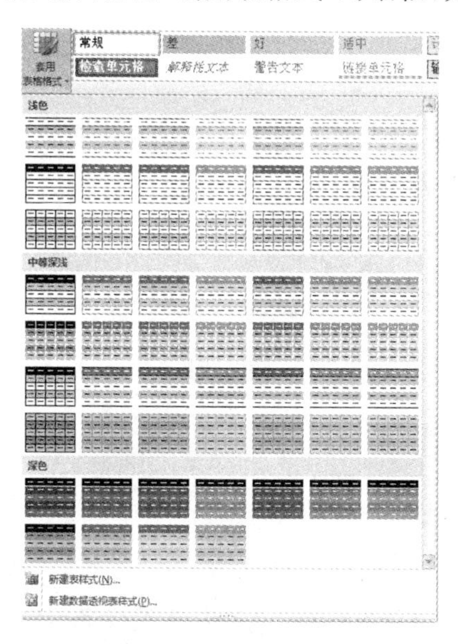

图4-45 “自动套用格式”对话框

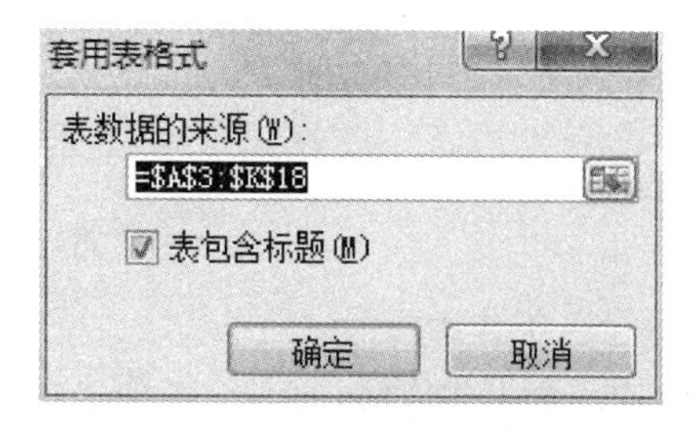

图4-46 “套用表格式”对话框

3. 工作表管理

工作表用于显示和分析数据。用户可以同时在多张工作表上输入并编辑数据，并且可以对不同工作表的数据进行汇总计算，每个工作表与一个工作表标签相对应，如 Sheet1、Sheet2、Sheet3、…。

1）选择工作表

要对某一个工作表进行操作，首先要选择该表，使其成为当前工作表。要对多个工作表同时进行操作，就要同时选择这些表，使这些表都成为当前工作表。当前工作表的标签底色为白色。

① 选定单个工作表：单击需要的工作表标签，该工作表就成为当前工作表。

② 选定多个连续工作表：单击第一张工作表标签后，按住 Shift 键，再单击所要选择的最后一张工作表标签，即可选定多个相邻工作表。

③ 选定多个不连续工作表：单击第一张工作表标签后，按住 Ctrl 键，再分别单击其他工作表标签，即可选定多个不连续工作表。

④ 选定工作簿中的所有工作表：右击工作表标签，弹出快捷菜单，在快捷菜单中选择“选定全部工作表”命令，即可选定工作簿中的所有工作表。

2）插入工作表

默认情况下，新创建的工作簿由三个工作表组成，用户可以根据需要增减工作表。

① 先选中该工作表，然后右击“工作表”标签，出现有关工作表操作的快捷菜单。

② 选择其中的“插入”命令，将出现“插入”对话框。

③ 选择插入“工作表”并单击“确定”按钮，Excel 会自动插入一个空白工作表，且为其给出默认名字。

3）删除工作表

当不再需要某个工作表时，可以删除此表。

① 选定要删除的工作表为当前工作表。

② 右击“工作表”标签，弹出快捷菜单。

③ 在快捷菜单中选取“删除”命令，可删除当前工作表。如果工作表中有数据，则出现“警告”对话框，如图 4-47 所示。用户可根据需要进行删除或取消。

注意：删除的工作表不可恢复。

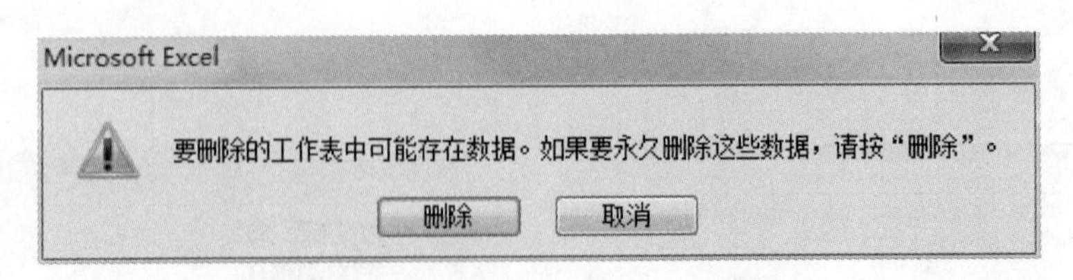

图 4-47 删除工作表时“警告”对话框

4）重命名工作表

当新建一个工作簿时，每一个工作表的名称 Sheet1、Sheet2、…是由系统提供的，用户可以根据自己的需要，给工作表取一个见名知意的名字。

方法一：双击要命名的工作表标签，工作表名字就会处于选中状态。键入新的工作表名称。

方法二：右击要命名的工作表标签，弹出工作表快捷菜单。选取“重命名”命令。键入新的工作表名称。

5）移动和复制工作表

方法一：

① 选择所要移动或复制的工作表，右击“工作表”标签，弹出快捷菜单。在快捷菜单中选取“移动或复制”命令，打开“移动或复制工作表”对话框。

② 在对话框中的“下列选定工作表之前”列表框中，选择工作表移动到的新位置，然后单击“确定”按钮，完成移动。若同时选取“建立副本”复选框，使其被选中，然后单击“确定”按钮，则可完成复制，如图 4-48 所示。

图 4-48 “移动或复制工作表”对话框

方法二：

① 将鼠标指针指向被移动的工作表标签，单击，此时鼠标指针变成带有一页卷角的图标，同时旁边的黑色倒三角用以指示移动的位置。沿着标签区域拖动鼠标到达需要的位置之后，释放鼠标按钮即可完成对工作表的移动。

② 将鼠标指针指向被复制的工作表标签，按下 Ctrl 键，再单击鼠标左键，此时鼠标指针变成内含“十”字形的图标，同时旁边的黑色倒三角用以指示工作表的复制位置。沿着标签区域拖动鼠标到达复制点后，释放鼠标和 Ctrl 键，即可完成对工作表的复制。

◆ 归纳总结

工作表的格式化及打印输出包括字体设置、数据的对齐方式、表格的边框及底纹、行高列宽，以及条件格式的设置，页面设置等。

通过对学生成绩测评表的格式化操作，可以对日常学习及工作中的其他表格，如工资表、课程表、销售表的格式化，举一反三进行设置。

4.4 项目4——制作图表

◆ 项目导入

小王为了能更形象、更直观地揭示学生成绩之间的差距，想以表格数据为依据，形成图形。在制作过程中，小王发现Excel具有很强的由表作图功能，对于已经作好的图形，还可以进一步改变其位置、大小和各种参数，做出一个漂亮的统计图形，直到满意为止。

◆ 项目分析

学生成绩测评表的图表化，需要先选择作图区域、图表样式，然后改变其位置和大小，最后进行布局和格式等设计。

◆ 项目展示

本项目效果如图4-49所示。

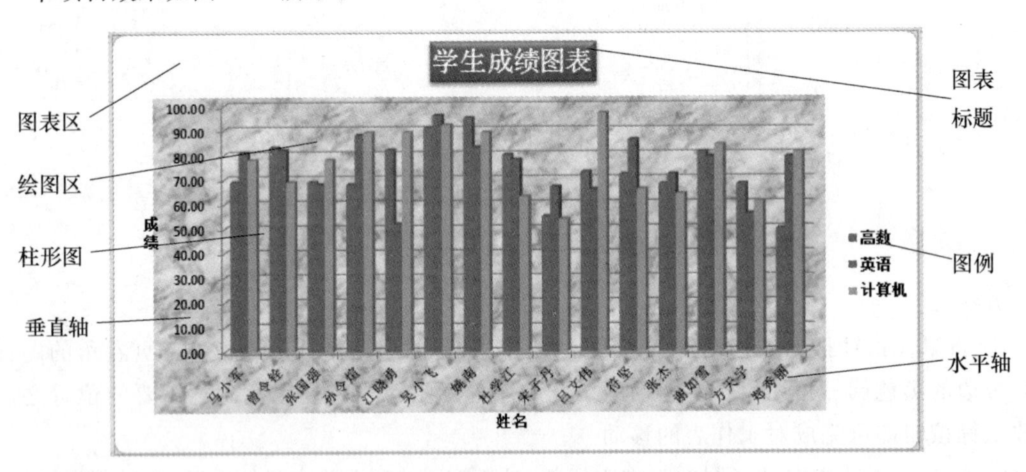

图4-49 学生成绩的三维簇状柱形图

◆ 能力要求

📖 如何创建图表

📖 如何布局和修饰图表

项目实施1 创建三维簇状柱形图表

本项目所用素材：素材\Excel素材\学生成绩测评表.xlsx

步骤 1　打开“学生成绩测评表. xlsx”文件。

步骤 2　选择姓名、高数、英语、计算机列数据，创建三维簇状柱形图表。

① 选择数据区域(按住 Ctrl 键的同时，选择姓名、高数、英语以及计算机列数据)，选择结果如图 4-50 所示。

E3　　f_x　高数

	A	B	C	D	E	F	G	H	I	J	K
1	学生成绩测评表										
2	学分				6	4.5	2	12.5			
3	学号	姓名	性别	出生日期	高数	英语	计算机	课程学分积	平均学分积	排名	是否补考
4	201501112101	马小军	男	1998年1月5日	69.00	81.00	78.00	934.50	74.76	8	否
5	201501112102	曾令铨	男	1996年12月19日	83.00	82.00	69.00	1005.00	80.40	4	否
6	201501112103	张国强	男	1997年3月29日	69.00	68.00	78.00	876.00	70.08	11	否
7	201501112104	孙令煊	男	1996年4月27日	68.00	88.00	89.00	982.00	78.56	5	否
8	201501112105	江晓勇	男	1997年5月24日	82.00	52.00	89.00	904.00	72.32	10	是
9	201501112106	吴小飞	男	1997年5月28日	*91.00*	*96.00*	*92.00*	1162.00	92.96	1	否
10	201501112107	姚南	女	1997年3月4日	*95.00*	83.00	89.00	1121.50	89.72	2	否
11	201501112108	杜学江	女	1998年3月27日	80.00	78.00	63.00	957.00	76.56	6	否
12	201501112109	宋子丹	男	1997年4月29日	55.00	67.00	54.00	739.50	59.16	15	是
13	201501112110	吕文伟	女	1997年8月17日	73.00	66.00	*97.00*	929.00	74.32	9	否
14	201501112111	符坚	男	1996年10月26日	72.00	86.00	66.00	951.00	76.08	7	否
15	201501112112	张杰	男	1997年3月5日	68.00	72.00	64.00	860.00	68.80	12	否
16	201501112113	谢如雪	女	1997年7月14日	81.00	79.00	84.00	1009.50	80.76	3	否
17	201501112114	方天宇	男	1997年10月5日	68.00	56.00	61.00	782.00	62.56	14	是
18	201501112115	郑秀丽	女	1997年11月15日	50.00	79.00	81.00	817.50	65.40	13	是

图 4-50　选择图表数据区域

② 单击“插入”选项卡“图表”组中的“柱形图”下拉按钮，在下拉菜单中选择“三维簇状柱形图”，则当前工作表中插入如图 4-51 所示图表。

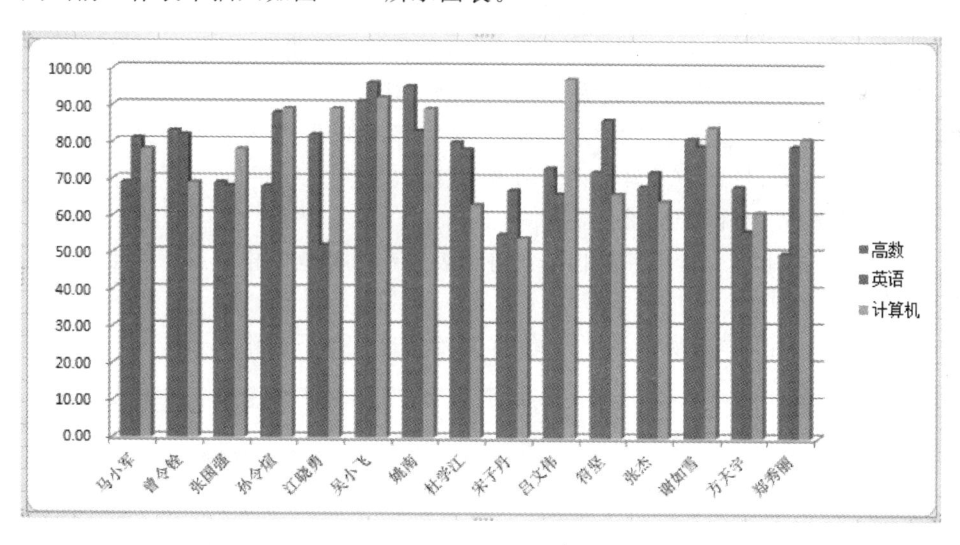

图 4-51　学生成绩的三维簇状柱形图

小提示

快速插入图表。

选择要创建图表的单元格区域。按 F11 键，图表自动生成，并作为新工作表保存。

项目实施 2 布局和修饰图表

编辑图表

在创建图表之后，还可以对图表进行编辑，包括更改图表类型及选择图表布局和图表样式等。这通过“图表工具”选项卡中的相应功能来实现。该选项卡在选定图表后便会自动出现，它包括 3 个部分，分别是“设计”、“布局”和“格式”。

1. 设计

“设计”组按钮如图 4-52 所示，在“设计”部分可以进行如下操作。

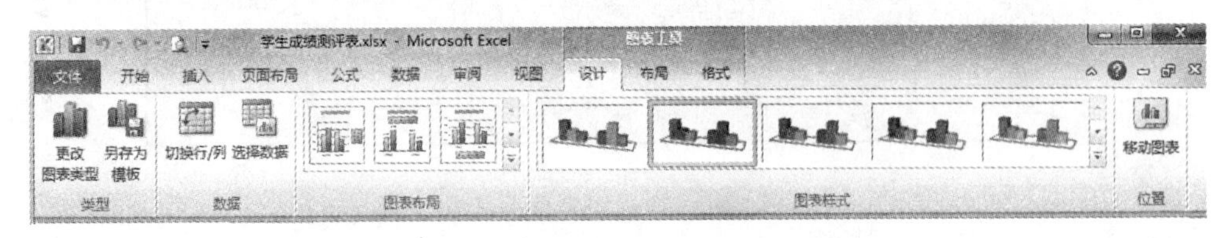

图 4-52 “图表工具”选项卡中的“设计”组按钮

① 更改图表类型：重新选择合适的图表。

② 另存为模板：将设计好的图表保存为模板，方便以后调用。

③ 切换行/列：将图表的 X 轴数据和 Y 轴数据对调。

④ 选择数据：打开“选择数据源”对话框，在其中可以编辑、修改系列和分类轴标签。

⑤ 设置图表布局：快速套用集中内置的布局样式。

⑥ 更改图表样式：为图表应用内置样式。

⑦ 移动图表：在本工作簿中移动图表或将图表移动到其他工作簿。

2. 布局

“布局”组按钮如图 4-53 所示，在“布局”部分可以进行如下操作。

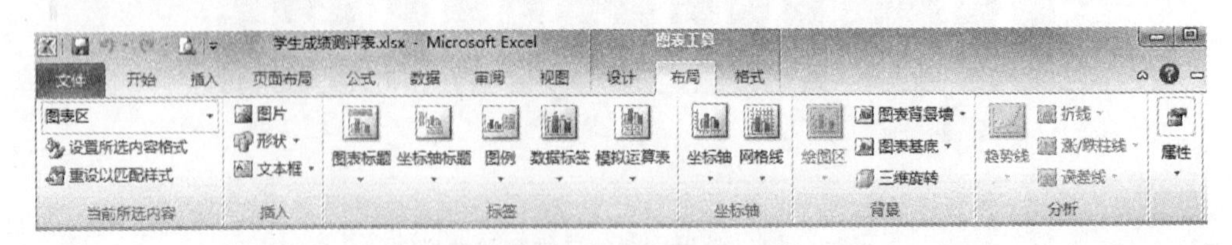

图 4-53 “图表工具”选项卡中的“布局”组按钮

① 设置所选内容格式：在“当前所选内容”组中快速定位图表元素，并设置所选内容格式。

② 插入图片、形状、文本框：在图表中直接插入图片、形状或文本框等图形工具。

③ 编辑图表标签元素：添加或修改图表标题、坐标轴标题、图例、数据标签和数据表。

④ 设置坐标轴与网格线：显示或隐藏主要横坐标轴与主要纵坐标轴，以及显示或隐藏网格线。

⑤ 设置图表背景：设置绘图区格式，为三维图标设置背景墙、基底或三维旋转格式。

⑥ 图表分析：添加趋势线、误差线等。

3. 格式

“格式”组按钮如图 4-54 所示，在“格式”部分可以进行如下操作。

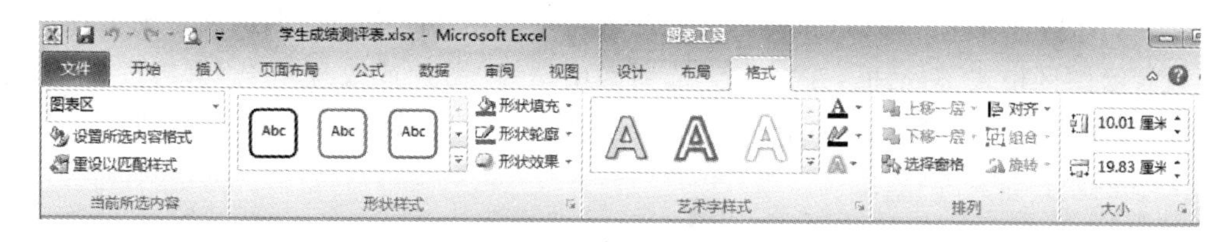

图 4-54　“图表工具”选项卡中的“格式”组按钮

① 设置所选内容格式：在“当前所选内容”组中快速定位图表元素，并设置所选内容格式。

② 编辑形状样式：套用快速样式，设置形状填充、形状轮廓及形状效果。

③ 插入艺术字：快速套用艺术字样式，设置艺术字颜色、外边框或艺术效果。

④ 排列图表：排列图表元素的对齐方式等。

⑤ 设置图表大小：设置图表宽度与高度、裁剪图表。

步骤 1　移动图表位置和调整图表大小。

① 选定图表，用鼠标拖动移动到合适的位置。

② 鼠标指针移动到图表的四个角或四条边的中心位置处，鼠标指针变为 ↕ 、↔ 或 ⤡ 、⤢ ，拖动鼠标改变图表的大小。

步骤 2　添加图表标题“学生成绩图表”，X 轴标题为“姓名”，Y 轴标题为“成绩”。

① 选定图表，在“图表工具”“布局”选项卡“标签”组中单击“图表标题”下拉按钮，在下拉菜单中选择“图表上方”命令。此时，图表上方图表标题文本框，在其中输入“学生成绩图表”。

② 单击“标签”组中的“坐标轴标题”下拉按钮，在下拉菜单中选择“主要横坐标轴标题”→“坐标轴下方标题”命令，在出现的坐标轴标题文本框中输入“姓名”。

③ 单击“标签”组中的“坐标轴标题”下拉按钮，在下拉菜单中选择“主要纵坐标轴标题”→“竖排标题”命令，在出现的坐标轴标题文本框中输入“成绩”。设置后的效果如图 4-55 所示。

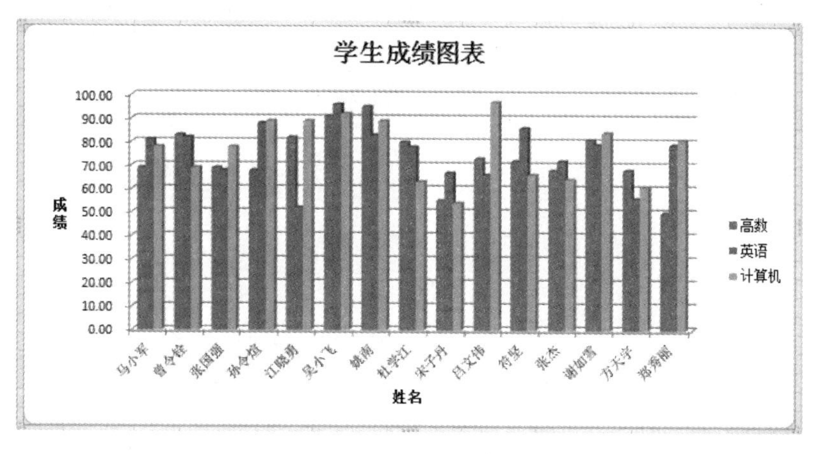

图 4-55　编辑图表

步骤 3 为图表标题"学生成绩图表"设置一个喜欢的快速样式，改变绘图区的背景为"白色大理石"。

① 选定图表标题，在"图表工具""格式"选项卡"形状样式"组中的快速形状样式库中选择最后一排中的形状样式"强烈效果—紫色，强调颜色 4"。

② 将鼠标指针移至绘图区(鼠标指针在图表对象间移动时旁边会提示该对象名称)，双击打开"设置绘图区格式"对话框，在"填充"选项卡中选择"图片或纹理填充"单选按钮，然后在"纹理"下拉列表中选择"白色大理石"，然后单击"关闭"按钮，效果如图 4-56 所示。

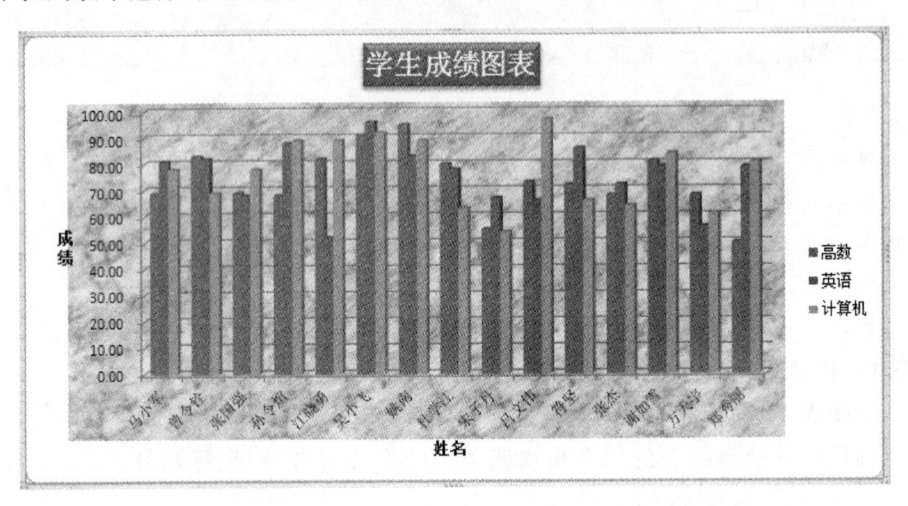

图 4-56 格式化图表

◆ 知识拓展

1. 常用图表类型

Excel 提供了 11 种标准类型的图表，如图 4-57 所示，每种图表类型又包含了若干种子图表类型。每种类型各有特色，下面简单介绍常用的图表类型。

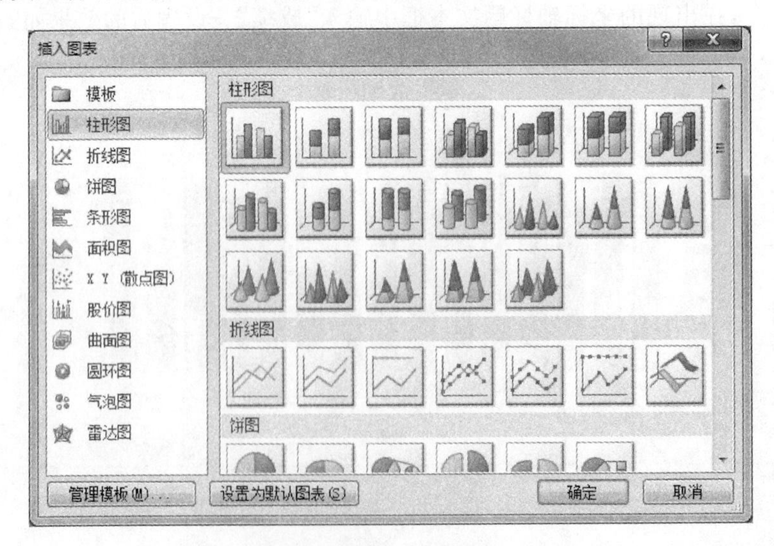

图 4-57 "插入图表"对话框

(1) 柱形图：是 Excel 默认的图表类型，用长条显示数据点的值，用来显示一段时间内数据的变化或者各组数据之间的比较关系。通常横轴为分类项，纵轴为数值项。

(2) 条形图：类似于柱形图，强调各个数据项之间的差别情况。纵轴为分类项，横轴为数值项，这样可以突出数值的比较。

(3) 折线图：将同一系列的数据在图中表示成点并用直线连接起来，适用于显示某段时间内数据的变化及其变化趋势。

(4) 饼图：只适用于单个数据系列间各数据的比较，显示数据系列中每一项占该系列数值总和的比例关系。

(5) XY 散点图：用于比较几个数据系列中的数值，也可以将两组数值显示为 xy 坐标系中的一个系列。它可按不等间距显示出数据，有时也称为簇，多用于科学数据分析。

(6) 面积图：将每一系列数据用直线段连接起来，并将每条线以下的区域用不同颜色填充。面积图强调幅度随时间的变化，通过显示所绘数据的总和，说明部分和整体的关系。

(7) 圆环图：显示部分与整体的关系，可以含有多个数据系列，每个环代表一个数据系列。

(8) 雷达图：每个分类拥有自己的数值坐标轴，这些坐标轴由中点向四周辐射，并用折线将同一系列中的值连接起来。

(9) 股价图：通常用来描绘股票价格走势。计算成交量的股价图有两个数值坐标轴，一个代表成交量，一个代表股票价格。股价图也可以用于处理其他数据。

(10) 曲面图：曲面图显示的是连接一组数据点的三维曲面。

(11) 气泡图：气泡图是 XY 散点图的扩展，其相当于在 XY 散点图的基础上增加第 3 个变量，即气泡的尺寸，气泡图可用于分析更为复杂的数据关系。

2. 迷你图

迷你图是 Excel 2010 中的一个新增功能，可以在一个单元格里面制作走势表，它是绘制在单元格中的一个微型图表，用迷你图可以直观地反映数据系列的变化趋势。目前 Excel 2010 提供了三种形式的迷你图，即"折线图"、"柱形图"和"盈亏"迷你图。下面以图 4-58 所示工作表数据为例，简要说明其成绩柱形迷你图创建方法。

	A	B	C	D	E
1	学生成绩测评表				
2	姓名	高数	英语	计算机	迷你图
3	马小军	69.00	81.00	78.00	
4	曾令铨	83.00	82.00	69.00	
5	张国强	69.00	68.00	78.00	
6	孙令煊	68.00	88.00	89.00	

图 4-58 创建迷你图原始数据

① 选择 E3 单元格。

② 单击"插入"选项卡"迷你图"组中的"柱形图"，出现"创建迷你图"对话框，在对话框中选择所需的数据范围，如图 4-59 所示，则当前工作表单元格中插入如图柱形迷你图。

③ 同样的操作方法可以得到 E4、E5、E6 单元格的迷你图，如图 4-60 所示。

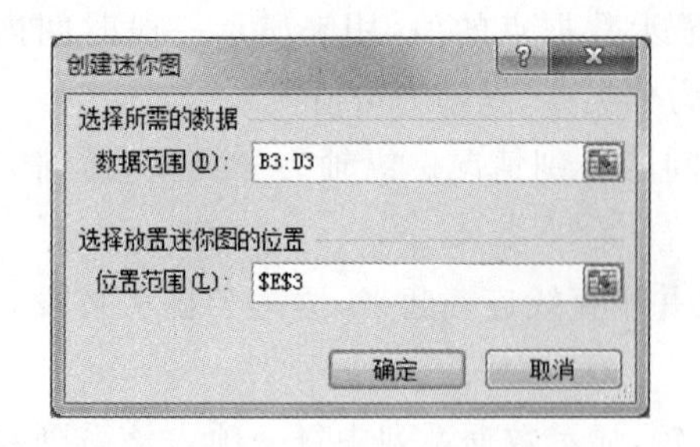

图 4-59 “创建迷你图”对话框

学生成绩测评表

姓名	高数	英语	计算机	迷你图
马小军	69.00	81.00	78.00	
曾令铨	83.00	82.00	69.00	
张国强	69.00	68.00	78.00	
孙令煊	68.00	88.00	89.00	

图 4-60 加入“迷你图”的成绩表

◆ 归纳总结

图表可以比具体的数字更直观地说明问题，因此在实际应用中，在使用表格的同时，通常还需要辅以图表加以说明。Excel 的图表功能也非常强大，涵盖了几十种图表类型。

本项目主要介绍了如何创建图表，移动图表位置、调整图表大小、编辑图表，设置图表格式，以及进行其他设置等。

学完本案例后，可以对日常学习及工作中的其他表格，如库存表、销售表等以图表的形式更直观地展示出来。当工作表中的数据源发生变化时，图表中相应的部分会自动更新。

4.5 项目 5——学生成绩表的数据管理及统计

◆ 项目导入

通过以上几个案例的制作，小王感觉自己已基本掌握了 Excel 的主要功能，正沾沾自喜之际，领导又布置了新任务。要求在学生成绩测评表的基础上，完成数据的排序、筛选和分类汇总等任务。制作过程中，小王又碰到了困难，比如，如何快速准确地排序、如何书写高级筛选的条件、如何按要求分类汇总、如何创建数据透视表等。小王再一次通过查资料学习、向高手请教，终于按要求完成了领导布置的任务。

◆ 项目分析

本项目主要包含四个方面内容：排序、筛选、分类汇总及数据透视表。排序应注意排序关键字及排序方式；筛选则分为自动筛选和高级筛选，高级筛选中筛选条件的书写是难点；分类汇总适合按一个字段进行分类，对一个或多个字段进行汇总；如果要对多个字段进行分类并汇总，则要用数据透视表来解决。

◆ 项目展示

1）排序效果（如图 4-63 所示）

2）筛选效果（如图 4-65、图 4-68 所示）

3）分类汇总效果（如图 4-70、图 4-72 所示）

4）数据透视表效果（如图 4-75 所示）

◆ 能力要求

📖 掌握数据排序

📖 掌握数据筛选

📖 熟练使用分类汇总

📖 创建数据透视表和数据透视图

项目实施 1　数据排序

步骤 1　将案例 2 制作的“学生成绩测评表”数据复制到 5 个新表中，同时删除 19 至 22 行内容，并将复制所得的新表重命名为“排序表”、“自动筛选表”、“高级筛选表”、“分类汇总表”以及“数据透视表”。

操作参见项目 3 知识拓展中的工作表管理内容。

步骤 2　在“排序表”中，首先按“课程学分积”的值由高到低排序，再按“是否补考”的笔画升序排列。

① 选中“排序表”，选定要排序的数据区域 A3:K18。

② 单击“数据”选项卡“排序和筛选”组中的“排序”按钮，打开“排序”对话框。

③ 选择主要关键字为“课程学分积”，排序依据为“数值”，次序为“降序”；单击“添加条件”按钮，选择次要关键字为“是否补考”，排序依据为“数值”，次序为“升序”，如图 4-61 所示。

④ 第二关键字按“是否补考”的笔画升序排列，需要单击图 4-61 中的“选项”按钮，弹出“排序选项”对话框，如图 4-62 所示，选择“笔划排序”即可。

图 4-61　“排序”对话框

图 4-62　“排序选项”对话框

⑤ 单击“确定”按钮，完成排序操作。排序结果如图 4-63 所示。

	A	B	C	D	E	F	G	H	I	J	K
1	学生成绩测评表										
2	学分				6	4.5	2	12.5			
3	学号	姓名	性别	出生日期	高数	英语	计算机	课程学分积	平均学分积	排名	是否补考
4	201501112106	吴小飞	男	1997年5月28日	***91.00***	***96.00***	***92.00***	1162.00	92.96	1	否
5	201501112107	姚南	女	1997年3月4日	***95.00***	83.00	89.00	1121.50	89.72	2	否
6	201501112113	谢如雪	女	1997年7月14日	81.00	79.00	84.00	1009.50	80.76	3	否
7	201501112102	曾令铨	男	1996年12月19日	83.00	82.00	69.00	1005.00	80.40	4	否
8	201501112104	孙令煊	男	1996年4月27日	68.00	88.00	89.00	982.00	78.56	5	否
9	201501112108	杜学江	女	1998年3月27日	80.00	78.00	63.00	957.00	76.56	6	否
10	201501112111	符坚	男	1996年10月26日	72.00	86.00	66.00	951.00	76.08	7	否
11	201501112101	马小军	男	1998年1月5日	69.00	81.00	78.00	934.50	74.76	8	否
12	201501112110	吕文伟	女	1997年8月17日	73.00	66.00	***97.00***	929.00	74.32	9	否
13	201501112105	江晓勇	男	1997年5月24日	82.00	52.00	89.00	904.00	72.32	10	是
14	201501112103	张国强	男	1997年3月29日	69.00	68.00	78.00	876.00	70.08	11	否
15	201501112112	张杰	男	1997年3月5日	68.00	72.00	64.00	860.00	68.80	12	否
16	201501112115	郑秀丽	女	1997年11月15日	50.00	79.00	81.00	817.50	65.40	13	是
17	201501112114	方天宇	男	1997年10月5日	68.00	56.00	61.00	782.00	62.56	14	是
18	201501112109	宋子丹	男	1997年4月29日	55.00	67.00	54.00	739.50	59.16	15	是

图 4-63　排序结果示意

数据排序

数据排序有两种形式:简单排序和复杂排序。

1. 简单排序

简单排序指对一个关键字(单一字段)进行升序或降序排列。可以单击“数据”选项卡“排序和筛选”组中的“升序”按钮、“降序”按钮快速实现,也可以通过单击“排序”按钮,打开排序对话框进行操作。

2. 复杂排序

复杂排序指对一个以上关键字(多个字段)进行升序或降序排列。当排序的字段值相同时,可按另一个关键字继续排序,最多可以设置3个排序关键字。这必须通过单击“数据”选项卡“排序和筛选”组中的“排序”按钮来实现。

项目实施2　数据筛选

步骤1　在“自动筛选表”中,筛选出“高数”、“英语”、“计算机”成绩同时大于等于80分的学生。

① 选中“自动筛选表”,选定要排序的数据区域A3:K18。

② 单击“数据”选项卡“排序和筛选”组中的“筛选”按钮,在各个字段名的右边会出现筛选按钮。

③ 单击“高数”右边的筛选按钮,在下拉列表中选择“数字筛选”→“大于或等于”命令,打开“自定义自动筛选方式”对话框,在“大于或等于”下拉列表框右边的文本框中输入“80”,如

图 4-64 所示。

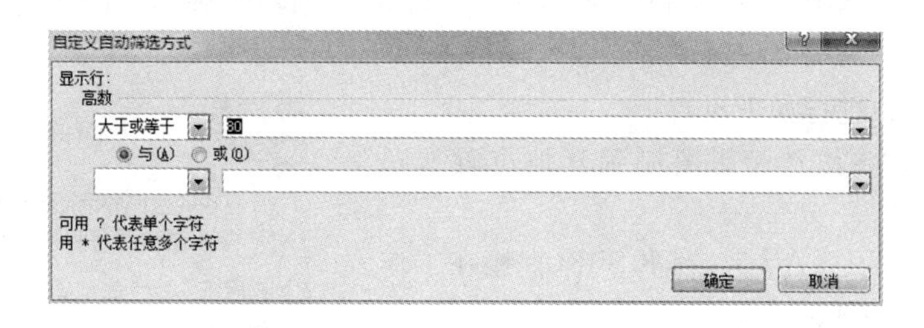

图 4-64　“自定义自动筛选方式”对话框

④ 单击“确定”按钮，则筛选出“高数”大于等于 80 分的学生。用同样的方法进行“英语”、“计算机”列的筛选，筛选结果如图 4-65 所示。

	A	B	C	D	E	F	G	H	I	J	K
1	学生成绩测评表										
2	学分				6	4.5	2	12.5			
3	学号	姓名	性别	出生日期	高数	英语	计算机	课程学分	平均学分	排	是否补
9	201501112106	吴小飞	男	1997年5月28日	91.00	96.00	92.00	1162.00	92.96	1	否
10	201501112107	姚南	女	1997年3月4日	95.00	83.00	89.00	1121.50	89.72	2	否

图 4-65　自动筛选结果示意

小提示

在打开的“自定义自动筛选方式”对话框中，“与”表示上面条件与下面条件要同时成立；“或”表示上面条件与下面条件有一个成立就可以。

数据筛选

数据筛选就是将数据表中所有不满足条件的记录行暂时隐藏起来，只显示那些满足条件的数据行。

Excel 的数据筛选方式：自动筛选和高级筛选。

(1) 自动筛选。通过单击“数据”选项卡“排序和筛选”组中的“筛选”按钮来实现，主要用于实现单字段筛选、多字段的逻辑与关系。

(2) 高级筛选。通过单击“数据”选项卡“排序和筛选”组中的“高级”按钮来实现，高级筛选可以处理任何形式的关系，但主要用于实现多字段的逻辑或关系。

步骤 2　在“高级筛选表”中，筛选出“高数”、“英语”、“计算机”成绩有一门小于 60 分的学生。

① 选中“高级筛选表”。

② 在工作表的 A20 开始的区域内设置筛选条件。“高数”、“英语”、“计算机”成绩有一门小于 60 分的学生，这是一种“或”的关系，要将条件写在不同行，如图 4-66 所示。

高数	英语	计算机
<60		
	<60	
		<60

图 4-66　条件表示

③ 单击“数据”选项卡“排序和筛选”组中的“高级”按钮，弹出“高级筛选”对话框，如图 4-67 所示。

④ 在对话框中进行如下设置。

“方式”设为：“将筛选结果复制到其他位置”，以免覆盖原有数据。

“列表区域”设为：\$A\$3 ：\$K\$18（直接在工作表中选择筛选区域，要包括标题行）。

“条件区域”设为：\$A\$20 ：\$C\$23（直接在工作表中选择条件区域）。

“复制到”设为：\$A\$25（直接单击该单元格），作为目标区域的起始单元格，筛选结果将自动向右、向下扩充。

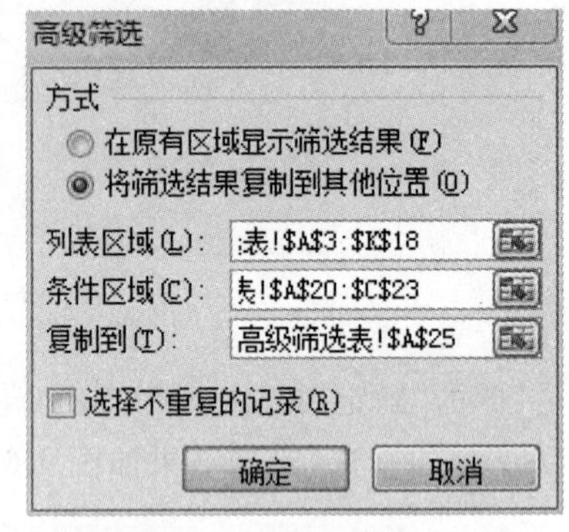

图 4-67 “高级筛选”对话框

“选择不重复的记录”设为：不选，若不选择重复的记录，可选中该项。

⑤ 单击“确定”按钮，则筛选出“高数”、“英语”、“计算机”成绩有一门小于 60 分的学生。筛选结果如图 4-68 所示。

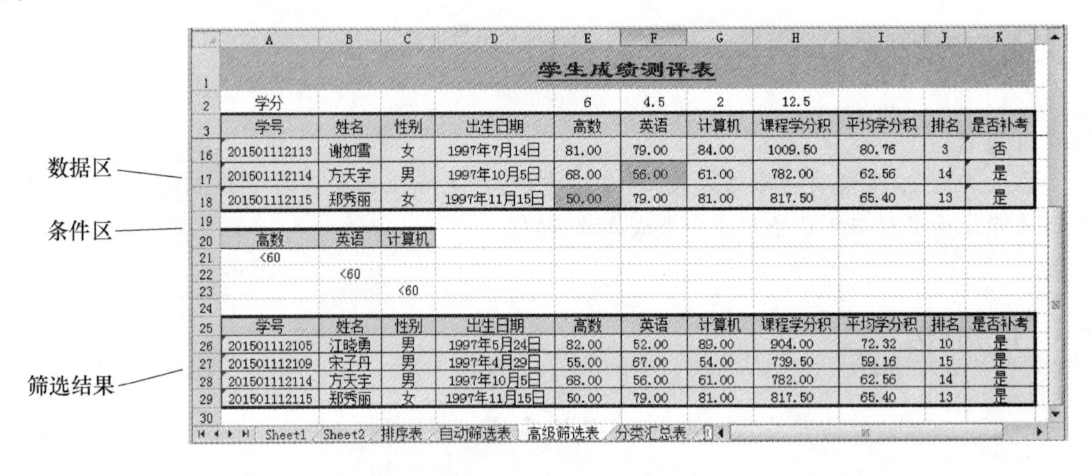

	A	B	C	D	E	F	G	H	I	J	K
1	学生成绩测评表										
2	学分				6	4.5	2	12.5			
3	学号	姓名	性别	出生日期	高数	英语	计算机	课程学分积	平均学分积	排名	是否补考
16	201501112113	谢如雪	女	1997年7月14日	81.00	79.00	84.00	1009.50	80.76	3	否
17	201501112114	方天宇	男	1997年10月5日	68.00	56.00	61.00	782.00	62.56	14	是
18	201501112115	郑秀丽	女	1997年11月15日	50.00	79.00	81.00	817.50	65.40	13	是
19											
20	高数	英语	计算机								
21	<60										
22		<60									
23			<60								
24											
25	学号	姓名	性别	出生日期	高数	英语	计算机	课程学分积	平均学分积	排名	是否补考
26	201501112105	江晓勇	男	1997年5月24日	82.00	52.00	89.00	904.00	72.32	10	是
27	201501112109	宋子丹	男	1997年4月29日	55.00	67.00	54.00	739.50	59.16	15	是
28	201501112114	方天宇	男	1997年10月5日	68.00	56.00	61.00	782.00	62.56	14	是
29	201501112115	郑秀丽	女	1997年11月15日	50.00	79.00	81.00	817.50	65.40	13	是
30											

图 4-68 高级筛选结果示意

小提示

条件区域应建立在数据区域以外，用空行或空列与数据区域分隔。

输入筛选条件时，首行输入条件字段名，该字段必须与数据表中的字段保持一致（为保证输入正确，最好将数据表中的字段复制到条件区），下一行起输入筛选条件，输入在同一行上的条件关系为“与”（并且）关系，输入在不同行上的条件关系为“或”（或者）关系。

项目实施 3 分类汇总数据

步骤 1 在“分类汇总表”中，按照性别分类汇总各列数据的平均值。

① 选中“分类汇总表”。

② 以“性别”为“主要关键字”,升序(或降序)排序。

③ 单击“数据”选项卡“分级显示”组中的“分类汇总”按钮,弹出“分类汇总”对话框。

④ 在对话框中进行各项设置:“分类字段”下拉列表中选择“性别”;“汇总方式”下拉列表中选择“平均值”;“选定汇总项”列表中选择“高数”、“英语”、“计算机”、“课程学分积”和“平均学分积”;其余项可不做改动,如图 4-69 所示。

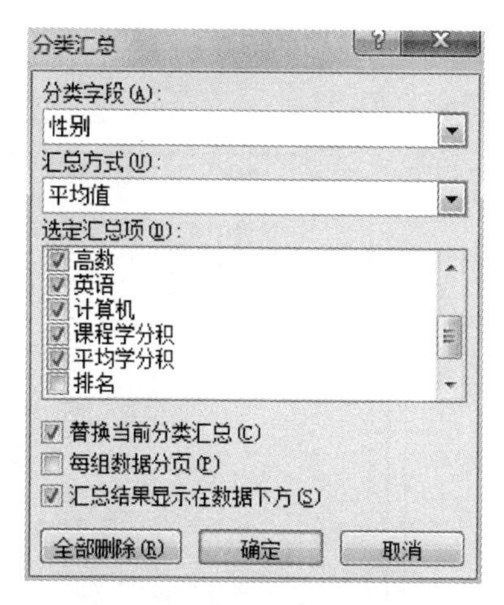

图 4-69　“分类汇总”对话框

⑤ 单击“确定”按钮,得到分类汇总表。结果如图 4-70 所示。

	A	B	C	D	E	F	G	H	I	J	K
1	学生成绩测评表										
2	学分				6	4.5	2	12.5			
3	学号	姓名	性别	出生日期	高数	英语	计算机	课程学分积	平均学分积	排名	是否补考
4	201501112101	马小军	男	1998年1月5日	69.00	81.00	78.00	934.50	74.76	8	否
5	201501112102	曾令铨	男	1996年12月19日	83.00	82.00	69.00	1005.00	80.40	4	否
6	201501112103	张国强	男	1997年3月29日	69.00	68.00	78.00	876.00	70.08	12	否
7	201501112104	孙令煊	男	1996年4月27日	68.00	88.00	89.00	982.00	78.56	5	否
8	201501112105	江晓勇	男	1997年5月24日	82.00	52.00	89.00	904.00	72.32	11	是
9	201501112106	吴小飞	男	1997年5月28日	***91.00***	***96.00***	***92.00***	1162.00	92.96	1	否
10	201501112109	宋子丹	男	1997年4月29日	55.00	67.00	54.00	739.50	59.16	16	是
11	201501112111	符坚	男	1996年10月26日	72.00	86.00	66.00	951.00	76.08	7	否
12	201501112112	张杰	男	1997年3月5日	68.00	72.00	64.00	860.00	68.80	13	否
13	201501112114	方天宇	男	1997年10月5日	68.00	56.00	61.00	782.00	62.56	15	是
14		**男 平均值**			72.50	74.80	74.00	919.60	73.57		
15	201501112107	姚南	女	1997年3月4日	***95.00***	83.00	89.00	1121.50	89.72	2	否
16	201501112108	杜学江	女	1998年3月27日	80.00	78.00	63.00	957.00	76.56	6	否
17	201501112110	吕文伟	女	1997年8月17日	73.00	66.00	***97.00***	929.00	74.32	9	否
18	201501112113	谢如雪	女	1997年7月14日	81.00	79.00	84.00	1009.50	80.76	3	否
19	201501112115	郑秀丽	女	1997年11月15日	50.00	79.00	81.00	817.50	65.40	14	是
20		**女 平均值**			75.80	77.00	82.80	966.90	77.35		
21		**总计平均值**			73.60	75.53	76.93	935.37	74.83		

图 4-70　分类汇总结果示意

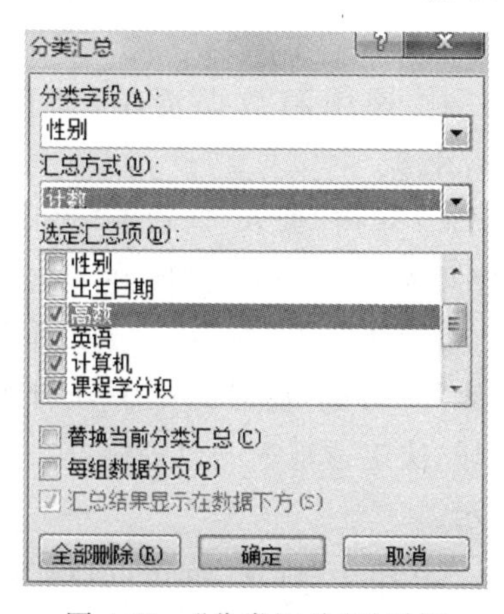

图 4-71　“分类汇总”对话框

步骤 2　在步骤 5 的基础上,统计各性别人数。

① 继续单击“数据”选项卡“分级显示”组中的“分类汇总”按钮,弹出“分类汇总”对话框。

② 在对话框中改变设置:“汇总方式”下拉列表中选择“计数”;不能选择“替换当前分类汇总”复选框,如图 4-71 所示。

③ 单击“确定”按钮,得到嵌套汇总表。结果如图 4-72 所示。

	A	B	C	D	E	F	G	H	I	J	K
1	学生成绩测评表										
2	学分				6	4.5	2	12.5			
3	学号	姓名	性别	出生日期	高数	英语	计算机	课程学分积	平均学分积	排名	是否补考
4	201501112101	马小军	男	1998年1月5日	69.00	81.00	78.00	934.50	74.76	8	否
5	201501112102	曾令铨	男	1996年12月19日	83.00	82.00	69.00	1005.00	80.40	4	否
6	201501112103	张国强	男	1997年3月29日	69.00	68.00	78.00	876.00	70.08	12	否
7	201501112104	孙令煊	男	1996年4月27日	68.00	88.00	89.00	982.00	78.56	5	否
8	201501112105	江晓勇	男	1997年5月24日	82.00	52.00	89.00	904.00	72.32	11	是
9	201501112106	吴小飞	男	1997年5月28日	***91.00***	***96.00***	***92.00***	1162.00	92.96	1	否
10	201501112109	宋子丹	男	1997年4月29日	55.00	67.00	54.00	739.50	59.16	16	是
11	201501112111	符坚	男	1996年10月26日	72.00	86.00	66.00	951.00	76.08	7	否
12	201501112112	张杰	男	1997年3月5日	68.00	72.00	64.00	860.00	68.80	13	否
13	201501112114	方天宇	男	1997年10月5日	68.00	56.00	61.00	782.00	62.56	15	是
14		男 计数			10	10	10	10	10		
15		男 平均值			72.50	74.80	74.00	919.60	73.57		
16	201501112107	姚南	女	1997年3月4日	***95.00***	83.00	89.00	1121.50	89.72	2	否
17	201501112108	杜学江	女	1998年3月27日	80.00	78.00	63.00	957.00	76.56	6	否
18	201501112110	吕文伟	女	1997年8月17日	73.00	66.00	***97.00***	929.00	74.32	9	否
19	201501112113	谢如雪	女	1997年7月14日	81.00	79.00	84.00	1009.50	80.76	3	否
20	201501112115	郑秀丽	女	1997年11月15日	50.00	79.00	81.00	817.50	65.40	14	是
21		女 计数			5	5	5	5	5		
22		女 平均值			75.80	77.00	82.80	966.90	77.35		
23		总计数			15	15	15	15	15		
24		总计平均值			73.60	75.53	76.93	935.37	74.83		

图 4-72 嵌套汇总结果示意

小提示

分类汇总后，在表格的左侧是分级显示符号，单击这些符号可以分别显示不同级别的数据。

若要取消分类汇总，在“分类汇总”对话框中单击“全部删除”按钮即可。

项目实施 4 建立数据透视表

步骤 1 在“数据透视表”中，为学生成绩测评表建立数据透视表，统计各性别是否补考的人数。

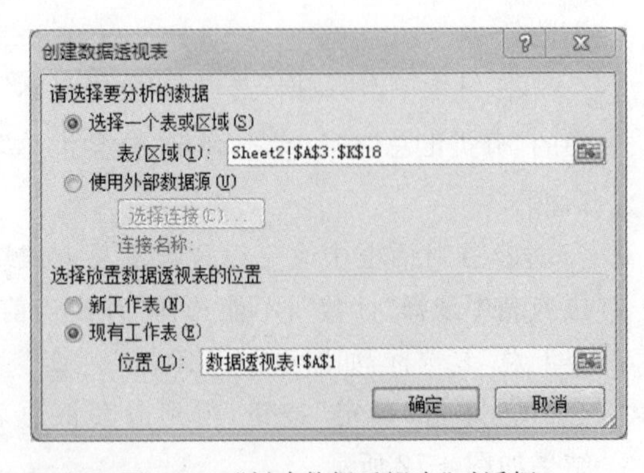

图 4-73 “创建数据透视表”对话框

① 选中源数据清单，即数据区域 A3:K18。

② 单击“插入”选项卡“表格”组中的“数据透视表”下拉按钮，在下拉菜单中选择“数据透视表”命令，打开“创建数据透视表”对话框，在对话框中分别选定数据区域、决定透视表的放置位置。如图 4-73 所示。

③ 单击“确定”按钮，出现“数据透视表字段列表”任务窗格，如图 4-74 所示，

把要分类的字段“性别”拖至“行标签”区，“是否补考”拖至“列标签”区，汇总的字段“是否补考”继续拖至“数值”区，结果如图 4-75 所示。

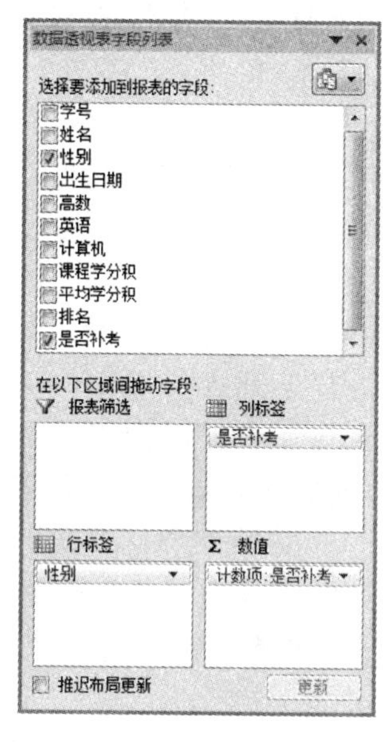

图 4-74 “数据透视表字段列表”任务窗格

	A	B	C	D
1	计数项:是否补考	列标签		
2	行标签	否	是	总计
3	男	7	3	10
4	女	4	1	5
5	总计	11	4	15

图 4-75 创建“数据透视表”结果示意

小提示

创建好数据透视表之后，“数据透视表工具”选项卡会自动出现，它可以用来修改数据透视表。数据透视表的修改主要有 3 个方面。

(1) 更改数据透视表布局。

数据透视表结构中行、列、数据字段都可以被更替或增加。将行、列、数据字段移出表示删除字段，移入表示增加字段。

(2) 改变汇总方式。

还可以通过单击“数据透视表工具”→“选项”→“计算”→“按值汇总”下拉按钮来实现。

(3) 数据更新。

有时数据清单中的数据发生了变化，但数据透视表并没有随之变化。此时，不必重新生成数据透视表，只需单击“数据透视表工具”→“选项”→“数据”→“刷新”下拉按钮即可。

步骤 2 保存工作簿。

◆ 知识拓展

1. 数据链接

Excel 允许同时操作多个工作表或工作簿，通过工作簿的链接，使它们具有一定的联系。修改其中一个工作簿的数据，Excel 会通过它们的链接关系，自动修改其他工作表或工作簿中的数据。链接让一个工作簿可以共享其他工作簿中的数据，可以链接单元格、单元格区域、公式、常量或工作表。

通过“复制”和“选择性粘贴”建立链接，步骤如下。

① 同时打开源工作簿和目标工作簿，并在源工作簿中选定数据，然后右击，在快捷菜单中选择“复制”命令。

② 打开目标工作簿，在需要显示链接数据的区域中，单击左上角第一个单元格。

③ 单击右键，在快捷菜单中选择“选择性粘贴”命令，打开“选择性粘贴”对话框，在“选择性粘贴”对话框中，选择“粘贴链接”按钮即可。

2. 合并计算

Excel 提供了“合并计算”的功能，可以对多张工作表中的数据同时进行计算汇总。包括求和(SUM)，求平均数(AVERAGE)，求最大、最小值(MAX、MIN)，计数(COUNT)等运算。

合并计算有两种方式，第一种方式是按位置合并，它要求参与合并计算的所有工作表数据的对应位置都相同，即各工作表的结构完全一样，这时，就可以把各工作表中对应位置的单元格数据进行合并，此时在合并计算时可以不勾选标签位置。

第二种方式是通过分类来进行合并，此时需要勾选标签位置，最左列或者首行，或者全部勾选，勾选后，勾选对应行、列不必排序、合并时会以行列相同单元格作为分类对同行列数据汇总。

例如：有三个子公司 A、B 两种产品 1 到 12 月的销售报表如图 4-76 所示，合并计算总销售额。

子公司1销售额

月份	A产品	B产品
一月	12	243
二月	20	139
三月	41	130
四月	21	93
五月	32	80
六月	22	64
七月	12	93
八月	32	115
九月	43	122
十月	22	188
十一月	31	220
十二月	19	232

(a) 子公司1销售额

子公司2销售额

月份	B产品	A产品
一月	313	22
二月	122	38
三月	85	29
四月	73	45
五月	56	15
六月	73	27
七月	110	34
八月	86	18
九月	110	15
十月	213	11
十一月	318	30
十二月	336	48

(b) 子公司2销售额

子公司3销售额

月份	A产品	B产品
一月	37	214
二月	22	123
三月	7	112
四月	30	97
五月	21	78
六月	31	73
七月	48	67
八月	15	89
九月	12	123
十月	23	176
十一月	41	190
十二月	29	223

(c) 子公司3销售额

图 4-76 “数据透视表字段列表”任务窗格

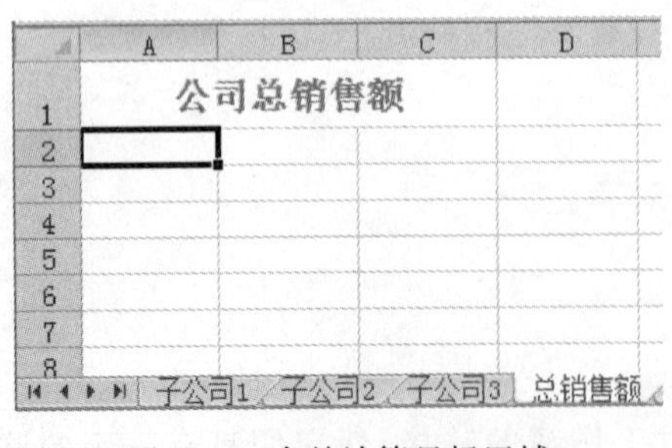

图 4-77 合并计算目标区域

操作步骤如下：

① 在这三张子公司销售表后新建一个工作表，命名为总销售额，输入表头，选中合并计算结果存放位置单元格 A2，如图 4-77 所示；

② 单击“数据”选项卡“数据工具”组中的“合并计算”按钮，弹出“合并计算”对话框。在“函数”下拉列表框中选择“求和”，然后单击“引用位置”文本框，用鼠标选择子公司 1 中 A2:C14 单元格区域，再单击“添加”按钮，则选择的工作表单元格区域就会加入到“所有引用

位置”列表框中，再勾选标签位置的“首行”和“最左列”（“首行”和“最左列”表示我们要按照首行的产品类型、数量以及最左列的月份作为标签分类合并计算总的数量）。如图 4-78 所示。

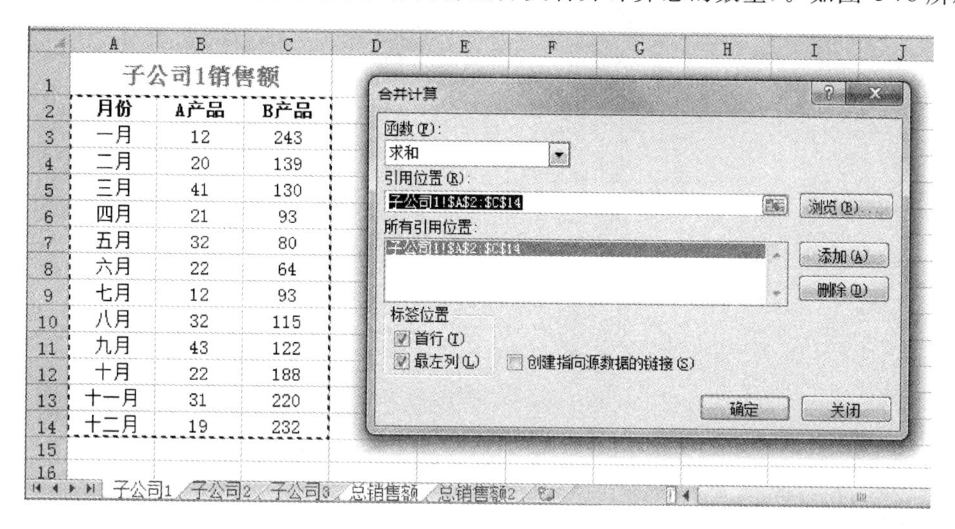

子公司1销售额

月份	A产品	B产品
一月	12	243
二月	20	139
三月	41	130
四月	21	93
五月	32	80
六月	22	64
七月	12	93
八月	32	115
九月	43	122
十月	22	188
十一月	31	220
十二月	19	232

图 4-78　“合并计算”引用位置的添加

③ 按照同样的方法，将子公司 2 和子公司 3 的数据都添加到“所有引用位置”列表框中，如图 4-79 所示，然后单击“确定”按钮。结果如图 4-80 所示。

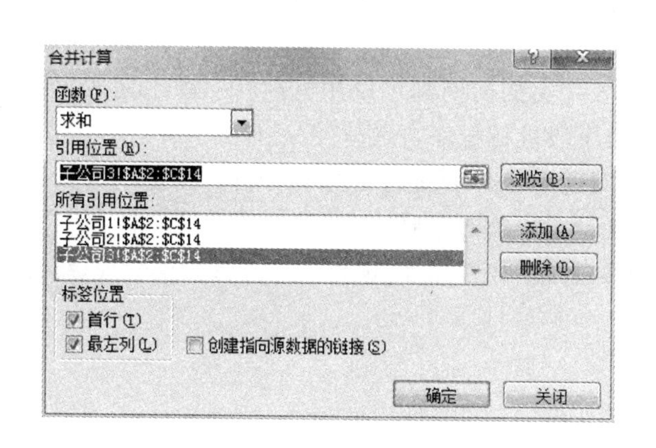

图 4-79　“合并计算”对话框

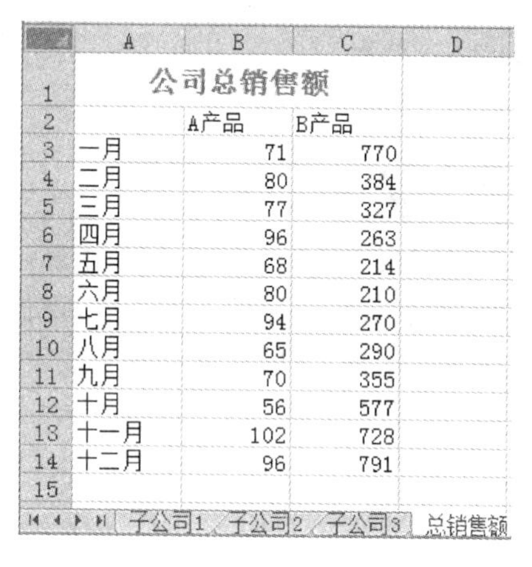

公司总销售额

	A产品	B产品
一月	71	770
二月	80	384
三月	77	327
四月	96	263
五月	68	214
六月	80	210
七月	94	270
八月	65	290
九月	70	355
十月	56	577
十一月	102	728
十二月	96	791

图 4-80　合并计算结果

小 提 示

选中“创建指向源数据的链接”复选框，可以查看合并计算的明细数据，如图 4-81 所示，单击图中的 + 按钮即可。若不想显示明细数据，可以单击相关行前的 - 按钮。由于创建了链接至数据源的链接，此时更新数据源，合并计算区域数据会自动更新。

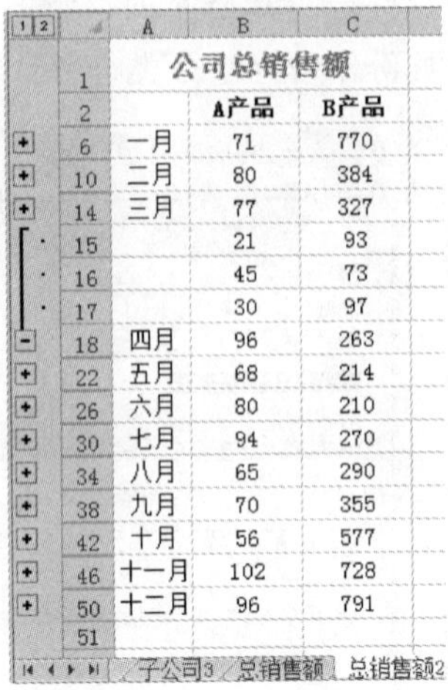

	A	B	C
1	公司总销售额		
2		A产品	B产品
6	一月	71	770
10	二月	80	384
14	三月	77	327
15		21	93
16		45	73
17		30	97
18	四月	96	263
22	五月	68	214
26	六月	80	210
30	七月	94	270
34	八月	65	290
38	九月	70	355
42	十月	56	577
46	十一月	102	728
50	十二月	96	791
51			

子公司3 / 总销售额 / 总销售额2

图 4-81　创建了链接的合并计算结果

◆ 归纳总结

在 Excel 中,用户可以使用数据排序、筛选、分类汇总、创建数据透视表等对表格中的数据进行统计分析。

数据的筛选可以通过"自动筛选"和"高级筛选"两种方式进行。"自动筛选"可用于简单条件的筛选,"高级筛选"可用于复杂条件的筛选。筛选结果使工作表中满足设定条件的记录显示出来。

分类汇总实际上是一种条件求和,很多统计类的问题都可以用"分类汇总"来完成。在进行分类汇总之前一定要对数据清单按照分类字段进行排序,再进行汇总计算。

数据透视表是一种交互式工作表,用于对现有工作表进行汇总和分析。在使用数据透视表时,要注意数据区域的正确选取,根据需要设定正确的布局。

学完本案例,可以对日常学习及工作中的表格,如库存表、销售表等进行数据管理、统计分析,闻一知十。

项 目 实 训

实训项目一　制作学生成绩表和产品月销售统计表

实训内容

制作两个表格,分别为:学生成绩表(如样图 4-1、样图 4-3 所示)和产品月销售统计表(如样图 4-4、样图 4-6 所示)。

实训要求及步骤

任务一：建立“学生成绩表”

	A	B	C	D	E	F	G	H	I
1	学生成绩表								
2	学号	姓名	性别	数学	英语	计算机	总分	平均分	总评
3	0020150101	王平	男	90.0	80.0	96.0	266.0	88.7	良好
4	0020150102	郭标	男	76.0	70.0	52.0	198.0	66.0	及格
5	0020150103	王方方	女	72.0	71.0	76.0	219.0	73.0	及格
6	0020150104	石慧娟	学习委员	70.0	68.0	73.0	211.0	70.3	及格
7	0020150105	刘晓红	女	82.0	80.0	86.0	248.0	82.7	良好
8	0020150106	牛浩	男	70.0	50.0	74.0	194.0	64.7	及格
9	0020150107	李艳	女	48.0	68.0	73.0	189.0	63.0	及格
10	0020150108	孙杰	女	85.0	83.0	89.0	257.0	85.7	良好
11	0020150109	苗向升	男	86.0	85.0	90.0	261.0	87.0	良好
12	0020150110	李凯	班长	88.0	86.0	76.0	250.0	83.3	良好
13	0020150111	刘治	男	94.0	92.0	97.0	283.0	94.3	优秀
14	0020150112	韩松林	男	87.0	83.0	93.0	263.0	87.7	良好
15	0020150113	俞平	男	42.0	63.0	68.0	173.0	57.7	不及格
16	0020150114	刘峰丽	女	74.0	72.0	78.0	224.0	74.7	及格
17	0020150115	王萌	男	68.0	66.0	72.0	206.0	68.7	及格

样图4-1 “学生成绩表”计算和格式化后的效果图

(1) 新建一个工作簿文件，将当前的临时工作簿文件保存在“D:\Excel”文件夹中，命名为“学生成绩表.xlsx”。

(2) 在Sheetl工作表中输入样图4-2所示内容。

	A	B	C	D	E	F	G	H	I
1	学生成绩表								
2	学号	姓名	性别	数学	英语	计算机	总分	平均分	总评
3	0020150101	王平	男	90	80	96			
4	0020150102	郭标	男	76	70	52			
5	0020150103	王方方	女	72	71	76			
6	0020150104	石慧娟	女	70	68	73			
7	0020150105	刘晓红	女	82	80	86			
8	0020150106	牛浩	男	70	50	74			
9	0020150107	李艳	女	48	68	73			
10	0020150108	孙杰	女	85	83	89			
11	0020150109	苗向升	男	86	85	90			
12	0020150110	李凯	男	88	86	76			
13	0020150111	刘治	男	94	92	97			
14	0020150112	韩松林	男	87	83	93			
15	0020150113	俞平	男	42	63	68			
16	0020150114	刘峰丽	女	74	72	78			
17	0020150115	王萌	男	68	66	72			

样图4-2 “学生成绩表”原始数据

(3) 计算“总分”、“平均分”和“总评”列数据。

① 总分＝ 数学 ＋ 英语 ＋ 计算机。

② 平均分＝(数学 ＋ 英语 ＋ 计算机)÷3;或平均分＝总分÷3。

③ 总评:平均分＞＝90,优秀;平均分＞＝80,良好;平均分＞＝60,及格;否则,不及格。

(4) 设置单元格格式。

① 将标题行合并居中(水平居中、垂直居中),将2～16行数据居中。

② 将标题字体设置为“隶书、加粗、深蓝色、20号且加下划线”,其他的文字字体设置为

“宋体、常规、12号”。

③ 将“数学”、“英语”、“计算机”、“总分”和“平均分”列数据保留1位小数。

④ 为学生成绩统计表添加边框：深红色，外框粗线、内框细线。为标题行加背景：“白色，背景1，深色25%”；列标头加背景：黄色。

⑤ 将标题栏的行高设置为30，数据部分的行高设置为18，将“学号”列宽设置为10，其余列的列宽设置为8。

(5) 设置条件格式。

对学生成绩统计表中数学、英语、计算机成绩大于或等于90分的数据用蓝色、加双下划线来标注，低于60分的单元格设置成浅红填充、深红色文本效果。

(6) 插入批注。

① 对学生成绩统计表中李凯的姓名列加一个批注“班长”。

② 石慧娟的姓名列加一个批注“学习委员”。

(7) 在“学生成绩表”中，对前5个学生制作如样图4-3所示的“成绩图表”，并设置绘图区图案格式为渐变填充，预设颜色为“麦浪滚滚”，移动图表位置和调整图表大小到合适的位置，并保存工作簿。

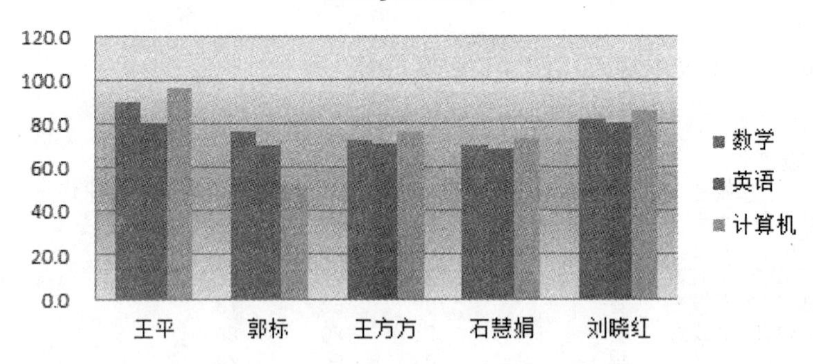

样图4-3　学生成绩统计表的图表样式

任务二：制作“产品月销售统计表”

	A	B	C	D	E	F
1	产品月销售统计表					
2						2016年3月28日
3	名称	单	销售数	销售	利	占总销售额比
4	硬盘	580	78	¥45,240	¥4,524	47%
5	CPU	620	30	¥18,600	¥1,860	19%
6	内存	260	54	¥14,040	¥1,404	14%
7	主板	600	32	¥19,200	¥1,920	20%
8	合计	2060	194	¥97,080	¥9,708	100%

样图4-4　“产品月销售统计表”的效果图

(1) 新建一个工作簿文件，将当前的临时工作簿文件保存在“D:\Excel”文件夹中，命名为“产品月销售统计表.xlsx”。

(2) 在Sheet1工作表中输入样图4-5所示内容。

	A	B	C	D	E	F	G
1	产品月销售统计表						
2	名称	单价	销售数量	销售额	利润	占总销售额比例	
3	硬盘	580	78				
4	CPU	620	30				
5	内存	260	54				
6	主板	600	32				
7	合计						
8							
9							
10				利润率：	0.1		

样图4-5　“产品月销售统计表”原始数据

(3) 计算“产品月销售统计表”中“销售额”、“利润”列数据。

① 销售额＝ 单价×销售数量。

② 利润＝ 销售额×利润率(存放在E11单元格)。

(4) 计算“合计”行数据。

(5) 计算“占总销售额比例”列数据,将计算出的单元格数据设置为百分比格式。

占总销售额比例＝ 销售额÷合计。

(6) 将Sheetl中的表格内容复制到Sheet2相同的区域中,将工作表Sheet2重新命名为“产品月销售统计表”,并在该工作表中完成下列操作。

(7) 在第二行前插入一行,输入当前日期(当前日期输入快捷键为Ctrl+;),并将当前日期数据设置为“****年**月**日”的格式。

(8) 将“销售额”和“利润”列数据设置为“￥”货币格式。

(9) 设置单元格格式,对该表格使用套用表格格式中的“表样式中等深浅17”,效果如样图4-4所示。

(10) 对“产品月销售统计表”中数据制作“分离型三维饼图”,如样图4-6所示,设置图表区格式为“填充”选项中“图片或纹理填充”中的“新闻纸”,调整图表大小并移动图表到合适的位置,保存工作簿。

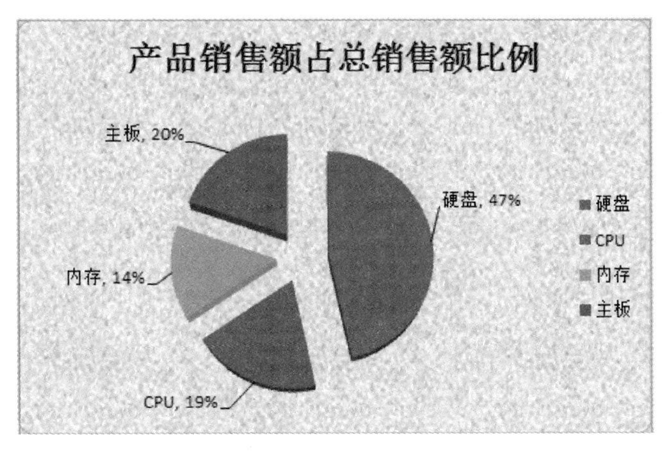

样图4-6　“产品销售额占总销售额比例”图表样式

实训项目二　制作部门人员工资表

实训内容

建立“部门人员工资表.xlsx”，如样图4-7所示，完成表格输入、计算、排序、筛选、分类汇总、数据透视表等操作。

实训要求及步骤

任务一：建立“部门人员工资表”

	A	B	C	D	E	F	G	H	I	J	K	L	M
1	部门人员工资表												
2	制表日期：2016-3-15											制表人：***	
3	编号	姓名	性别	参加工作时间	工作单位	职务工资	津贴	奖金	工龄补贴	应发工资	扣水电费	扣公积金	实发工资
4	1	林琳	女	1993/2/3	办公室	1405.00	1320.00	820.00	345.00	3890.00	85.30	281.00	¥3,523.70
5	2	张磊	男	1990/3/9	外联处	1554.00	1290.00	1000.00	390.00	4234.00	155.65	310.80	¥3,767.55
6	3	郝心怡	女	1994/5/6	计划处	1320.00	1360.00	850.00	330.00	3860.00	64.50	264.00	¥3,531.50
7	4	张在旭	男	1996/2/1	办公室	1230.00	1250.00	800.00	300.00	3580.00	123.80	246.00	¥3,210.20
8	5	金翔	男	1998/7/6	外联处	1450.00	1520.00	810.00	270.00	4050.00	92.50	290.00	¥3,667.50
9	6	王力	男	2002/2/7	计划处	1360.00	1230.00	900.00	210.00	3700.00	70.15	272.00	¥3,357.85
10	7	孙英	女	2009/1/12	外联处	1000.00	950.00	700.00	105.00	2755.00	60.80	200.00	¥2,494.20
11	8	李醒尘	女	2005/12/5	计划处	1270.00	1300.00	760.00	165.00	3495.00	116.40	254.00	¥3,124.60
12	9	邵飞	男	1990/6/20	办公室	1410.00	1250.00	550.00	390.00	3600.00	50.60	282.00	¥3,267.40
13	10	刘君	男	1993/6/9	计划处	1345.00	1320.00	750.00	345.00	3760.00	75.00	269.00	¥3,416.00
14	11	周杰	男	1987/8/4	办公室	1500.00	1500.00	780.00	435.00	4215.00	68.70	300.00	¥3,846.30
15	12	章舒	女	1991/9/2	外联处	1480.00	1200.00	860.00	375.00	3915.00	72.40	296.00	¥3,546.60
16													
17												0.20	
18		平均值				1360.33	1290.83	798.33	305.00	3754.50	86.32	272.07	¥3,396.12
19		最大值				1554.00	1520.00	1000.00	435.00	4234.00	155.65	310.80	¥3,846.30
20		最小值				1000.00	950.00	550.00	105.00	2755.00	50.60	200.00	¥2,494.20

样图4-7　完成计算及格式化后的“部门人员工资表”

(1) 新建一个工作簿文件，将当前的临时工作簿文件保存在D:\Excel文件夹中，命名为“部门人员工资表.xls”。

(2) 在Sheet1中输入数据，如样图4-8所示。

	A	B	C	D	E	F	G	H	I	J	K	L	M
1	部门人员工资表												
2	编号	姓名	性别	参加工作时间	工作单位	职务工资	津贴	奖金	工龄补贴	应发工资	扣水电费	扣公积金	实发工资
3	1	林琳	女	1993/2/3	办公室	1405	1320	820			85.3		
4	2	张磊	男	1990/3/9	外联处	1554	1290	1000			155.65		
5	3	郝心怡	女	1994/5/6	计划处	1320	1360	850			64.5		
6	4	张在旭	男	1996/2/1	办公室	1230	1250	800			123.8		
7	5	金翔	男	1998/7/6	外联处	1450	1520	810			92.5		
8	6	王力	男	2002/2/7	计划处	1360	1230	900			70.15		
9	7	孙英	女	2009/1/12	外联处	1000	950	700			60.8		
10	8	李醒尘	女	2005/12/5	计划处	1270	1300	760			116.4		
11	9	邵飞	男	1990/6/20	办公室	1410	1250	550			50.6		
12	10	刘君	男	1993/6/9	计划处	1345	1320	750			75		
13	11	周杰	男	1987/8/4	办公室	1500	1500	780			68.7		
14	12	章舒	女	1991/9/2	外联处	1480	1200	860			72.4		
15													
16												0.2	
17		平均值											
18		最大值											
19		最小值											

样图4-8　“部门人员工资表”原始数据

(3) 在表中完成计算。

① “工龄补贴”:按工作一年补贴15元计算。

② “扣公积金”:按“职务工资”的一定比例扣除公积金,该比例数存放在L16单元格中。

③ 应发工资 = 职务工资 + 津贴 + 奖金 + 工龄补贴。

④ 实发工资 = 应发工资 − 扣水电费 − 扣公积金。

⑤ 求出每一列数据的平均值、最大值和最小值。

(4) 参考样图4-8,在第二行前插入一行,输入制表日期和制表人,在“制表日期”后填写练习当日的系统日期,在“制表人”后填写制表人的姓名。

(5) 参考样图4-8,对表格格式化。

① 第一行标题:华文彩云、22号、加粗、水平方向和垂直方向居中、红色、填充颜色为“蓝色,强调文字颜色1,淡色60%”。

② 第二行:宋体、10号、黑色,跨列合并居中。

③ 第三行列标题文字:宋体、11号、加粗、水平方向和垂直方向居中、黑色、填充颜色为“红色,强调文字颜色2,淡色60%”。

④ 其余行文字:宋体、11号、水平垂直居中、黑色,数值保留两位小数,其中“应发工资”列带货币符号。

⑤ 参考样图4-8设置表格边框。

(6) 将Sheetl工作表名更改为“工资表”。

工作过程中,随时保存文件。任务一完成之后的表格如样图4-7所示。

任务二:对“部门人员工资表”进行排序、筛选、分类汇总等操作

(1) 将“工资表”前17行复制到4个新表中,并将复制所得的新表重命名为“排序”、“自动筛选”、“高级筛选”以及“分类汇总”。

(2) 在“排序”工作表中,首先按“工作单位”升序排序;“工作单位”相同的人,再按“实发工资”降序排序。

(3) 在“自动筛选”工作表中,筛选出“应发工资”大于3 800元的“女”职工。

(4) 在“高级筛选”工作表中,筛选出“职务工资”在1 400元以上,并且“工作单位”属于外联处的职工。

(5) 在“分类汇总”工作表中,按“工作单位”对“奖金”、“应发工资”、“扣水电费”、“扣公积金”、“实发工资”分类汇总(求和)。

(6) 为“部门人员工资表”建立数据透视表。

(7) 保存工作簿。

5 演示文稿制作

项目1——体验PowerPoint

项目2——制作个人简历演示文稿

项目3——动画设计

项目实训

5.1　项目1——体验 PowerPoint

◆ 项目导入

在大学学习期间，小王需要主持学院的学生会主题活动、参与学习兴趣小组讨论、参加校学生会招聘等校园活动。在这些活动中，有些需要制作演示文稿文件，吸引更多的同学参与校园活动。小王通过学习实践，功夫不负有心人，PowerPoint 演示文稿从制作、编辑、添加多媒体元素，到设置动画、路径、动作，她都得心应手。下面她把 PowerPoint 的知识点分解成几个案例，详细讲解其制作过程，通过以下案例的学习，想必大家也一定能成为 PowerPoint 高手。

◆ 项目分析

在进行演示文稿制作前，首先要对演示文稿中涉及的对象进行了解，同时熟悉 PowerPoint 2010 的界面及其基本操作；掌握演示文稿设计的基本流程并了解一些演示文稿的基本设计原则。

◆ 能力要求

- 熟悉演示文稿制作的基本流程
- 了解演示文稿的相关知识
- 熟悉 PowerPoint 2010 的界面及基本操作

项目实施1　认识 PowerPoint 2010

PowerPoint 2010 是 Office 2010 办公套件中的一员，其主要功能是可以方便地制作演示文稿，包括各种提纲、教案、演讲稿、简报等。使用 PowerPoint 可以非常轻松地把自己的设计制作成漂亮的艺术作品，还可以采用多媒体等多种途径展示创作内容，使得其效果声形俱佳，图文并茂，达到专业水准。

PowerPoint 2010 用选项卡、功能区取代了之前版本的菜单栏和工具栏；功能区按任务分为不同的组，通过单击右下方的组对话框启动器，打开该组对应的对话框或任务窗格。

在输入内容的过程中，需要单击“快速访问工具栏”的保存按钮或按下 Ctrl+S 快捷键随时保存文件。PowerPoint 2010 文档的默认扩展名为“.pptx”，为便于在 PowerPoint 2003 等低版本下通用，可选择保存类型为“.ppt”。PowerPoint 2010 的工作界面如图 5-1 所示。本节主要介绍视图方式。

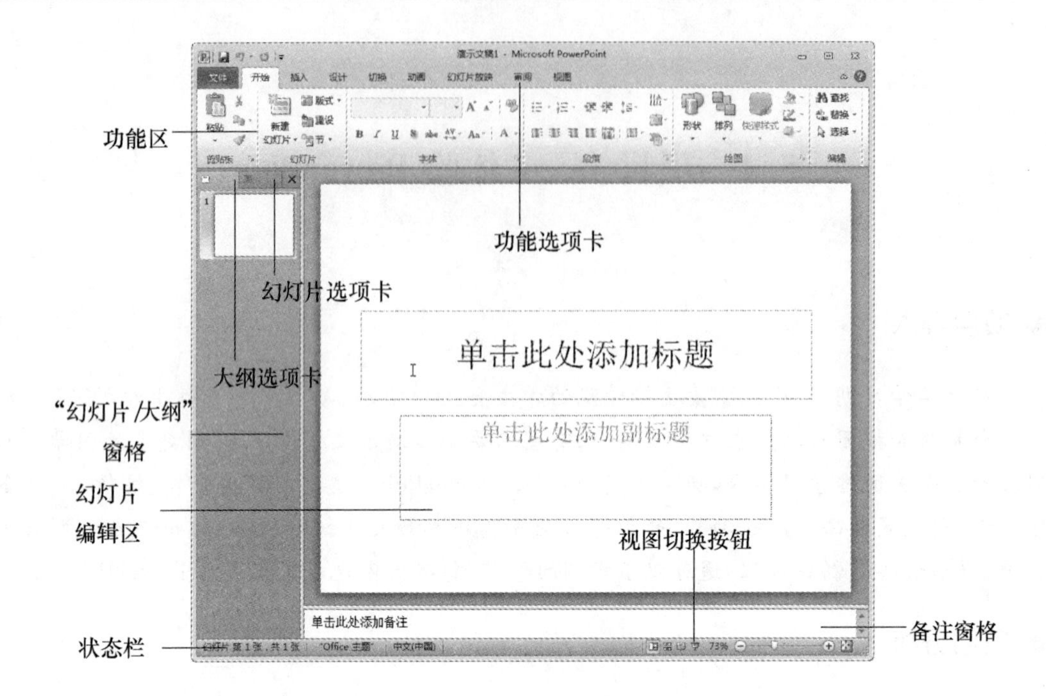

图 5-1　PowerPoint 2010 的软件界面

视图就是呈现工作的一种方式，以便于制作者从不同的方式观看自己设计的幻灯片内容或效果。PowerPoint 2010 中可用于编辑、放映演示文稿和打印的视图主要有：普通视图、幻灯片浏览视图、幻灯片放映视图（包括演示者视图）、阅读视图、备注页视图、母版视图（包括幻灯片母版、讲义母版和备注母版）。可在两个位置找到 PowerPoint 视图："视图"选项卡上的"演示文稿视图"组和"母版视图"组中。如图 5-2 所示。

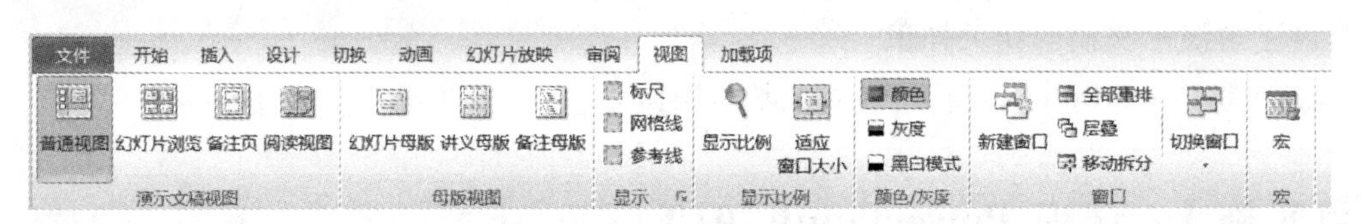

图 5-2　"视图"选项卡

在 PowerPoint 窗口底部状态栏中提供了各主要视图切换按钮（普通视图、幻灯片浏览视图、阅读视图和幻灯片放映视图），如图 5-3 所示。

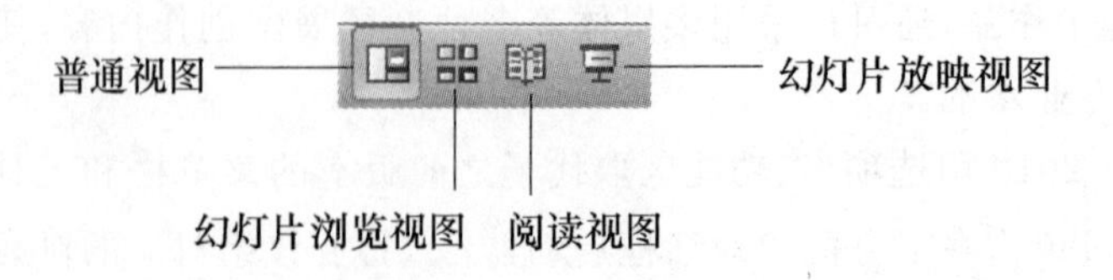

图 5-3　视图切换按钮

1）普通视图

普通视图是主要的编辑视图，可用于撰写和设计演示文稿。普通视图有四个工作区域。

（1）大纲选项卡。

“大纲”选项卡以大纲形式显示幻灯片文本。可以组织和输入演示文稿中的文本内容;使用幻灯片窗格,可以查看每张幻灯片中的文本外观,并且能够在单张幻灯片中添加图片、影片和声音。

小提示

若要打印演示文稿大纲的书面副本,并使其只包含文本(就像大纲视图中所显示的那样)而没有图形或动画,单击“文件”选项卡→“打印”→“设置”,单击“打印全部幻灯片”右侧的下拉按钮,选择“打印全部幻灯片”,再单击“大纲”右侧的下拉按钮,选择“打印版式”中的“大纲”按钮,最后再单击顶部的“打印”按钮。

(2) 幻灯片选项卡。

在编辑时以缩略图大小的图像在演示文稿中观看幻灯片。使用缩略图能方便地遍历演示文稿,并观看任何设计更改的效果。在这里还可以轻松地重新排列、添加或删除幻灯片。

(3) 幻灯片窗格。

在 PowerPoint 窗口的右上方,“幻灯片”窗格显示当前幻灯片的放大视图。在此视图中显示当前幻灯片时,可以添加文本,插入图片、表格、SmartArt 图形、图表、图形对象、文本框、电影、声音、超链接和动画。

(4) 备注窗格。

在“幻灯片”窗格下的“备注”窗格中,可以键入要应用于当前幻灯片的备注。之后,可以将备注打印出来并在放映演示文稿时进行参考;还可以将打印好的备注分发给受众;或者将备注发送给受众或发布在网页上的演示文稿中。

小提示

若要查看普通视图中的标尺或网格线,可在“视图”选项卡上的“放映”组中选中“标尺”或“网格线”复选框。

2) 幻灯片浏览视图

幻灯片浏览视图能够查看缩略图形式的幻灯片,可以轻松地对演示文稿的顺序进行排列和组织。还可以在幻灯片浏览视图中添加节,并按不同的类别或节对幻灯片进行排序。

3) 阅读视图

阅读视图用于演示者查看演示文稿中的所有隐藏信息,但受众观看演示文稿不受影响的放映模式。如果希望在一个设有简单控件以方便审阅的窗口中查看演示文稿,而不想使用全屏的幻灯片放映视图,则也可以在计算机上使用阅读视图。如果要更改演示文稿,可随时从阅读视图切换至某个其他视图。

4）幻灯片放映视图

幻灯片放映视图可用于向受众放映演示文稿。幻灯片放映视图会占据整个计算机屏幕，这与受众观看演示文稿时在大屏幕上显示的演示文稿完全一样。您可以看到图形、计时、电影、动画效果和切换效果在实际演示中的具体效果。按 Esc 可退出幻灯片放映视图。

5）备注页视图

“备注”窗格位于“幻灯片”窗格下。如果要以整页格式查看和使用备注，可在“视图”选项卡下的“演示文稿视图”组中单击“备注页”命令。

6）母版视图

母版视图包括幻灯片母版视图、讲义母版视图和备注母版视图。它们是存储有关演示文稿信息的主要幻灯片，其中包括背景、颜色、字体、效果、占位符大小和位置。使用母版视图的一个主要优点在于，在幻灯片母版、备注母版或讲义母版上，可以对与演示文稿关联的每个幻灯片、备注页或讲义的样式进行全局更改。

项目实施 2　PowerPoint 2010 的基本概念

PowerPoint 文件称为一个演示文稿，通常它是由一系列幻灯片构成，制作演示文稿的过程实际上就是制作一张张幻灯片的过程。幻灯片中可以包含文字、表格、图片、声音、图像等。制作完成的演示文稿可以通过计算机屏幕、Internet、黑白或彩色投影仪等发布出来。使用 PowerPoint 制作的演示文稿的扩展名为.pptx。

一般来说，一份完整的演示文稿包括以下内容。

① 幻灯片：若干张相互联系、按一定顺序排列的幻灯片，能够全面说明演示内容。

② 观众讲义：为便于观众加深理解和印象，可以将页面按不同的形式打印在纸张上发给观众，这就是所谓的“观众讲义”。

③ 演讲者备注：是演讲人在演讲过程中，为了更清楚地表达自己的观点，或者是提醒自己注意的事项而在演示文稿中附加准备的材料。在通常情况下，演讲者备注是给演讲者本人看的，观众是看不到的。

项目实施 3　PowerPoint 演示文稿的基本设计原则

演示文稿的主体部分应围绕本次讲演的主题与中心论点展开，层层递进，环环相扣。演示文稿的主体部分应尽量用视觉形象来表达抽象概念。视觉形象可给人以联想、给人以启发、触动听众的某种情感，增进听众对讲演内容的理解。

在幻灯片中应尽量避免使用大段文字，多使用图、表等形象、生动的方式表达思想。若无法避免使用文字，应选择合适的字体、字号、颜色、行间距等。还有幻灯片的主题、背景颜色等设置也是影响演示文稿效果的重要因素。下面以同样内容的四组幻灯片对照为例，使大家更好地体会演示文稿的设计原则。如图 5-4、图 5-5、图 5-6、图 5-7 所示。

图 5-4　演示文稿使用主题对比

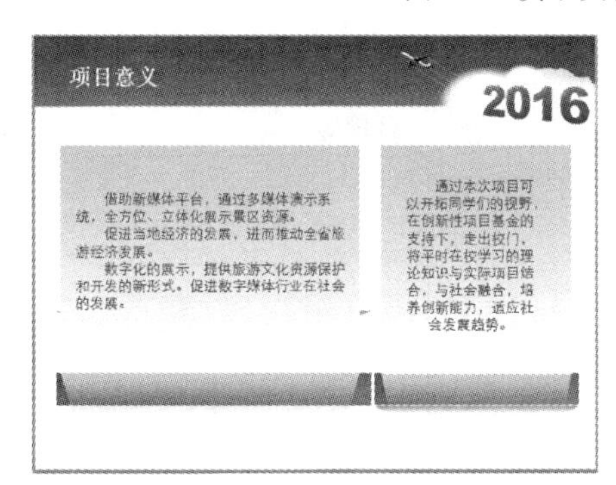

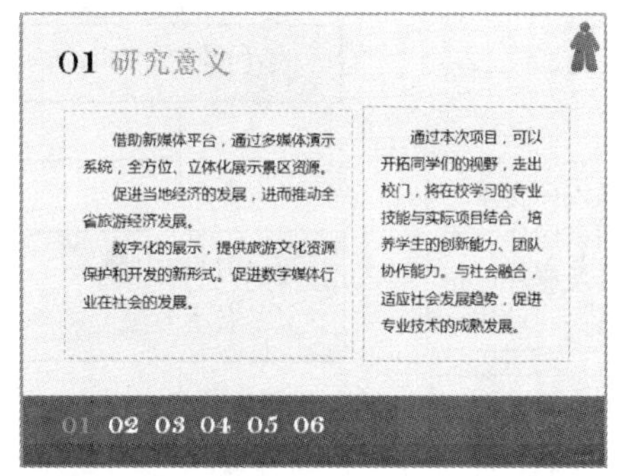

图 5-5　幻灯片文字格式设置对比

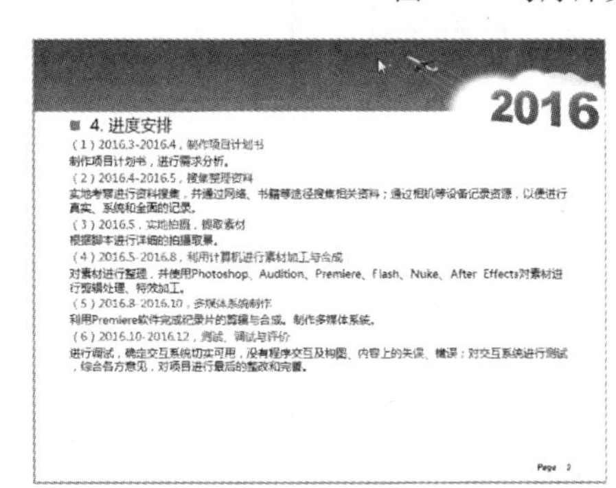

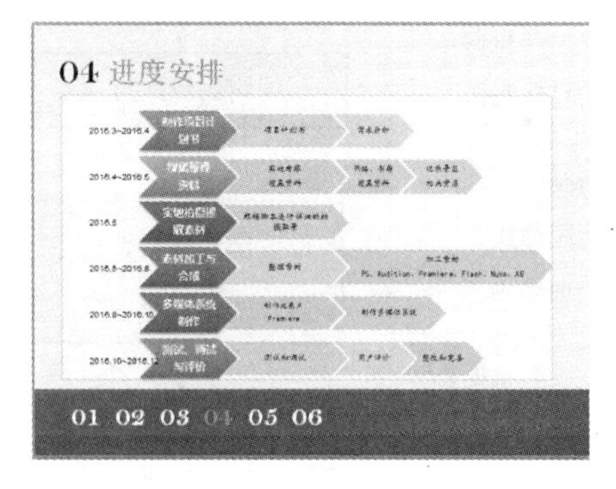

图 5-6　文字与图表效果对比

图 5-7　图片排版效果对比

项目实施 4　PowerPoint 的操作流程

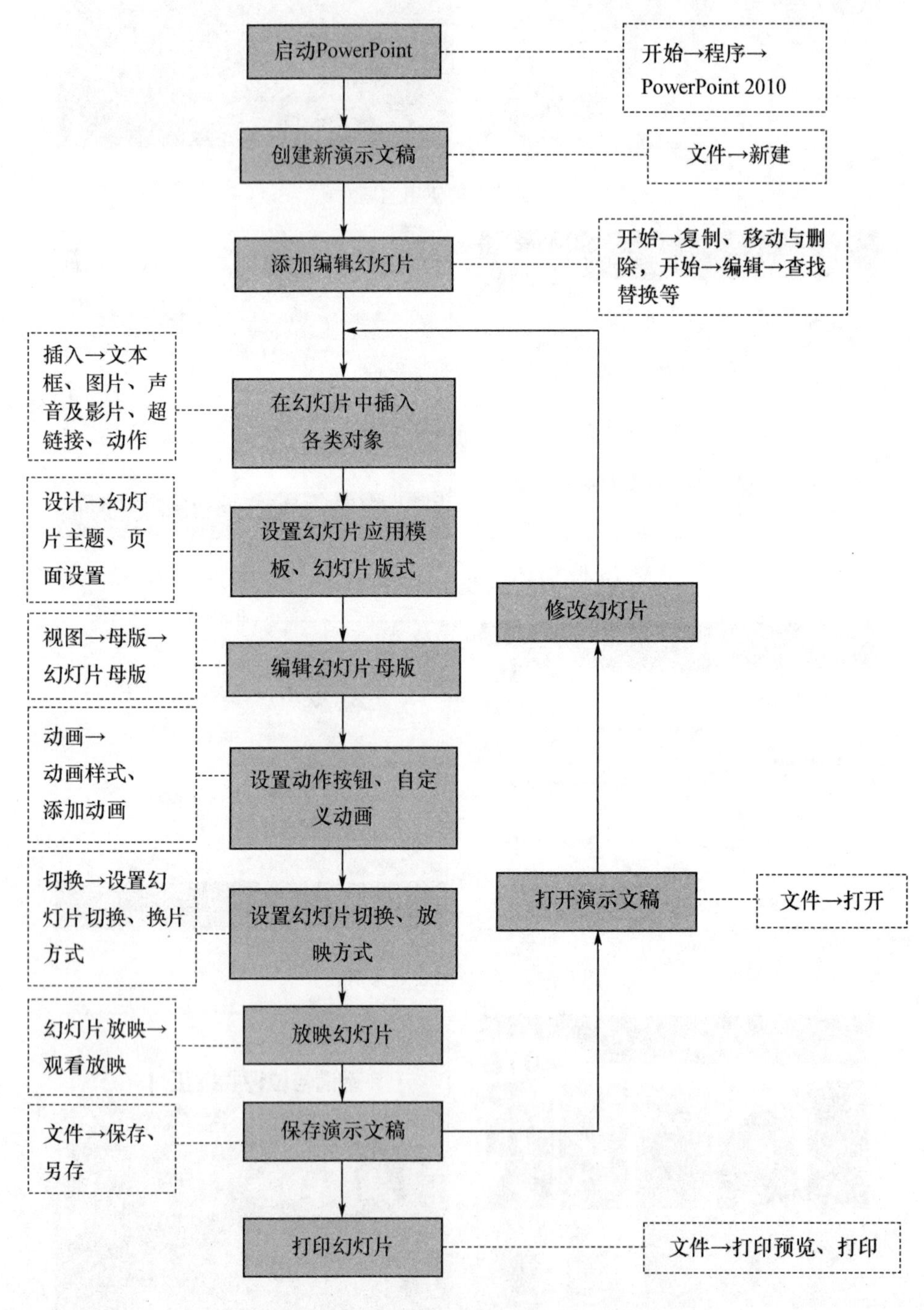

图 5-8　PowerPoint 操作流程

◆ 归纳总结

本项目介绍了演示文稿涉及的基本知识，了解演示文稿常见组成要素的表现形式。熟练掌握这些内容，快速识别演示文稿格式设置，可以提高制作效率。

5.2　项目 2——制作个人简历演示文稿

◆ 项目导入

小王快毕业了，要进入社会了，她参加了不少企业的招聘会，进入面试环节时，为了向企业 HR 人员更好地展示自己，小王利用在校期间学习使用 PowerPoint 的经验，制作了一份精美的个人简历演示文稿。

◆ 项目分析

个人简历演示文稿，是个人形象的展示，代表了自己的实力、品味，制作要精美、形象直观、庄重大方、因此演示文稿既要有文字，又要有反映自己形象和学习生活的图片、图表等内容。

本例主要包括演示文稿的创建、保存、…、关闭、打开；幻灯片的插入、选定、删除、移动；文本框的插入、格式设置；图片以及形状的插入、格式设置；幻灯片的主题设计、版式选择；母版的编辑等。

◆ 项目展示

本项目效果如图 5-9 所示。

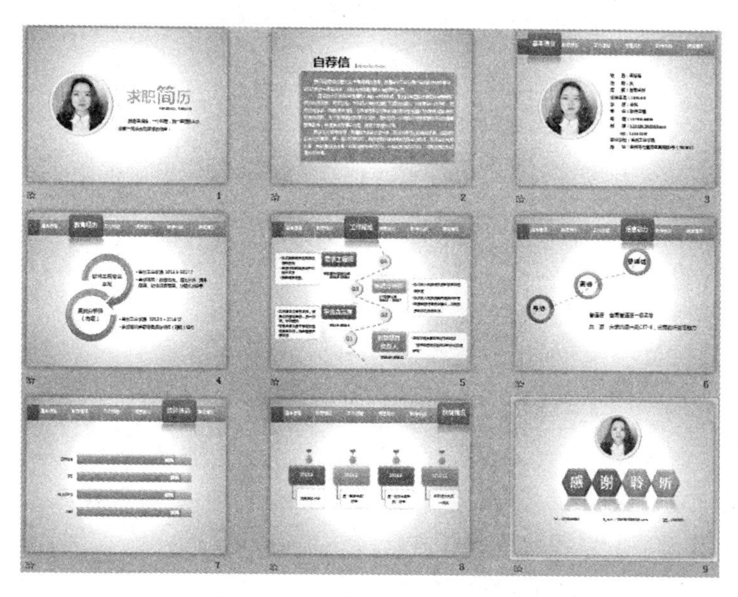

图 5-9　个人简历演示文稿样张

◆ 能力要求

🕮 演示文稿的创建、保存、打开
🕮 幻灯片的基本操作方法
🕮 幻灯片版式设置方法
🕮 文本和段落的处理方法
🕮 对象的插入与编辑
🕮 母版的编辑
🕮 形状的插入、设置与组合
🕮 SmartArt 图形的制作
🕮 幻灯片的页面设置

项目实施 1　演示文稿的背景及母版设置

本项目所用素材：素材\PowerPoint 素材\演示文稿 1. pptx。

步骤 1　启动 PowerPoint 2010，新建“演示文稿 1. pptx”文件

步骤 2　页面设置

单击“设计”选项卡“页面设置”组中的“页面设置”命令，在弹出的对话框中“幻灯片大小”选择“全屏显示(4∶3)”，“宽度”为“25. 4 cm”，“高度”为“19. 05 cm”，幻灯片方向设置为“横向”。如图 5-10 所示。

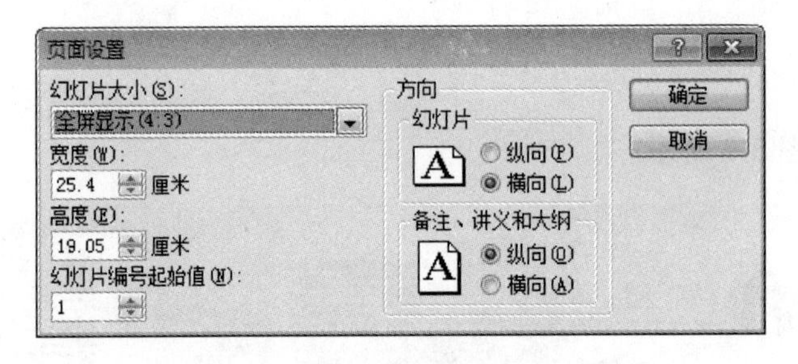

图 5-10　页面设置

步骤 3　设置幻灯片版式

新建的演示文稿文件包含一张幻灯片，在“幻灯片/大纲”窗格中，选中幻灯片，单击“开始”选项卡“幻灯片”组中的“版式”下拉命令，在弹出的列表中选中“空白”版式。如图 5-11 所示。

小提示

幻灯片版式指的是幻灯片内容在幻灯片上的排列方式。版式由占位符(占位符是一种带有虚线或阴影线边缘的框)组成。占位符可以放置文字(例如，标题和项目符号列表)和幻灯片内容(例如，表格、图表、图片、形状和剪贴画)。

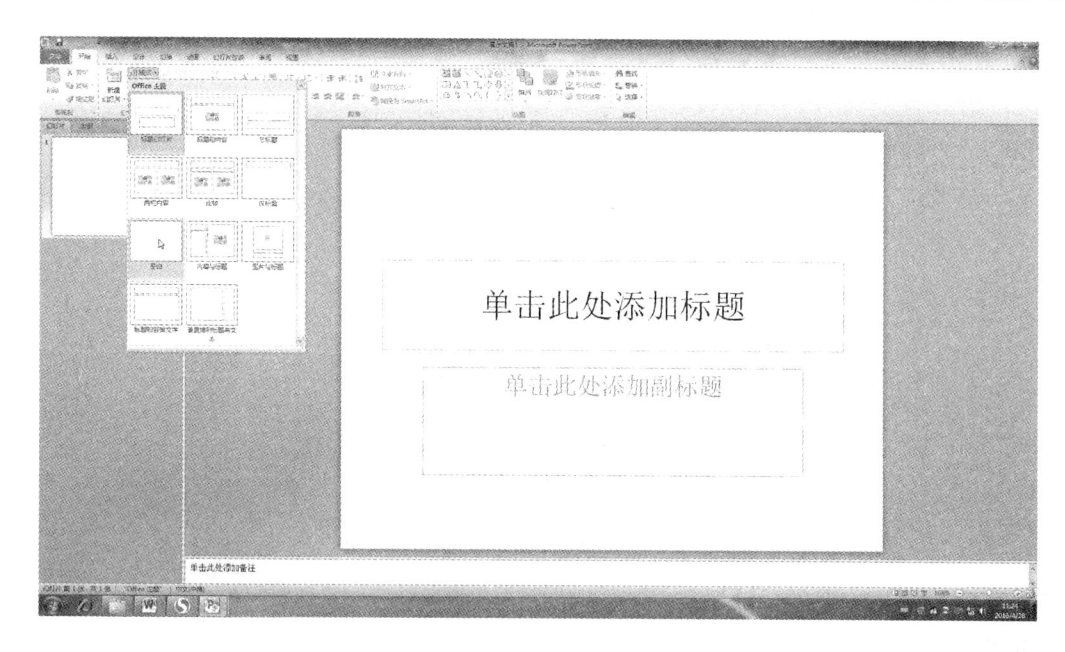

图 5-11　选择版式

步骤 4　设置幻灯片背景格式

(1) 单击“设计”选项卡“背景”组中的“背景样式”下拉命令，在弹出的下拉列表中选择“设置背景格式”命令。如图 5-12 所示。

图 5-12　设置背景样式

(2) 在弹出的“设置背景格式”对话框中选中“填充”下的“渐变填充”，“类型”为“射线”，再选中“方向”下的“中心辐射”，颜色为“白色，背景 1”。如图 5-13 所示。

(3) 在“幻灯片/大纲”窗格中，右击选中设置好背景格式的幻灯片，在弹出的下拉菜单中选中“复制幻灯片”，复制一张幻灯片。

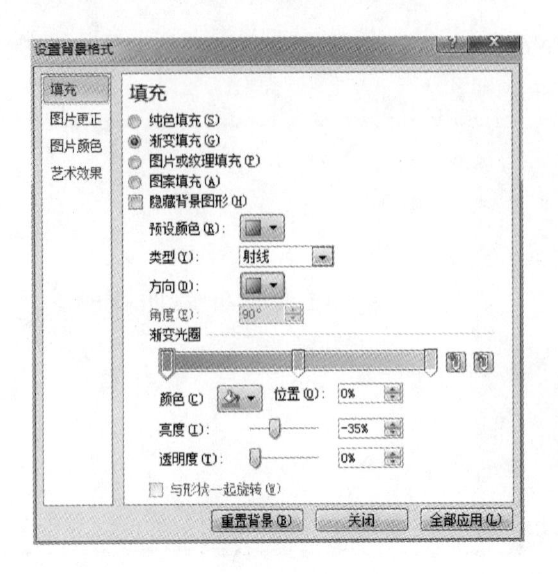

图 5-13　设置背景格式

步骤 5　制作导航母版

(1) 复制空白版式母版。在“视图”选项卡“母版视图”组中单击“幻灯片母版”按钮,在“幻灯片/大纲”窗格中,右击“空白”版式,在弹出的快捷菜单中选择“复制版式”命令。

(2) 在“幻灯片/大纲”窗格中,右击上一步复制好的幻灯片母版,在弹出的快捷菜单中单击“重命名版式”,取名“导航背景”。

(3) 制作导航条。

① 选中“导航背景”幻灯片母版,在幻灯片上方右边界处插入矩形,设置大小为“高度 1.83 cm,宽度 3.9 cm”,设置预设样式为“中等效果-橙色,强调颜色 6”。

② 布局导航条。复制设置好的矩形 5 次,将第一个矩形拖放至幻灯片上方左侧合适位置,将第六个矩形拖放至幻灯片上方右侧边界。

③ 同时框选设置好的六个矩形,单击“绘图工具”“格式”选项卡“排列”组中的“对齐”下拉命令,分别选中“顶端对齐”、“横向分布”命令。

④ 分别在六个矩形中输入“基本信息”、“教育经历”、“工作经验”、“语言能力”、“软件技能”、“获奖情况”,设置字体效果为“微软雅黑,14 磅,白色,加粗,阴影”。

⑤ 在幻灯片上方左侧边界处插入矩形,大小为“高度 1.83 cm,宽度 1.5 cm”,预设样式“中等效果-红色,强调颜色 2”,与其余橙色矩形对齐。

⑥ 关闭母版视图。

幻灯片主题、模板与幻灯片母版

幻灯片主题是指幻灯片的风格,是颜色、字体和外观效果三者的组合。PowerPoint 2010 还提供了幻灯片的设计模板。幻灯片模板是指已经设计好的幻灯片的结构方案,是一张幻灯片或一组幻灯片的图案或蓝图。模板包含版式、主体和背景样式，甚至还可以包含内容。应用主题或设计模板，可以避免在同一个演示文稿中幻灯片的风格不统一，使幻灯片的整体效果协调一致。而且，可以在输入幻灯片内容的同时看到文稿设计方案，从而增强演示文稿编辑的直观性。幻灯片模板可以单独保存成文件，文件扩展名为.potx。

幻灯片母版是存储关于模板信息的设计模板的一个元素，这些模板信息包括字形、占位符大小、位置、背景设计和配色方案。PowerPoint 2010 演示文稿中的每一个关键组件都拥有一个母版，如幻灯片、备注和讲义。母版是一类特殊的幻灯片，幻灯片母版控制了某些文本特征，如字体、字号、字形和文本的颜色；还控制了背景色和某些特殊效果，如阴影和项目符号样式；包含在母版中的图形及文字将会出现在每一张幻灯片及备注中。所以，如果在一个演示文稿中使用幻灯片母版的功能，则可以做到整个演示文稿格式统一，可以减少工作量，提高工作效率。

使用母版功能可以进行以下的设置：标题、正文和页脚文本的字形；文本和对象的占位符位置；项目符号样式；背景设计和配色方案。

使用幻灯片母版的目的是对幻灯片进行全局更改（如替换字形），并使该更改应用到演示文稿中的所有幻灯片。

项目实施2　演示文稿中各幻灯片的制作

步骤1　编辑“封面”幻灯片

（1）制作头像。

① 插入圆形。单击“插入”选项卡“插图”组中的“形状”下拉按钮，选中圆形。拖动鼠标，在幻灯片中插入圆形。设置“填充颜色”为“主题颜色，茶色，背景2”，无轮廓。

② 设置圆形大小和位置。右击圆形形状，在弹出的快捷菜单中，单击“大小和位置”命令，设置圆形的“大小”为“高度8 cm，宽度8 cm”；“位置”为“水平2.7 cm，垂直5.33 cm”。

③ 设置圆形形状格式。右击圆形形状，在弹出的快捷菜单中，单击“设置形状格式”命令，在弹出的“设置形状格式”对话框中，选中“阴影”，设置为“预设，外部，右下斜偏移”；再选中“三维格式”，设置为“棱台，顶端，圆”。

④ 添加照片。在幻灯片中再插入一个圆形，单击“绘图工具”“格式”选项卡“形状样式”组中“形状填充”下拉命令，在弹出的下拉菜单中，选中“图片”命令，在弹出的“插入图片”对话框中，选择人物照片。

⑤ 剪裁图片。选中插入的人物照片，裁剪头部位置。参考Word，将圆形头像大小设置为“高度7.2 cm，宽度7.2 cm”。

⑥ 组合图形。同时选中填充了人物头像的圆心和圆形棱台，对2个图形使用“对齐”命令，使两个圆形圆心重合。同时选中两个圆形，单击“绘图”选项卡“排列”组中“组合”下拉命令，再选择“组合”命令，使2个图形组合为一体。

（2）添加文字。

① 在圆形照片右侧插入文本框，输入“求职简历”。设置字体为“微软雅黑，54磅”，选中

“简”字，设置字号为“72 磅”。

② 选中文本框，单击“格式”选项卡“艺术字样式”组中的“快速样式”下拉命令，再选中“填充-橄榄色，强调文字颜色 3，轮廓-文本 2”。

③ 单击“艺术字样式”组中“文本填充”下拉命令，选择“其他填充颜色”命令，在弹出的“颜色”对话框中，单击“自定义”选项卡，“颜色模式”为“RGB”，红色“75”、绿色“172”、蓝色“198”。

④ 在“求职简历”文本框下方插入横排文本框，输入“PERSONAL RESUME”设置为“Calibri ，14 磅”。

⑤ 在两个文本框下方插入文本框，输入“我是王娟娟，一个 90 后，我一直在路上走，总有一天会走到梦想的彼岸！”，设置为“微软雅黑，14 磅”。

步骤 2 编辑“自荐信”幻灯片

（1）输入标题。选中第二张幻灯片，插入文本框，输入“自荐信”，设置为“微软雅黑，44 磅，加粗，阴影”。插入文本框，输入“Introduction”，选中字母“I”设置为“Calibri，24 磅，黑色，加粗，阴影”，选中其余字母，设置为“Calibri，20 磅，浅绿，加粗阴影”。

（2）制作阴影背景。

① 在幻灯片中心插入一个矩形，“大小”为“高度 11.2 cm，宽度 19.6 cm”，“填充颜色”为“水绿色”，无轮廓。

② 复制上一个矩形，设置“填充颜色”为“灰色-25%”，位置与“水绿色”矩形重叠。

③ 选中“灰色”矩形，单击“绘图工具”“格式”选项卡“插入形状”组“编辑形状”下拉命令，选中“编辑顶点”命令，则矩形四个顶点有如右图标志，将鼠标指针放置在右上角标记上，拖动鼠标，向右上方移动。如图 5-14 所示。

图 5-14 编辑顶点

④ 单击左上角标记，向左上方拖动鼠标；单击左下角标记，向下拖动鼠标；单击右下角标记，向下拖动鼠标。编辑四个顶点后，形成新的四边形，作为“水绿色”矩形阴影，选中此四边形，单击“图形工具”“格式”选项卡“排列”组“下移一层”下拉命令，选中“置于底层”命令。

（3）输入自荐信内容。插入与“水绿色”矩形大小相同的文本框，输入自荐信内容，文字格式为“微软雅黑，14 磅，加粗，白色”，文本框填充颜色为“水绿色”。

步骤 3　制作“基本信息”幻灯片

(1) 新建幻灯片。单击“开始”选项卡“幻灯片”组“新建幻灯片”命令，选择“导航背景”版式。

(2) 制作导航矩形块。

① 插入矩形，设置“大小”为“高度 2.92 cm，宽度 4.2 cm”；“渐变填充”为“颜色，RGB 222，80，97”；“阴影”为“外部，向下偏移”；“映像”为“映像变体，紧密映像，接触”；“三维格式”为“棱台，顶端，角度，表面效果，角度：20 度”。

② 输入“基本信息”，设置为“微软雅黑，20 磅，加粗，阴影”。

③ 拖动红色矩形棱台至幻灯片顶部导航“基本信息”上。

(3) 在本页中粘贴首页的照片组合。

(4) 在照片右侧插入文本框，输入“基本信息”相关文本，设置为“中文，微软雅黑，14 磅，加粗；英文，Calibri，14 磅，加粗，1.5 倍行距”。

小提示

在进行“复制”、“粘贴”操作时，需要指定粘贴的位置，否则，则粘贴在原位置。

步骤 4　制作“教育经历”幻灯片

(1) 新建“导航背景”版式幻灯片。

(2) 修改导航。复制上页“基本信息”红色导航矩形棱台，修改文字为“教育经历”，拖动导航矩形棱台至合适位置。

(3) 输入多级文本。在幻灯片中心位置插入横排文本框，输入多级文字。

① 输入“软件工程专业本科”，换行。

② 输入第二级别文字，单击“开始”选项卡“段落”组“增加缩进量”按钮，增大缩进级别。单击同组中“项目符号”下拉按钮，选择“带填充效果的圆形项目符号”，输入相应文字。

③ 换行，与上一段文字同一级别，输入相应内容。

④ 换行，第一级别文字，单击“段落”组“减少缩进量”按钮，减小缩进级别。输入“系统分析师(高级)”。

⑤ 换行，第二级别文字，输入相应内容。

小提示

可以使用 Tab 键增加缩进量，Backspace 键减少缩进量。

---

(4) 文字转换为 SmartArt。

① 单击包含要转换的幻灯片文本的占位符。

② 在“开始”选项卡上的“段落”组中，单击“转换为 SmartArt 图形”，在下拉列表中选择“其他 SmartArt 图形”。如图 5-15 所示。

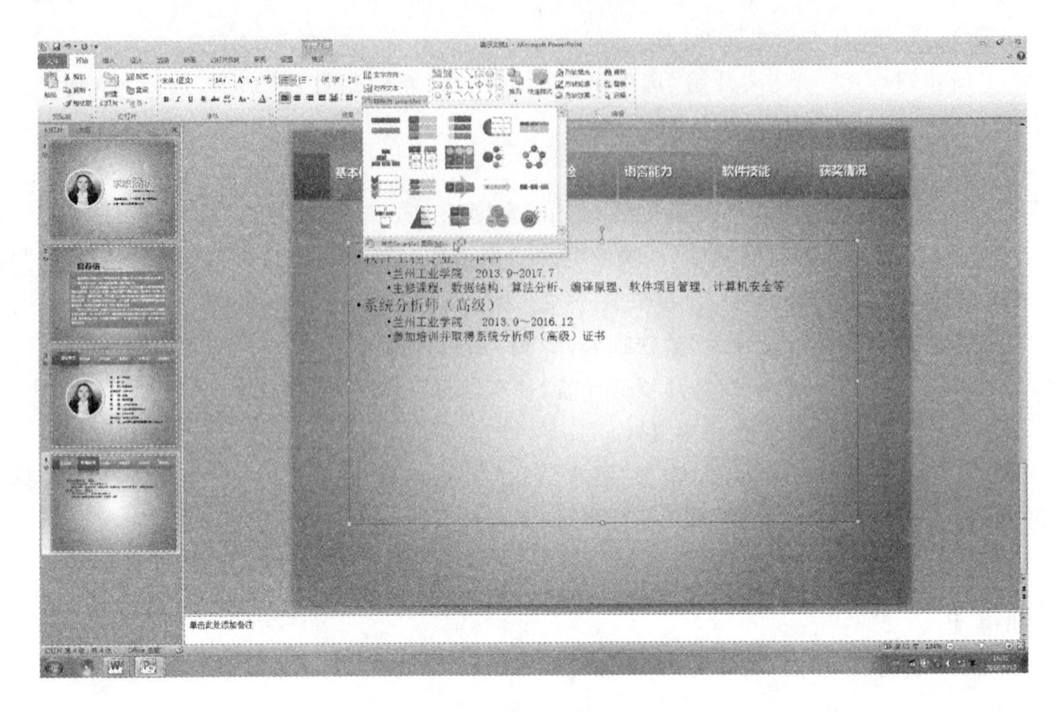

图 5-15 文字转换 SmartArt 图形

③ 在弹出的“选择 SmartArt 图形”对话框中选择“循环，圆箭头流程”，如图 5-16 所示，则将文字转换为 SmartArt 图形。

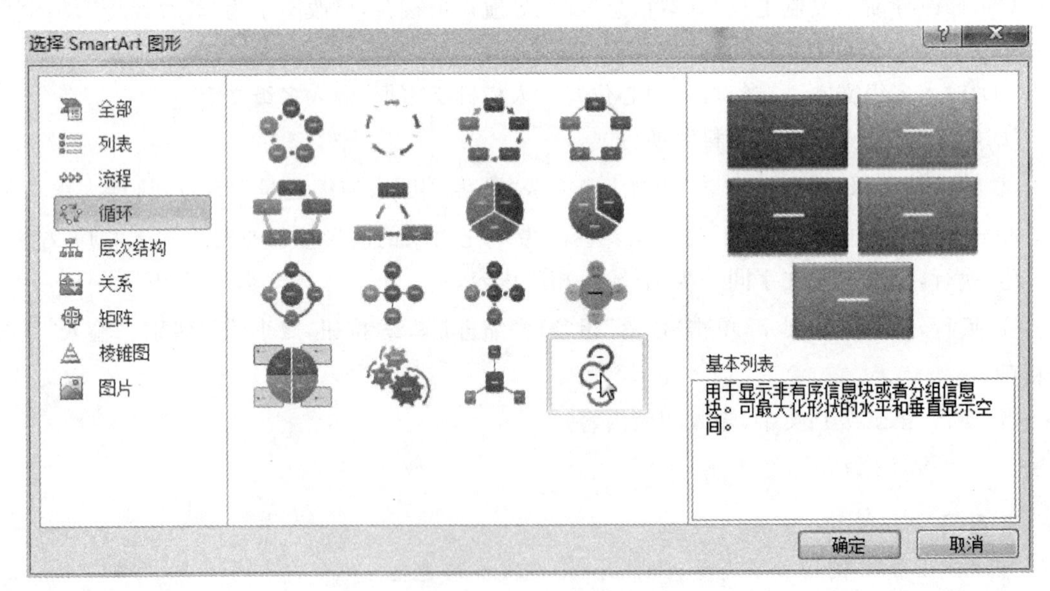

图 5-16 选择 SmartArt 图形

④ 单击“SmartArt 工具”菜单栏下“格式”选项卡中的“形状样式”组，选择形状效果“预设 5”。如图 5-17 所示。

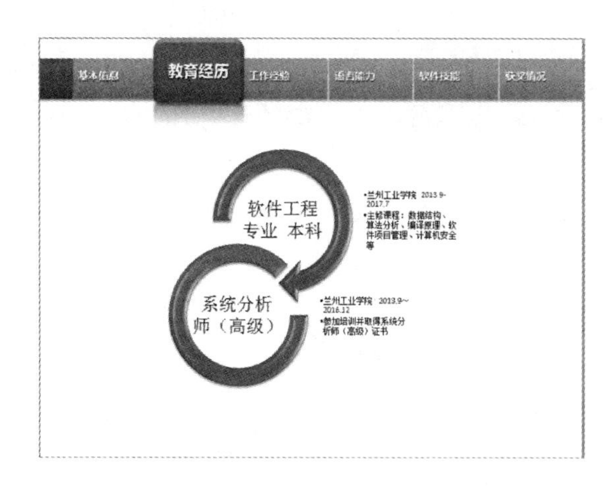

图 5-17　选择 SmartArt 图形预设样式

小提示

如果同时需要一张包含文本的幻灯片和包含用相同文本创建的 SmartArt 图形的另一幻灯片，在将文本转换为 SmartArt 图形之前为该幻灯片创建副本。

也可以将 SmartArt 图形转换回文本，方法是右击该图形，然后选择“转换为文本”。在将文本转换为 SmartArt 图形时对幻灯片文本所做的一些自定义设置将丢失，如对文本颜色或字体大小所做的更改。

---

⑤ 更改整个 SmartArt 图形的颜色。单击“SmartArt 工具”菜单栏下“设计”选项卡的“SmartArt 样式”组中的“更改颜色”下拉按钮，如图 5-18 所示，选择“彩色范围-强调文字颜色 5 至 6”。

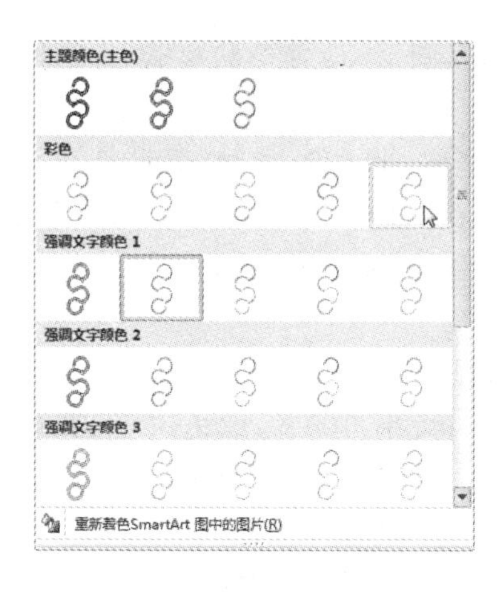

图 5-18　更改 SmartArt 图形颜色

⑥ 选中整个 SmartArt 图形，设置大小为“高度：11.3 cm，宽度：21 cm”，圆形箭头中一级文字设置为“微软雅黑，18 磅”，图形右侧二级文字设置为“微软雅黑，14 磅”。将圆形箭头与文本调整合适位置。如图 5-19 所示。

图 5-19 转换后 SmartArt 图形最终效果

小提示

如果看不到“SmartArt 工具”或“设计”选项卡，若确定已选择了 SmartArt 图形，则必须双击图片才能选择它并打开“设计”选项卡。

步骤 5 制作“工作经验”幻灯片

(1) 新建“导航背景”版式幻灯片。复制红色导航矩形棱台，将文字改为“工作经验”。

(2) 绘制中心轴。

① 插入圆形棱台标号。插入圆形，设置形状格式，“大小”为“高度 1.88 cm、宽度 1.97 cm”；白色填充 ；“阴影”为“颜色：黑色；透明度：61%；大小：106%；虚化：23 磅；角度：155 度；距离：3 磅”；“映像”为“预设：映像变体，半映像，接触；透明度：50%；大小：55%；距离：0 磅；虚化：0.5 磅”；“三维格式”为“棱台，顶端：棱台，圆；宽度：6.5 磅；高度：3 磅；底端：棱台，硬边缘；宽度：9 磅；高度：7 磅；深度，颜色：白色，深度：6 磅；轮廓线，颜色：白色；大小：1 磅；表面效果，材料：半透明，粉；照明：中性，强烈”。

② 插入序号。在设置好的圆台上，输入“01”，设置为“文本填充，颜色：RGB 222，80，97”；阴影为“颜色：黑色；透明度：62%；大小：100%；虚化：4 磅；角度：91 度；距离：3.1 磅”；三维格式为“棱台，顶端：棱台，圆；宽度：3 磅；高度：2.5 磅；颜色：白色；深度：2 磅”。

③ 复制 3 个设置好的圆形棱台，将序号分别改为“02”、“03”、“04”。

④ 同时选中 4 个圆形棱台，设置形状对齐“左右居中”、“纵向分布”。

(3) 绘制连接符。

① 插入“直线”形状，将鼠标移动到“01”号圆台上，则圆台上出现红色连接点，如图 5-20 所示。拖动鼠标至“02”号圆台上连接点，将两个圆台相连。如图 5-21 所示。

图 5-20 红色连接点

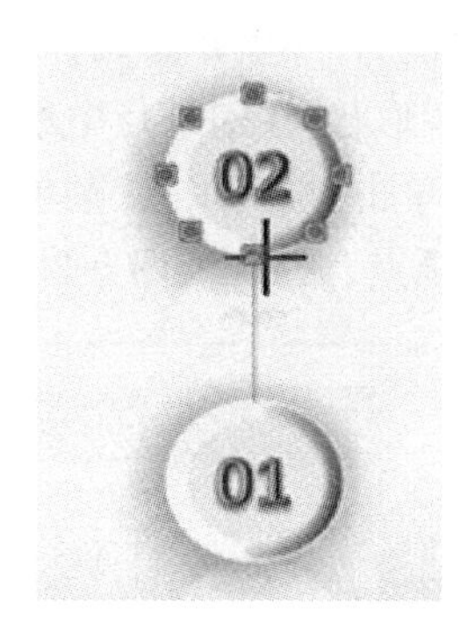

图 5-21 连接两个形状

② 用同样方法，将其余圆台用连接符连接。

（4）制作各项目模块

① 在幻灯片右下方插入圆角矩形，大小为“宽度 4.65 cm”，形状样式为“强烈效果-水绿色，强调颜色 5”。输入文字，设置为“微软雅黑，20 磅，白色，加粗，阴影”。

② 在圆角矩形右侧再插入一个圆角矩形，大小“宽度：7.63 cm”，“水绿色”边框，填充颜色“RGB：240，240，240”，文字格式“项目符号，小圆点，微软雅黑，12 磅，加粗”。与上一步的圆角矩形顶端对齐。

③ 在“水绿色”圆角矩形下方插入文本框输入时间。

④ 将完成的三个形状组合。

⑤ 复制组合，修改相应文字，设置左侧圆角矩形，大小为“高度 1.82 cm，宽度 4.65 cm”，形状样式为“强烈效果-橄榄色，强调颜色 3”。右侧矩形边框颜色为“橄榄色”。

⑥ 将两个组合左对齐。

⑦ 用同样的方法在中心轴右侧复制组合，修改文字，修改相应的预设样式、边框颜色。如图 5-22 所示。

⑧ 拖动四个序号圆台到合适位置，如图 5-23 所示。

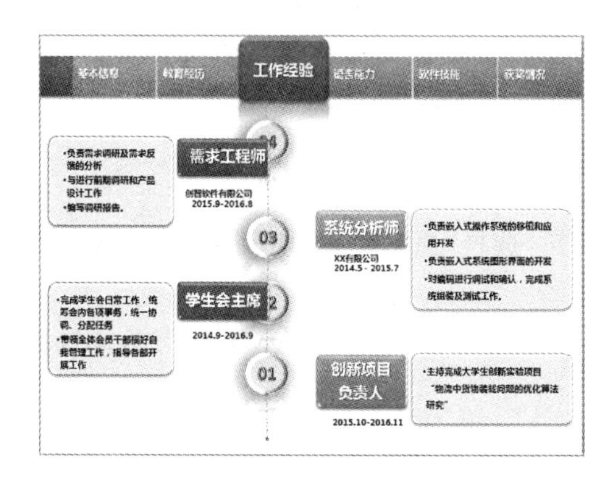

图 5-22 “工作经验”幻灯片

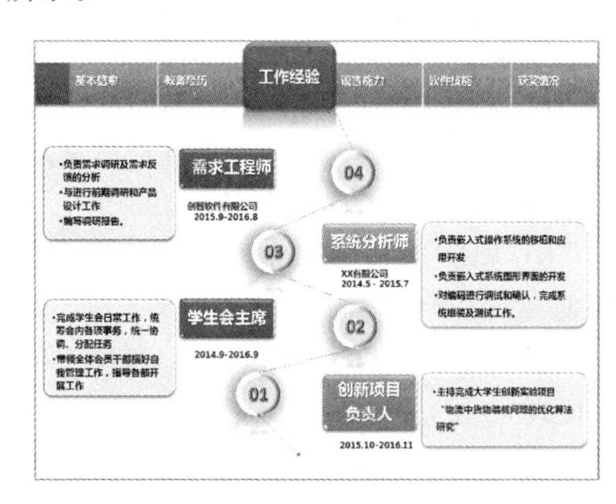

图 5-23 “工作经验”幻灯片最终效果

步骤 6 制作“语言能力”幻灯片

（1）新建“导航背景”版式幻灯片。

(2) 制作"语言能力"导航矩形块。

(3) 插入"曲线"形状,在幻灯片中绘制一条自幻灯片左下角至右上角曲线。

(4) 选中曲线,单击"绘图工具"菜单栏下"格式"选项卡的"插入形状"组的"编辑形状"下拉按钮,选中"编辑顶点"命令,如图 5-24 所示。

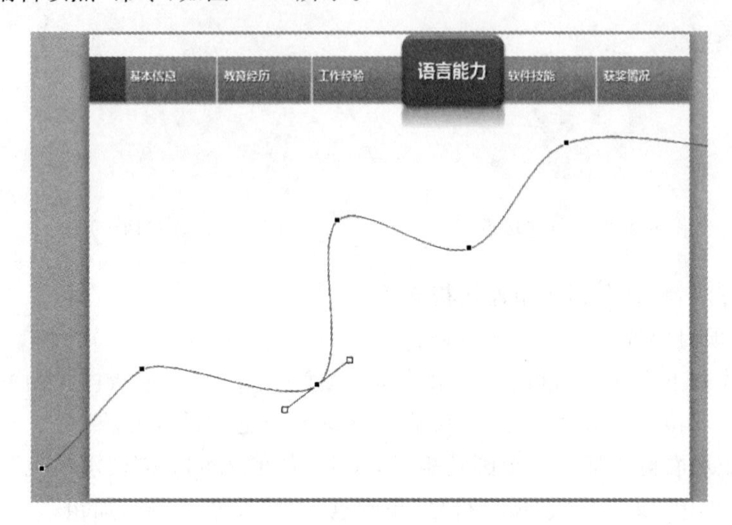

图 5-24 编辑曲线顶点

(5) 单击曲线上某个顶点,则出现曲线调整手柄,拖动手柄可调整曲线弧度,如图 5-24 所示。

(6) 在曲线相应位置插入圆环图,制作方法参见本书"Word 2010"章节相关内容。

(7) 在幻灯片右下方插入文本框,输入相应文字,字体"微软雅黑,18 磅,黑色,双倍行距"。

步骤 7 制作"软件技能"幻灯片

(1) 新建"导航背景"版式幻灯片,制作"软件技能"红色导航矩形块。

(2) 插入"条形图-百分比堆积条形图"。制作方法参见本书"Word 2010"章节相关内容。

步骤 8 制作"获奖情况"幻灯片

(1) 新建"导航背景"版式幻灯片,制作"获奖情况"红色导航矩形块。

(2) 插入"奖牌"图片,将图片裁剪至矩形"高度 1.86 cm,宽度 1.13 cm"。

(3) 插入 SmartArt 图形。

① 单击"插入"选项卡"插图"组的"SmartArt"按钮,选择"层次结构"类别下的"层次结构列表"命令,单击"确定"按钮。

② 选中图形,单击"SmartArt 工具"菜单栏"格式"选项卡下的"SmartArt 样式"组,选择预设样式"三维,优雅"。

③ 选中图形,"更改颜色"为"彩色强调文字颜色"。

④ 设置上方列表文本框,大小为"高度 2.29 cm,宽度 4.6 cm",文本格式为"微软雅黑,14 磅",下方列表文字为"微软雅黑,12 磅",删除最下方列表。

⑤ 在图形右侧添加两个同样形状。

⑥ 输入相应文字。

步骤 9 制作“感谢页”幻灯片

（1）新建“空白”版式幻灯片。

（2）在幻灯片上方居中插入照片圆台。

（3）插入六边形形状，设置颜色“RGB 155，45，42”；阴影“颜色：黑色；透明度：65％；大小：100％；虚化：3.15 磅；角度：90 度；距离：1.8 磅”；映像“映像变体，半映像，4pt 偏移量”；三维格式“棱台，顶端：角度；底端：圆；表面效果，角度：20 度”。设置字体“微软雅黑，48 磅，加粗，阴影”。

（4）复制三份，分别设置颜色，输入文字。

（5）在六边形下方输入电话、E-mail、QQ 等信息。

项目实施 3 设置超链接及演示文稿页眉页脚设置

步骤 1 设置超链接

（1）打开幻灯片母版视图，选中“导航背景”版式幻灯片，选中“基本信息”橙色矩形，单击“插入”选项卡下“链接”组中的“超链接”命令，打开“编辑超链接”对话框窗口。如图 5-25 所示。

（2）在此对话框中设置“链接到”为“本文档中的位置”，设置“请选择文档中的位置”为“3. 幻灯片 3”，单击“确定”按钮，设置结束。

（3）用同样的方法设置其余 5 个橙色矩形的超链接。

（4）关闭母版视图。

（5）插入返回按钮。选中第 3 张幻灯片，单击“插入”→“插图”组中“形状”按钮，在下拉列表中选择“动作按钮：后退或前一项”，如图 5-26 所示。

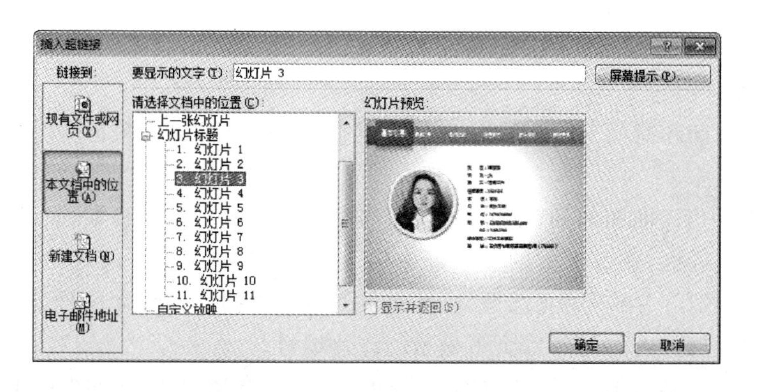

图 5-25 “编辑超链接”对话框

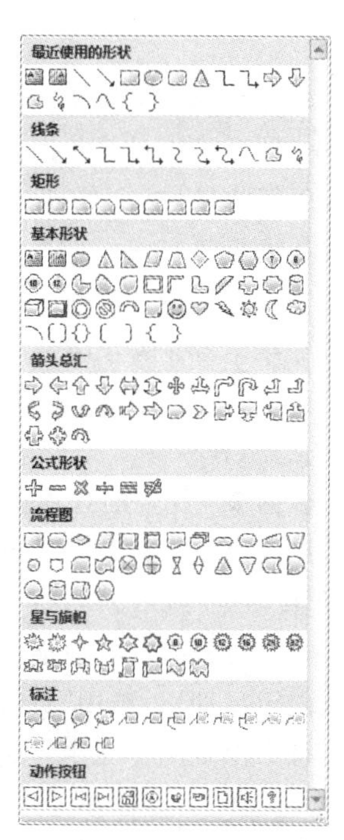

图 5-26 插入动作按钮

(6) 把按钮放在幻灯片的合适位置,弹出“动作设置”对话框,在“超链接到”下拉列表框中选择“幻灯片”,如图 5-27 所示,在弹出的对话框中选择“幻灯片 1”,如图 5-28 所示,单击“确定”按钮。

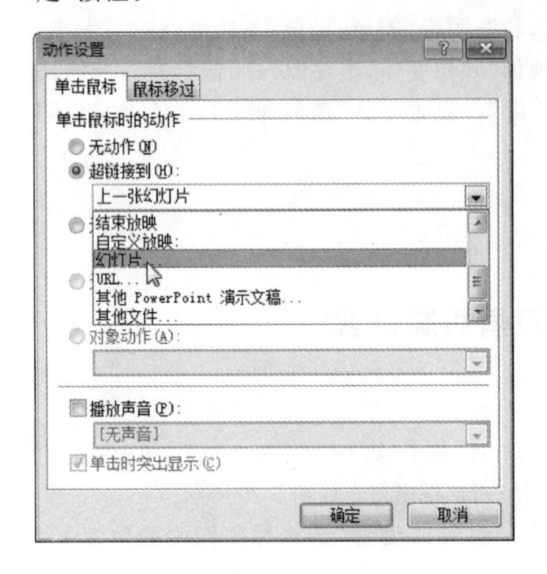

图 5-27 “动作设置”对话框

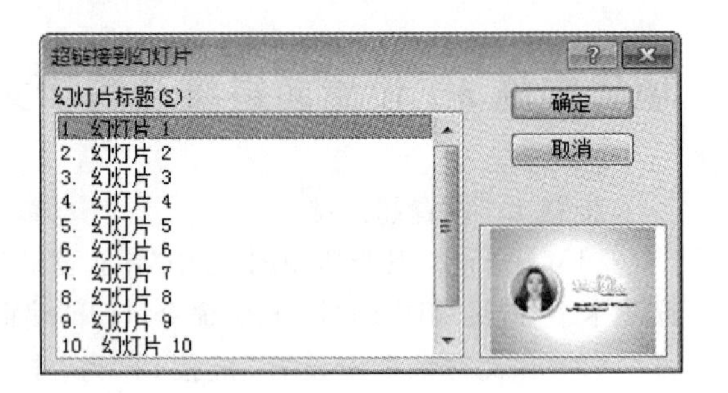

图 5-28 插入动作按钮

幻灯片的操作

幻灯片的基本操作除了上面介绍的插入操作之外还有选择、删除、移动和复制。在“幻灯片/大纲”窗格或幻灯片浏览视图中,单击幻灯片缩略图,可选择单张幻灯片;要选择不连续的多张幻灯片,则按住 Ctrl 键不放,再依次单击要选择的幻灯片;选择连续的多张幻灯片则单击连续区域的第一张幻灯片,按住 Shift 键不放,再单击要选择的最后一张幻灯片。选中幻灯片后按 Delete 键或在快捷菜单中选择“删除幻灯片”命令,均可删除。要移动或复制幻灯片,选中幻灯片之后在其上右击,在弹出的快捷菜单中选择“剪切”或“复制”命令,然后将鼠标定位到目标位置,右击,在弹出的快捷菜单中选择“粘贴”命令(也可按下鼠标左键不放,拖动鼠标到适当的位置,释放移动幻灯片或按住 Ctrl 键拖动鼠标到适当位置,释放复制幻灯片)。

步骤 2 设置幻灯片页脚

单击“插入”→“文本”→“日期和时间”命令或“幻灯片编号”,都可打开“页眉和页脚”对话框,如图 5-29 所示。

在“页眉和页脚”对话框选中“日期和时间”复选框,可以在每页幻灯片中插入日期(自动更新或固定日期)。选中“页脚”复选框,在其下方的文本框中输入文字,即可在每页幻灯片页脚占位符中出现同样文字。选中“幻灯片编号”复选框,可在每页幻灯片中插入幻灯片序号,同时选中“标题幻灯片中不显示”复选框,则幻灯片首页不显示幻灯片编号。

在幻灯片中插入编号,首页不显示编号,第二页幻灯片的编号从 1 开始显示,可将“页面设置”对话框中“幻灯片编号起始值”设置为 0。如图 5-30 所示。

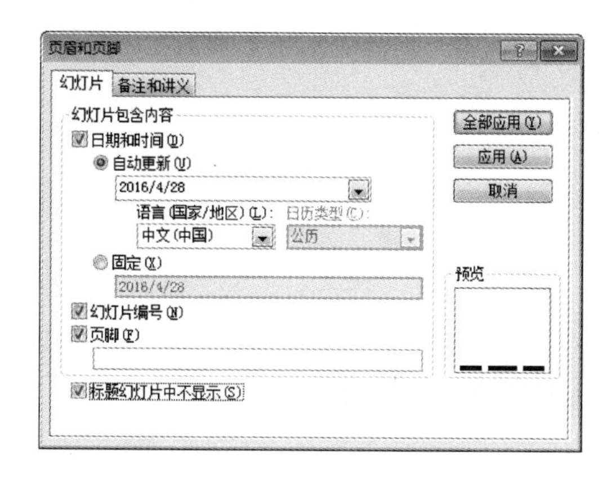

图 5-29　“页眉和页脚”对话框

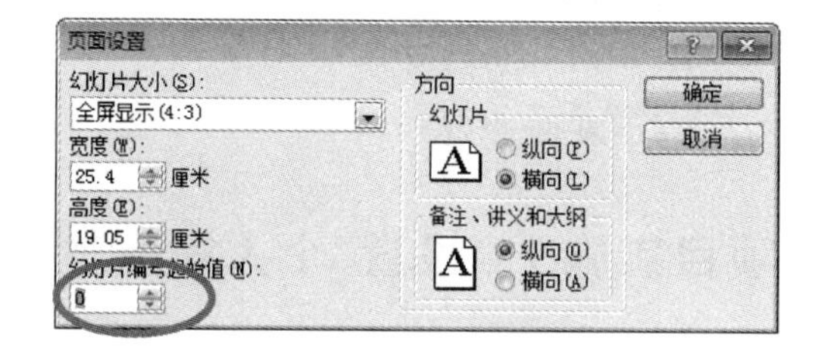

图 5-30　“页面设置”对话框

步骤 3　保存演示文稿

单击快速访问工具栏中的“保存”按钮或“文件”→“保存”命令，弹出“另存为”对话框，选择保存位置并输入“个人简历”作为文件名，单击“保存”按钮。

◆ 归纳总结

PowerPoint 能够制作出集文字、图形、图像、声音及视频剪辑等多媒体元素于一体的演示文稿，把所要表达的信息组织在一组图文并茂的画面中。

学完本案例的制作过程，熟悉了 PowerPoint 的制作流程，还需多做练习，以求熟练掌握 PowerPoint 2010 的基本操作。

5.3　项目 3——动画设计

◆ 项目导入

上一节完成的“个人简历”演示文稿，不够具有吸引力，要使更多的人对简历感兴趣，必须使它生动、形象具体，文字、图像、声音、动态效果缺一不可。本项目主要针对“个人简历”演示文稿进行动态设置，主要包括幻灯片动画设置、幻灯片的切换方法、插入背景音乐盒幻灯片的播放方式等。

◆ 项目分析

“个人简历”演示文稿的动态设置，包括添加动画、动画效果设置、动画开始方式及幻灯片动态切换效果等。主要在“动画”及“切换”选项卡设置完成。

◆ 项目展示

本项目播放“个人简历”演示文稿查看。

◆ 能力要求

🕮 动画窗格的使用
🕮 动画效果的设置
🕮 幻灯片切换效果
🕮 背景音乐的设置

项目实施 1　设置“个人简历”中各幻灯片的动画效果

步骤 1　打开“\素材\PowerPoint 素材\个人简历. pptx”文件。

步骤 2　设置首页的幻灯片动画效果

(1) 单击“动画”选项卡“高级动画”组中的“动画窗格”按钮，打开“动画窗格”任务窗格。

(2) 设置“照片”的动画。

① 选中“照片”形状，单击“动画”选项卡“高级动画”组中的“添加动画”按钮，在下拉列表中选择“更多进入效果”命令，如图 5-31 所示，打开“添加进入效果”对话框，如图 5-32 所示，选中“温和型，下浮”。此时，“动画窗格”里增加了一个动作，对象添加顺序不一样，显示的内容不一样，这里显示的是“组合 4”，如图 5-33 所示。

② 单击动画窗格“组合 4”右侧的下拉列表，选择“从上一项开始”，如图 5-34 所示。也可在动画窗格选中“组合 4”，单击“动画”选项卡“计时”组“开始”方式的右侧下拉列表，选中“与上一动画同时”选项。

图 5-31　添加动画

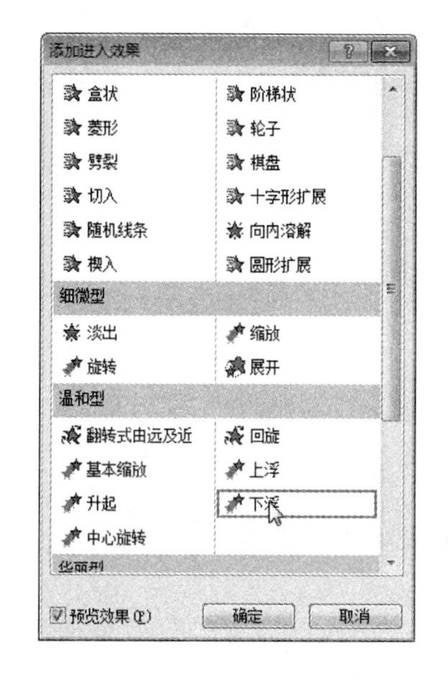

图 5-32　“添加进入效果”对话框

图 5-33　动画窗格记录

(3) 设置其余动画。

① 选中“求职简历”文本框,添加进入动画为“擦除”,动画计时为“与上一动画同时”。

② 选中英文文本框设置为与“求职简历”相同的动画效果。

③ 选中“我是王娟娟……”文本框,设置进入动画为“擦除”。

④ 对“擦除”动画作进一步处理,单击动画窗格中 TextBox 8“我是王娟娟……”右边的下拉列表按钮,在下拉列表中选择“效果选项”命令,如图 5-35 所示,弹出如图 5-36 所示的“擦除”对话框,在“效果”选项卡下的设置方向为“自左侧”,“动画文本”为“按字/词”。

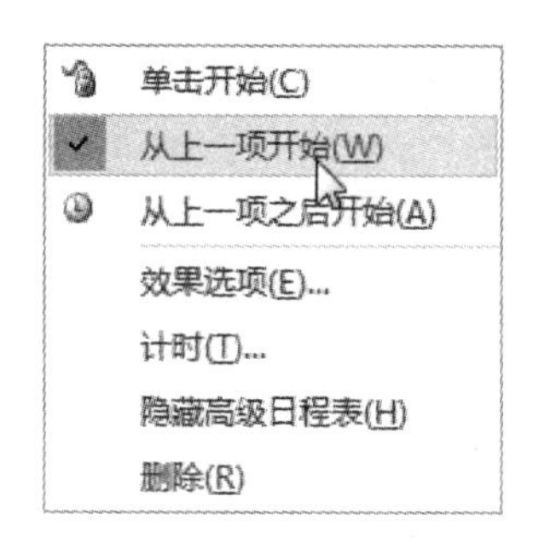

图 5-34　设置动画开始方式

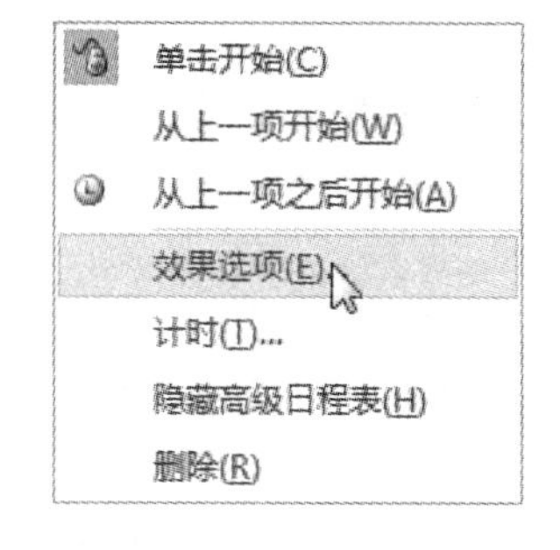

图 5-35　设置“效果选项”

步骤 3　设置“自荐信”幻灯片的动画效果

(1) 设置蓝色背景动画。选中蓝色背景矩形,设置进入动画为“劈裂”,效果为“中央向上下展开”,动画计时为“上一动画之后”。

(2) 设置灰色阴影动画。选中灰色阴影矩形,设置进入动画为“上浮”,动画计时为“上一动画之后”。

(3) 设置文本动画。选中文本框,设置进入动画为“随机线条”,动画方向为“水平”。

步骤 4　设置“基本信息”幻灯片的动画效果

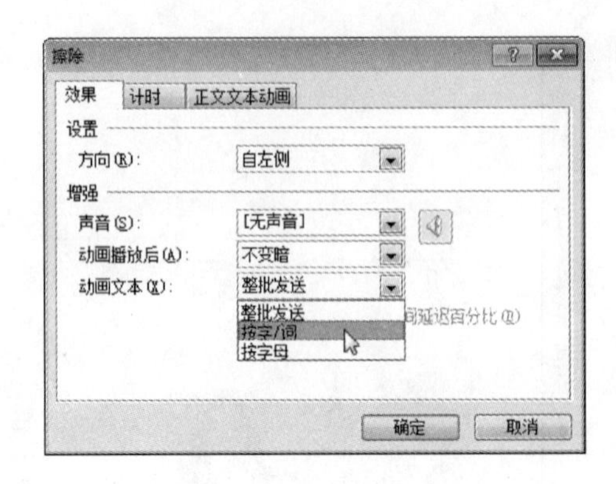

图 5-36　设置“擦除”动画效果

设置文本框的动画为“擦除”，方向为“自顶部”，动画计时为“上一动画之后”。

步骤 5　设置“教育经历”幻灯片的动画效果

(1) 选中 SmartArt 图形，设置进入动画“轮子”，单击“动画”选项卡“动画”组“效果选项”下拉按钮，在下拉菜单中，选择“轮辐图案，2 轮辐图案”；“序列，逐个”。

(2) 在动画窗格中，单击动画列表下方展开按钮。如图 5-37 所示。动画展开后如图 5-38 所示。

(3) 在动画窗格展开的动画列表中，选择“软件工程专业本科”动画，设置动画计时为“与上一动画同时”。

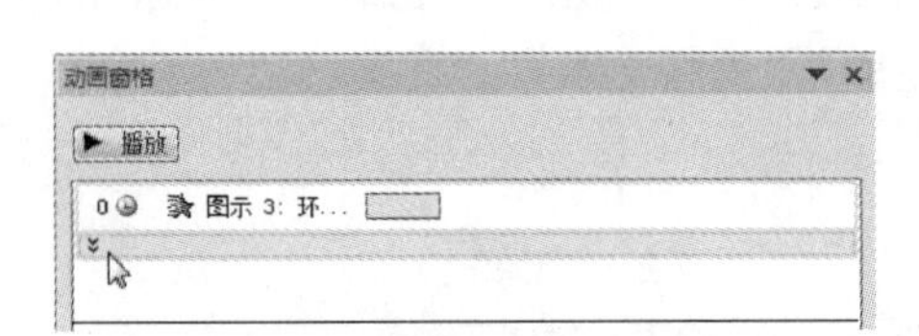

图 5-37　动画窗格单击展开内容

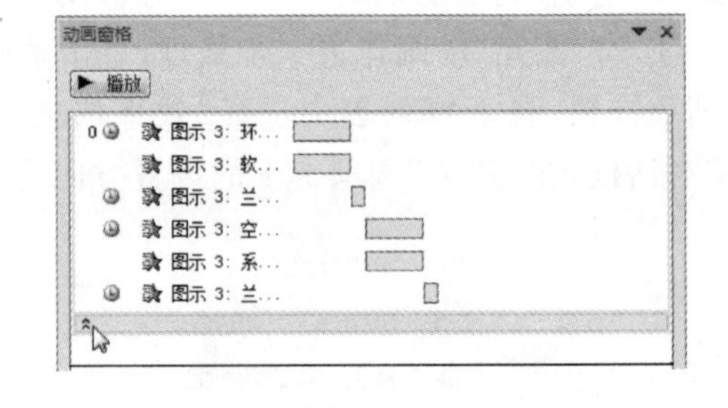

图 5-38　动画窗格单击展开后内容

(4) 在动画窗格展开的动画列表中，选择“系统分析师(高级)”动画，设置动画计时为“与上一动画同时”。

步骤 6　设置“工作经验”幻灯片的动画效果

(1) 将制作本页幻灯片时组合的四个形状，取消组合。

(2) 分别设置动画，每个动画计时效果均为“上一动画之后”。

① 选中序号为“01”的圆台下方连接符添加进入动画为“擦除，自下方”。

② 用动画刷复制连接符动画至圆台“01”。

③ 选中“项目负责人”圆角矩形，添加进入动画为“擦除，自左侧”。

④ 选中“项目负责人”圆角矩形下方日期文本框，添加进入动画为“擦除，自左侧”。

⑤ 选中“项目负责人”圆角矩形右侧文本圆角矩形，动画与上步相同。

⑥ 选择序号“02”圆台及连接符，设置动画效果与“01”圆台动画效果相同。

⑦ 按上面步骤顺序添加其余形状动画效果。其中，中心轴左侧动画为“擦除，自左侧”；中心轴右侧动画为“擦除，自右侧”。

步骤7　设置“语言能力”幻灯片的动画效果

(1) 按照“粤语”、“英语”、“普通话”圆环图表顺序，分别添加进入动画“轮子，1轮辐图案，序列，作为一个对象”，计时效果为“上一动画之后”。

(2) 添加文本框进入动画为“擦除，自左侧，上一动画之后”。

步骤8　设置“软件技能”幻灯片的动画效果

选中本页幻灯片中的SmartArt图形，添加进入动画为“擦除，自左侧，上一动画之后”。

步骤9　设置“获奖情况”幻灯片的动画效果

(1) 同时选中四个“奖牌”图片，添加进入动画为“下浮，上一动画之后”。

(2) 选中SmartArt图形，添加进入动画为“缩放”，动画效果选项为“逐个”。

(3) 动画窗格展开SmartArt图形逐个动画，鼠标逐个拖动“奖牌”图片动画至合适位置，使动画按照第一个奖牌，下方结构列表，第二个奖牌，下方结构列表……的顺序播放。

步骤10　设置“感谢页”幻灯片的动画效果

依次选中四个六边形，添加进入动画为“弹跳，上一动画之后”。

项目实施2　在演示文稿中添加多媒体对象

添加背景音乐。

(1) 单击“插入”选项卡“媒体”组中的“音频”按钮，在下拉列表中选择“文件中的音频”命令。

(2) 在弹出的对话框中找到磁盘中要插入的与幻灯片同步的音乐并选中，单击“插入”按钮，然后在“音频工具/播放”选项卡中设置音乐的开始方式为“跨幻灯片播放”，并选择“放映时隐藏”和“循环播放，直到停止”复选项。这样，在播放幻灯片期间就有背景音乐了。

(3) 单击“动画”选项卡“高级动画”组中的“动画窗格”按钮，打开“动画窗格”任务窗格，由于音频是在最后插入的，所以它位于所有动作之后，为了让幻灯片一开始播放就有背景音乐，需要对动作进行重新排序，将音乐置于第一个动作之后，并设置音乐动作为“从上一项开始”。

在演示文稿中嵌入或链接到视频

使用Microsoft PowerPoint 2010可以将来自文件的视频直接嵌入到演示文稿中。另外也可以嵌入来自剪贴画库的.gif动画文件。

如果安装了QuickTime和Adobe Flash播放器，则PowerPoint将支持QuickTime(.mov,.mp4)和Adobe Flash(.swf)文件。

在PowerPoint 2010中使用Flash存在一些限制，包括不能使用特殊效果(例如，阴影、反射、发光效果、柔化边缘、棱台和三维旋转)、淡出和剪裁功能以及压缩这些文件以更加轻松地进行共享和分发的功能。

PowerPoint 2010 不支持 64 位版本的 QuickTime 或 Flash。

还可以从演示文稿中链接到外部视频文件或电影文件。通过链接视频，可以减小演示文稿的文件大小。为了防止可能出现与断开的链接有关的问题，最好先将视频复制到演示文稿所在的文件夹中，然后再链接到视频。

还可以链接到本地驱动器上的视频文件或上载到网站的视频文件。

用于插入视频的所有选项都位于“插入”选项卡下的“媒体”组中。

项目实施 3　设置幻灯片的切换及幻灯片放映

步骤 1　设置幻灯片的切换效果

(1) 选中某张幻灯片，单击“切换”选项卡“切换到此幻灯片”组的“其他”按钮 ▼，在下拉列表中选择“涟漪”，效果选项选中“居中”，换片方式选择“设置自动换片时间为 0”，如图 5-39 所示。此时，选择“切换”选项卡“计时”组中的“全部应用”按钮，可将此选择应用于整个演示文稿。若想每页幻灯片都有不同的切换效果，则重复上述步骤。

图 5-39　设置幻灯片切换

(2) 单击“切换”选项卡“预览”组中的“预览”按钮或播放演示文稿，查看效果。

步骤 2　幻灯片放映

单击“幻灯片放映”选项卡“开始放映幻灯片”组中的“从头开始”按钮，播放幻灯片查看效果。

幻灯片放映及打包演示文稿

在PowerPoint中可以根据需要，使用演讲者放映方式、观众自行浏览方式以及在展台浏览放映方式等3种不同的方式进行幻灯片的放映。单击“幻灯片放映”选项卡下“设置”组“设置放映方式”命令，可以选择幻灯片放映方式。

“演讲者放映(全屏幕)”是常规的放映方式。在放映过程中，可以使用人工控制幻灯片的放映进度和动画出现的效果；如果希望自动放映演示文稿，可以使用“幻灯片放映”菜单上的“排练计时”命令设置幻灯片放映的时间，使其自动播放。

如果演示文稿在小范围放映，同时又允许观众动手操作，可以选择“观众自行浏览(窗口)”方式。在这种方式下演示文稿出现在小窗口内，并提供命令在放映时移动、编辑、复制和打印幻灯片，移动滚动条从一张幻灯片移到另一张幻灯片。

如果演示文稿在展台、摊位等无人看管的地方放映，可以选择“在展台浏览(全屏幕)”方式，将演示文稿设置为在放映时不能使用大多数菜单和命令，并且在每次放映完毕后，如5分钟观众没有进行干预，会重新自动播放。当选定该项时，PowerPoint会自动设定“循环放映，Esc键停止”的复选框。

当不希望将演示文稿的所有部分都展现给观众，而是要根据不同的观众选择不同的放映部分时，可以根据需要自定义幻灯片放映。方法为：打开演示文稿，单击“幻灯片放映”选项卡“开始放映幻灯片”组中的“自定义幻灯片放映”按钮，在下拉列表中选择“自定义放映”命令，弹出“自定义放映”对话框，单击“新建”按钮，弹出“定义自定义放映”对话框，在“在演示文稿中的幻灯片”列表框中选择合适的幻灯片，单击“添加”按钮，将其添加至“在自定义放映中的幻灯片”列表框中，单击“确定”按钮，返回至“自定义放映”对话框中，单击“放映”按钮即可开始放映自定义的幻灯片。

还可以选择广播方式放映幻灯片。广播幻灯片就是通过Internet向远程访问群体广播PowerPoint 2010演示文稿。当在PowerPoint中放映幻灯片时，访问群体可以通过浏览器同步观看。使用PowerPoint 2010中的“广播放映幻灯片”功能，演示者可以在任意位置通过Web与任何人共享幻灯片放映。首先要向访问群体发送链接(URL)之后邀请的每个人都可以在他们的浏览器中观看幻灯片放映的同步视图。

所谓打包，是指将独立的已组合起来共同使用的单个或多个文件集成在一起，生成一种独立于运行环境的文件。将演示文稿打包能解决运行环境的限制和文件损坏或无法调用的不可预料的问题，比如打包文件能在没有安装PowerPoint、Flash等的环境下运行，在目前主流的各种操作系统下运行，单击“文件”选项卡下的“保存并发送”命令，在右侧单击“将演示文稿打包成CD”，在弹出的对话框中选择要打包的文件，单击“复制到文件夹”按钮，在对话框中为CD命名，选择保存的位置，最后单击“确定”按钮。

◆ 归纳总结

演示文稿的动态效果设置包括动画设置、切换效果、添加背景音乐等，通过本例的介绍，可以制作形象、美观、大方的演示文稿。

项目实训

实训项目一　制作“思考与练习”

实训内容

按下列要求制作演示文稿。

(1) 建立页面一:版式为“标题幻灯片”,标题内容为“思考与练习”,并设置为黑体、72 号,副标题内容为“小学语文”,并设置为宋体、28 号、倾斜。

(2) 建立页面二:版式为“只有标题”,标题内容为“1. 有感情地朗读课文”并设置为隶书、36 号、分散对齐,将标题设置“左侧飞入”动画效果,并伴有“打字机”声音。

(3) 建立页面三:版式为“只有标题”,标题内容为“2. 背诵你认为写得好的段落”并设置为隶书、36 号、分散对齐,将标题设置“盒装展开”动画效果并伴有“鼓掌”声音。

(4) 建立页面四:版式为“只有标题”,标题内容为“3. 把课文中的好词佳句抄写下来”,并设置为隶书、36 号、分散对齐,将标题设置“从下部缓慢移入”动画效果,并伴有“幻灯放映机”声音。

(5) 设置应用设计主题为“暗香扑面”。

(6) 将所有幻灯片的切换方式设置为“每隔 6 秒”换页。

实训项目二　Office 2010 综合训练

实训内容一

在 Word 中制作如下电子板报。如样图 5-1 所示。

样图 5-1　电子板报

操作提示:利用文本框定位,输入文字。如样图 5-2 所示。

样图 5-2　利用文本框定位

实训内容二

在 Excel 2010 中完成如下任务。

(1) 建立工作簿文件"员工薪水表. xlsx"。

① 启动 Excel 2010,在 Sheet1 工作表 A1 中输入表标题"华通科技公司员工薪水表"。

② 输入表格中各字段的名称:序号、姓名、部门、分公司、工作时间、工作时数、小时报酬等。

③ 分别输入各条数据记录,保存为工作簿文件"员工薪水表. xlsx",如样图 5-3 所示。

(2) 编辑与数据计算。

① 在 H2 单元格内输入字段名"薪水",在 A17 和 A18 单元格内分别输入数据"总数"、"平均"。

② 在单元格 H3 中利用公式"＝F3 * G3"求出相应的值,然后利用复制填充功能在单元格区域 H4:H16 中分别求出各单元格相应的值。

③ 分别利用函数在 F17 单元格内对单元格区域 F3:F16 求和,在 H17 单元格内对单元格区域 H3:H16 求和。

④ 分别利用函数在 F18 单元格内对单元格区域 F3:F16 求平均值,在 G18 单元格内对单元格区域 G3:G16 求平均值,在 H18 单元格内对单元格区域 H3:H16 求平均值。

(3) 格式化表格。

① 设置第 1 行行高为"26",第 2、17、18 行行高为"16",A 列列宽为"5",D 列列宽为"6",合并及居中单元格区域 A1:H1、A17:E17、A18:E18。

② 设置单元格区域 A1:H1 为"隶书、18 号、加粗、红色",单元格区域 A2:H2、A17:E17、A18:E18 为"仿宋、12 号、加粗、蓝色"。

③ 设置单元格区域 E3:E16 为日期格式"2001 年 3 月",单元格区域 F3:F18 为保留 1 位小数的数值,单元格区域 G3:H18 为保留 2 位小数的货币,并加货币符号"￥"。

④ 设置单元格区域 A2:H18 为水平和垂直居中,外边框为双细线,内边框为单细线。

(4) 数据分析与统计。

① 将 Sheet1 工作表重命名为“排序”，然后对单元格区域 A2:H16 以“分公司”为第一关键字段“降序”，并以“薪水”为第二关键字段“升序”进行排序。

② 建立“排序”工作表的副本“排序(2)”，并插入到 Sheet2 工作表之前，重命名为“高级筛选”。

③ 选取“高级筛选”工作表为活动工作表，以条件：“工作时数>=120 的软件部职员”或者“薪水>=2 500 的西京分公司职员”对单元格区域 A2:H16 进行高级筛选，并在原有区域显示筛选结果。

④ 建立“排序”工作表的副本“排序(2)”，并插入到 Sheet2 工作表之前，重命名为“分类汇总”。

⑤ 选取“分类汇总”工作表为活动工作表，并删除 17 行和 18 行。

⑥ 将“分类字段”设为“分公司”、“汇总方式”设为“平均值”，选定“工作时数”、“小时报酬”和“薪水”为“汇总项”，对数据清单进行分类汇总。

⑦ 选取“分类汇总”工作表为活动工作表，选定相关数据源区域，创建独立式“簇状圆柱图”类型的各分公司工作时数、小时报酬和薪水平均数对比图。

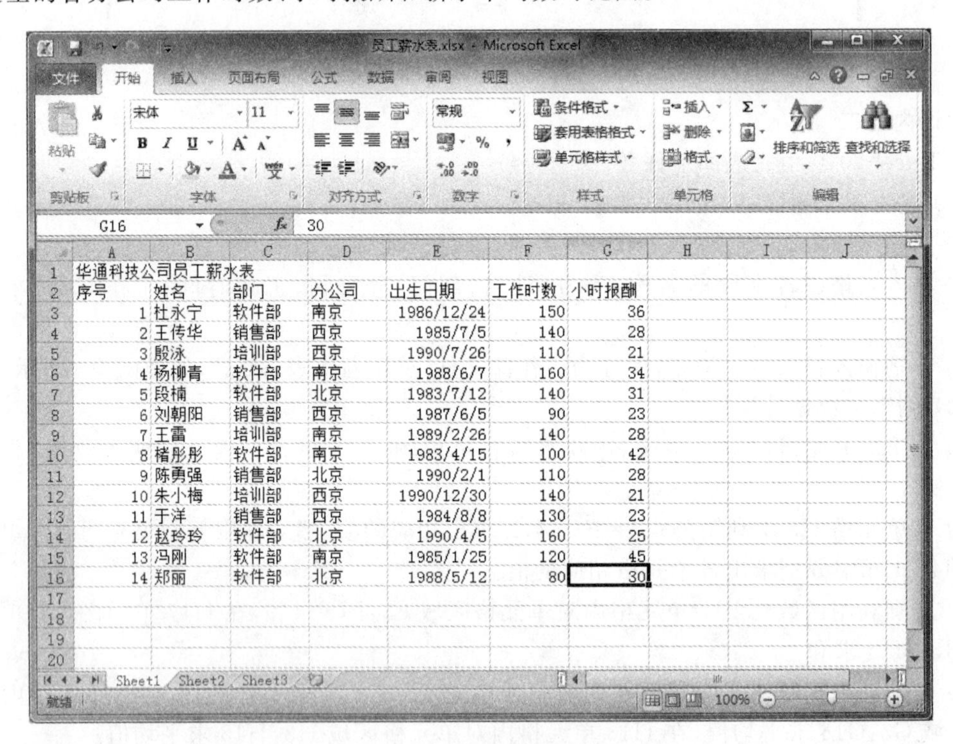

	A	B	C	D	E	F	G
1	华通科技公司员工薪水表						
2	序号	姓名	部门	分公司	出生日期	工作时数	小时报酬
3	1	杜永宁	软件部	南京	1986/12/24	150	36
4	2	王传华	销售部	西京	1985/7/5	140	28
5	3	殷泳	培训部	西京	1990/7/26	110	21
6	4	杨柳青	软件部	南京	1988/6/7	160	34
7	5	段楠	软件部	北京	1983/7/12	140	31
8	6	刘朝阳	销售部	西京	1987/6/5	90	23
9	7	王雷	培训部	南京	1989/2/26	140	28
10	8	楮彤彤	软件部	南京	1983/4/15	100	42
11	9	陈勇强	销售部	北京	1990/2/1	110	28
12	10	朱小梅	培训部	西京	1990/12/30	140	21
13	11	于洋	销售部	西京	1984/8/8	130	23
14	12	赵玲玲	软件部	北京	1990/4/5	160	25
15	13	冯刚	软件部	南京	1985/1/25	120	45
16	14	郑丽	软件部	北京	1988/5/12	80	30

样图 5-3　编制的员工薪水表

实训内容三

参考本章“个人简历”实例，结合自己实际情况，制作一份图文并茂，生动形象的个人简历。

要求：① 幻灯片不少于 6 页。

② 幻灯片中包含文字，图形、图表、SmartArt 图形、超链接等对象元素。

③ 设置各幻灯片动画、切换、背景音乐等效果。

6 计算机网络

项目1——网络配置与维护

项目2——信息检索与电子邮件

项目3——Internet新技术

项目4——网络安全设置

能力自测

项目实训

6.1 项目1——网络配置与维护

◆ 项目导入

小王来到公司后，办公室为他配置了电脑，安装好了网卡、操作系统，提供网络接入点，他急需连入 Internet，怎样才能顺利实现他的目标呢？

◆ 项目分析

从描述信息可以知道，小王的计算机硬件设备已经基本具备，但是上网需要有信号的传输介质（可以是有线方式或无线方式）、通信协议，当前需要查看是否安装了通信协议；想要接入到局域网中，还需要知道计算机所在局域网的相关配置信息。

◆ 项目展示

查看网络连接如图 6-1 所示。

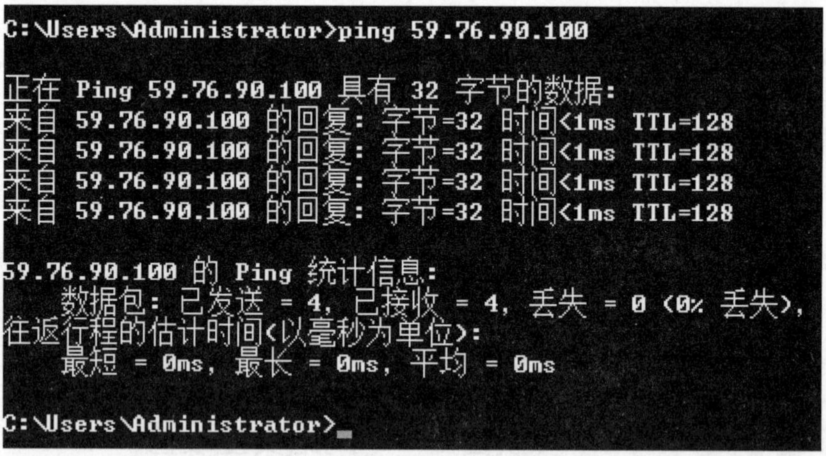

```
C:\Users\Administrator>ping 59.76.90.100

正在 Ping 59.76.90.100 具有 32 字节的数据:
来自 59.76.90.100 的回复: 字节=32 时间<1ms TTL=128
来自 59.76.90.100 的回复: 字节=32 时间<1ms TTL=128
来自 59.76.90.100 的回复: 字节=32 时间<1ms TTL=128
来自 59.76.90.100 的回复: 字节=32 时间<1ms TTL=128

59.76.90.100 的 Ping 统计信息:
    数据包: 已发送 = 4，已接收 = 4，丢失 = 0 (0% 丢失)，
往返行程的估计时间(以毫秒为单位):
    最短 = 0ms，最长 = 0ms，平均 = 0ms

C:\Users\Administrator>_
```

图 6-1　查看网络连接

◆ 能力要求

🕮 了解网络的基本概念
🕮 能正确设置 IP 地址，接入主机设备到 Internet
🕮 能正确输入常用的网络故障诊断命令，排除常见的接入症状
🕮 具备良好的职业素养，遵守 Internet 网络规范接入和使用 Internet

项目实施 1　网络连接配置

步骤 1　判断是否安装有 TCP/IP 协议

单击"开始"菜单，在文本搜索框中输入命令"CMD"并按回车键，在打开的 MSDOS 命令窗口中输入命令"ping 127.0.0.1"并按下 Enter 键，出现如图 6-2 所示的结果时，说明 TCP/IP 协议安装成功。

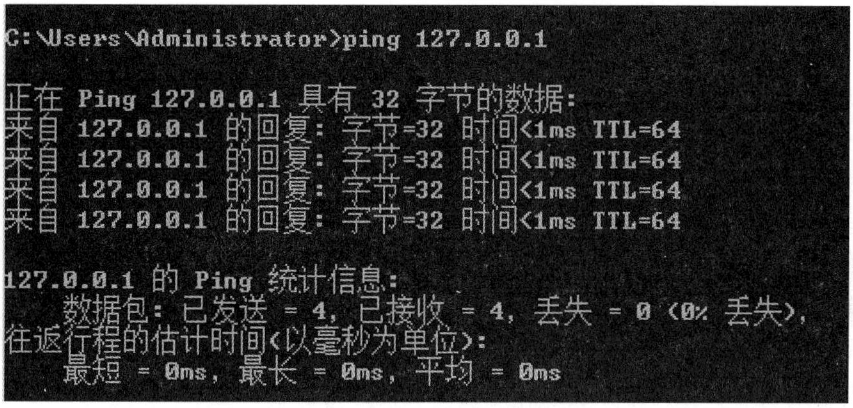

```
C:\Users\Administrator>ping 127.0.0.1

正在 Ping 127.0.0.1 具有 32 字节的数据:
来自 127.0.0.1 的回复: 字节=32 时间<1ms TTL=64
来自 127.0.0.1 的回复: 字节=32 时间<1ms TTL=64
来自 127.0.0.1 的回复: 字节=32 时间<1ms TTL=64
来自 127.0.0.1 的回复: 字节=32 时间<1ms TTL=64

127.0.0.1 的 Ping 统计信息:
    数据包: 已发送 = 4, 已接收 = 4, 丢失 = 0 (0% 丢失),
往返行程的估计时间(以毫秒为单位):
    最短 = 0ms, 最长 = 0ms, 平均 = 0ms
```

图 6-2　测试 TCP/IP 协议是否正常安装

如果协议未安装，则需要右击桌面上的"网络"图标，单击"属性"命令，单击"网络连接"，弹出"网络连接状态"对话框，单击对话框中的"属性"按钮，弹出"网络连接属性"对话框，单击"安装"按钮，弹出"选择网络功能类型"对话框，如图 6-3 所示。

选中"协议"选项，单击"添加"按钮，弹出"选择网络协议"对话框，如图 6-4 所示，然后选择需要添加的协议，单击"从磁盘安装"按钮，在光驱中放入相应的光盘，就可以完成相应的操作。

图 6-3　"选择网络功能类型"对话框

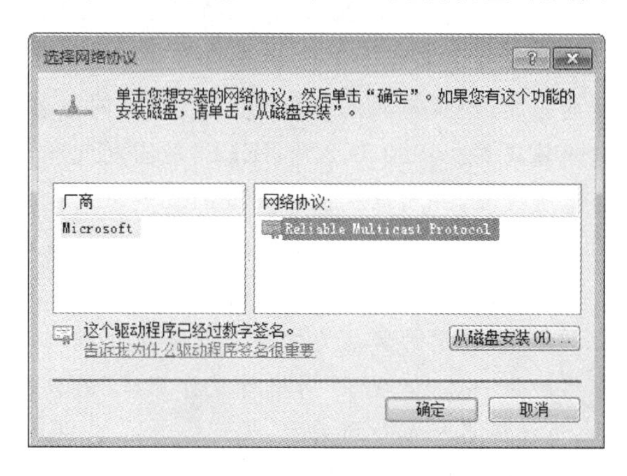

图 6-4　"选择网络协议"对话框

计算机网络

1. 计算机网络的概念

计算机网络是将地理位置不同的具有独立功能的多台计算机及其外部设备，通过通信线路连接起来，在网络操作系统、网络管理软件及网络通信协议的管理和协调下，实现资源共享和信息传递的计算机系统。

2. 计算机网络的发展历史

计算机网络的发展经历了一个从简单到复杂、从低级到高级的演变过程，从为解决远程计算信息的收集和处理而形成的联机系统开始，发展到以资源共享为目的而互联起来的计算机群。计算机网络的发展又促进了计算机技术和通信技术的发展，使之渗透到社会生活的各个领域。到目前为止，其发展过程大体可分为4个阶段。

第1阶段：20世纪60年代末到20世纪70年代初为计算机网络发展的萌芽阶段。其主要特征是：为了增加系统的计算能力和资源共享，把小型计算机连成实验性的网络。第一个远程分组交换网叫ARPANET，是由美国国防部于1969年建成的，第一次实现了由通信网络和资源网络复合构成计算机网络系统。标志计算机网络的真正产生，ARPANET是这一阶段的典型代表。

第2阶段：20世纪70年代中后期是局域网络(LAN)发展的重要阶段，其主要特征为：局域网络作为一种新型的计算机体系结构开始进入产业部门。局域网技术是从远程分组交换通信网络和I/O总线结构计算机系统派生出来的。1976年，美国Xerox公司的Palo Alto研究中心推出以太网(Ethernet)，它成功地采用了夏威夷大学ALOHA无线电网络系统的基本原理，使之发展成为第一个总线竞争式局域网络。

第3阶段：整个20世纪80年代是计算机局域网络的发展时期。其主要特征是：局域网络完全从硬件上实现了ISO的开放系统互联通信模式协议的能力。计算机局域网及其互连产品的集成，使得局域网与局域互连、局域网与各类主机互连，以及局域网与广域网互连的技术越来越成熟。1980年2月，IEEE(美国电气和电子工程师学会)下属的802局域网络标准委员会宣告成立，并相继提出IEEE801.5～802.6等局域网络标准，作为局域网络的国际标准，它标志着局域网协议及其标准化的确定，为局域网的进一步发展奠定了基础。

第4阶段：20世纪90年代初至现在是计算机网络飞速发展的阶段，其主要特征是：计算机网络化，协同计算能力发展以及全球互联网络(Internet)的盛行。计算机的发展已经完全与网络融为一体，体现了“网络就是计算机”的口号。目前，计算机网络已经真正进入社会各行各业，为社会各行各业所采用。

3. 计算机网络功能与特点

计算机网络的功能主要体现在三个方面：信息交换、资源共享、分布式处理。

(1) 信息交换。

这是计算机网络最基本的功能，主要完成计算机网络中各个节点之间的系统通信。用户可以在网上传送电子邮件、发布新闻消息、进行电子购物、电子贸易、远程电子教育等。

(2) 资源共享。

所谓的资源是指构成系统的所有要素,包括软、硬件资源,如:计算处理能力、大容量磁盘、高速打印机、绘图仪、通信线路、数据库、文件和其他计算机上的有关信息。由于受经济和其他因素的制约,这些资源并非(也不可能)所有用户都能独立拥有,所以网络上的计算机不仅可以使用自身的资源,也可以共享网络上的资源。因而增强了网络上计算机的处理能力,提高了计算机软硬件的利用率。

(3) 分布式处理。

一项复杂的任务可以划分成许多部分,由网络内各计算机分别协作并行完成有关部分,使整个系统的性能大为增强。

4. 计算机网络的分类

(1) 从网络结点分布来看,可分为局域网(Local Area Network,LAN)、广域网(Wide Area Network,WAN)和城域网(Metropolitan Area Network,MAN)。

局域网是一种在小范围内实现的计算机网络,一般在一个建筑物内,或一个工厂、一个事业单位内部,为单位独有。局域网距离可在十几公里以内,信道传输速率可达1～20 Mbps,结构简单,布线容易。广域网范围很广,可以分布在一个省内、一个国家或几个国家。城域网是在一个城市内部组建的计算机信息网络,提供全市的信息服务。目前,我国许多城市正在建设城域网。

(2) 按网络数据传输与交换的所有权划分,计算机网络可分为专用网和公共网。

(3) 网络拓扑结构可分为星型网络、树型网络、总线型网络、环型网络和网状网络。

5. 网络体系结构

网络是一个非常复杂的整体,为便于研究和实现,将其进行分层。网络分层结构的出现其实是将复杂的网络任务分解为多个可处理的部分,使问题简单化。而这些可处理的部分模块之间形成单向依赖关系,即模块之间是单向的服务与被服务的关系,从而构成层次关系,这就是分层。分层网络体系结构的基本思想是每一层都在它下层提供的服务基础上提供更高级的增值服务,且通过服务访问点(SAP)来向其上一层提供服务。计算机网络具有两大参考模型,分别为开放系统互连基本参考模OSI(Open Systems Interconnection 简称OSI)和TCP/IP模型,其中OSI模型为理论模型,而TCP/IP模型则已成为互联网事实的工业标准,现在的通信网络一般都是采用TCP/IP协议簇。两个模型结构如图6-5所示。

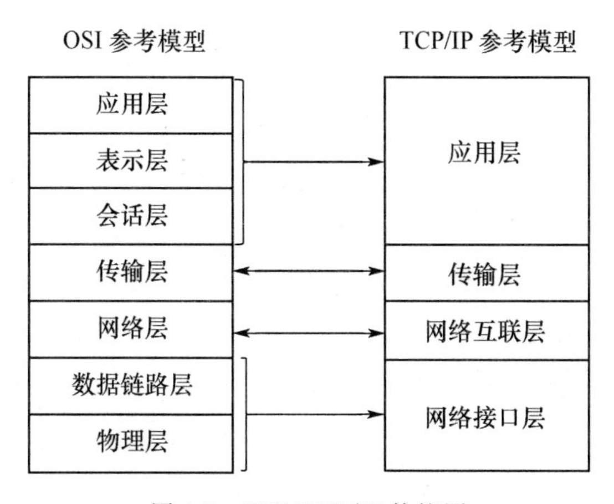

图6-5　OSI、TCP/IP协议图

步骤 2 配置 TCP/IP 协议

右击桌面的“网络”图标，在快捷菜单中选择“属性”选项，弹出“网络和共享中心”对话框，单击“本地连接”图标，弹出“本地连接状态”对话框，单击“属性”按钮，弹出“本地连接属性”对话框。选中“此连接使用下列项目”下的“Internet 协议版本 4(TCP/IPv4)”项，单击“属性”按钮，弹出“Internet 协议版本 4(TCP/IPv4)属性”对话框，如图 6-6 所示。

图 6-6 “Internet 协议版本 4 属性”对话框

在该对话框中有“自动获得 IP 地址(O)”和“使用下面的 IP 地址(S):”，此处要根据用户的实际情况选中相应的参数对 IP 地址和 DNS 服务器地址做好参数设置。小王所在的公司的局域网中没有 DHCP(动态 IP 分配服务器)，因此选择“使用下面的 IP 地址(S):”，设置了对应的 IP 地址、子网掩码、默认网关和 DNS 服务地址。

1. IP 地址

因特网是由不同物理网络互连而成，不同网络之间实现计算机的相互通信，必须有相应的地址标识，这个地址标识称为 IP 地址。IP 地址是唯一标识出主机所在的网络及其在网络中位置的编号。当前我们使用的 IP 地址为 32 位，以点分十进制表示，如 192.168.0.141。地址格式为:IP 地址＝网络 ID＋主机 ID。网络 ID 用来表示计算机属于哪一个网络，网络 ID 相同的计算机不需要通过路由器连接就能够直接通信，我们把网络 ID 相同的计算机组成一个网络称之为本地网络(网段)；网络 ID 不相同的计算机之间通信必须通过路由器连接，我们把网络 ID 不相同的计算机称之为远程计算机。

标准 IP 地址是通过它的格式分类的，IP 地址可分为五类:A 类、B 类、C 类、D 类、E 类，如图 6-7所示。

A 类地址空间为 0-127，最大网络数为 126，最大主机数为 16,777,124；B 类地址空间为

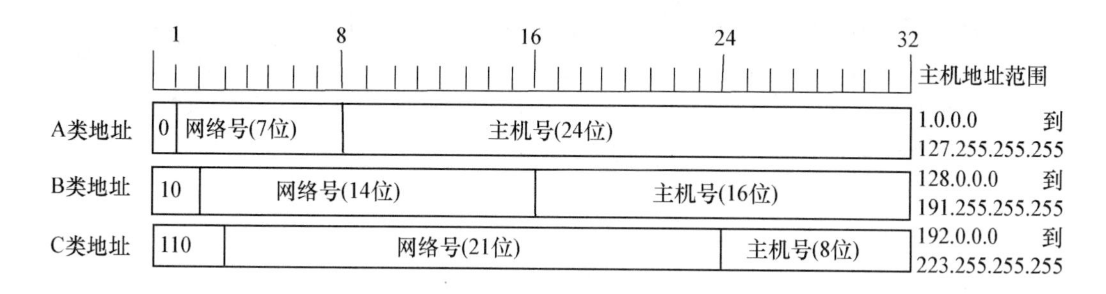

图 6-7　IP 地址分类

128-191，最大网络数为 16,3,84，最大主机数为 65,534；C 类地址空间为 192-223，最大网络数为 2,097,152，最大主机数为 254；D 类地址是组播地址，代表一组计算机；E 类地址暂时保留。

现有的互联网是在 IPv4 协议的基础上运行。IPv6 是下一版本的互联网协议，也可以说是下一代互联网的协议，它的提出是因为随着互联网的迅速发展，IPv4 定义的有限地址空间将被耗尽，地址空间的不足必将妨碍互联网的进一步发展。为了扩大地址空间，拟通过 IPv6 重新定义地址空间。IPv4 采用 32 位地址长度，只有大约 43 亿个地址，而 IPv6 采用 128 位地址长度，几乎可以不受限制地提供地址。

小提示

为了方便管理，预留下了一些特殊的 IP 地址。

127.0.0.1

127 是一个保留地址，该地址是指电脑本身，主要作用是预留下作为测试使用，用于网络软件测试以及本地机进程间通信。

10.*.*.*，172.16.*.*～172.31.*.*，192.168.*.*

上面三个网段是私有地址，可以用于自己组网使用，这些地址主要用于企业内部网络中，但不能够在 Internet 网上使用。

2. 子网掩码

当为一台计算机分配 IP 地址后，该计算机的 IP 地址哪部分表示网络 ID，哪部分表示主机 ID，并不由 IP 地址所属的类来确定，而是由子网掩码确定。子网掩码的格式是以连续的 255 后面跟连续的 0 表示，其中连续的 255 这部分表示网络 ID；连续 0 部分表示主机 ID。比如，子网掩码 255.255.0.0 和 255.255.255.0。

网络 ID 是 IP 地址与子网掩码进行与(AND)运算获得，得出的结果即为网络部分。将子网掩码的二进制值取反后，再与 IP 地址进行与(AND)运算，得到的结果即为主机部分。

例如，IP 地址为 192.168.23.35，子网掩码为 255.255.0.0，将 IP 地址与子网掩码做与操作，结果为 192.168.0.0，分析结果可知，网络 ID 为：192.168.0.0，主机 ID 为：23.35。

3. 默认网关

网关实质上是一个网络通向其他网络的 IP 地址。

使用子网掩码可以查看主机所在的网络 ID 和主机 ID，在 Internet 中，不同网络 ID 中的主机之间不能直接通信。网络 A 的 IP 地址范围为“192.168.1.1～192.168.1.254”，子网掩码为255.255.255.0;网络B的IP地址范围为“192.168.2.1～192.168.2.254”,子网掩码为255.255.255.0。在没有路由器的情况下,两个网络之间是不能进行TCP/IP通信的,即使是两个网络连接在同一台交换机(或集线器)上,TCP/IP协议也会根据子网掩码(255.255.255.0)判定两个网络中的主机处在不同的网络里。而要实现这两个网络之间的通信,则必须通过网关。

如果网络A中的主机发现数据包的目的主机不在本地网络中,就把数据包转发给它自己的网关,再由网关转发给网络B的网关,网络B的网关再转发给网络B的某个主机。网络B向网络A转发数据包的过程也是如此。网络通信如图6-8所示。

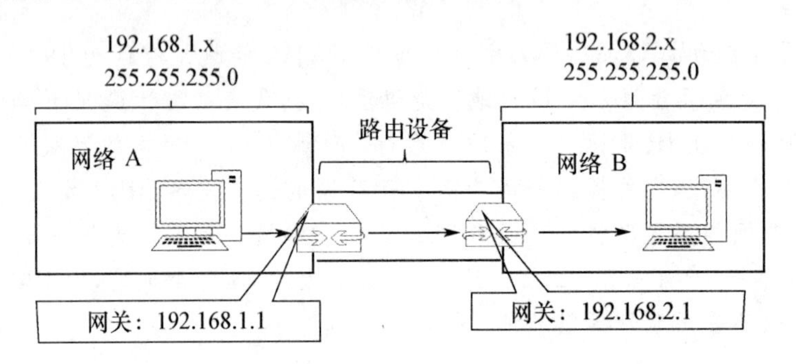

图6-8 不同子网之间通信方式

默认网关:默认网关的意思是一台主机如果找不到可用的网关,就把数据包发给默认指定的网关,由这个网关来处理数据包。现在主机使用的网关,一般指的是默认网关。

4.域名系统

用户与因特网上某台主机通信需要知道该主机的IP地址,但随着网络规模的增大,很难记忆长达32位的二进制主机地址,即使是“点分十进制”IP地址也并不太容易记忆。DNS(Domain Name Service,域名系统)是一个分布式数据库系统,其作用是将人们易于记忆的域名与人们不容易记忆的IP地址进行转换。执行此项功能的主机被称为DNS服务器。

由于因特网的用户数量较多,所以因特网在命名时采用的是层次树状结构的命名方法。任何一个连接在因特网上的主机或路由器,都有一个唯一的层次结构的名字,即域名(Domain Name)。这里,“域”(Domain)是名字空间中一个可被管理的划分。从语法上讲,每一个域名都是由标号(Label)序列组成,而各标号之间用点(小数点)隔开。

DNS规定,域名中的标号都由英文和数字组成,不区分大小写字母。级别最低的域名写在最左边,而级别最高的字符写在最右边。各级域名由其上一级的域名管理机构管理,而最高的顶级域名则由ICANN进行管理。域名结构如图6-9所示。

域名只是逻辑概念,并不代表计算机所在的物理地点。现在顶级域名TLD(Top Level Domain)已有265个,分为三大类。

国家顶级域名nTLD:采用ISO3166的规定。如:cn代表中国,us代表美国,uk代表英国,等等。

通用顶级域名gTLD:最常见的通用顶级域名有7个,即com(公司企业)、net(网络服务机构)、org(非营利组织)、int(国际组织)、gov(政府部门)、mil(军事部门)。

基础结构域名(Infrastructure Domain):这种顶级域名只有一个,即arpa,用于反向域名解析,因此称为反向域名。

Internet 域名结构如图 6-10 所示。

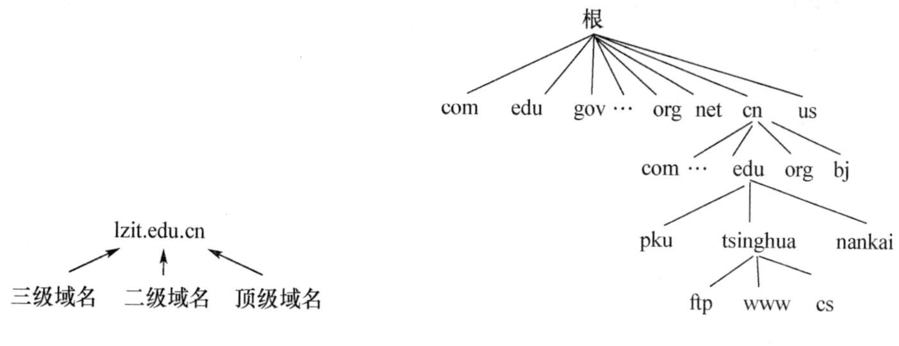

图 6-9　域名分层示意图

图 6-10　Internet 域名结构图

步骤 3　网络传输介质

TCP/IP 协议设置好后，就可以进行网络连接了，计算机连接到网络上需要使用传输介质，可以采用有线或无线的形式。有线连接的主要传输介质有双绞线、同轴电缆和光纤等。无线传输介质是指利用各种波长的电磁波充当传输媒体的传输介质。无线传输多采用无线电波、微波、红外线和激光等。各种传输介质性能比较如表 6.1 所示。

表 6.1　网络传输介质性能比较

传输介质	类型	距离	速度	特点
同轴电缆	细缆	<200 m	10 M	安装容易、成本低，抗干扰能力好
	粗缆	500 m		
双绞线	屏蔽双绞线	100 m	100 M，6 类线可达 1 G	价格便宜、安装容易，抗干扰性差，适合于局域网布线
	非屏蔽双绞线			
光纤	多模	2 km	100～1000 M	数据速度高，误码率小，低延迟，抗干扰性好
	单模	2～10 km	1～10 G	与多模光纤比，特点是：高速度、长距离、高成本
地面微波接力	电磁波	50～100 km 中继站	4～6 GHz	抗干扰性好，远程通信
卫星	电磁波	上万 km	50 MHz/转发器×20	抗干扰性很好，远程/洲际通信

在实际生活中，常见的个人用户接入 Internet 的方式主要分为电话拨号、ISDN 和 ADSL，这三种网络都属于拨号网络。

1. 电话拨号

早期上网最普遍的方式是拨号上网。只要拥有一台电脑、一个调制解调器（Modem）和一根电话线，再向本地 ISP 供应商申请账号，通过拨打 ISP 的接入号连接到 Internet 上。电话拨号方式的缺点是速度慢，由于线路的限制，它的最高接入速度只能达到 56 kb/s。

2. ISDN（Integrated Service Digital Network）

ISDN 中文是综合业务数字网，是一种能够同时提供多种服务的综合性公用电信网络，俗称为“一线通”。ISDN 除了可以用来打电话，还可以提供诸如可视电话、数据通信、会议电视等多种业务，从而将电话、传真、数据、图像等多种业务综合在一个统一的数字网络中进行传输和处理。由于ISDN的开通范围比ADSL和LAN接入要广泛得多，所以对于没有宽带接入的用户，ISDN就成了唯一可以选择的高速上网的解决办法，它提供的拨号上网速度最高能达到128 kb/s。

3. ADSL(Asymmetric Digital Subscriber Line)

ADSL中文是非对称数字用户线路，是一种新的数据传输方式。ADSL技术能够充分利用现有的公共交换电话网，只需在线路两端加装ADSL设备即可为用户提供高宽带服务，无需重新布线，可极大降低服务成本。同时ADSL用户独享带宽，线路专用，不受用户增加的影响。ADSL拨号上网是目前使用得最多的个人用户上网方式。

拓展案例

越来越多的家庭开始使无线路由器来分享Wifi网络，通过将宽带与无线路由器相连，从而实现手机、笔记本等Wifi终端设置共享上网的功能。操作步骤如下所示。

① 安装硬件设备。ADSL设备的安装非常简易，将ADSL调制解调器网络输出接口与无线路由器WLAN接口相连，然后将无线路由与其他LAN接口与电脑网卡相连。其中一种连接方法如图6-11所示。

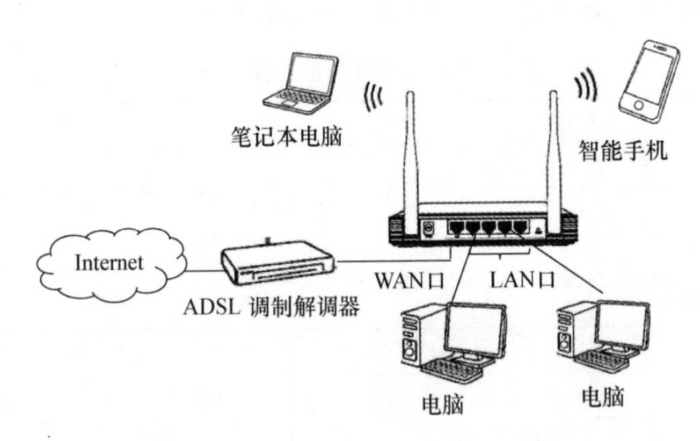

图6-11　硬件连接图

② 查看无线路由器背面铭牌信息，获取路由器登陆地址192.168.1.1，用户名是admin，密码是admin，如图6-12所示。

图6-12　获取路由器地址及用户名和密码

③ 地址栏中输入“http://192.168.1.1”登录到对应的路由器管理界面进入，如图 6-13 所示。

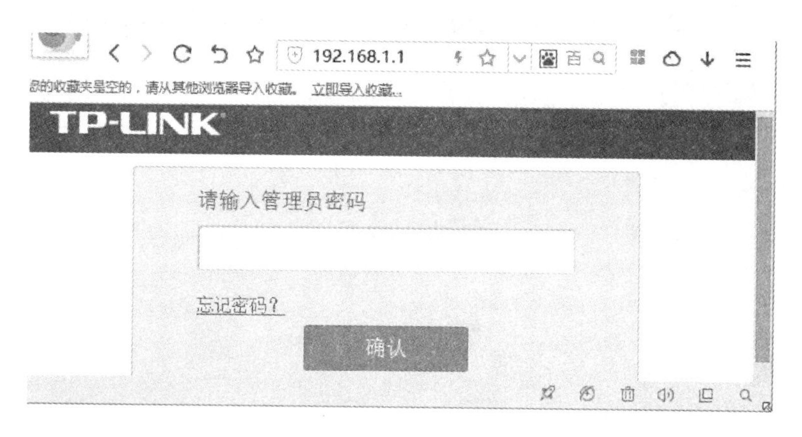

图 6-13　登录到对应的路由器管理界面

④ 切换至“网络参数”下“WLAN 口设置”，根据电信运营商所提供的宽带上网方式进行设置。在此将“WLAN 口连接类型”设置为“PPPoE”方式，输入宽带的账号和密码，选择“手动连接”，最后单击“保存”按钮，如图 6-14 所示。

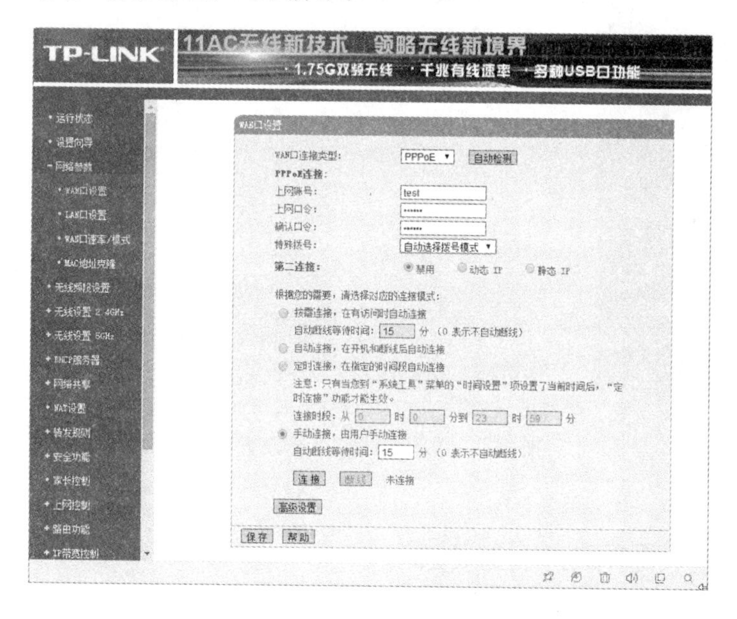

图 6-14　WLAN 口设置

⑤ 切换至“DHCP 服务器”选项卡，确保已成功启用“DHCP 服务”，如图 6-15 所示。只有这样，身边的笔记本、手机等终端才能被自动识别并分配 IP 地址。

⑥ 切换至“无线设置”选项卡，在无线安全设置中设置 SSID 以及密码，单击“保存”完成设置，如图 6-16 所示。

⑦ 配置完成，重启无线路由器，就会自动拨号并连接宽带，然后手机等终端就可以通过 Wifi 实现免费上网操作。其他型号、系列无线路由器设置基本原则相同，某些步骤可能不同，请参照设备说明书。

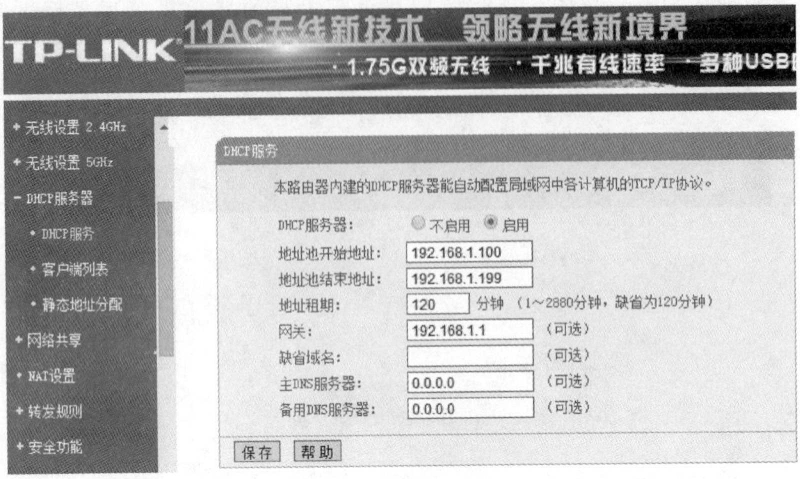

图 6-15　启动 DHCP 服务

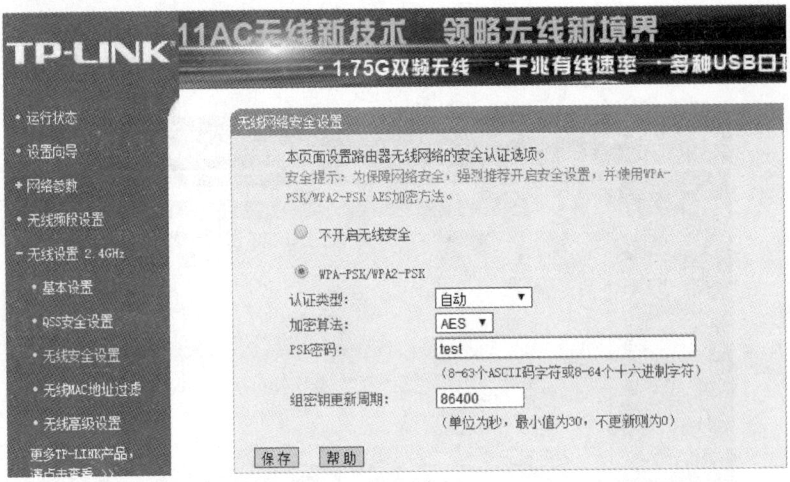

图 6-16　"无线参数"基本设置窗口

项目实施 2　查看网络连接状态

网络连接好后，使用过程中网络出现故障的情况在所难免，及时地针对故障进行诊断与排除，能够确保网络的正常运行。在 Windows 系统中，自带了一些网络管理的工具，用户可以借助这些工具，快速、有效地找出故障并且排除故障。

1. 用 ping 命令测试网络连通性与故障排除

ping 命令有助于验证网络层的连通性。利用网络上机器 IP 地址的唯一性，给目标 IP 地址发送一个数据包，再要求对方返回一个同样大小的数据包来确定两台网络机器是否连接相通，时延是多少。如果目标计算机不能返回，说明在源计算机和目标计算机之间网络通路上存在问题，需进一步检查解决。

1）ping 命令的格式

ping　［参数 1］［参数 2］［…］目的地址。

2）用 ping 测试默认网关

用 ping 测试默认网关的 IP 地址，可以验证默认网关是否运行以及默认网关能否与本地网络上的计算机通信。下面的例子中假如默认网关的 IP 地址是 192.168.33.1，具体命令为“C:\>ping 192.168.33.1”，测试结果如图 6-17 所示。

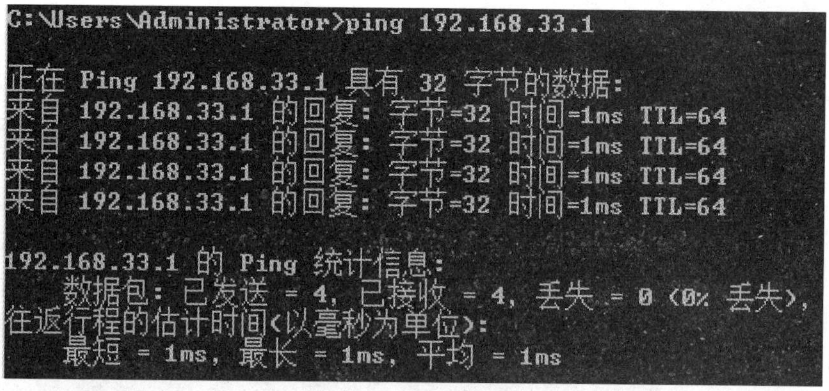

```
C:\Users\Administrator>ping 192.168.33.1

正在 Ping 192.168.33.1 具有 32 字节的数据:
来自 192.168.33.1 的回复: 字节=32 时间=1ms TTL=64
来自 192.168.33.1 的回复: 字节=32 时间=1ms TTL=64
来自 192.168.33.1 的回复: 字节=32 时间=1ms TTL=64
来自 192.168.33.1 的回复: 字节=32 时间=1ms TTL=64

192.168.33.1 的 Ping 统计信息:
    数据包: 已发送 = 4, 已接收 = 4, 丢失 = 0 (0% 丢失),
往返行程的估计时间(以毫秒为单位):
    最短 = 1ms, 最长 = 1ms, 平均 = 1ms
```

图 6-17　ping 测试结果

分析结果可知，ping 命令用 32 字节的数据包来测试能否连接到 IP 地址为“192.168.33.1”的主机。下面的四行“来自……”表示本地主机已收到从被测试的机器上返回的信息——返回 32 个字节都用了 1 毫秒，TTL(Time to Live)为 64。TTL 的意思是存在时间值，通过该值可以算出数据包经过了多少个路由器，方法是：用 255 减去返回的 TTL 值，例如本例中返回 64，则应该用 255 减去 64，得到 191。图 6-17 说明本地主机与默认网关连接正常，如果此时计算机不能上网的话，主要原因在于网络运营商的网络是否正常。

3）用 ping 命令测试远程计算机的 IP 地址

用 ping 命令测试远程计算机的 IP 地址可以验证本地网络中的计算机能否通过路由器与远程计算机正常通信。如果能正常 ping 通，说明默认网关(路由器)正常路由。假如测试远程计算机为新浪的服务器，可以用命令“C:\>ping www.sina.com”实现，测试结果如图 6-18 所示。

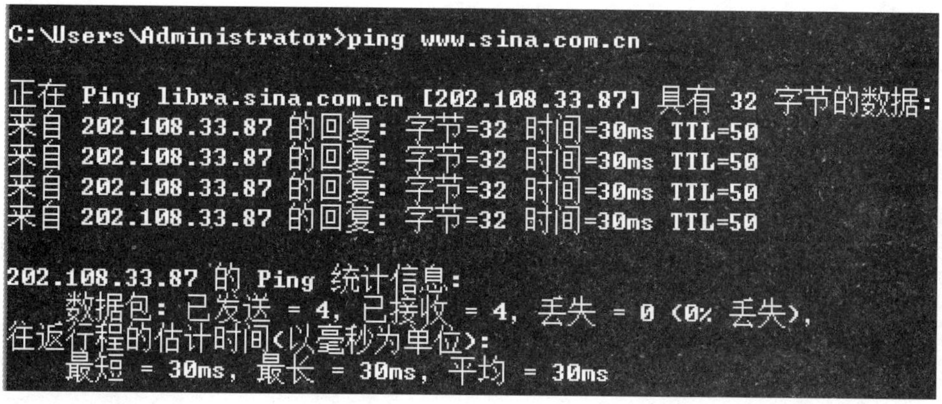

```
C:\Users\Administrator>ping www.sina.com.cn

正在 Ping libra.sina.com.cn [202.108.33.87] 具有 32 字节的数据:
来自 202.108.33.87 的回复: 字节=32 时间=30ms TTL=50
来自 202.108.33.87 的回复: 字节=32 时间=30ms TTL=50
来自 202.108.33.87 的回复: 字节=32 时间=30ms TTL=50
来自 202.108.33.87 的回复: 字节=32 时间=30ms TTL=50

202.108.33.87 的 Ping 统计信息:
    数据包: 已发送 = 4, 已接收 = 4, 丢失 = 0 (0% 丢失),
往返行程的估计时间(以毫秒为单位):
    最短 = 30ms, 最长 = 30ms, 平均 = 30ms
```

图 6-18　ping 远程主机测试结果

2. ipconfig 命令的应用

ipconfig 是一个非常实用的网络工具,用来显示所有当前的 TCP/IP 网络配置值、刷新动态主机配置协议(DHCP)和域名系统(DNS)的设置。

ipconfig 命令的格式为:ipconfig 或 ipconfig/all。

使用 ipconfig 命令"C:\> ipconfig/all",读取本机网络配置信息,部分测试结果如图 6-19 所示。

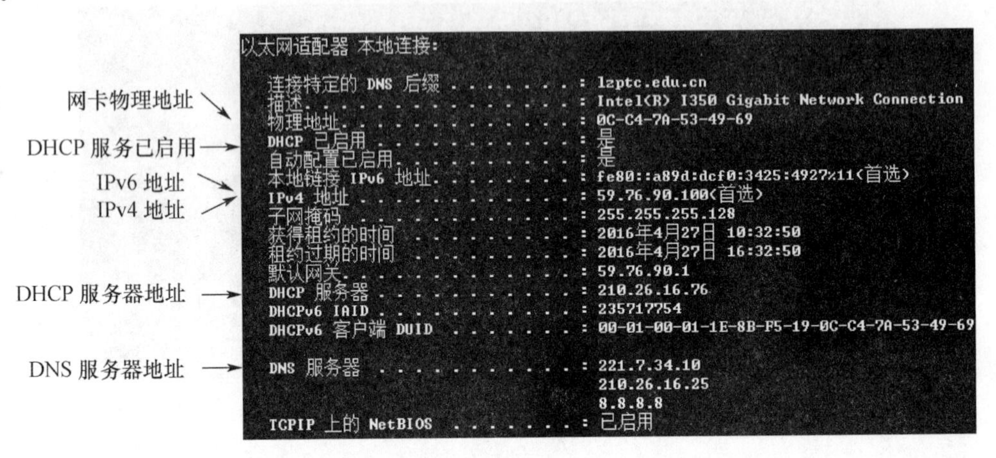

图 6-19 ipconfig/all 执行结果

使用 ipconfig 命令还可以刷新 TCP/IP 配置信息、修复 TCP/IP 的配置信息、刷新 DNS 缓存,解决域名解析故障等功能。

小 提 示

MAC 地址也叫物理地址,由网络设备制造商生产时写在硬件内部。这个地址与网络无关,MAC 地址一般不可改变,不能由用户自己设定。MAC 地址的长度为 48 位(6 个字节),通常表示为 12 个 16 进制数,每 2 个 16 进制数之间用冒号隔开,如:"08:00:20:0A:8C:6D"就是一个 MAC 地址,其中前 6 位 16 进制数"08:00:20"代表网络硬件制造商的编号,而后 3 位 16 进制数"0A:8C:6D"代表该制造商所制造的某个网络产品(如网卡)的系列号。

◆ 归纳总结

本项目通过将一台计算机连入 Internet 介绍计算机网络的概念、网络的功能及体系结构。掌握设置 IP 地址、子网掩码、默认网关、DNS 服务器等配置的原理及方法,了解计算机网络的传输介质。

6.2　项目 2——信息检索与电子邮件

◆ 项目导入

小王是自动化专业的学生，他想搜索自动化专业及自动化工程师的信息，完成自己的规划职业生涯，并用电子邮件的形式发送给辅导老师，请老师给予指导和帮助。他如何在最短的时间内完成这些呢？

◆ 项目分析

分析项目发现，解决小王的问题需要使用相关的搜索工具，包括百度搜索、招聘网站（赶集、猎聘网）。需要熟练使用搜索引擎、提高搜索技巧、并能熟练使用电子邮件。

◆ 能力要求

- 了解搜索引擎的基本原理和分类
- 熟悉搜索引擎的高级搜索功能
- 学会使用百度等的“高级搜索”和“高级应用”功能完成相关信息的搜索功能。

项目实施 1　使用关键字检索

（1）双击桌面上的 IE 图标（或单击“开始”→“所有程序”→“Internet Explorer”），打开 IE 浏览器。在 IE 地址栏中输入“百度”的域名地址“http://www.baidu.com”，然后按 Enter 键，即可打开“百度”的主页，如图 6-20 所示。

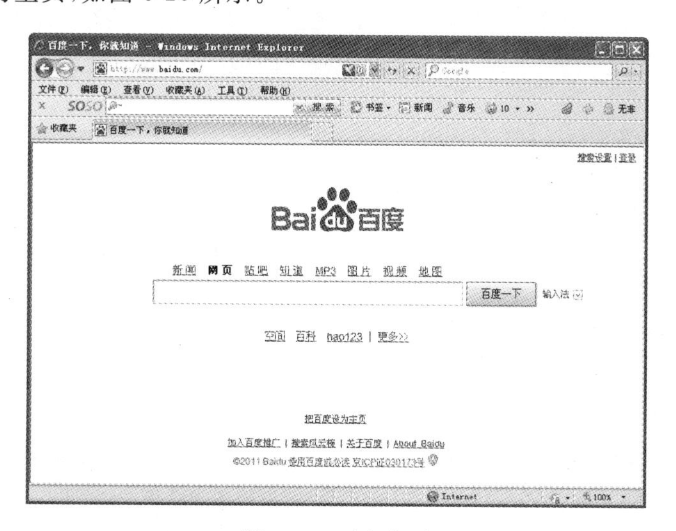

图 6-20　百度主页

(2) 搜索自动化专业相关信息。

在搜索条件文本框中输入“自动化”,单击“百度一下”按钮,就会打开如图 6-21 所示有关自动化专业信息的搜索结果页面。在搜索结果页面中选择相关话题单击该链接,打开有关自动化的某网站的网页,从中查找自动化相关信息。

图 6-21 “自动化”搜索结果

(3) 搜索“自动化专业就业及薪资”。

小王想了解自动化专业的就业情况,赶集网是专业的分类信息网,为用户提供招聘求职、房屋租售等众多生活及商务服务类信息。他在赶集网的搜索条件文本框中输入“自动化工程师”,单击“搜索”按钮,打开有关自动化工程师招聘页面,如图 6-22 所示。通过浏览,小王了解到自己所学专业平均就业率及工资薪酬还是比较高的,尤其是在北上广等一线城市,但是由于每年毕业的自动化学生很多,专业竞争很激烈。自己必须好好学习,扎扎实实掌握专业知识,才能在激烈的竞争中脱颖而出。

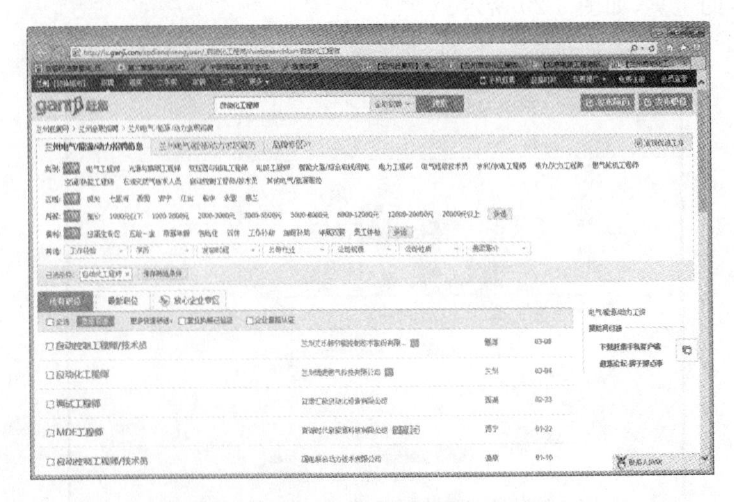

图 6-22 “自动化工程师”招聘搜索结果

（4）保存搜索结果。

把找到符合的网页信息保存在硬盘上，作为自己职业生涯规划的依据。单击浏览器右上角的“页面”在打开的菜单中选择“另存为”命令，在打开的“另存为”对话框中选择保存的路径及类型。

项目实施 2　使用图片检索

小王在校园里看见了一株美丽的花，如图 6-23 所示，非常漂亮，他用手机拍了下来，问了好多同学，都不知道这花的名字，如何在网上搜索出花的名字及其他信息呢？

① 打开百度浏览器，单击百度主页上的“更多产品”中的“图片”按钮，打开如图 6-24 所示的“百度图片”主页面。

图 6-23　花朵

图 6-24　“百度图片”搜索主页

② 上传待查找的图片。单击 按钮，在打开的对话框中单击“从本地上传”按钮，在“选择要加载的文件”对话框中选择要查找的图片，选择“打开”，开始按图搜索，结果如图 6-25 所示。

图 6-25　百度识图结果

搜索引擎

随着互联网的迅猛发展、Web信息的增加，用户要在信息海洋里查找自己所需的信息，就像大海捞针一样，搜索引擎技术恰好解决了这一难题。搜索引擎是指互联网上专门提供检索服务的一类网站，这些站点的服务器通过网络搜索软件或网络登录等方式，将Internet上大量网站的页面信息收集到本地，经过加工处理建立信息数据库和索引数据库，从而对用户提出的各种检索做出响应，提供用户所需的信息或相关指针。用户的检索途径主要包括自由词全文检索、关键词检索、分类检索及其他特殊信息的检索。像百度、搜狐、谷歌都是比较好用的搜索引擎。

1. 搜索引擎的概念

搜索引擎(Search Engine)是指根据一定的策略、运用特定的计算机程序从互联网上搜集信息，在对信息进行组织和处理后，为用户提供检索服务，将用户检索相关的信息展示给用户的系统。

2. 搜索引擎的工作过程

搜索引擎的工作过程，可以分为三个步骤。

(1) 抓取网页。每个独立的搜索引擎都有自己的网页抓取程序——爬虫(Spider)。爬虫(Spider)顺着网页中的超链接，从这个网站爬到另一个网站，通过超链接分析连续访问抓取更多网页。被抓取的网页被称之为网页快照。由于互联网中超链接的应用很普遍，理论上，从一定范围的网页出发，就能搜集到绝大多数的网页。

(2) 建立索引数据库。将索引系统程序收集回来的网页进行分析、提取相关网页信息(包括网页所在URL、编码类型、页面内容包含的关键词、关键词位置、生成时间、大小、与其他网页的链接关系等)，根据一定的相关度算法进行大量复杂计算，得到每一个网页针对页面内容中及超链中每一个关键词的相关度(或重要性)，然后用这些相关信息建立网页索引数据库。

(3) 在索引数据库中搜索排序。当用户输入关键词搜索后，由搜索系统程序从网页索引数据库中找到符合该关键词的所有相关网页。最后由页面生成系统将搜索结果的链接地址和页面内容摘要等内容组织起来返回给用户。

3. 常用搜索引擎介绍

常用的搜索引擎如表6.2所示。

表6.2 常用搜索引擎

分类	搜索引擎名称	搜索引擎地址
搜索门户	百度	http://www.baidu.com/
	谷歌	http://www.google.com/
	雅虎	http://www.yahoo.cn/
软件搜索	华军软件	http://www.onlinedown.net/index.htm
	驱动之家	http://www.mydrivers.com/powersearch.htm
	天极下载	http://www.mydown.com/mydown/index.html

续 表

分类	搜索引擎名称	搜索引擎地址
学术搜索	中国知网	http://www.cnki.net/
	万方数据库	http://www.wanfangdata.com.cn/
	中国科技论文在线	http://www.paper.edu.cn/
FTP 资源搜索	北大天网	http://e.pku.edu.cn/
	华中科大	http://so.hustonline.net/
	星空互联	http://sheenk.com/ftpsearch/search.html
图书馆	中国国家图书馆	http://www.nlc.gov.cn/
	中国科学院文献情报中心	http://www.las.ac.cn/
	北京大学图书馆	http://www.lib.pku.edu.cn/

4. 信息搜索

搜索引擎为用户查找信息提供了极大的方便，一般只需要输入几个关键字，世界各地的信息就会汇集到你的电脑前，但其中也包含大量的无关信息。如何使搜索范围更加精确，从而提高搜索效率呢？下面就介绍一些常用的高级搜索技巧。不同搜索引擎的使用方法基本相同，但搜索功能各具特色。其中，百度是全球最大的中文搜索引擎，其搜索功能更贴近中国网民的搜索习惯，以下操作在百度中完成。

双引号：精确匹配。

① 输入的关键词中包含空格，例如小说作家“三毛”，百度会认为这是两个独立的关键词，在搜索结果中就会出现一些无关的信息。为了避免这种结果，可以使用英文双引号将其括起来，即“"三毛"”，搜索引擎就会判断这是一个词，其搜索结果更加准确。

② intitle：把搜索范围限定在网页标题中。

网页标题通常是对网页内容提纲挈领式的归纳。把查询内容限定在网页标题中，可使查询结果更精确。

格式：intitle：＜搜索关键字＞

例如，找奥运会的图片，在搜索框中输入：图片 intitle：奥运会。

注意：“intitle：”和后面的关键字之间不要有空格。

③ filetype：把搜索范围限定在某种类型中。

互联网上除一般常见的网页格式外，还有如 PDF、DOC、XLS、PPT 等多种文件格式。把查询内容限定为某个特定类型文件，提高检索效率。

格式：filetype：doc。

例如，查找所有的关于王选的 Word 文档，在搜索框中输入：王选 filetype：doc。

④ site：把搜索范围限定在特定站点中。

如果知道某个站点中有自己需要找的信息，就可以把搜索范围限定在这个站点中，提高检索效率。

格式：＜查询内容＞site：站点域名

例如，在天空网中下载 Flashget，在搜索框中输入：Flashget site：skycn.com

注意：“site”后面跟的站点域名不要带“http://”和“/”符号；“site”和站点名之间不要有空格。

搜索引擎已经成为我们获取信息必不可少的工具,更多的搜索方法可参照各搜索引擎的使用帮助。

项目实施 3　电子邮件

1. 申请免费电子邮箱

要申请免费的电子信箱,首先需要进入电子邮件服务提供商的网站,找到申请入口,选择适当的用户名,填写密码及其他注册资料。几乎每个网站都具有免费邮箱申请的功能,QQ、网易、雅虎、新浪等。选择免费电子邮箱时主要考虑:邮件服务器是否稳定可靠,是否经常出现邮件丢失等问题;免费邮箱的容量大小、可携带附件大小。现在主流的免费邮箱容量都达到GB级。

小王有 QQ 号码,可以直接选择 QQ 邮箱。

2. 发送电子邮件

登录邮箱后,单击“写信”,在打开的页面中输入收件人的电子邮箱、主题和正文,如需携带附件,单击“添加附件”,如图 6-26 所示。信件写好后单击“发送”按钮即可。

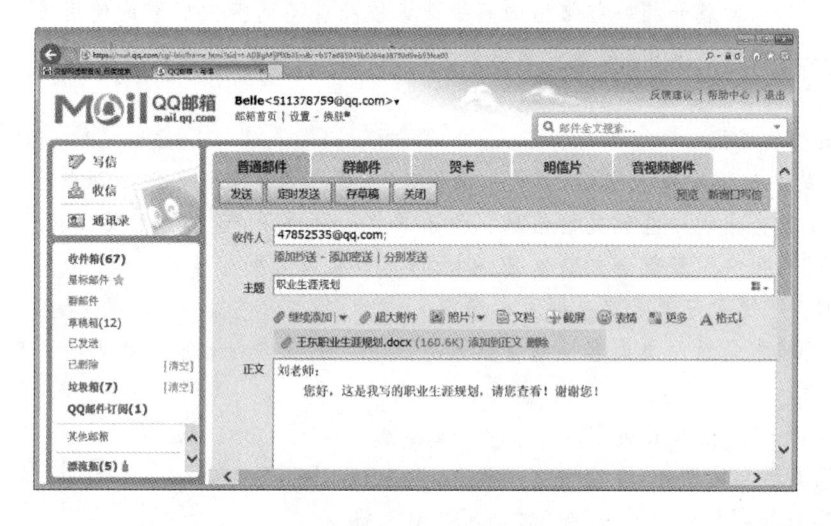

图 6-26　发送电子邮件页面

小提示

邮件附件是用来发送文件的,发送方可以将文档、应用程序、音乐、视频等发送给接收方。在接收邮件时,可以将别人发给你的数据保存到本地。但附件也可以是病毒的藏匿之处,所以下载附件时要小心,要先杀毒!

普通“邮件附件”一般只能发几十兆大小的附件。文件容量太大的附件,需要使用超大附件。以 QQ 邮箱为例,现在,QQ 邮箱通过中转站的大文件中转功能,可以发送单个不超过 2G 的若干超大附件。需要注意的是,超大附件不像普通附件那样是永远存在的,因为文件中转站有着保存时间限制,接收者需要在文件保存期内进行下载。

电子邮件

1. 电子邮件的定义

电子邮件(Electronic Mail,简称 E-mail,标志:@),它是一种用电子手段提供信息交换的通信方式。通过电子邮件系统,用户可以用非常低廉的价格,以非常快速的方式,与世界上任何一个角落的网络用户联系,电子邮件可以是文字、图像、声音等各种方式。同时,用户可以得到大量免费的新闻、专题邮件,并实现轻松的信息搜索。

2. 电子邮件信箱格式

我们日常寄信的时候,首先要知道对方的地址,在因特网上也不例外。日常寄信地址的写法有多种方式,如家庭住址、单位地址、信箱地址等。而在因特网上通信则统一用信箱来表示。电子邮箱的格式是:用户名@域名。如图 6-27 所示。

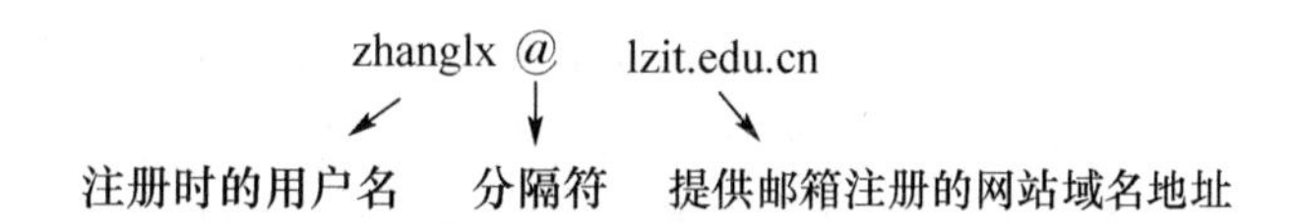

图 6-27　电子邮件信箱格式

3. 电子邮件系统有关协议

在电子邮件的发送、传输和接收过程中,电子邮件系统要遵循相应的协议。目前最常用的是 POP3 协议(或 IMAP)、SMTP 协议和 MIME 等。

1) POP(Post Office Protocol)协议

POP 即邮局协议,是 TCP/IP 协议族中的一员,由 RFC 1939 定义。它主要用于支持使用客户端远程管理在服务器上的电子邮件。最新版本为 POP3,全名“Post Office Protocol -Version 3”。

POP3 协议允许用户从服务器上把邮件存储到本地主机(自己的计算机)上,同时根据客户端的操作删除或保存在邮件服务器上的邮件,而 POP3 服务器则是遵循 POP3 协议的接收邮件服务器,用来接收电子邮件的。POP3 协议主要用于支持使用客户端远程管理在服务器上的电子邮件。

2) SMTP(Simple Mail Transfer Protocol)协议

SMTP 即简单邮件传输协议,它是一组用于由源地址到目的地址传送邮件的规则,由它来控制信件的中转方式。SMTP 协议属于 TCP/IP 协议簇,它帮助每台计算机在发送或中转信件时找到下一个目的地。通过 SMTP 协议所指定的服务器,就可以把 E-mail 寄到收信人的服务器上了,整个过程只要几分钟。SMTP 服务器则是遵循 SMTP 协议的发送邮件服务器,用来发送或中转发出的电子邮件。

它使用由 TCP 提供的可靠的数据传输服务把邮件消息从发信人的邮件服务器传送到收信人的邮件服务器。跟大多数应用层协议一样,SMTP 也存在两个端:在发信人的邮件服务器上执行的客户端和在收信人的邮件服务器上执行的服务器端。SMTP 的客户端和服务器端同时运行在每个邮件服务器上。

3) IMAP(Internet Mail Access Protocol)协议

IMAP 即 Internet 邮件访问协议,它的主要作用是邮件客户端可以通过这种协议从邮件服务器上获取邮件的信息,下载邮件等。IMAP 与 POP 类似,都是一种邮件获取协议。现在的版本是 IMAP4rev1。

4) MIME(Multipurpose Internet Mail Extensions)协议

MIME 即多用途互联网邮件扩展协议,解决了 SMTP 协议仅能传送 ASCII 码文本的限制。MIME 的格式灵活,允许邮件中包含任意类型的文件。MIME 消息可以包含文本、图像、声音、视频及其他应用程序的特定数据。

4. 电子邮件工作方式

(1) 电子邮件的工作过程遵循客户-服务器模式。电子邮件的发送涉及发送方与接收方,发送方式构成客户端,而接收方构成服务器,服务器含有众多用户的电子信箱。

(2) 当用户发送电子邮件时,首先利用 SMTP 将邮件发送到本地邮件服务器,先保存在本地服务器的队列中。

(3) 发送端的邮件服务器接收到用户送来的邮件后,根据收件人地址判断,如果是本地用户则传送到本地邮件服务器,保存在队列中等待用户读取。如果是远程网络的用户,则邮件服务器会先向 DNS 服务器要求解析远程邮件服务器的 IP 地址。

(4) 如果 DNS 成功解析远程邮件服务器的 IP 地址,则本地的邮件服务器将利用 SMTP 将邮件发送到远程邮件服务器。如果远程服务器目前无法接收邮件,则邮件会继续停留在队列中(这就是电子邮件采用的"延迟"机制),然后在指定的重试间隔再次尝试连接,直至成功或放弃传送。如果传送成功,则本地邮件服务器将此邮件交由远程邮件服务器进行处理。

(5) 利用 POP3 协议或 IMAP,接收端的用户可以在任何时间、地址利用电子邮件应用程序从自己的邮箱中读取邮件,并对自己的邮件进行管理。

电子邮件的工作过程如图 6-28 所示。

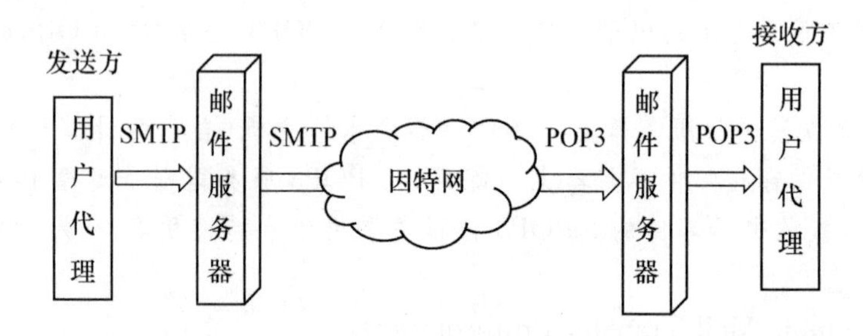

图 6-28　电子邮件的工作过程

◆ 归纳总结

配合精准的搜索,并且通过电子邮件与刘老师进行了多次沟通,经过反复的修改,小王终于顺利完成了自己的职业生涯规划。

本项目通过使用搜索引擎查找需要的信息,讲解了搜索引擎的工作过程和搜索引擎的使用。通过发送电子邮件,介绍了邮件协议的工作原理和工作过程,学习了电子邮件的收发。

6.3　项目 3——Internet 新技术

◆ 项目导入

小王经常需要在实验室、图书馆和宿舍等场所学习，平时一些电子文件资料都是通过 U 盘携带，经常遇到病毒感染、存储空间不足、体积小容易丢失、数据安全等情况。小王听说百度云存储平台不错，可以存放各类文件，并且云盘容量也比较大，安全性比较高，而且有一些云盘还支持在线听音乐、看视频，在线浏览文档等功能，小王也想试试，究竟效果如何，让我们随小王一起体验吧。

◆ 项目分析

云存储是在云计算(Cloud Computing)概念上延伸和发展出来的一个新的概念，是一种新兴的网络存储技术。是指通过集群应用、网络技术或分布式文件系统等功能，将网络中大量各种不同类型的存储设备通过应用软件集合起来协同工作，共同对外提供数据存储和业务访问功能的一个系统。简单来说，云存储就是将储存资源放到“云”上供存取的一种新兴方案。使用者可以在任何时间、任何地方，通过任何可联网的装置连接到“云”上方便地存取数据。

◆ 项目展示

登录百度个人云盘，如图 6-29 所示。可以管理自己云盘中的资料，也可以通过百度云的功能宝箱对自己的云盘进行设置。

图 6-29　百度云盘

◆ 能力要求

📖 了解云计算的基本工作原理
📖 掌握云资源的下载及使用
📖 了解物联网和大数据的基本概念

项目实施1 云存储的使用和管理

步骤1 注册百度云账号

在浏览器地址栏中输入百度云存储地址:http://yun.baidu.com,如图6-30所示。如果没有百度账号,单击"立即注册百度账号",注册百度云账号。

图6-30 百度云登录界面

步骤2 百度云的使用

注册成功后进入百度云应用界面,可以开始云应用了。百度云提供的是个人云存储服务,可以把自己的资源、文件上传到云端,永久保存,省去硬盘、U盘,并且可以在云端进行一系列操作,比如:免费分享文件给小伙伴,在线看电影,离线下载等。百度云在各个终端(iPhone、Android、MAC、iPad)都有客户端,可同步使用,非常便利。而且在手机上安装百度云客户端后,可以备份照片、通讯录、通话记录、短信,给宝贵的数据多了一层保护,Android手机客户端还有手机找回功能。

单击"网盘"超链接进入到百度网盘,如图6-31所示。

单击"上传"按钮,将D:\book.txt上传至网盘。

步骤3 云客户端的使用

在百度云主界面中的单击"下载客户端",下载Windows版客户端并安装。安装完毕后启动云客户端,如图6-32所示。填写自己注册的账号、密码,单击"登录"按钮后,进入百度云管家,如图6-33所示。

图 6-31　百度云“网盘”页面

图 6-32　百度云管家登录页面

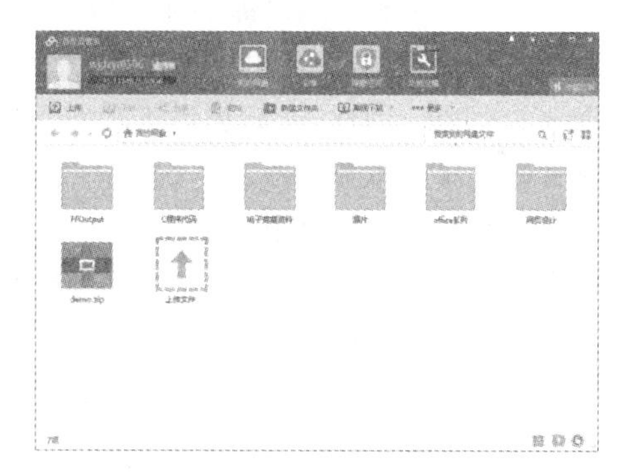

图 6-33　百度云管家主页面

项目实施 2　IT 新技术

1. 云计算技术(Cloud Computing)

1) 什么是云计算

云计算是基于互联网的相关服务的增加、使用和交付模式，通常涉及通过互联网来提供动态易扩展且经常是虚拟化的资源。云计算的本质核心是以虚拟化的硬件体系为基础，以高效服务管理为核心，提供自动化的，具有高度可伸缩性、虚拟化的硬、软件资源服务。

2) 云计算的特点

(1) 计算资源集成提高设备计算能力。

云计算把大量计算资源集中到一个公共资源池中，通过多主租用的方式共享计算资源。虽然单个用户在云计算平台获得服务的水平受到网络带宽等各因素影响，未必获得优于本地主机所提供的服务，但是从整个社会资源的角度而言，整体的资源调控降低了部分地区峰值荷载，提高了部分荒废的主机的运行率，从而提高资源利用率。

(2) 分布式数据中心保证系统容灾能力。

分布式数据中心可将云端的用户信息备份到地理上相互隔离的数据库主机中，甚至用户自己也无法判断信息的确切备份地点。该特点不仅仅提供了数据恢复的依据,也使得网络病毒和网络黑客的攻击失去目的性而变成徒劳,大大提高系统的安全性和容灾能力。

(3) 软硬件相互隔离减少设备依赖性。

虚拟化层将云平台上方的应用软件和下方的基础设备隔离开来。技术设备的维护者无法看到设备中运行的具体应用。同时,对软件层的用户而言,基础设备层是透明的,用户只能看到虚拟化层中虚拟出来的各类设备。这种架构减少了设备依赖性,也为动态的资源配置提供可能。

(4) 平台模块化设计体现高可扩展性。

目前主流的云计算平台均根据 SPI 架构,如图 6-34 所示。在各层集成功能各异的软硬件设备和中间件软件。大量中间件软件和设备提供针对该平台的通用接口,允许用户添加本层的扩展设备。部分云与云之间提供对应接口,允许用户在不同云之间进行数据迁移。类似功能更大程度上满足了用户需求,集成了计算资源,是未来云计算的发展方向之一。

(5) 虚拟资源池为用户提供弹性服务。

云平台管理软件将整合的计算资源根据应用访问的具体情况进行动态调整,包括增大或减少资源的要求。因此,云计算对于在非恒定需求的应用,如对需求波动很大、阶段性需求等,具有非常好的应用效果。

(6) 按需付费降低使用成本。

作为云计算的代表,按需提供服务、按需付费是目前各类云计算服务中不可或缺的一部分。对用户而言,云计算不但省去了基础设备的购置运维费用,而且能根据企业成长的需要不断扩展订购的服务,不断更换更加适合的服务,提高了资金的利用率。

3) 云计算平台架构

一般来讲,云计算平台被解释为如下的架构,如图 6-34 所示。

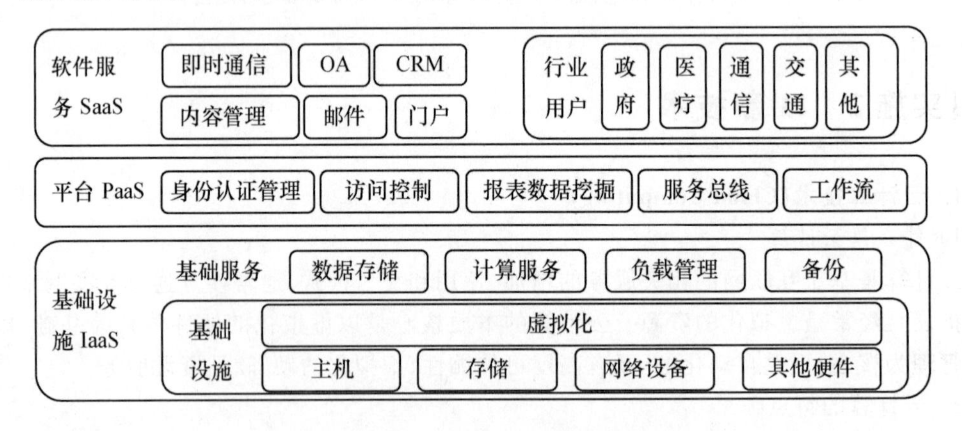

图 6-34 云计算平台架构

最下的一层是 IaaS(Infrastructure-as-a-Service):基础设施即服务,提供 CPU、网络、存储等基础硬件的云服务。典型应用:Amazon Web Service(AWS)。

中间层是 PaaS(Platform-as-a-Service):平台即服务,提供类似于操作系统层次的服务与管理。典型应用:Google AppEngine、Microsoft Azure 服务平台。

最上层是 SaaS(Software-as-a-Service):软件即服务。SaaS 的理念是:有别于传统的许可证付费方式(比如购买 Windows Office),SaaS 强调按需使用付费。典型应用:Google Doc、

Office Live Workspace。

2. 物联网

2009 年 8 月和 12 月，温家宝总理分别在无锡和北京发表重要讲话，重点强调要大力发展传感网技术，努力突破物联网核心技术，建立“感知中国”中心。2010 年《政府工作报告》中，温总理再次指出：将“加快物联网的研发应用”明确纳入重点产业振兴计划。这代表着中国传感网、物联网的“感知中国”已成为国家的信息产业发展战略。

1) 什么是物联网

通过射频识别(RFID)、红外感应器、全球定位系统、激光扫描器等信息传感设备，按约定的协议，把任何物品与互联网连接起来，进行信息交换和通讯，以实现智能化识别、定位、跟踪、监控和管理的一种网络。物联网的概念是在 1999 年提出的。物联网就是“物物相连的互联网”。这有两层意思：第一，物联网的核心和基础仍然是互联网，是在互联网基础上的延伸和扩展的网络；第二，其用户端延伸和扩展到了任何物品与物品之间，进行信息交换和通讯。

2) 四大技术形态

(1) RFID：RFID 是一种“使能”技术，它可以把常规的“物”，变为“智能物件”和物联网的连接对象。RFID 技术在物联网中主要起“使能”(Enable)作用。

(2) 传感网：借助于各种传感器，探测和集成包括温度、湿度、压力、速度等物质现象的网络，也是温总理“感知中国”提法的主要依据之一。

(3) M2M：侧重于移动终端的互联和集控管理，主要是 Telco(通讯营运商)的物联网业务领域，有 MVNO(移动虚拟网络营运商)和 MMO(M2M 移动营运商)等业务模式。

(4) 嵌入式系统技术：嵌入式系统技术是综合了计算机软硬件、传感器技术、集成电路技术、电子应用技术为一体的复杂技术。经过几十年的演变，以嵌入式系统为特征的智能终端产品随处可见，小到人们身边的 MP3，大到航天航空的卫星系统。如果把物联网用人体做一个简单比喻，传感器相当于人的眼睛、鼻子、皮肤等感官，网络就是神经系统用来传递信息，嵌入式系统则是人的大脑，在接收到信息后要进行分类处理。这个例子形象的描述了嵌入式系统在物联网行业应用中的位置与作用。

3) 三层统一架构

物联网系统划分为三个层次：感知层、网络层、应用层，并依此概括地描绘物联网的系统架构。

感知层(Devices)：感知层解决的是人类世界和物理世界的数据获取问题，由各种传感器以及传感器网关构成。该层被认为是物联网的核心层，主要是物品标识和信息的智能采集。

传输层(Connect)：传输层也被称为网络层，解决的是感知层所获得的数据在一定范围内，通常是长距离的传输问题，主要完成接入和传输功能，是进行信息交换、传递的数据通路，包括接入网与传输网两种。

应用层：应用层也可称为处理层，解决的是信息处理和人机界面的问题。网络层传输而来的数据在这一层进入各类信息系统进行处理，并通过各种设备与人进行交互。

4) 物联网的应用

物联网应用涉及国民经济和人类社会生活的方方面面，因此，“物联网”被称为是继计算机和互联网之后的第三次信息技术革命。信息时代,物联网无处不在。由于物联网具有实时性和交互性的特点,因此,物联网的应用领域遍及智能交通、环境保护、政府工作、公共安全、平安家居、智能消防、工业监测、环境监测等多个领域。

3. 大数据

大数据是一个体量特别大,数据类别特别大的数据集,并且这样的数据集无法用传统数据库工具对其内容进行抓取、管理和处理。大数据首先是指数据体量(Volumes)大,一般在10 TB规模左右;其次是指数据类别(Variety)大,数据来自多种数据源,数据种类和格式日渐丰富,已冲破了以前所限定的结构化数据范畴,囊括了半结构化和非结构化数据。接着是指数据处理速度(Velocity)快,在数据量非常庞大的情况下,也能够做到数据的实时处理。最后是指数据真实性(Veracity)高,随着社交数据、企业内容、交易与应用数据等新数据源的兴起,传统数据源的局限被打破,企业愈发需要有效的信息之力以确保其真实性及安全性。

1) 大数据与云计算

物联网、移动互联网等是大数据的来源,而大数据分析则是为物联网和移动互联网提供有用的分析,获取价值。云计算又与大数据有什么关系呢?

首先,云计算与大数据之间是相辅相成、相得益彰的关系。大数据挖掘处理需要云计算作为平台,而大数据涵盖的价值和规律则能够使云计算更好地与行业应用结合并发挥更大的作用。云计算将计算资源作为服务支撑大数据的挖掘,而大数据的发展趋势是对实时交互的海量数据查询、分析提供了各自需要的价值信息。

其次,云计算与大数据的结合将可能成为人类认识事物的新的工具。实践证明人类对客观世界的认识是随着技术的进步以及认识世界的工具更新而逐步深入。过去人类首先认识的是事物的表面,通过因果关系由表及里,由对个体认识进而找到共性规律。现在将云计算和大数据相结合,人们就可以利用高效、低成本的计算资源分析海量数据的相关性,快速找到共性规律,加速人们对于客观世界有关规律的认识。

再次,大数据的信息隐私保护是云计算大数据快速发展和运用的重要前提。没有信息安全也就没有云服务的安全。产业及服务要健康、快速的发展就需要得到用户的信赖,就需要科技界和产业界更加重视云计算的安全问题,更加注意大数据挖掘中的隐私保护问题。从技术层面进行深度的研发,严防和打击病毒和黑客的攻击。同时加快立法的进度,维护良好的信息服务的环境。

2) 大数据分析方法

Hadoop 和 MapReduce 能够提炼大数据。Hadoop 是一个开放源码的分布式数据处理系统架构,主要面向存储和处理结构化、半结构化或非结构化的应用。Hadoop 提供的 MapReduce(和其他一些环境)是处理大数据集的理想解决方案。MapReduce 能将大数据问题分解成多个子问题,将它们分配到成百上千个处理节点之上,然后将结果汇集到一个小数据集当中,从而更容易分析得出最后的结果。Hadoop 可以运行在低成本的硬件产品之上,通过扩展可以成为商业存储和数据分析的替代方案。它已经成为很多互联网巨头,比如易趣、Facebook、Twitter 和 Netflix 大数据分析的主要解决方案。也有更多传统的巨头公司比如摩根大通银行,也正在考虑采用这一解决方案。

3）大数据典型应用

使用淘宝购物，就是在用"大数据"。以"淘宝"为例，每天有数以万计的交易在淘宝上进行。与此同时相应的交易时间、商品价格、购买数量会被记录，更重要的是，这些信息可以与买方和卖方的年龄、性别、地址，甚至兴趣爱好等个人特征信息相匹配。运用匹配的数据，淘宝可以进行更优化的店铺排名和用户推荐；商家可以根据以往的销售信息和"淘宝指数"进行生产、库存决策，赚更多的钱；而与此同时，更多的消费者们也能以更优惠的价格买到更心仪的宝贝。

4. 互联网＋

2015 年 3 月 5 日上午十二届全国人大三次会议上，李克强总理在政府工作报告中首次提出"互联网＋"行动计划。李克强总理在政府工作报告中提出制定"互联网＋"行动计划，推动移动互联网、云计算、大数据、物联网等与现代制造业结合，促进电子商务、工业互联网和互联网金融（ITFIN）健康发展，引导互联网企业拓展国际市场。

"互联网＋"就是"互联网＋各个传统行业"，但这并不是简单的两者相加，而是利用信息通信技术以及互联网平台，让互联网与传统行业进行深度融合，创造新的发展生态。它代表一种新的社会形态，即充分发挥互联网在社会资源配置中的优化和集成作用，将互联网的创新成果深度融合于经济、社会各域之中，提升全社会的创新力和生产力，形成更广泛的以互联网为基础设施和实现工具的经济发展新形态。

工业："互联网＋工业"即传统制造业企业采用移动互联网、云计算、大数据、物联网等信息通信技术，改造原有产品及研发生产方式，与"工业互联网"、"工业 4.0"的内涵一致。

金融业："互联网＋金融"从组织形式上看，这种结合至少有三种方式。第一种是互联网公司做金融；如果这种现象大范围发生，并且取代原有的金融企业，那就是互联网金融颠覆论。第二种是金融机构的互联网化。第三种是互联网公司和金融机构合作。

交通："互联网＋交通"已经在交通运输领域产生了"化学效应"，例如，大家经常使用的打车软件、网上购买火车和飞机票、出行导航系统等等。从国外的 Uber、Lyft 到国内的滴滴打车、快的打车，移动互联网催生了一批打车、拼车、专车软件，虽然它们在全世界不同的地方仍存在不同的争议，但它们通过把移动互联网和传统的交通出行相结合，改善了人们出行的方式，增加了车辆的使用率，推动了互联网共享经济的发展，提高了效率、减少了排放，对环境保护也做出了贡献。

教育：一所学校、一位老师、一间教室，这是传统教育。一个教育专用网、一部移动终端，几百万学生，学校任你挑，老师由你选，这就是"互联网＋教育"。在教育领域，面向中小学、大学、职业教育、IT 培训等多层次人群提供学籍注册入学开放课程，网络学习一样可以参加我们国家组织的统一考试，可以足不出户在家上课学习取得相应的文凭和技能证书。互联网＋教育的结果，将会使未来的一切教与学活动都围绕互联网进行，老师在互联网上教，学生在互联网上学，信息在互联网上流动，知识在互联网上成型，线下的活动成为线上活动的补充与拓展。

◆ 归纳总结

IT 领域正在发生很多的改变，大数据和云计算服务会得到更多企业和用户的青睐、移动设备将更加火爆、物联网将有巨大的市场潜力。新技术将彻底改变我们生活和工作的方式。

6.4 项目 4——网络安全设置

◆ 项目导入

小王在使用计算机时遇到了点问题：电脑速度突然变慢、账号被盗用、浏览器默认设置被更改等。小王希望构建一个安全的计算机使用环境，同时希望大家都能提高网络安全防范意识，保障网络通畅运行。

◆ 项目分析

随着计算机和网络在各个领域的广泛应用，网络安全成为计算机网络用户及其关注的一个问题，计算机病毒通过网络产生和传播，计算机网络被非法入侵，重要情报、资料被窃取，甚至造成网络系统的瘫痪，不但造成了巨大的经济损失，同时也扰乱了工作和生活，存在巨大的威胁。作为个人用户，应该首先解决 IE 安全设置，注意电子邮件安全，扫描查杀已经存在的病毒，构建安全的网络运行环境。

◆ 项目展示

在查阅网页时，很多情况下都需要对浏览器作个性化的设置，即使使用第三方浏览器，也需要打开 Internet 选项对话框，更改一些设置，如图 6-35 所示。

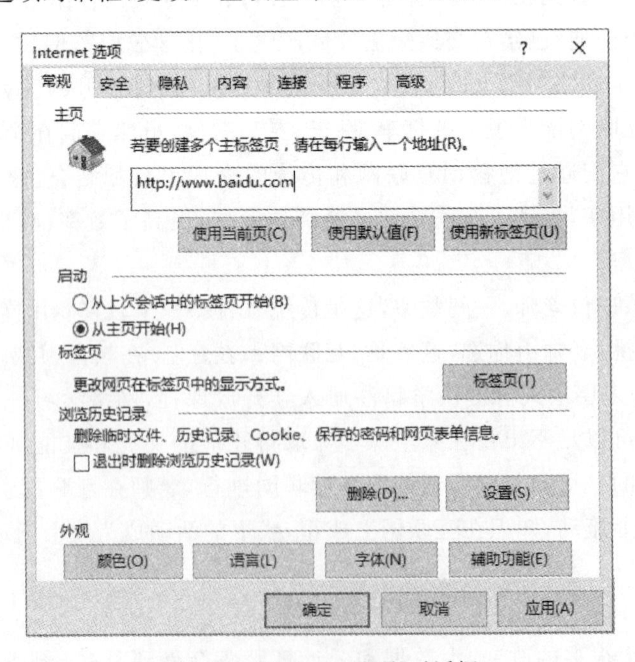

图 6-35 “Internet 选项”对话框

◆ 能力要求

🕮 了解网络安全基本概念和主要特征
🕮 掌握病毒、黑客等在网络中的破坏性和存在的威胁
🕮 熟悉 IE 浏览器的安全设置方式
🕮 使用杀毒软件扫描查杀病毒

项目实施 1　浏览器安全设置

浏览器是能够接收用户的请求信息，并到相应网站获取网页内容的专用软件。Internet 选项为浏览器提供了一些重要的安全设置，为用户保护自己的电脑、设置浏览器的默认方式等起到了重要作用，以下以 IE 浏览器为例介绍。

1. "常规"选项卡

① 单击 IE 浏览器右上角的齿轮标志⚙按钮，打开快捷菜单，在快捷菜单中选择"Internet 选项"，打开 Internet 选项对话框，如图 6-35 所示。

② 在打开的 Internet 选项对话框中选择"常规"选项卡，设置主页为百度主页。

③ 单击"常规"选项卡中"标签页"按钮，打开"标签页浏览设置"窗口，设置"遇到弹出窗口时"为"始终在新窗口中打开弹出窗口"。

④ "常规"选项卡"浏览历史记录"项中单击"设置"按钮，打开"网站数据设置"窗口，选择"历史记录"选项卡，设置历史记录保存 20 天。

以上设置如图 6-36 所示。

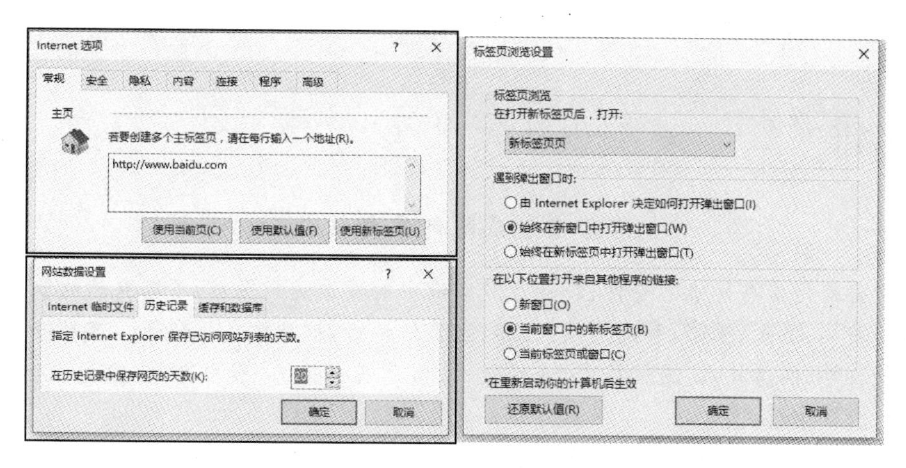

图 6-36　"常规"选项卡

2. "安全"选项卡

① 在打开的 Internet 选项对话框中选择"安全"选项卡，设置 Internet 区域的安全级别为"中高"，如图 6-37 所示。

② 单击"自定义级别"按钮，在打开的"安全设置-Internet 区域"窗口的设置中启用"ActiveX 控件自动提示”,如图 6-38 所示。

图 6-37 设定选定区域的安全级别

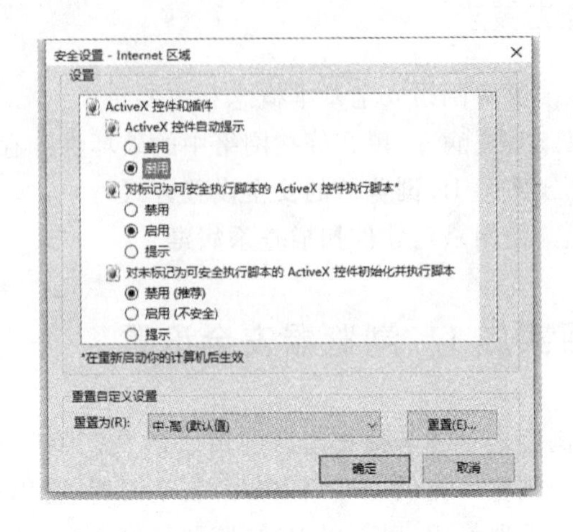

图 6-38 “安全设置”对话框

小提示

Internet 安全设置实际是指对 IE 访问区域的安全设置,此设置可以让你设定对被访问网站的信任程度。IE 包含了四个安全区域:Internet、本地 Internet、受信任的站点、受限制的站点,系统默认的安全级别分别为中、中低、高和低,用户可以根据安全性的要求将 Web 站点分配到适当安全级的区域中。

Internet 选项为浏览器提供了一些重要的安全设置,为用户保护自己的电脑、设置浏览器的默认方式等起到了重要作用,如果设置不合适,会导致浏览器不能正常工作,可以通过“默认级别”、“还原高级设置”等按钮恢复为初始值。

信息安全及防御常用技术

信息安全是指信息网络的硬件、软件及其系统中的数据受到保护,不因偶然的或者恶意的原因而遭到破坏、更改、泄露,系统连续、可靠、正常地运行,信息服务不中断。信息安全是一门涉及计算机科学、网络技术、通信技术、密码技术、信息安全技术、应用数学、数论、信息论等多种学科的综合性学科。

信息安全本身包括的范围很大,大到国家军事政治等机密安全,小到如防范商业、企业机密泄露,防范青少年对不良信息的浏览,防范个人信息的泄漏等。网络环境下的信息安全体系是保证信息安全的关键,包括计算机安全操作系统、各种安全协议、安全机制(数字签名、信息认证、数据加密等),其中任何一个安全漏洞便可以威胁全局安全。

1. 网络信息安全的现状

1) 计算机犯罪案件逐年递增

计算机犯罪对全球造成了前所未有的新威胁。我国自 1986 年深圳发生第一起计算机犯罪案件以来，计算机犯罪呈直线上升趋势，犯罪手段也日趋技术化、多样化，犯罪领域也不断扩展，许多传统犯罪形式在互联网上都能找到影子，而且其危害性已远远超过传统犯罪。计算机犯罪的犯罪主体大多是掌握了计算机和网络技术的专业人士，甚至一些原为计算机及网络技术和信息安全技术专家的职业人员也铤而走险，其所采用的犯罪手段则更趋专业化。他们洞悉网络的缺陷与漏洞，运用专业的计算机及网络技术，借助四通八达的网络，对网络及各种电子数据、资料等信息发动进攻，进行破坏。

2）计算机病毒危害突出

随着互联网的发展，计算机病毒的种类急剧增加，扩散速度大大加快，受感染的范围也越来越广。据粗略统计，全世界已发现的计算机病毒的种类有上万种，并且正以平均每月300～500种的速度疯狂增长。计算机病毒不仅通过U盘、硬盘传播，还可经电子邮件、下载文件、文件服务器、浏览网页等方式传播。病毒对网络造成的危害极大，许多网络系统遭病毒感染，服务器瘫痪，使网络信息服务无法开展，甚至于丢失了许多数据，造成了极大的损失。

3）黑客攻击手段多样

网络空间是一个无疆界的、开放的领域，无论在什么时间，跨部门、跨地区、跨国界的网上攻击都可能发生。目前世界上有20多万个黑客网站，其攻击方法达几千种之多，每当一种新的攻击手段产生，便能在一周内传遍世界，对计算机网络造成各种破坏。在经济、金融领域，黑客通过窃取网络系统的口令和密码，非法进入网络金融系统，篡改数据、盗用资金，严重破坏了正常的金融秩序。在国家安全领域内，黑客利用计算机控制国家机密的军事指挥系统成为可能。

2. 信息安全防御常用技术

信息安全强调的是通过技术和管理手段，实现和保护信息在公用网络信息系统中传输、交换和存储流通的保密性、完整性、可用性、真实性和不可抵赖性。图6-39是一个信息安全系统的拓扑图。

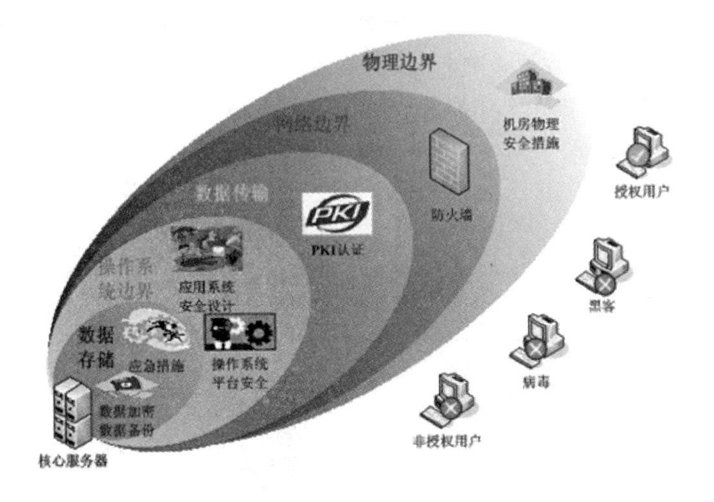

图6-39 信息安全系统拓扑图

下面介绍几种信息安全防御常用技术。

1）防火墙技术

防火墙是设置在被保护网络和外部网络之间的一道屏障，它处于五层网络安全体系中的最底层，遵从的是一种允许或阻止业务来往的网络通信安全机制，通过对所用网络访问的程序限定，保护我们的计算机信息不受黑客的袭击、篡改和删除，它对两个或多个网络之间传输的数据包按照一定的安全策略来实施检查，以决定网络之间的通信是否被允许，并监视网络运行状态，如图 6-40 所示。根据防火墙所采用的技术不同，可以将它分为三种常用类型：包过滤型、网络地址转换型和应用代理型。

(1) 包过滤型：包过滤型产品的技术依据是网络中的分包传输技术，防火墙通过读取数据包中的地址信息来判断这些"包"是否来自可信任的安全站点，一旦发现来自危险站点的数据包，防火墙便会将这些数据拒之门外。包过滤方式是一种通用、廉价和有效的安全手段，它适用于所有网络服务，且大多数路由器集成数据包过滤功能，在很大程度上满足了绝大多数企业的安全要求。

(2) 网络地址转换型：网络地址转换是将内网和外网的 IP 地址进行转换，可分为源地址和目的地址转换，前者用于内部网络，后者用于外网主机访问内网主机，在内网通过安全网卡访问外网时，将产生一个映射记录，系统将外出的源地址映射为一个非正式的 IP 地址，让这个地址通过非安全网卡与外网连接，这样对外就隐藏了真实的内网地址。当受保护网络连到 Internet 上时，受保护网络可以使用非正式 IP 地址，为此网络地址转换器在防火墙上装一个合法 IP 地址集，当内部某一用户访问 Internet 时，防火墙动态地从地址集中选一个未分配的地址分配给该用户，该用户即可使用这个合法地址进行通信，同时，对内部的某些服务器，网络地址转换器允许为其分配一个固定的合法地址，外部网络的用户就可以通过防火墙来访问内部的服务器。这种技术既缓解了少量的 IP 地址和大量的主机之间的矛盾，又对外隐藏了内部主机的 IP 地址，提高了安全性。

(3) 应用代理型：应用代理型防火墙是工作在 OSI 的最高层，即应用层，它的安全性要高于包过滤型产品，代理服务器位于客户机与服务器之间，完全阻挡了二者间的数据交流。通过对每种应用服务编制专门的代理程序，实现监视和控制应用层通信流的作用。它的优点是安全性较高，可以针对应用层进行侦测和扫描，对付基于应用层的侵入和病毒都十分有效，其缺点是对系统的整体性能有较大的影响，而且代理服务器必须针对客户机可能产生的所有应用类型逐一进行设置，增加了系统管理的复杂性。

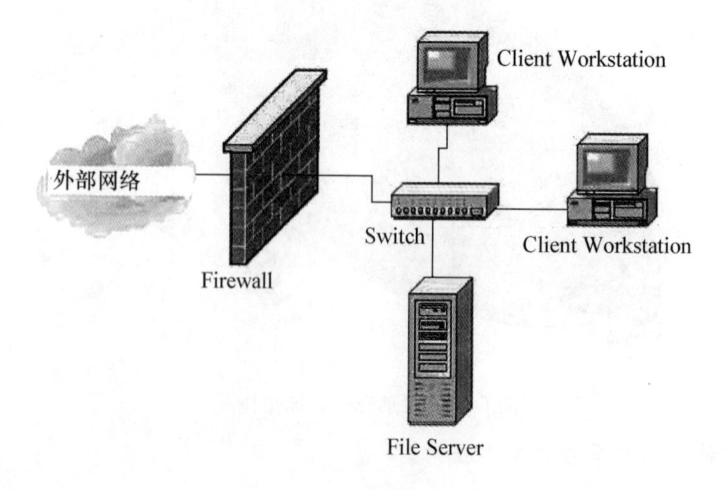

图 6-40　防火墙示意图

2）加密技术

加密技术是最常用的信息安全保密手段，它是一种把重要的数据变为乱码进行传送，到达目的地后再用相同或不同的手段进行还原的技术。加密技术的核心是加密算法的设计，加密算法按照密钥的类型，可分为非对称密钥加密算法和对称密钥加密算法。

（1）对称加密技术：对称加密也称为单密钥加密，同一个密钥可以同时用作信息的加密和解密。这种算法使用起来简单快捷、密钥较短、加密速度快、加密效率高，且破译困难，通常在消息发送方需要加密大量数据时使用。对称加密技术存在的不足为：一是交易双方都使用同样钥匙，交换双方的任何信息都是通过这把密钥加密后传送给对方的，一旦私钥泄漏，密文会被立即破译；二是密钥管理较为困难，使用成本较高，每次使用对称加密算法时，都需要使用其他人不知道的唯一钥匙，密钥管理成为用户的负担。常用的对称加密算法有DES、IDEA、AES、RC2、RC4等算法。

（2）非对称加密：非对称加密技术也称为公开密钥加密技术，这种算法需要两个密钥：公开密钥和私有密钥，公开密钥与私有密钥是一对，如果用公开密钥对数据进行加密，只有用对应的私有密钥才能解密，如果用私有密钥对数据进行加密，那么只有用对应的公开密钥才能解密。私有密钥只能由生成密钥的交换方掌握，公开密钥可对他人公布，对称加密方式可以使通信双方无需事先交换密钥就可以建立安全通信。这种加密算法的保密性比较好，它消除了最终用户交换密钥的需要，但加密和解密花费时间长、速度慢，它不适合于对文件加密，而只适用于对少量数据进行加密，这种密码体制广泛应用于身份认证、数字签名等信息交换领域，其中RSA算法为常用的非对称加密算法。

项目实施2　计算机病毒与防治

计算机病毒的概念和防治

1. 病毒的概念

病毒是指“编制或者在计算机程序中插入的破坏计算机功能或者破坏数据，影响计算机使用并且能够自我复制的一组计算机指令或者程序代码”。

2. 病毒的基本特征

寄生性：计算机病毒寄生在其他程序之中，当执行这个程序时，病毒就起破坏作用，而在未启动这个程序之前，它是不易被人发觉的。

传染性：计算机病毒不但本身具有破坏性，更有害的是具有传染性，一旦病毒被复制或产生变种，其速度之快令人难以预防。计算机病毒是一段人为编制的计算机程序代码，这段程序代码一旦进入计算机并得以执行，它就会搜寻其他符合其传染条件的程序或存储介质，确定目标后再将自身代码插入其中，达到自我繁殖的目的。

潜伏性：一个编制精巧的计算机病毒程序，进入系统之后一般不会马上发作，可以在几周或者几个月内甚至几年内隐藏在合法文件中，对其他系统进行传染，而不被人发现，潜伏性愈好，其在系统中的存在时间就会愈长，病毒的传染范围就会愈大。

隐蔽性：计算机病毒具有很强的隐蔽性，有的可以通过病毒软件检查出来，有的根本就查不出来，有的时隐时现、变化无常，这类病毒处理起来通常很困难。

破坏性：计算机中毒后，可能会导致正常的程序无法运行，把计算机内的文件删除或受到不同程度的损坏。通常表现为：增、删、改、移。

对付计算机病毒的最佳方法就是预防，下面列举了几种预防病毒的常用方法。

(1) 不使用盗版和来历不明的软件，不随便打开不明电子邮件及其附件。

(2) 使用软盘、光盘或U盘时，先要用杀毒软件进行检测。

(3) 安装杀毒软件与防火墙，定期检测系统与清除病毒。

(4) 及时为软件系统打补丁，及时升级病毒库。

(5) 重要数据要做好备份，以免遭到病毒破坏而丢失数据。

(6) 了解病毒预告，及时做好预防。

步骤1 360安全卫士查杀病毒

双击360安全卫士快捷方式，打开360安全卫士主界面，如图6-41所示。360安全卫士主要提供查杀修复、电脑清理、优化加速、软件管理、手机助手等功能。

图6-41　360安全卫士主界面

单击查杀修复，360安全卫士提供3种查杀方式、快速扫描、全盘扫描和自定义扫描，可根据情况选择查杀方式，如图6-42所示。

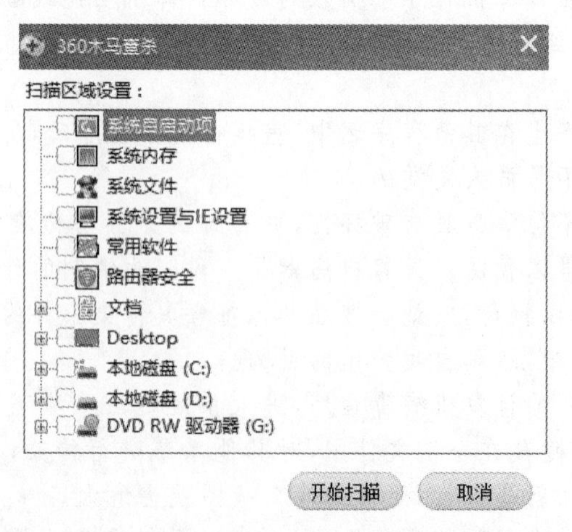

图6-42　360木马查杀

步骤 2　360 安全卫士清理计算机

长时间使用计算机，系统里面会产生大量的垃圾文件，经常清理可以提升计算机的运行速度。单击 360 安全卫士主界面的“电脑清理”选项，对计算机进行清理，如图 6-43 所示。

图 6-43　360 安全卫士清理计算机

步骤 3　360 安全卫士软件管理

360 软件管家提供了常用的软件管理。可以在这里下载软件并安装，也可以单击“软件卸载”命令，删除电脑里面不需要的软件。如图 6-44 所示。

图 6-44　360 安全卫士软件管理

网络安全概念和基本特征

1. 网络安全概念

网络安全是指网络系统的硬件、软件及其系统中的数据受到保护，不因偶然的或者恶意的原因而遭受到破坏、更改、泄露，系统连续可靠正常地运行，网络服务不中断。网络安全从本质上来讲就是网络上的信息安全。从广义来说，凡是涉及网络上信息的保密性、完整性、可用性、真实性和可控性的相关技术和理论都是网络安全研究的领域。

2. 网络安全基本特征

保密性：信息不泄露给非授权用户、实体或过程，或供其利用的特性。

完整性：数据未经授权不能进行改变的特性。即信息在存储或传输过程中保持不被修改、不被破坏和丢失的特性。

可用性：可被授权实体访问并按需求使用的特性。即当需要时能否存取所需的信息。例如，网络环境下拒绝服务、破坏网络和有关系统的正常运行等都属于对可用性的攻击。

可控性：对信息的传播及内容具有控制能力。

可审查性：出现安全问题时提供依据与手段。

3. 影响网络安全的因素

(1) 系统或者相关软件出现漏洞。

(2) 病毒的入侵。

(3) 物理介质造成的威胁。

(4) 黑客的恶意攻击。

(5) 自然或意外的事故。

◆ 归纳总结

信息时代在给人们带来种种物质和文化享受的同时，我们也受到日益严重的来自网络的安全威胁，诸如黑客的侵袭、病毒感染等。我们可以使用各种复杂的软件技术，如防火墙、代理服务器技术保障信息安全，更重要的是我们需要加强用户的安全意识，保障信息安全。

能 力 自 测

一、选择

1. 计算机网络的目标是实现(　　)。

A. 数据处理　　　　B. 文献检索

C. 资源共享和信息传输　　　　D. 信息传输

2. 中国的第一级域名是(　　)。

A. .com　　B. .edu　　C. .cn　　D. .org

3. 下列错误的电子邮件地址是(　　)。

A. xqnu@sohu.com　　B. xing@263.net

C. @163.com　　D. bitu@cctv.com

4. 调制解调器(MODEM)的主要功能是(　　)。

A. 模拟信号的放大　　B. 数字信号的整形

C. 模拟信号与数字信号的转换　　D. 数字信号的编码

5. 因特网主要的传输协议是(　　)。

A. TCP/IP　　B. IPC　　C. POP3　　D. NetBIOS

6. www.nankai.edu.cn 不是 IP 地址,而是(　　)。

A. 硬件编号　　B. 域名　　C. 密码　　D. 软件编号

7. 关于 IPv4 地址的说法,错误的是(　　)。

A. IP 地址是由网络地址和主机地址两部分组成

B. 网络中的每台主机分配了唯一的 IP 地址

C. IP 地址只有三类:A、B、C

D. 随着网络主机的增多,IP 地址资源将要耗尽

8. 从 IP 地址 195.100.20.11 中我们可以看出(　　)。

A. 这是一个 A 类网络的主机　　B. 这是一个 B 类网络的主机

C. 这是一个 C 类网络的主机　　D. 这是一个保留地址

9. 在下列传输介质中,(　　)传输介质的抗电磁干扰性最好。

A. 双绞线　　B. 同轴电缆　　C. 光缆　　D. 无线介质

10. 教育部门的域名是(　　)。

A. com　　B. org　　C. edu　　D. net

二、填空

1. 计算机网络是计算机技术和(　　)相结合的产物。

2. ISO 的开放系统互联参考模型(ISO/OSI)将计算机网络的体系结构分成 7 层,分别是(　　)、数据链路层、网络层、传输层、表示层、会话层和(　　)。

3. IP 地址是一个(　　)位的二进制数。

4. IE 中设置浏览器环境和参数是通过工具菜单中的(　　)来实现的。

5. 在一个 IP 网络中负责主机 IP 地址与主机名称之间的转换协议称为(　　)。

6. 从网络规模和距离远近可以将计算机网络分为(　　)、(　　)、(　　)。

7. 计算机网络的拓扑结构主要有(　　)、(　　)、(　　)、(　　)。

8. 常用的通信介质主要有有线介质和(　　)介质两大类。

9. 电子邮件地址一般由(　　)和主机域名组成。

10. 有这样一个域名:yinte.edu.cn 其中 edu 表示(　　),cn 表示(　　)。

项目实训

实训项目　计算机网络基础与信息安全实训

实训内容

(1) 熟练掌握在 TCP/IP 环境下设置局域网的 IP 地址、网关、子网掩码和 DNS 域名服务器的 IP 地址等设置方法。

(2) 网络故障的简单诊断命令 ping 的使用。

(3) 网络故障的简单诊断命令 ipconfig 的使用。

(4) 使用百度等搜索引擎制定一份西安 5 日游的旅游攻略，将攻略以电子邮件形式发送给老师。

(5) 设置 360 安全卫士中"禁止 U 盘自动运行"功能。

(6) 使用 360 安全卫士中"软件管家"查找"屏幕截图精灵"这款软件，下载并安装该软件。

实训要求

设置 IP 地址等信息时要对原来计算机的配置做记录，修改结束后恢复计算机原有设置。

7 算法——程序设计的灵魂

项目1——解谜“数数的手指”

项目2——递归算法

能力自测

7.1 项目1——解谜“数数的手指”

◆ 项目导入

小王最近在学习程序设计，碰到一个有趣的谜题“数数的手指”。在解题的过程中，她了解到算法是程序的灵魂，算法是解决“做什么”和“怎么做”的问题，程序中的操作语句，实际上就是算法的体现，显然，不了解算法就谈不上程序设计。

◆ 项目分析

所谓算法，是为解决一个特定问题而采取的确定的、有限的步骤。算法不仅仅用于计算机的数据处理，现实世界中的各种问题也需要结合算法的概念来解决，其中具有代表性的就是烹饪中用到的食谱。食谱是各种美味食品的制作方法，需要用一定的步骤表示出来。例如，要做“红烧牛肉”、“油焖大虾”等菜品，食谱中记录着每道菜所需材料和数量，并按步骤准确地描述了制作过程。这种“解决问题的处理步骤”(如红烧牛肉的烹饪食谱)称为算法。

项目实施1　认识算法

1. 什么是算法

计算机是一种按照程序，高速、自动地进行计算的机器。用计算机解题时，任何答案的获得都是按指定顺序执行一系列指令的结果。因此，用计算机解题前，需要将解题方法转换成一系列具体的、在计算机上可执行的步骤，这些步骤能清楚地反映一步步“怎样做”的过程，这个过程就是通常所说的算法。

所谓算法，通俗地说，就是解决问题的方法和步骤，解决问题的过程就是算法实现的过程。

现有这样一个“数数的手指”的问题：一个小女孩正在用左手手指数数，从1数到1 000。她从拇指算作1开始数起，然后，食指为2，中指为3，无名指为4，小指为5。接下来调转方向，无名指算6，中指为7，食指为8，大拇指为9，接下来，食指算作10，如此反复，问如果她继续按这种方式数下去，最后结束是停在哪根手指上？

答案：将停在她的食指上。

表7.1是她用手指计数的过程。

表7.1　数数过程

手指	大拇指	食指	中指	无名指	小指	无名指	中指	食指
计数	1	2	3	4	5	6	7	8
计数	9	10	11	12	13	14	15	16
计数	17	18	19	20	21	22	23	24
计数	25	26	27	28	29	30	31	32
…	…	…	…	…	…	…	…	…

通过上表，可以清楚地看到，计数每8个数字就会落到同一根手指上。因此解答本题只需找到1 000除8的余数，这个余数为0，这意味着当女孩数到1 000时，计数落在食指上，余数为1时，计数将落在大拇指上，以此类推，发现这与任何能被8整除的数字的情况相同。

本题通过给定算法（此处为手指数数的方法），对于特定的输入（此处为数字1 000），判断输出。

同样，已知某一日期是星期几，给出任一日期，判断是星期几的问题也可通过类似的方法解决。

上例是可以在计算机上实现的，为了能编写程序，必须学会设计算法。不要认为任意写出的一些执行步骤就能构成一个算法。一个有效算法应具有下列特性。

① 有穷性：一个算法在执行有限步之后必须结束。例如上例，数到1 000将停在哪根手指上，若题目改为数到任一数，将停在哪根手指上，此题将无法得到有效结论。

② 确定性：算法的每一个步骤必须要有确切定义，即算法中所有有待执行的动作必须严格而不含混地进行规定，不能有歧义性。上例中，用n除以8，根据得到的余数判断落在哪根手指，若改为n除以一个整数，得到余数r，因为除数不确定因此计算机无法执行。

③ 输入：算法有零个或多个输入，即在算法开始之前，对算法给出的量。上例只用一个输入，就是1 000。

④ 输出：算法有一个或多个输出，即与输入有某个特定关系的量，也就是算法的最终结果。上例的输出结果为停在食指上。

⑤ 有效性：算法中有待执行的运算和操作必须是相当基本的，可以由机器自动完成。它们都是能够精确进行的。例如，若b=0，则执行a/b是无法执行的。有效性的另一含义则是算法应能在有限时间内完成。

小提示

表明算法有效性的方法之一就是断点（Assertion）。断点被设置在算法的任意位置上，能够判断此位置是否满足给出的条件（程序是否正确运行）。如此，断点把一系列解决问题的步骤分解成多个阶段，在每个阶段详细地检查条件是否成立，最终展现出整个算法的有效性。

2. 算法的表示

为了表示一个算法，可以用不同的方法。常用的有自然语言、伪代码、传统流程图、N-S流程图和计算机语言等。

1）自然语言

自然语言就是人们日常使用的语言。上例就是用这种方式描述解题步骤的。用自然语言描述算法通俗易懂，但存在以下缺陷。

(1) 易产生歧义性，往往需要根据上下文才能判别其含义，不太严格。

(2) 语句比较繁琐、冗长，并且很难清楚地表达算法的逻辑流程，尤其对描述含有选择、循环结构的算法，不太方便和直观。

2）伪代码法

伪代码使用介于自然语言和计算机语言之间的文字和符号来描述算法。它如同一篇文章一样，自上而下地写下来。每一行（或几行）表示一个基本操作。它不用图形符号，因此书写方便，格式紧凑，修改方便，容易看懂，也便于向计算机语言算法（程序）过渡。

用伪代码写算法并无固定的、严格的语法规则，可以用英文，也可以中英文混用。只要把意思表达清楚，便于书写和阅读即可，书写的格式要写成清晰易读的形式。

下面我们用伪代码法来描述“数数的手指”谜题。

S1 从拇指数起，依次为食指、中指、…，记下每一次的数字，直到再次轮到拇指；

S2 重复 S1 步骤，得到两次数到拇指、食指、中指、…的数字差均为 8；

S3 求 1 000 除以 8 的余数，通过余数值判断手指；

S4 余数为 0、2 落在食指上，余数为 1 则落在拇指上，余数为 3、7 落在中指上，余数为 4、6，最后落在无名指上。

3）流程图法

（1）传统的流程图。

流程图是描述算法的常用工具，采用一些图框、线条以及文字说明来形象、直观地描述算法处理过程。美国国家标准化协会（American National Standard Institute，ANSI）规定了一些常用的流程图符号，如表 7.2 所示。

表 7.2　流程图的常用符号

符号名称	图形	功能
起止框	⬡	表示算法的开始和结束
输入/输出框	▱	表示算法的输入输出操作
处理框	▭	表示算法中的各种处理操作
判断框	◇	表示算法中的条件判断操作
流程线	→	表示算法的执行方向
连接点	○	表示流程图的延续

用传统流程图表示“数数的手指”谜题如图 7-1 所示。

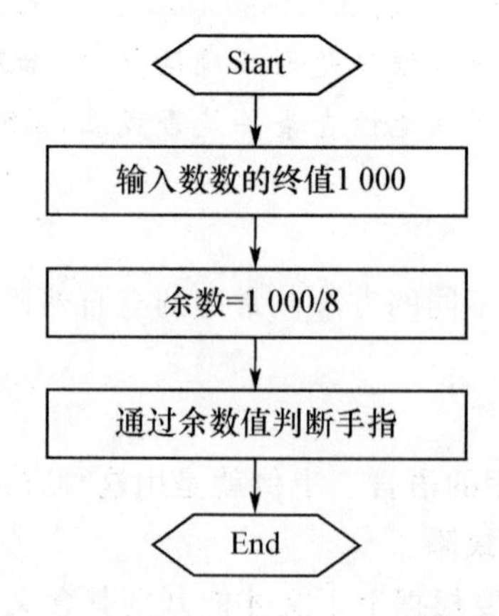

图 7-1　“数数的手指”传统流程图表示

（2）N-S 流程图法。

随着结构化程序设计的兴起，简化了控制流向，出现了 N-S 图。N-S 图中去掉了传统流程图中带箭头的流向线，全部算法以一个大的矩形框表示，该框内还可以包含一些从属于它的小矩形框，适于结构化程序设计。

算法的基础——结构化程序设计的思想

用计算机编写程序时，为了提高应用程序的效率，把设计上的错误最小化，有一种编程思想叫做结构化程序设计。

结构化程序设计中所有的处理流程，可以用三种结构组合而成，如图 7-2 所示。

① 顺序结构——按照所述顺序处理。

② 选择结构——根据判断条件改变执行流程。

③ 循环结构——当条件成立时，反复执行给定的处理操作。

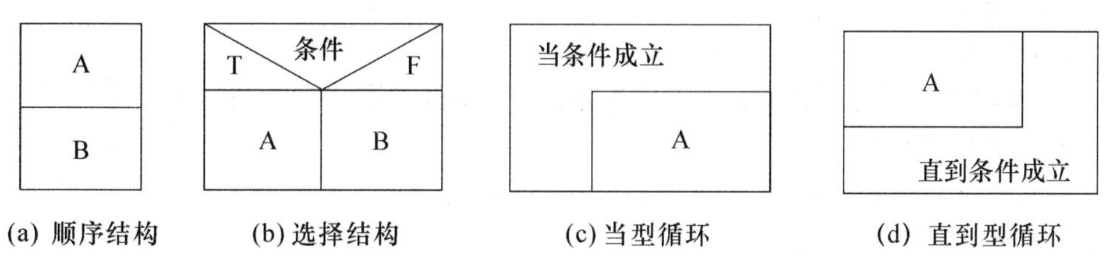

图 7-2　三种基本控制结构 N-S 图

用 N-S 图表示“数数的手指”谜题如图 7-3 所示。

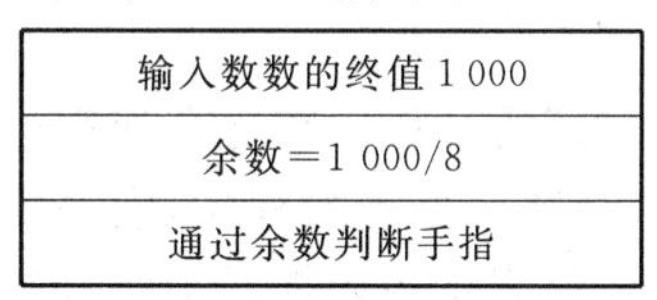

图 7-3　“数数的手指”N-S 图表示

4）计算机语言

要完成一项工作，包括设计算法和实现算法两个部分。一个菜谱是一个算法，厨师炒菜就是在实现这个算法。我们考虑的是用计算机解题，也就是要用计算机实现算法，而计算机是无法识别流程图和伪代码的，只有用计算机语言编写的程序才能被计算机执行，因此在用流程图或伪代码描述一个算法后，还要将它转换成计算机语言程序。用计算机语言表示的算法是计算机能够执行的算法。用计算机语言表示算法必须严格遵循所用的语言的语法规则。

学习程序设计的目的不只是学习某一种特定的语言，而应当学习程序设计的一般方法。掌握了算法就是掌握了程序设计的灵魂，再学习有关的计算机语言的知识，就能够顺利地编写出任何一种计算机语言的程序。学习语言只是为了设计程序，它本身绝不是目的，关键是设计算法，有了正确的算法，用任何语言进行编码都不是什么困难的事。

3. 算法的种类

给计算机编程带来方便的算法种类繁多，下面列出其中特别重要的几种。

(1) 技术计算，为实现技术计算的算法。

① 欧几里得相除法(最大公约数)。

② 高斯消元法(联立方程组)。

③ 梯形法(定积分)。

④ 迪杰斯特拉法(最短路径)。

⑤ 埃拉托色尼筛法(素数)。

(2) 排序,将一行数据从小到大(升序),或从大到小(降序)排序的算法。主要有:

① 简单选择法。

② 简单交换法(冒泡排序)。

③ 简单插入法。

④ 希尔排序。

⑤ 归并排序。

⑥ 快速排序。

(3) 查找,从大量数据中定位目标数据的算法。主要有:

① 线性查找。

② 二分查找。

(4) 字符串模式匹配,从给定的字符串中寻找指定字符串位置(子字符串)的算法。主要有:

① 简单字符串匹配。

② KMP(The Knuth-Morris-Pratt Algorithm)法。

③ BM(Boyer-Moore)法。

项目实施 2　算法中的数据

算法是解决“问题”并获得“结果”的过程。在这个处理过程中,问题以数据的形式输入,结果同样以数据的形式输出。其次,算法的处理过程中,也需要各种临时的数据。

“数据”到底是什么?数据是多种信息的表现。厨师制作菜肴,需要有菜谱,菜谱上一般应说明:① 所用配料,指出为了做出顾客所指定的菜肴,应使用哪些材料;② 操作步骤,指出有了这些食材,应按什么步骤进行加工,才能做出所需的菜肴。如图 7-4 所示。

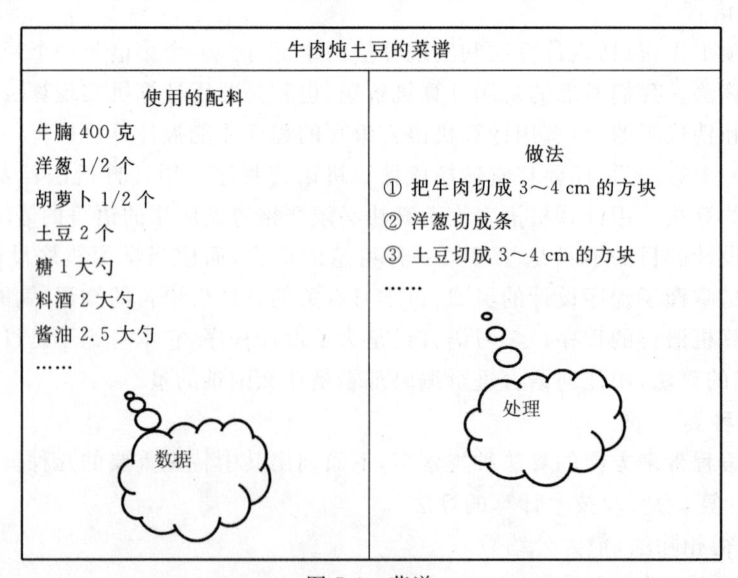

图 7-4　菜谱

食物的配料、调味料及其用量是“数据”，把这些配料、调味料等按照一定的顺序加工处理就是烹饪的过程。

计算机程序中的算法也如此，为了解决问题需要使用各种数据。例如，在排序算法中，所需的数据，如图 7-5 所示。

① 要排序的一组数据。

② 数据的个数。

③ 排好序的一组结果数据。

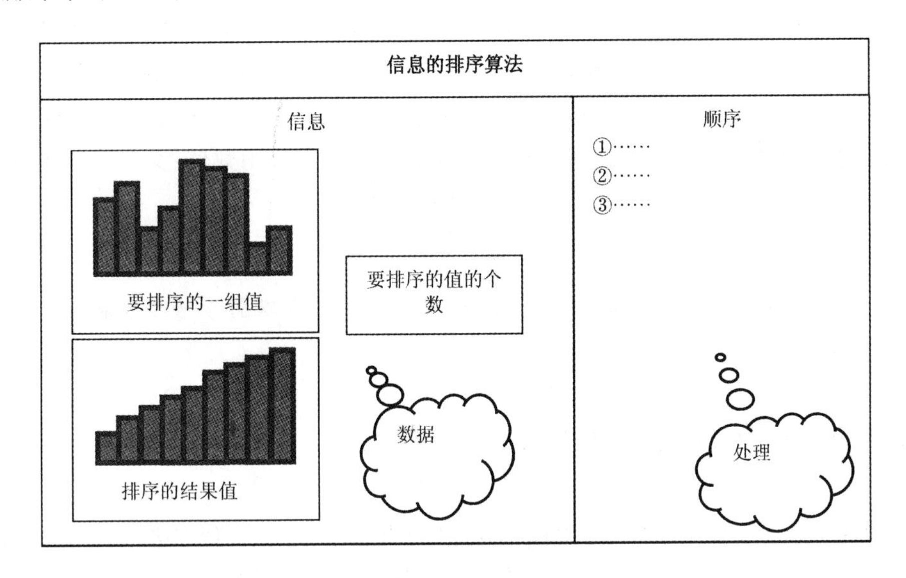

图 7-5　排序算法中的数据

在一个算法的思考过程中，我们需要很多信息，所有这些信息都是数据，都会协助问题的解决。因此，所有的算法都是“处理”与“数据”的相互结合。

1. 数据类型

数据代表各种信息，注意“各种”这个词，被视为信息的数据有很多类型，而这些数据可以根据不同的种类分为不同的组。以菜谱为例，下面列出食谱数据的组信息。

- 配料　　（牛肉、洋葱、胡萝卜、土豆、菜花等）
- 调味料　（酱油、白糖、葱、姜、花椒、盐等）
- 数量　　（1 000 g、200 ml、1 小勺等）
- 时间　　（时、分、秒）
- 火候　　（大火、中火、小火）

计算机编程的算法中需要处理的数据也分为不同的组，我们把这样的分组称为数据类型。常用的基本数据类型包括下面列出的几种。

(1) 整型：处理整数值（不含小数值）的数据类型。

例：0、1、100、99 999、−4 532。

(2) 浮点型：处理浮点值（含小数值）的数据类型。

例：1.23、3.141 592 6、−87.452、0.876 2。

(3) 字符型:处理一个字符的数据类型。

例:A、B、z、g、大、小。

(4) 字符串型:处理多个字符的数据类型。

例:abc、CHINA、算法。

(5) 布尔型:处理“真”和“假”的数据类型。

例:true、false。

2. 数据的值

数据是各种信息的表现形式,而这些数据的具体表现就是“值”。在食谱中,“牛肉”、“酱油”、“辣椒”等是在烹饪时使用的配料和调味料,也可以说是表示“物”的“值”。而“100 g”、“180 ℃”、“1 小勺”、“200 ml”、“5 min”、“大火”等是表示分量、时间和温度等“数”的“值”。

如上所述,表示具体数据的东西称为“值”。在算法中,我们用数值、文字等描述“值”。

小提示

“数值”用数字表示其“值”,“字符”和“字符串”用单引号或双引号括起来表示其“值”。

项目实施3　结构化程序设计方法

荷兰学者 Dijkstra 提出了“结构化程序设计”的思想,规定了一套方法,使程序具有合理的结构,以保证和验证程序的正确性。这样使得程序具有良好的结构,更使程序易于设计,易于理解,易于调试修改,以提高设计和维护程序工作的效率。

结构化程序设计方法的基本思路是,把一个复杂问题的求解过程分阶段进行,每个阶段处理的问题都控制在人们易于理解和处理的范围内。结构化程序设计是进行以模块功能和处理过程设计为主的详细设计的基本原则。结构化程序规定了三种基本结构作为程序的基本单元:顺序结构、选择/分支结构、循环结构。

1. 顺序结构

顺序结构是最简单,最基本的一种结构。在这个结构中的各块是只能顺序执行的。每一块可以包含一条或多条可执行的指令。我们还是以食谱为例,下面是一个“烤蛋糕”的食谱。

(1) Start。

(2) 将烤箱预热。

(3) 准备一个烤盘。

(4) 在烤盘上抹上一些黄油。

(5) 将面粉、鸡蛋、糖和牛奶混合搅拌。

(6) 将搅拌好的面粉团放在烤盘上。

(7) 将烤盘放入烤箱内。

(8) 烤箱 200℃烤制 30 分钟。

(9) End。

如果我们把“烤蛋糕”看作一个算法,这就是一个典型的顺序结构,以上“烤蛋糕”的制作步骤中,应严格按照食谱中的步骤顺序完成,烤制的顺序不能随意调整,否则将无法烤制一个蛋糕。用流程图表示算法,如图7-6所示。

2. 选择/分支结构

现实生活中,事物的发展总是按照一定顺序来进行的,这种顺序反映到程序设计上,就是顺序结构。但有的时候,事物的发展却不是一帆风顺的,会有各种意外发生,在解决这类问题的时候,我们要尽量把各种情况都考虑进去,针对不同的情况采取不同的措施,这就出现了分支的情况。这种现象反映到程序设计上,就叫做分支结构。

比如,上完体育课,如果是上午最后一节,下课后去食堂吃饭;否则,进教室上课。

在这个例子中,有两个选择——上课或吃饭,那到底是上课还是吃饭,要根据“体育课是否是上午的最后一节课”这个条件来决定。这就是双分支结构,用流程图表示这种情况如图7-7所示。

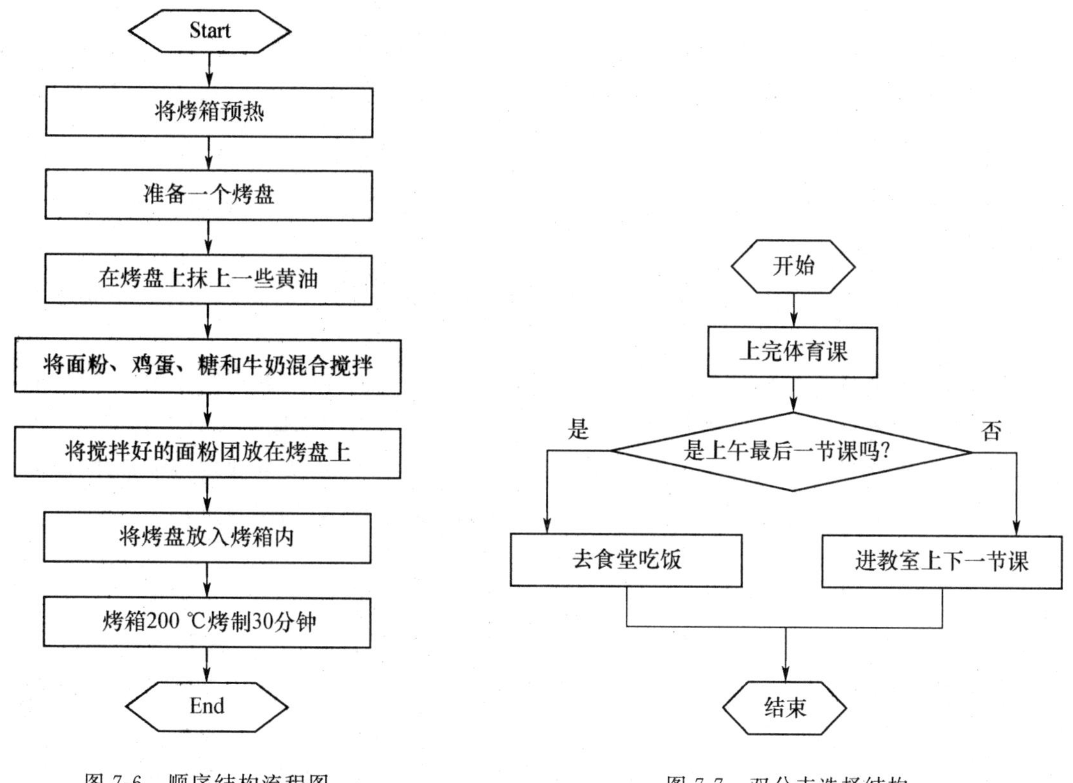

图7-6　顺序结构流程图

图7-7　双分支选择结构

双分支结构就是根据给定条件是否成立,分别执行不同语句的分支结构。

分支结构还有一种情况,比如出门带伞问题:如果下雨,带伞后出门,否则直接出门。这就是单分支结构,用流程图表示这种情况如图7-8所示。单分支结构:当给定条件成立时,执行指定的语句,给定条件不成立时,直接退出分支结构。

再看一个例子,某超市为了促销,规定:购物不足50元的按原价付款,超过50元的,超过部分按九折付款。解决这个问题如图 7-9 的流程图所示。

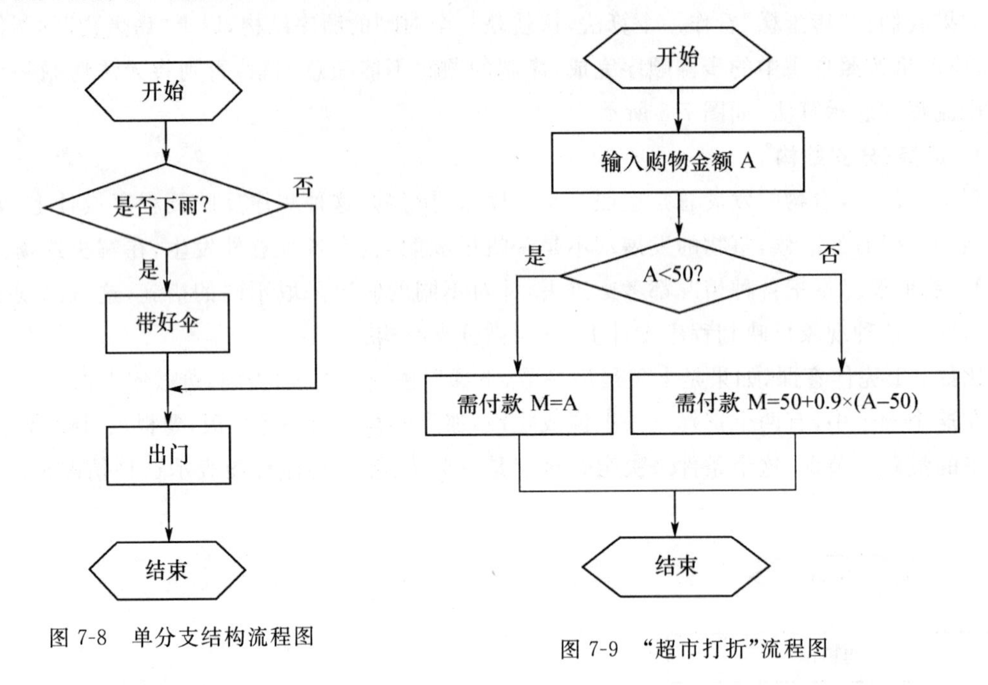

图 7-8 单分支结构流程图

图 7-9 "超市打折"流程图

3. 循环结构

在算法的设计中,除了使用选择结构来改变算法的控制流程以外,还有另一种改变程序流程的控制结构,就是循环结构。

循环结构就是在给定的条件成立时反复执行一条或多条语句,被反复执行的语句称为循环体。

循环结构必须具备三个要素:循环开始条件(循环变量)、循环体、循环终止条件。比如,学生上课使用的课程表就是一个典型的循环结构。假设每学年春季学期从 3 月 1 日开始上课,7 月 10 日放假,那么学校并没有把从 3 月 1 日到 7 月 10 日这 100 多天的课程每天都排列出来,而是列出了一周的课程,按周次执行。一学期有 18 周的教学周,则周课表重复执行 18 次。此循环的开始条件就是某年 3 月 1 日到了,开始执行课表,课表就是循环体,而 7 月 10 日的到来,则是循环结束的条件。流程图如图 7-10 所示。

再看一个有趣的折纸游戏,假设有一张足够大的纸,纸的厚度为 0.05 mm,将纸对折,则纸的厚度增加一倍,不断重复对折过程,大概对折多少次后,纸的厚度能够达到珠峰的高度。

分析:每次对折,纸的厚度是原来纸厚度的两倍,再设置一个计数器,每折纸一次,计数器加一,用循环结构实现。流程图如图 7-11 所示。

任何复杂的算法,都可以由顺序结构、选择/分支结构和循环结构三种基本结构组成。在构造算法时,也仅以这三种结构作为基本单元,而各个结构之间的连接方式有两种:积木式和嵌套式。积木式的连接是一个结构的出口与另一个结构的入口的相连,而嵌套式的连接是在一个结构的内部嵌套另一个结构,不允许交叉和从一个结构直接转到另一个结构的内部去,遵循这种结构的程序只有一个输入口和一个输出口。

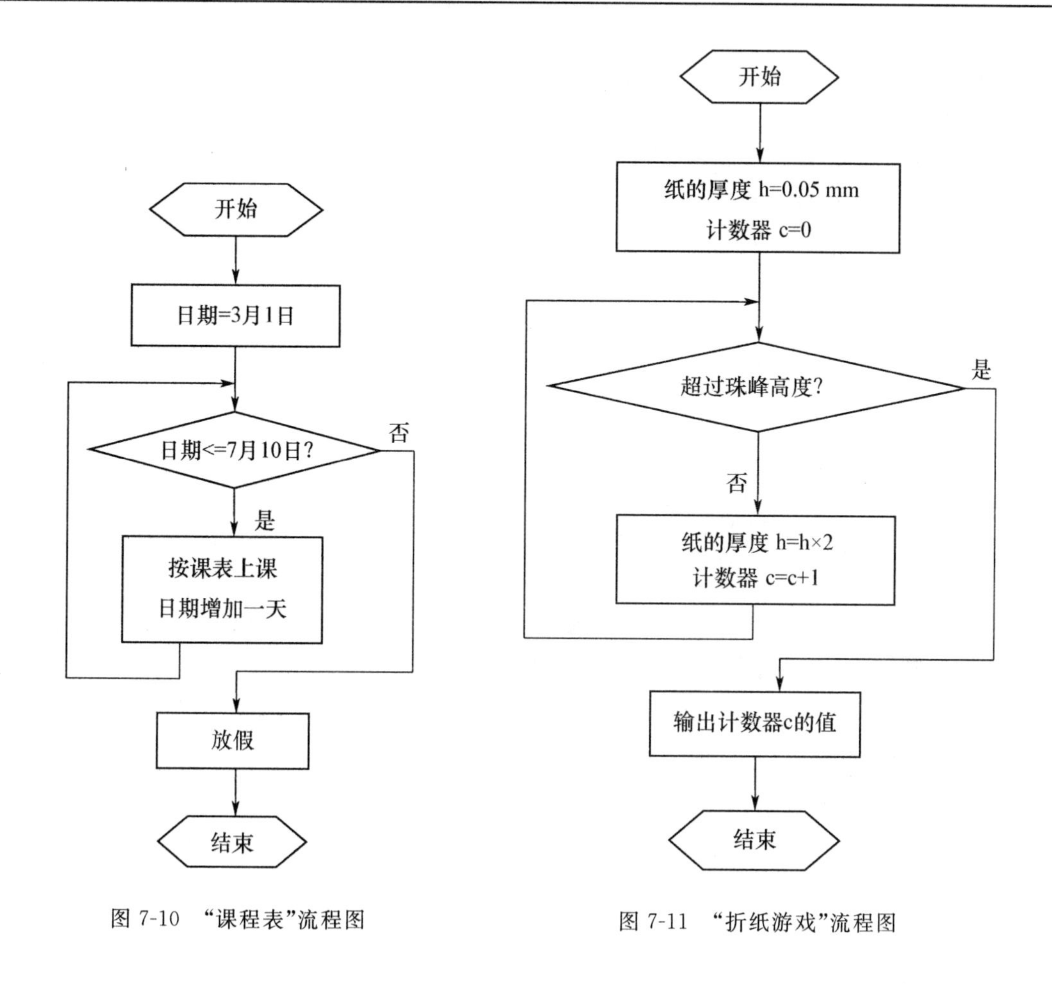

图 7-10　“课程表”流程图

图 7-11　“折纸游戏”流程图

◆ 归纳总结

本项目通过解谜“数数的手指”，掌握了算法的概念及特性，同时还了解了数据在算法中的作用。数据有类型、值、变量等概念。

在本项目中我们还了解和熟悉了结构化程序设计原则，算法中的顺序、分支/选择及循环三种基本控制结构。

7.2　项目 2——递归算法

◆ 项目导入

小王经过一段时间对算法的学习，基本概念已经熟练掌握。可是要用计算机处理日常生活、学习、工作中的具体问题，把实际问题编写成程序，首先要进行算法设计，这就需要了解算法设计的基本方法。这些方法运用得当，就可以方便地解决许多问题。

◆ 项目分析

人们通过长期的研究开发工作,已经总结了一些基本的算法设计方法,我们了解并掌握这些方法,可以帮助我们建立算法思维,提高计算机解题能力。

应用计算机解决实际问题,首先要进行算法设计,需要掌握算法设计中的通用策略。尽管在解决某一个具体问题的时候,未必非要套用这些方法不可,但是它们汇总起来却构成了一套极有用的工具集。这些策略如果运用得当,能够用以解决计算机科学中的众多问题。所以,学会将这些策略应用到具体问题中,是一种很好的计算机科学领域入门途径。

算法的通用策略主要有穷举法(枚举法)、回溯法、递推法、分治法、变治法、贪心法、迭代法、动态规划等。这里列出相对简单而典型的算法。

项目实施1　认识函数

上节中我们介绍了结构化程序设计原则。结构化程序设计是进行以模块功能和处理过程设计为主的详细设计的基本原则。模块化程序设计就是将一个复杂的大问题,分解为一个个独立的简单的小问题(模块),分别解决简单的小问题,进而解决复杂的大问题。模块结构可以用结构图来表示,如图 7-12 所示。

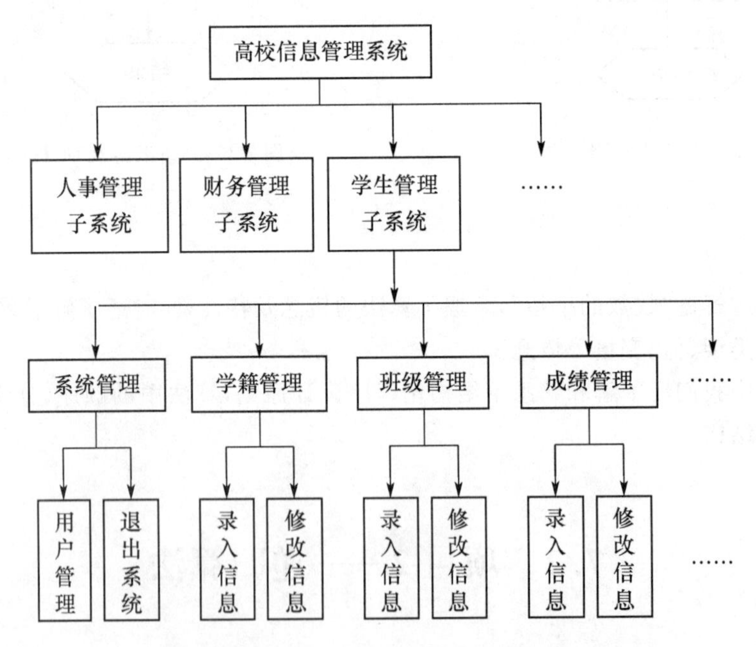

图 7-12 “高校信息管理”结构功能模块图

开发一个软件系统时,最好的办法是从编写主程序开始,在主程序中,将问题作为一个整体考虑,然后找出完成整个任务的主要步骤,再沿着这条主线将整个问题继续分解为独立的模块。

这种“自顶向下、逐步细化”的思想就是模块化程序设计的主要思想。

每个模块都是由函数完成的,一个小模块就是一个函数。

在程序设计中，常将一些常用的功能模块编写成函数，放在函数库中供公共选用。程序员要善于利用库函数，以减少重复编写程序段的工作量。

函数的利用是对数学上函数定义的推广，函数的正确运用有利于简化程序，也能使某些问题得到迅速实现。对于代码中功能性较强的、重复执行的或经常要用到的部分，将其功能加以集成，通过一个名称和相应的参数来完成，这就是函数或子程序，使用时只需对其名字进行简单调用就能完成特定功能。调用者只需关心代码能完成什么功能，如何调用代码（函数接口），而不需要关心代码的内部实现。

项目实施2　什么是递归

我们小时候都听过这样一个故事："山上有座庙，庙里有个老和尚，老和尚在讲故事，他讲的故事是：山上有座庙，庙里有个老和尚，老和尚在讲故事，他讲的故事是：……"这个小故事有什么特点？

故事中包含了故事本身——自己调用自己。我们再看看图7-13。

图7-13　画中画

在这幅图中，画中又出现了画本身——自己调用自己。这就是递归的概念。

递归算法是一种有效的算法设计方法，是解决很多复杂问题的有效方法。在定义一个过程或函数时出现调用本过程或本函数的成分，称之为递归。若自身调用自身，称之为直接递归。若过程或函数P调用过程或函数Q，而Q又调用P，称之为间接递归。

1. 何时使用递归算法

1）问题的定义是递归的

有许多数学公式、数列等的定义是递归的。例如，求 $n!$ 和Fibonacci数列等。这些问题的求解过程可以将其递归定义直接转化为对应的递归算法。

例如：阶乘函数的定义

$$n! = \begin{cases} 1, & \text{当 } n=0 \text{ 时} \\ n\times(n-1)\times(n-2)\times\cdots\times1, & \text{当 } n>0 \text{ 时} \end{cases}$$

阶乘的另外一种定义方法

$$n! = \begin{cases} 1, & \text{当 } n=0 \text{ 时} \\ n\times(n-1)!, & \text{当 } n>0 \text{ 时} \end{cases}$$

这时候递归的定义可以用如下的函数表示：

$$f(n) = \begin{cases} 1, & \text{当 } n=0 \text{ 时} \\ n\times f(n-1), & \text{当 } n>0 \text{ 时} \end{cases}$$

也就是说，函数 $f(n)$ 的定义用到了自己本身 $f(n-1)$。

2）问题的求解方法是递归的

一个典型的例子是在有序数列中查找一个数据元素是否存在的折半查找算法。如图7-14所示。有序数组元素为1;3;4;5;17;18;31;33;寻找数值为17的数据。

第一次：	下标	0	1	2	3	4	5	6	7	
	元素值	1	3	4	5	17	18	31	33	
		↑low			↑mid				↑high	x>a[mid]
第二次：	下标	0	1	2	3	4	5	6	7	
	元素值	1	3	4	5	17	18	31	33	
						↑low	↑mid		↑high	x<a[mid]
第三次：	下标	0	1	2	3	4	5	6	7	
	元素值	1	3	4	5	17	18	31	33	
							↑low			x==a[mid]
							↑mid			

图 7-14　折半查找示意图

折半查找无非就是三种情况，其中两种情况的问题解法如果以算法来表示，都存在算法调用自身的情况。

递归算法的特点就是：将问题分解成为形式上更加简单的子问题来进行求解。递归算法不但是一种有效的分析问题方法，也是一种有效的算法设计方法，是解决很多复杂问题的重要方法。

2. 递归模型

递归模型是递归算法的抽象，它反映一个递归问题的递归结构。上面的求阶乘的递归算法对应的递归模型可以这样表示：

$$\mathrm{fun}(1)=1 \tag{1}$$

$$\mathrm{fun}(n)=n\times\mathrm{fun}(n-1),\ n>1 \tag{2}$$

其中，式(1) 给出了递归的终止条件，式(2) 给出了 fun(n)的值与 fun($n-1$)的值之间的关系，则式(1)称为递归出口，式(2)称为递归体。一般地，一个递归模型是由递归出口和递归体两部分组成，前者确定递归到何时结束，后者确定递归求解的递推关系。

实际上递归的思路是把一个不能或者不好直接求解的“大问题”转化为一个或者几个“小问题”来解决；再把“小问题”进一步分解为更小的“小问题”来解决；如此分解，直到“小问题”可以直接求解。

递归模型的分解过程不是随意分解，分解问题的规模要保证“大问题”和“小问题”的相似性，即求解过程和环境要具备相似性。一旦遇到递归出口，分解过程结束，开始求值，分解是量变的过程，大问题慢慢变小，但是尚未解决，遇到递归出口之后，发生了质变，即递归问题转化为直接问题。因此，递归算法的执行总是分为分解和求值两个部分。

3. 递归模型的抽象表示

递归出口的一般格式为：$f(s_1)=m_1$。

递归体的一般格式为：$f(s_n)=g(f(s_{n-1}),c)$。

则，递归的分解过程如图 7-15 所示。递归的求值过程如图 7-16 所示。

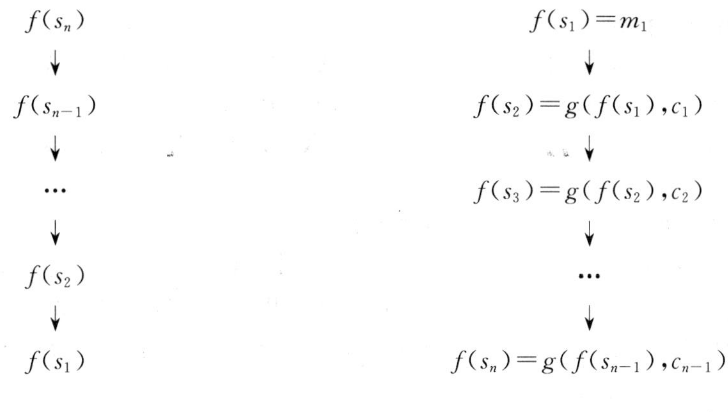

图 7-15　递归分解　　　　图 7-16　递归求值

项目实施 3　递归算法设计案例

1. 阶乘函数 *n*!

$n!$ 的计算是一个典型的递归问题，使用递归方法来描述程序，十分简单且易于理解。

用数学语言表示阶乘函数，即

$$n! = n\times(n-1)!,\qquad 当\ n>=1\ 时$$
$$n! = 1,\qquad 当\ n=0\ 时$$

以求 5 的阶乘的递归计算为例，执行过程如图 7-17 所示。

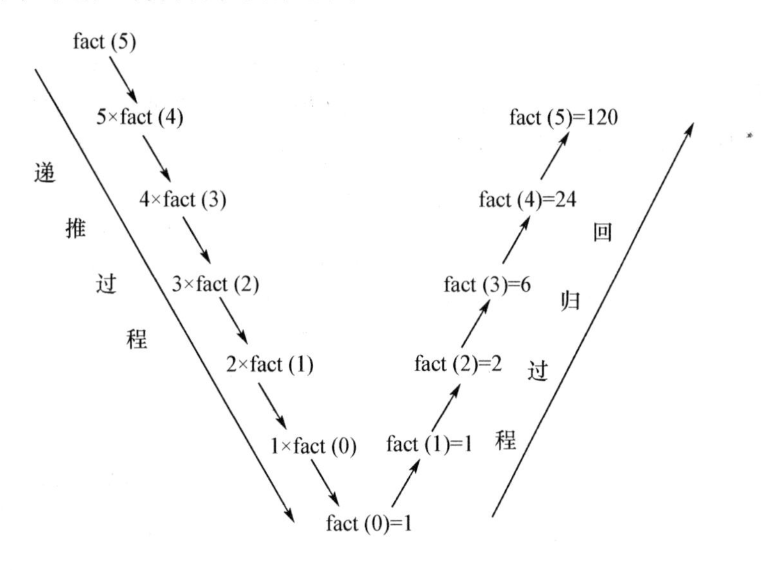

图 7-17　阶乘的递归算法执行过程

递归算法的执行过程是不断地自调用，直到到达递归出口才结束自调用过程；到达递归出口后，递归算法开始按最后调用的过程最先返回的次序返回；返回到最外层的调用语句时递归算法执行过程结束。

2. 斐波那契数列

在700多年前，意大利有一位著名数学家斐波那契在他的《算盘全集》一书中提出了这样一道有趣的兔子繁殖问题。如果有一对小兔，每一个月都生下一对小兔，而所生下的每一对小兔在出生后的第三个月也都生下一对小兔。那么，由一对兔子开始，满一年时一共可以繁殖成多少对兔子？

用列举的方法可以很快找出本题的答案。

第一个月，这对兔子生了一对小兔，于是这个月共有2对(1+1=2)兔子。

第二个月，第一对兔子又生了一对兔子。因此共有3对(1+2=3)兔子。

第三个月，第一对兔子又生了一对小兔而在第一个月出生的小兔也生下了一对小兔。所以，这个月共有5对(2+3=5)兔子。

第四个月，第一对兔子以及第一、二两个月生下的兔子也都各生下了一对小兔。因此，这个月连原先的5对兔子共有8对(3+5=8)兔子。

列表如下。

月份	1	2	3	4	5	6	7	8	9	10	11	12
兔子总对数	2	3	5	8	13	21	34	55	89	144	233	377

就是说，由一对兔子开始，满一年时一共可繁殖成377对小兔。

特别值得指出的是，数学家斐波那契没有满足于这个问题有了答案。他进一步对各个月的兔子对数进行了仔细观察，从中发现了一个十分有趣的规律，就是后面一个月份的兔子总对数，恰好等于前面两个月份兔子总对数的和，如果再把原来兔子的对数重复写一次，于是就得到了下面这样的一串数：

1,1,2,3,5,8,13,21,34,55,89,144,233,377,…。

后来人们为了纪念这位数学家，就把上面这样的一串数称作斐波那契数列，把这个数列中的每一项数称作斐波那契数。斐波那契数具有许多重要的数学知识，用途广泛。

斐波那契数列Fib(n)的递归定义是：

$$\mathrm{Fib}(n)=\begin{cases}0, & \text{当 } n=0 \text{ 时}\\ 1, & \text{当 } n=1 \text{ 时}\\ \mathrm{Fib}(n-1)+\mathrm{Fib}(n-2), & \text{当 } n>1 \text{ 时}\end{cases}$$

斐波那契递归调用过程如图7-18所示。

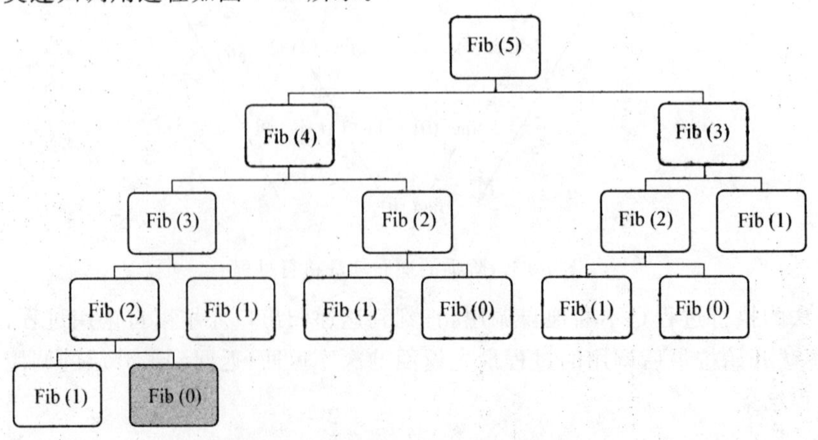

图7-18　斐波那契递归调用过程

3. 汉诺塔(Hanoi tower)问题

传说在古代印度的贝拿勒斯神庙，有一块黄铜板上插了 3 根宝石柱，在其中一根宝石柱自上而下由小到大地叠放着 64 个大小不等的金盘。一名僧人把这些金盘从一根宝石柱移到另外一根上。僧人在移动金盘时遵守下面 3 条规则：

第一，一次只能移动一个金盘；

第二，每个金盘只能由一根宝石柱移到另外一根宝石柱；

第三，任何时候都不能把大的金盘放在小的金盘上。

神话说，如果僧人把 64 个金盘完全地从一根宝石柱移到了另外一根上，传说中的末日就要到了——世界将在一声霹雳中消灭，梵塔、庙宇和众生都将同归于尽。

移动金盘是个很繁琐的过程。通过计算，对于 64 个金盘至少需要移动 2 的 64 次方，等于 1.8 乘以 10 的 19 次方。

如果僧侣移动金盘一次需要 1 秒钟，移动这么多次共需约 5 845 亿年。把这个寓言和现代科学推测对比一下倒是有意思的。按照现代的宇宙进化论，恒星、太阳、行星(包括地球)是在三十亿年前由不定形物质形成的。我们还知道，给恒星特别是给太阳提供能量的“原子燃料”还能维持 100～150 亿年。因此，我们太阳系的整个寿命无疑要短于二百亿年。可见远不等僧侣们完成任务，地球早已毁灭了。

我们来试验一下汉诺塔，如图 7-19 所示，三个盘子的汉诺塔问题。

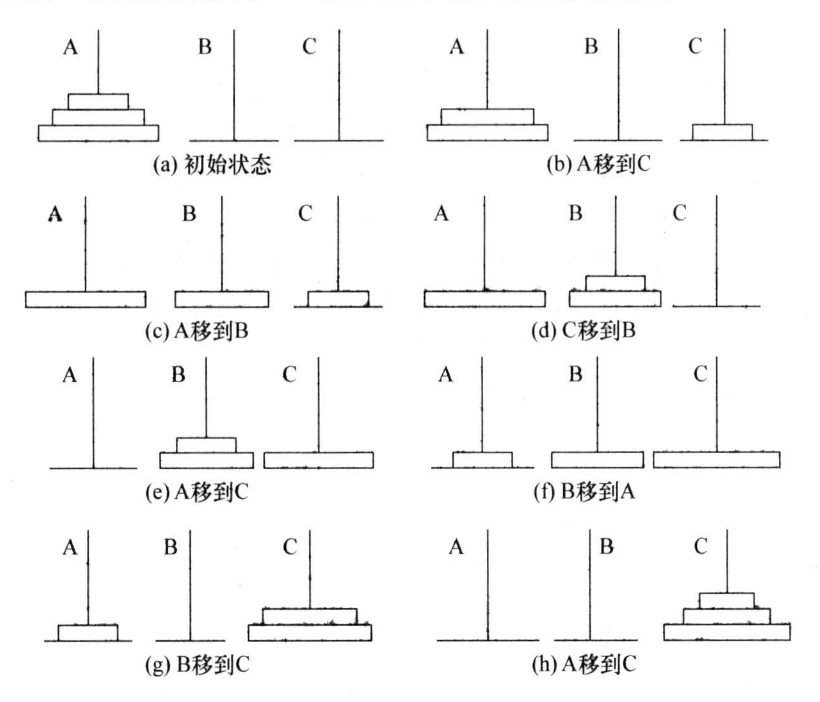

图 7-19　三个盘子的汉诺塔问题移动过程

【问题分析】可以用递归方法求解 n 个盘子的汉诺塔问题。

【基本思想】

1 个盘子的汉诺塔问题可直接移动。

n 个盘子的汉诺塔问题可递归表示为，首先把上边的 $n-1$ 个盘子从 A 柱借助 C 移到 B

柱,然后把最下边的一个盘子从 A 柱移到 C 柱,最后把移到 B 柱的 $n-1$ 个盘子再借助 A 移到 C 柱。如图 7-20 所示。

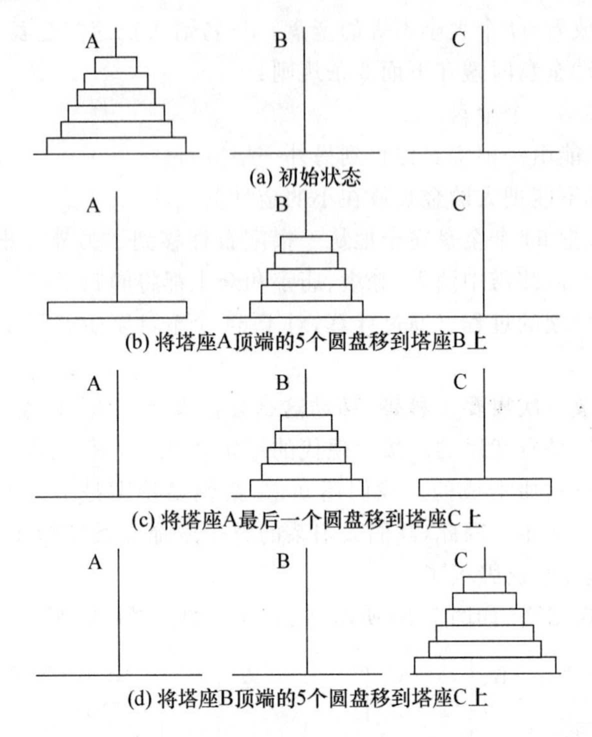

图 7-20 递归方法求解汉诺塔过程

首先,盘子的个数 n 是必需的一个输入参数,对 n 个盘子,我们可从上至下依次编号为 1, 2,…,n;其次,输入参数还需有 3 个柱子的代号,我们令 3 个柱子的参数名分别为 fromPeg, auxPeg 和 toPeg;最后,汉诺塔问题的求解是一个处理过程,因此算法的输出是 n 个盘子从柱子 fromPeg 借助柱子 auxPeg 移动到柱子 toPeg 的移动步骤,我们设计每一步的移动为屏幕显示如下形式的信息:将第 i 个盘子从 X 移动到 Y。

这样,汉诺塔问题的递归算法可设计如下:

```
void  Hanoi(int n,char a,char b,char c)
       {
        if(n= =1) //递归出口
          printf("\t 将第 %d 个盘片从 %c 移动到 %c\n",a,b,c);
       else
       {
          Hanoi(n-1,a,c,b);//把 n-1 个圆盘从 fromPeg 借助 toPeg 移至 auxPeg
          printf("\t 将第 %d 个盘片从 %c 移动到 %c\n",a,b,c);
          Hanoi(n-1,b,a,c);//把 n-1 个圆盘从 auxPeg 借助 fromPeg 移至 toPeg
       }
     }
```

4. 回溯法典型应用——迷宫问题

回溯法的基本思想——对一个包括有很多结点，每个结点有若干个搜索分支的问题，把原问题分解为对若干个子问题求解的算法。

迷宫问题中包括很多路口，但是每一个路口上最多有三个分支，所以算法可以设计为如下的一个搜索过程。

① 当搜索到某个结点、发现无法再继续搜索下去时，就让搜索过程回溯（退回）到该结点的前一结点，继续搜索这个结点的其他尚未搜索过的分支。

② 如果发现这个结点也无法再继续搜索下去时，就让搜索过程回溯到这个结点的前一结点，继续这样的搜索过程。

③ 这样的搜索过程一直进行到搜索到问题的解或搜索完了全部可搜索分支没有解存在为止。如图 7-21 所示。

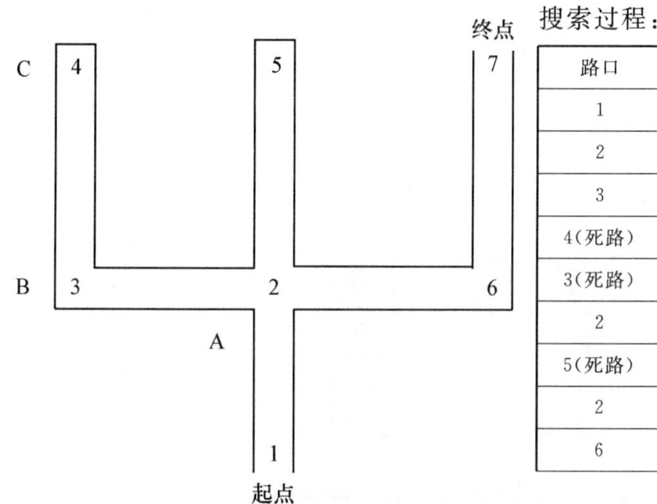

搜索过程：

路口	动作	结果
1	向前	进入 2
2	向左	进入 3
3	向右	进入 4
4（死路）	回溯	进入 3
3（死路）	回溯	进入 2
2	向前	进入 5
5（死路）	回溯	进入 2
2	向右	进入 6
6	向左	进入 7

图 7-21　迷宫问题的搜索过程

把整个搜索过程分解为向左、向右、向前三个方向上的子问题的搜索。

当搜索到某一路口时，发现该路口没有可搜索的方向，就让搜索过程回溯到该路口的前一路口，然后搜索回溯后一路口其他尚未被搜索的方向，如果发现该路口也无搜索方向，则回溯至这个路口的前一方向继续这样的过程。

直到找到出口或者搜索完全部可连通路口的可能搜索方向或者没有找到出口为止。

5. 递归算法绘制分形图形

我们人类生活的世界是一个极其复杂的世界，例如：喧闹的都市生活、变幻莫测的股市变化、复杂的生命现象、蜿蜒曲折的海岸线、坑坑洼洼的地面等，都表现了客观世界特别丰富的现象。

基于传统欧几里得几何学的各门自然科学总是把研究对象想象成一个个规则的形体，而我们生活的世界竟如此不规则和支离破碎，与欧几里得几何图形相比，拥有完全不同层次的复杂性。

分形几何则提供了一种描述这种不规则复杂现象中的秩序和结构的新方法。分形几何就是研究无限复杂但具有一定意义下的自相似图形和结构的几何学。

什么是自相似呢？例如一棵参天大树与它自身的树枝及树枝上的枝杈，在形状上没什么大的区别，大树与树枝这种关系在几何形状上称之为自相似关系；我们再拿来一片树叶，仔细观察一下叶脉，它们也具备这种性质；动物也不例外，一头牛身体中的一个细胞中的基因记录着这头牛的全部生长信息；这些例子在我们的身边到处可见。

分形几何揭示了世界的本质，分形几何是真正描述大自然的几何学。如图 7-22、7-23 所示。

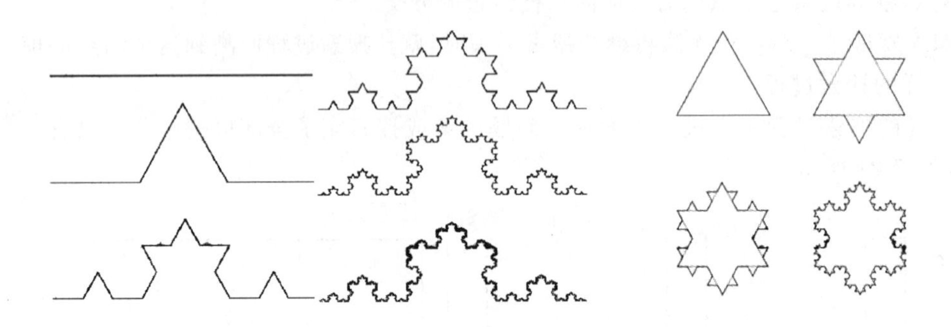

图 7-22　分形图形的绘制

图 7-23　更为丰富的分形图形

项目实施 4　算法优化——递归到循环

迭代算法是用计算机解决问题的一种基本方法。它利用计算机运算速度快、适合做重复性操作的特点，让计算机对一组指令（或一定步骤）进行重复执行，在每次执行这组指令（或这些步骤）时，都从变量的原值推出它的一个新值。迭代是循环的一种，循环体代码分为固定循环体和变化的循环体。

递归通常很直白地描述了一个求解过程,因此也是最容易实现的算法。迭代循环其实和递归具有相同的特性(做重复任务),但有时,使用循环的算法并不会那么清晰地描述解决问题步骤。单从算法设计上看,递归和循环并无优劣之别。然而,在实际开发中,因为函数调用的开销,递归常常会带来性能问题,特别是在求解规模不确定的情况下。而循环因为没有函数调用开销,所以效率会比递归高。除少数编程语言对递归进行了优化外,大部分语言在实现递归算法时还是十分笨拙,由此带来了如何将递归算法转换为循环算法的问题。

递归其实是方便了程序员,却难为了机器,只要得到数学公式就能很方便地写出程序,优点就是易理解,容易编程。但递归是用堆栈机制实现的,每深入一层,都要占去一块栈数据区域,对嵌套层数多的一些算法,递归会力不从心,空间上会以内存崩溃而告终,而且递归也带来了大量的函数调用,这也有许多额外的时间开销。所以在深度大时,它的时空性就不好了。

循环其缺点就是不容易理解,编写复杂问题时困难,优点是效率高,运行时间只因循环次数增加而增加,没什么额外开销,空间上没有什么增加。

例如,斐波那契兔子问题也可以使用迭代算法实现,如图 7-24 所示。

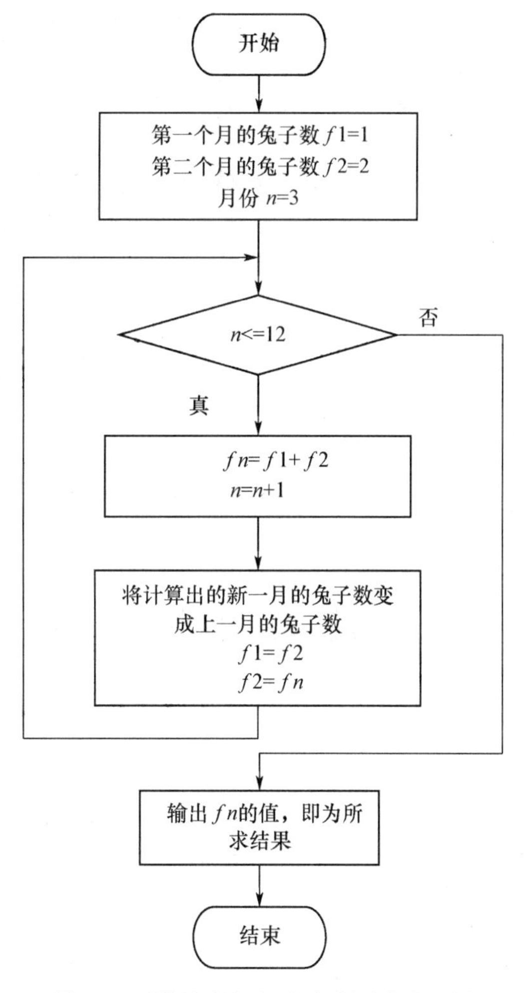

图 7-24　“斐波那契兔子”问题迭代流程图

程序公式

著名计算机科学家沃斯凭借一句话获得图灵奖，让他获得图灵奖的这句话就是他提出的著名公式："算法＋数据结构＝程序"。直到今天，这个公式对于过程化程序来说依然是适用的。

如何学习程序设计

计算机的本质是"程序的机器"，程序和指令的思想是计算机系统中最基本的概念。只有懂得程序设计，才能进一步懂得计算机，真正了解计算机是怎样工作的。通过学习程序设计，进一步了解计算机的工作原理，更好地理解和应用计算机，掌握用计算机处理问题的方法，培养分析问题和解决问题的能力。

进行程序设计，要解决两个问题：

(1) 要学习和掌握解决问题的思路和方法；

(2) 学习怎样实现算法，即用计算机语言编写程序，达到用计算机解题的目的。

算法是灵魂，不掌握算法就是无米之炊。语言是工具，不掌握语言，编程就成了空中楼阁。二者都是必要的，缺一不可。应以程序设计为中心，把二者紧密地结合起来，既不能孤立抽象地研究算法，更不能孤立枯燥地学习语法。

算法是重要的，编写程序的过程就是设计算法的过程。语言工具也是重要的，掌握基本的语法规则是编程的基础，学习语法要服务于编程。

◆ 归纳总结

本项目介绍了递归的算法思想，有助于培养算法思维，提高计算机编程能力。

能力自测

一、选择

1. 下面的结论正确的是(　　)。

A. 一个程序的算法步骤是可逆的　　B. 一个算法可以无止境地运算下去的

C. 完成一件事情的算法有且只有一种　　D. 设计算法要本着简单方便的原则

2. 下面对算法描述正确的一项是(　　)。

A. 算法只能用自然语言来描述　　B. 算法只能用图形方式来表示

C. 同一问题可以有不同的算法　　D. 同一问题的算法不同，结果必然不同

3. 下面哪个不是算法的特征(　　)。

A. 抽象性　　B. 确定性　　C. 有穷性　　D. 有效性

4. 算法的有穷性是指(　　)。

A. 算法必须包含输出　　B. 算法中每个操作步骤都是可执行的

C. 算法的步骤必须有限　　D. 以上说法均不正确

5. 在算法的控制结构中,要求进行逻辑判断,并根据结果进行不同处理的是哪种结构(　　)。

A. 顺序结构　　B. 选择结构和循环结构

C. 顺序结构和分支结构　　D. 没有任何结构

6. 早上从起床到出门需要洗脸刷牙(5 min)、刷水壶(2 min)、烧水(8 min)、泡面(3 min)、吃饭(10 min)、听广播(8 min)几个步骤,从下列选项中选最好的一种算法(　　)。

A. S1 洗脸刷牙、S2 刷水壶、S3 烧水、S4 泡面、S5 吃饭、S6 听广播

B. S1 刷水壶、S2 烧水同时洗脸刷牙、S3 泡面、S4 吃饭、S5 听广播

C. S1 刷水壶、S2 烧水同时洗脸刷牙、S3 泡面、S4 吃饭同时听广播

D. S1 吃饭同时听广播、S2 泡面、S3 烧水同时洗脸刷牙、S4 刷水壶

7. 算法:

S1 输入 n;

S2 判断 n 是否是 2,若 $n=2$,则 n 满足条件,若 $n<2$,则执行 S3;

S3 依次从 2 到 $n-1$ 检验能不能整除 n,若不能整除 n,则 n 满足条件;

满足上述条件的 n 是(　)。

A. 质数　　B. 奇数　　C. 偶数　　D. 约数

8. 算法:S1m=a;S2 若 b<m,则 m=b;S3 若 c<m,则 m=c;S4 若 d<m,则 m=d;S5 输出 m。则输出的 m 表示(　)。

A. a,b,c,d 中最大值　　B. a,b,c,d 中最小值

C. 将 a,b,c,d 由小到大排序　　D. 将 a,b,c,d 由大到小排序

9. 看下面的四段话,其中不是解决问题的算法是(　　)。

A. 从济南到北京旅游,先坐火车,再坐飞机抵达

B. 解一元一次方程的步骤是去分母、去括号、移项、合并同类项、系数化为 1

C. 方程 $X^2-1=0$ 有两个实根

D. 求 1+2+3+4+5 的值,先计算 1+2=3,再计算 3+3=6,6+4=10,10+5=15,最终结果为 15

10. 计算机执行下面的程序段后,输出的结果是(　　)。

```
A=1
B=3
A=A+B
B=B+A
PRINT A,B
```

A. 1,3　　B. 4,1　　C. 0,0　　D. 6,0

二、填空

1. 算法的三种基本结构是:(　　)、(　　)、(　　)。

2. 程序流程图中表示判断框的是(　　)。

3. 算法的特性有(　　)、(　　)、(　　)、(　　)、(　　)。

4. 常用的基本算法有(　　)、(　　)、(　　)、(　　)、(　　)等。

三、描述算法

用传统流程图表示求解以下问题的算法。

1. 有两个瓶子 A 和 B,分别盛放可乐和橙汁,要求将它们互换(即 A 瓶原来盛放可乐,现在改为盛放橙汁,B 瓶正好相反)。

2. 求方程 ax^2+bx+c 的根。

3. 求两个正整数 m 和 n 的最大公约数。

4. 判断一个数是否是素数。

参考文献

[1] 董卫军,刑为民,索琦,等.计算机导论:以计算思维为导向[M].2版.北京:电子工业出版社,2014.

[2] 战德臣,聂兰顺,张丽杰,等.大学计算机:计算与信息素养[M].2版.北京:高等教育出版社,2014.

[3] 龚沛曾,杨志强,肖杨,等.大学计算机[M].6版.北京:高等教育出版社,2013.

[4] 何钦铭,陆汉权,冯博琴,等.计算机基础教学的核心任务是计算思维能力的培养[J].中国大学教学,2010(9):5-9.

[5] 赵子江.多媒体技术应用教程[M].7版.北京:机械工业出版社,2012.

[6] 蒋加伏,沈岳.大学计算机[M].4版.北京:北京邮电大学出版社,2013.

[7] 蒋加伏,沈岳.大学计算机实践教程[M].4版.北京:北京邮电大学出版社,2013.

[8] 邹承俊.计算机应用基础项目化教程[M].北京:中国水利水电出版社,2014.

[9] 刘新辉.计算机应用案例教程[M].西安:西安电子科技大学出版社,2011.

[10] 卢霞,魏莹.计算机应用案例教程实训与习题指导[M].西安:西安电子科技大学出版社,2011.

[11] 吴献文.网络应用案例教程[M].北京:清华大学出版社,2011.

[12] 杉蒲贤.程序语言的奥妙:算法解读[M].李克秋,译.北京:科学出版社,2015.

[13] Anany L M L.算法谜题[M].赵勇,译.北京:人民邮电出版社,2014.